土建专业岗位基础知识

葛若东　主编

中国环境出版集团·北京

图书在版编目（CIP）数据

土建专业岗位基础知识 / 葛若东主编. —北京：中国环境出版集团，2014.10（2020.5重印）

ISBN 978-7-5111-2074-8

Ⅰ. ①土… Ⅱ. ①葛… Ⅲ. ①土木工程—岗位培训—教材 Ⅳ. ①TU

中国版本图书馆CIP数据核字（2014）第214656号

出 版 人 武德凯
责任编辑 张于嫣
责任校对 尹　芳
封面设计 宋　瑞

出版发行 中国环境出版集团
（100062　北京市东城区广渠门内大街16号）
网　　址：http://www.cesp.com.cn
电子邮箱：bjgl@cesp.com.cn
联系电话：010-67112765（编辑管理部）
010-67112739（建筑图书出版中心）
发行热线：010-67125803，010-67113405（传真）

印　　刷 北京市联华印刷厂
经　　销 各地新华书店
版　　次 2014年10月第1版
印　　次 2020年5月第10次印刷
开　　本 787 × 1092　1/16
印　　张 19.25
字　　数 400千字
定　　价 38.00元

前　言

根据住房和城乡建设部《建筑与市政工程施工现场专业人员职业标准》(JGJ / T 250—2011)和《关于贯彻实施住房和城乡建设领域现场专业人员职业标准的意见》(建人〔2012〕19号)、广西壮族自治区住房和城乡建设厅《广西住房和城乡建设领域专业管理人员关键岗位资格管理办法》(桂建人〔2013〕14 号)和《广西住房和城乡建设领域专业管理人员关键岗位资格培训、考试、发证管理实施细则》(桂建培〔2013〕21 号)等文件精神，为提高建筑企业管理人员的业务素质、保证建筑工程的质量，在广西住房和城乡建设厅培训中心的组织和协调下，根据“广西壮族自治区建筑业企业专业技术管理人员——土建专业岗位基础知识考试大纲”的要求编写此书。

本书适用建筑与市政工程施工现场专业人员岗位培训和资格考试应试人员复习备考，也可作为建筑施工企业技术管理人员、工程监理人员以及高、中等职业院校师生的学习参考用书。

本书由广西大学葛若东主编。全书分建筑制图与识图、建筑构造、建筑材料、建筑力学与建筑结构基础知识四大部分，共计 16 章。参加本书编写工作的有：广西水利电力职业技术学院张宪明和广西住房和城乡建设厅培训中心卢兴宁(第一章至第三章)、南宁职业技术学院朱正国和广西住房和城乡建设厅培训中心胡劲(第四章至第九章)、广西交通职业技术学院刘芳和广西建设职业技术学院黄海波(第十章)、广西建设职业技术学院孙义刚(第十一章至第十三章)、广西建设职业技术学院宋玉峰和广西住房和城乡建设厅培训中心马世军(第十四章至第十六章)。

参与编写及校稿工作的还有广西住房和城乡建设厅培训中心程騑、郑月汉等。教材编写时参阅了多种相关培训教材，在此，对这些教材的编者表示衷心的感谢。

由于时间仓促、编者的水平有限，书中难免有疏漏和不妥之处，敬请各位读者批评和指正。

编　者

2014年8月

前言

目 录

第一部分 建筑制图及识图

第二部分 建筑构造

第三部分　建筑材料

第四部分　建筑力学与建筑结构基础知识

第一部分 建筑制图及识图

第一章　建筑制图基本知识

第一节　建筑制图基本知识

工程图样之所以能成为工程技术界的共同语言，主要是由于图样格式、内容、画法几何及工程制图和标注等，都有一系列必须共同遵循的统一规定，简言之，就是实现了制图的标准化。制图的标准化工作是一切工业标准的基础。

我国现行的制图标准，是国家标准局于1983年和1984年发布，1985年实施的《中华人民共和国国家机械制图标准》。国家标准简称“国标”，代号：“GB”。本节主要介绍《房屋建筑制图统一标准》（GB/T 50001—2010）及《技术制图图纸幅面和格式》（GB/T 14689—2008）等标准中有关图纸幅面、图线、比例及尺寸标注等内容。

一、图纸幅面

1. 图纸幅面尺寸

表1-1　幅面及图框尺寸（mm）

尺寸 / 代号	A0	A1	A2	A3	A4
$B \times L$	841×1189	594×841	420×594	297×420	210×297
c	10			5	
a	25				

注：B、L分别为图纸的短边与长边，a、c分别为图框线到图幅边缘之间的距离。A0面积为1 m²，A1是A0的对开，其他依此类推。

2. 图样格式

A0~A3横式幅面和立式幅面如图1-1所示。

3. 标题栏

标题栏应如图1-2所示，根据工程的需要选择确定其尺寸、格式及分区。签字栏应包括实名列和签名列，并应符合下列规定：

（1）涉外工程的标题栏内，各项主要内容的中文下方应附有译文，设计单位的上方或左方，应加“中华人民共和国”字样。

（2）在计算机制图文件中当使用电子签名与认证时，应符合国家有关电子签名法的规定。

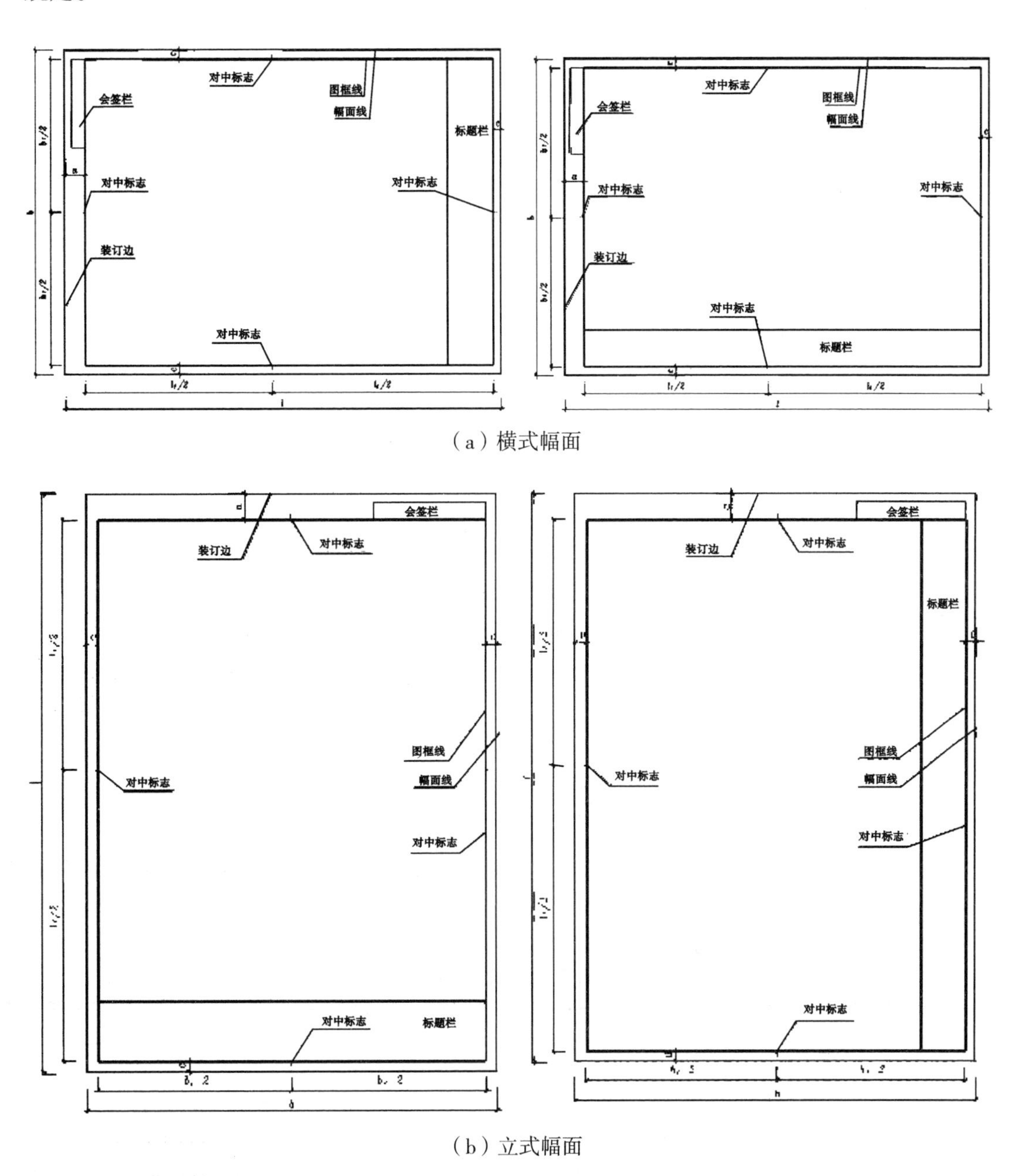

（a）横式幅面

（b）立式幅面

图 1-1　图纸幅面格式及尺寸代号

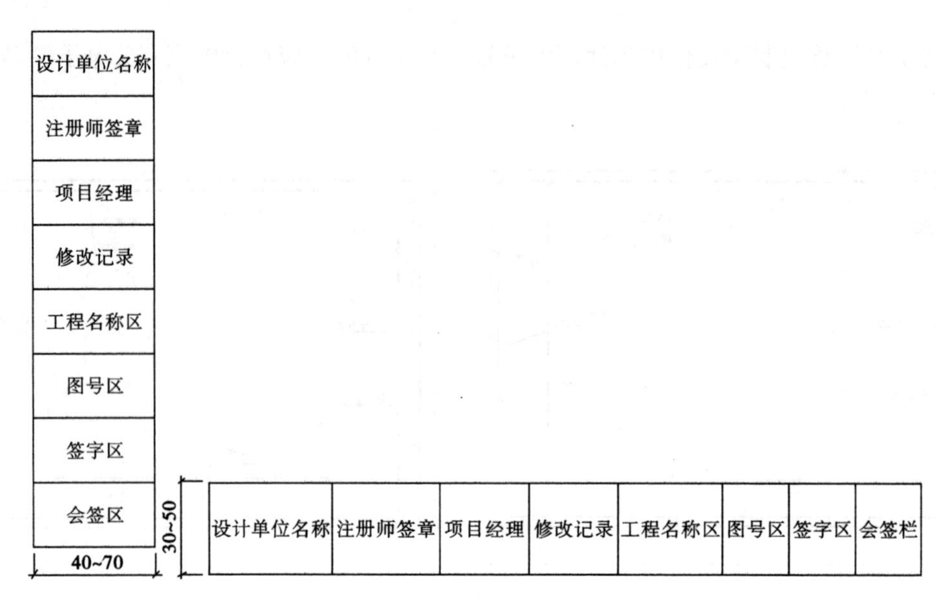

图 1-2　标题栏

二、比例

图样的比例，应为图形与实物相对应的线型尺寸之比。

比例的大小是指其比值的大小，比例的符号为“：”，比例应以阿拉伯数字表示。

比例宜注写在图名的右侧，字的基准应取平。比例的字高宜比图名的字高小一号或二号。例如：

平面图 1:100　　⑥ 1:20

绘图所用的比例应根据图样的用途与被绘对象的复杂程度，从表 1-2 中选用，并应优先采用表中的常用比例。

表 1-2　比例表

常用比例	总平面图	1∶500、1∶1000、1∶2000
	平面图、剖面图、立面图	1∶50、1∶100、1∶200
	局部放大图	1∶10、1∶20、1∶50
	详图	1∶1、1∶2、1∶5、1∶10、1∶20、1∶50
可用比例		1∶3、1∶4、1∶6、1∶15、1∶25、1∶40、1∶60、1∶80、1∶250、1∶300、1∶400、1∶600、1∶5000、1∶10000、1∶20000、1∶50000、1∶100000、1∶200000

三、图线

1. 线型及其应用（见表 1–3）

表 1–3　线型

名称		线型	线宽	一般用途
实线	粗		b	主要可见轮廓线
	中粗		$0.7b$	可见轮廓线
	中		$0.5b$	可见轮廓线、尺寸线、变更云线
	细		$0.25b$	图例填充线、家具线
虚线	粗		b	见各有关专业制图标准
	中粗		$0.7b$	不可见轮廓线
	中		$0.5b$	不可见轮廓线、图例线
	细		$0.25b$	图例填充线、家具线
单点长画线	粗		b	见各有关专业制图标准
	中		$0.5b$	见各有关专业制图标准
	细		$0.25b$	中心线、对称线、轴线等
双点长画线	粗		b	见各有关专业制图标准
	中		$0.5b$	见各有关专业制图标准
	细		$0.25b$	假想轮廓线、成型前原始轮廓线
折断线	细		$0.25b$	断开界线
波浪线	细		$0.25b$	断开界线

2. 图线的画法

1）同一图样中，同类线的宽度应基本一致，虚线、点划线、双点划线各自线段的长短和间隙应大致相符，如图 1–3 所示。

2）绘制圆的中心线时：

① 应超出圆外 2 ~ 5mm；

② 首末两端应是线段而不是点；

③ 圆心是线段的交点；

④ 当绘制小圆的中心线有困难时，可由细实线代替点划线。

3）绘制虚线与虚线（或其他图线）相交时：

① 应是线段相交；

② 虚线是实线的延长线时，在相交处要离开，如图 1–3 所示。

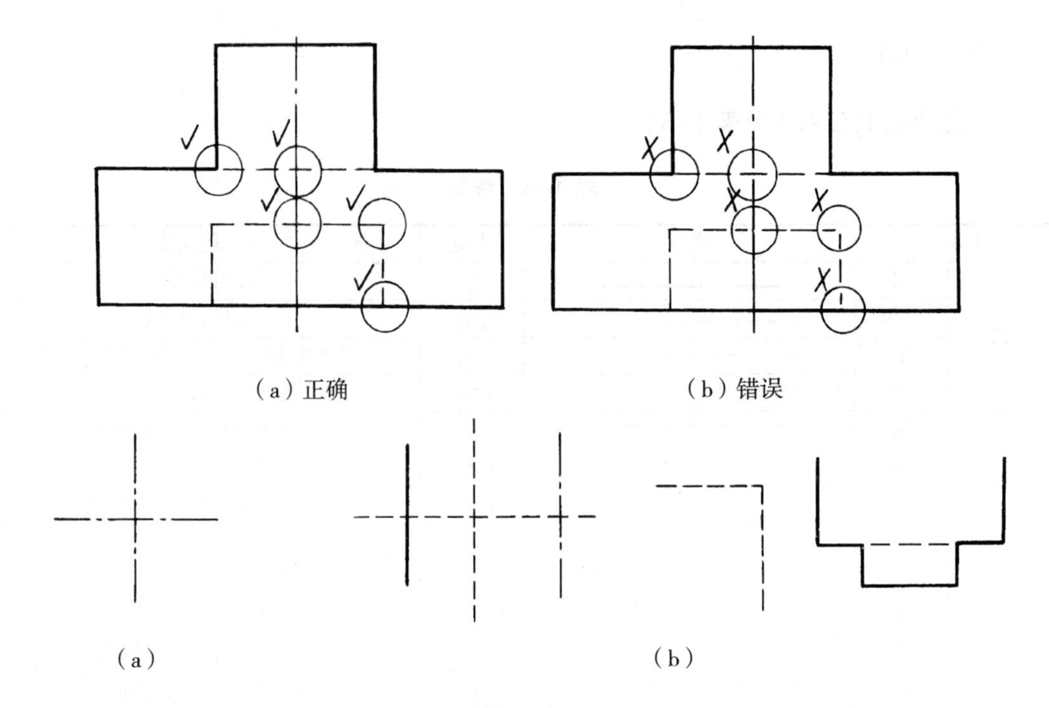

图 1–3　图线交接的正确画法

四、尺寸标注

图样中的图形仅确定了构件的形状，而构件的真实大小是靠尺寸确定的，因此，尺寸标注是图样中的另一重要内容。尺寸标注也是制图工作中极为重要的一环，需要认真细致，一丝不苟。

1. 基本原则

1）构件的真实大小应以图样上所标注的尺寸数值为依据，与图样的大小及绘图的准确性无关。

2）图样中（包括技术要求和其他说明）的尺寸，以 mm 为单位，不需标注计量单位的代号或名称，如采用其他单位，则必须注明相应的计量单位的代号或名称。

3）图样中所注的尺寸，为该图样所示构件的最后完工尺寸，否则，应另加说明。

4）构件的每一个尺寸，一般只标注一次，并应标注在反映该结构最清晰的图形上。

2. 尺寸的组成（标注尺寸的四要素）

一个完整的尺寸由尺寸界线、尺寸线、尺寸数字和尺寸起止符号组成，故常称为尺寸的四要素，如图 1–4 所示。

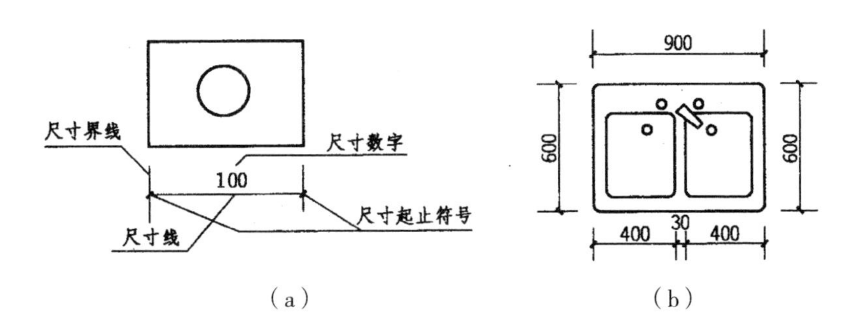

（a）　　　　　　　　　　　　（b）

图 1–4　尺寸组成与标注尺寸示例

1）尺寸界线（表示尺寸的起止）的画法：一般用细实线画出并垂直于尺寸线。尺寸界线的一端应离开图样轮廓线不小于 2mm，另一端伸出尺寸线外 2～3mm，有时也可以借用轮廓线、中心线等作为尺寸线。

2）尺寸线：

① 尺寸线必须用细实线单独画出，不能用其他图线代替，也不能画在其他图线的延长线上；

② 标注线性尺寸时，尺寸线必须与所注的尺寸方向平行；

③ 当有几条相互平行的尺寸线时，大尺寸要注在小尺寸的外面，以免尺寸线与尺寸界线相交。

④ 在圆或圆弧上标注直径尺寸时，尺寸线一般应通过圆心或其直径的延长线上；

3）尺寸起止：尺寸起止符号一般用中实线短划绘制，其倾斜方向与尺寸界线成顺时针 45°，长度宜为 2～3mm。半径、直径、角度与弧长的尺寸起止符号，用箭头表示。

4）尺寸数字：线性尺寸的数字一般注在尺寸线的上方，也可注在尺寸线的中断处。

① 尺寸数字的书写，水平方向的尺寸数字头朝上；

② 垂直方向的尺寸数字头朝左；

③ 倾斜方向的尺寸数字字头要保持朝上的趋势；

④ 应避免在 30° 范围内标注尺寸，当实在无法避免时，如图 1–5 所示。

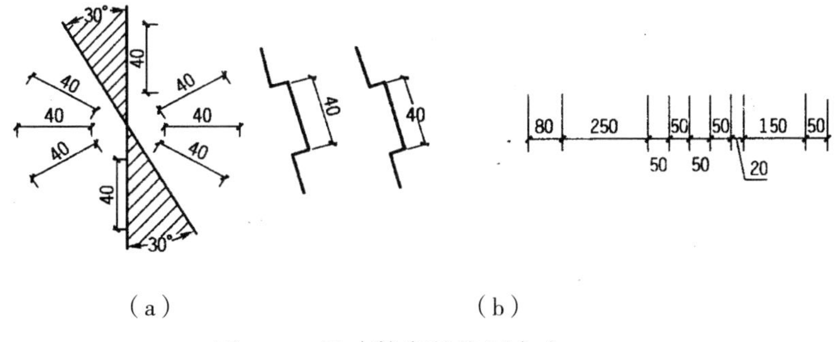

（a）　　　　　　　　　　　　（b）

图 1–5　尺寸数字的注写方向

注意：

a. 尺寸数字应写在尺寸线的中间，在水平线上的应从左到右写在尺寸线上方，在铅直尺寸线上，应从下到上写在尺寸线左方；

b. 长尺寸在外，短尺寸在内；

c. 不能用尺寸界线作尺寸线；

d. 轮廓线、中心线可以作尺寸界线，但不能作为尺寸线；

e. 尺寸线倾斜时，数字的方向应便于阅读，应尽量避免在斜线 30° 范围内注写尺寸；

f. 同一张图纸内尺寸数字大小应一致；

g. 在剖面图中写尺寸数字时，应在留有空白处书写而在空白处不画剖面线；

h. 两尺寸界线之间比较窄时，尺寸数字可注在尺寸界线外侧，或上下错开，或用引出线引出再标注；

i. 桁架式结构的单线图，可将尺寸直接注在杆件的一侧。

3. 半径和直径的尺寸标注

在标注半径和直径尺寸时，尺寸起止符号很少用45° 短斜线表示，而是用箭头表示，如图 1–6 所示。

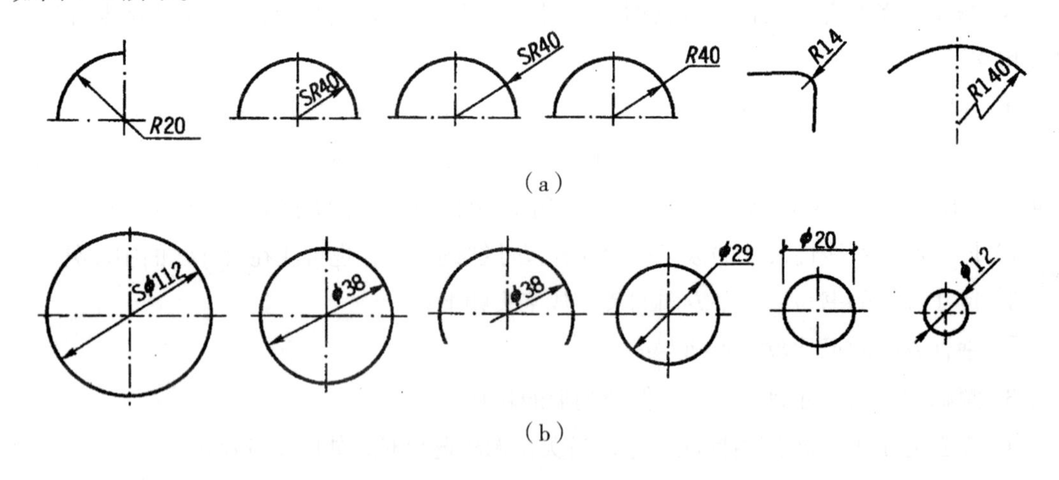

图 1–6　半径和直径尺寸标注（图中有“S”的表示球体）

（1）半径尺寸

半圆及小于半圆的圆弧，要标注半径。半径的尺寸线一端应从圆心开始，另一端画箭头指向圆弧。半径数字前加注半径符号“*R*”，如图 1–6（a）所示。注意图示中较小和较大圆弧的半径标注的注法不同，如图 1–6（a）中的最后两图。

（2）直径尺寸

圆及大于半圆的圆弧，应标注直径尺寸。标注圆的直径尺寸时，在直径数字前应加注符号“ϕ”。在圆内标注的直径尺寸线应通过圆心，两端箭头指向圆弧。较小圆的直径尺寸，可标注在圆外，如图 1–6（b）所示。

4. 坡度和角度的尺寸标注

（1）坡度尺寸

坡度可采用百分数、比值和直角三角形的形式标注。标注坡度时，在数字下面应加画箭头表示标注坡度方向，坡度符号为单面箭头，箭头应指向下坡方向。如图 1–7(a)所示，3%表示每 100 个单位的水平距离下降 3 个单位；如图 1–7（b）所示，1:3 表示每下降 1 个单位，水平距离为 3 个单位；如图 1–7（c）所示为坡度的直角三角形标注形式，表示每下降 1 个单位，水平距离为 3 个单位。

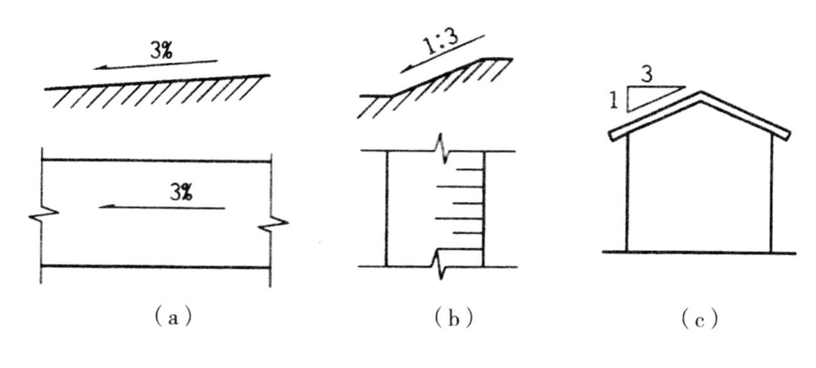

图 1–7　坡度注法

（2）角度尺寸

角度的尺寸线应以圆弧表示，该圆弧的圆心应是该角的顶点，角的两条边为尺寸界线。角度的起止符号应以箭头表示，如没有足够的位置画箭头，可以用圆点代替。角度数字应按水平方向标注，如图 1–8 所示。

5. 弧长、弦长的足寸标注

（1）弧长尺寸

注圆弧的弧长时，尺寸线应以与该圆弧同心的圆弧线表示，尺寸界线应垂直于该圆弧的弦，起止符号应以箭头表示，弧长数字的上方应加注圆弧符号“︿”，如图 1–9 所示。

（2）弦长尺寸

标注圆弧的弦长尺寸时，尺寸线应以平行于该弦的直线表示，尺寸界线应垂直于该弦，起止符号应以中粗斜短线表示，如图 1–10 所示。

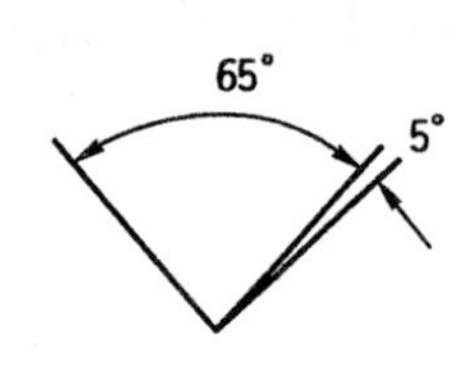

图 1-8　角度的标注方法

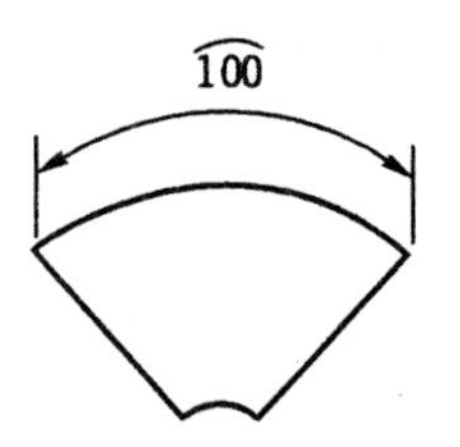

图 1-9　弧长的标注方法

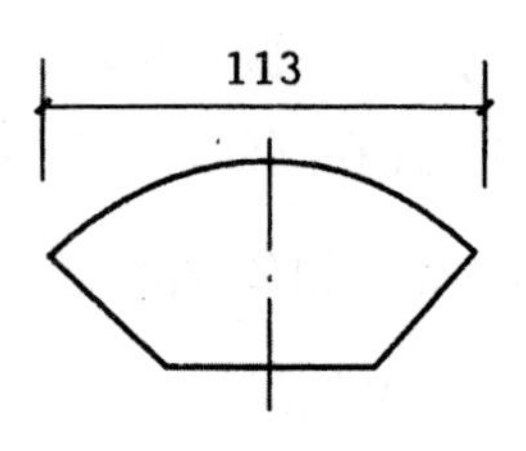

图 1-10　弦长的标注方法

6. 尺寸的简化标注

（1）单线图尺寸

对于桁架、钢筋、管线等有时只画出它们的简图，简图上的杆件或管线的长度，可直接将尺寸数字注写在杆件或管线的一侧，如图 1-11（a）所示。

（2）连续排列等长尺寸：连续排列的等长尺寸可用“个数 × 等长=总长”的形式标注，如图 1-11（b）所示。

（3）对称构件尺寸：较长的对称构件采用对称省略时，该对称构件的尺寸线应略超过对称符号，仅在线的一端画尺寸起止符号，尺寸数字应按整体尺寸注写，其注写位置宜与对称符号对齐，如图 1-11（c）所示。

（4）相同要素尺寸：当构件内构造要素（如孔、槽、铆等）相同时，可仅标注其中一个要素的尺寸，并注出个数，如图 1-11（d）所示大圆上的小圆，仅标注了尺寸“8 × Φ40”。

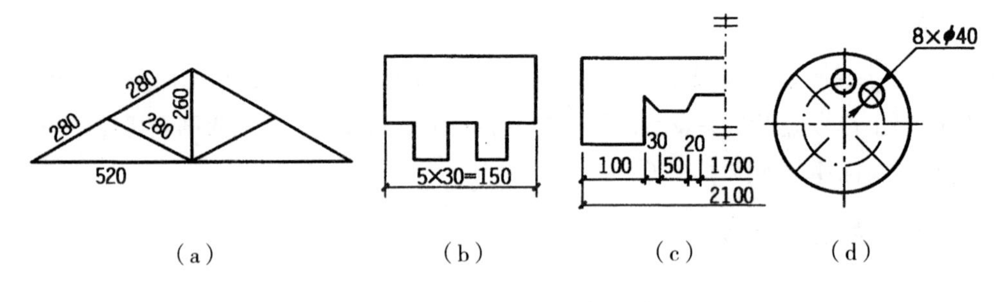

图 1-11　尺寸的简化标注方法

第二节　投影基本知识

一、投影方法和投影分类

1. 投影法

物体在各种光源的照射下，会在地面或墙面上形成影像，如图 1-12（a）所示。若光

线能够透过物体，就会在投影面上产生投影，如图 1–12（b）所示。由此可见，形成投影应具备投影线、物体、投影面三个基本要素。

2. 投影的分类

投影一般分为中心投影和平行投影。

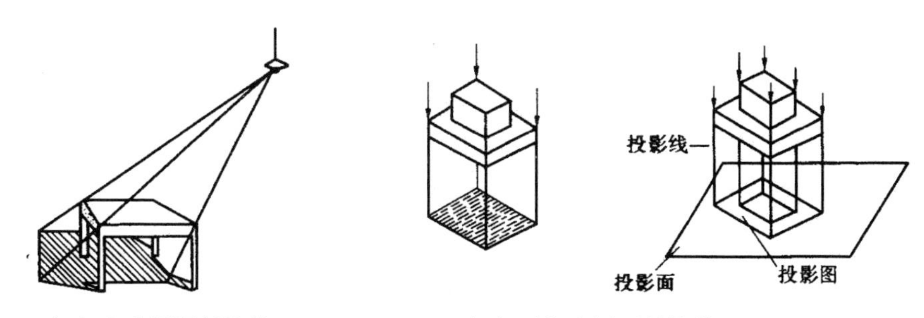

（a）点光源照射物体　　（b）平行光源照射物体

图 1–12　影与投影

（1）中心投影

由一点发出呈放射状的投影线照射物体所形成的投影为中心投影，如图 1–13 所示。

（2）平行投影

由平行投影线照射物体所形成的投影为平行投影。平行投影又可分为正投影和斜投影两种。正投影是由平行投影线在与其垂直的投影面上的投影，如图 1–14（a）所示；斜投影是由平行投影线在与其倾斜的投影面上的投影，如图 1–14（b）所示。

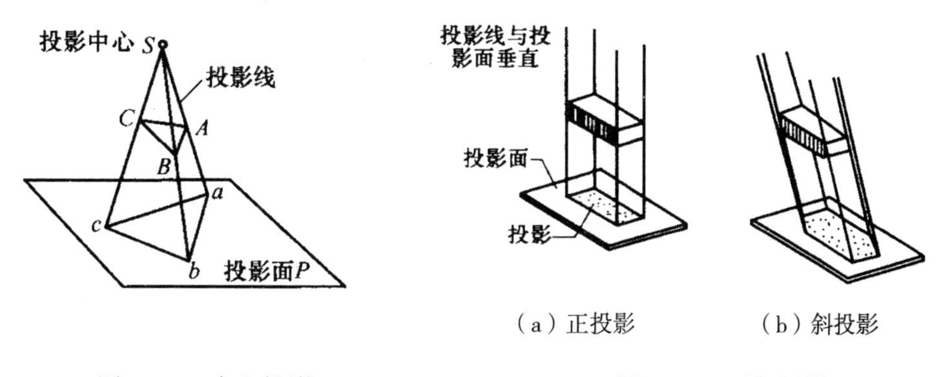

（a）正投影　　（b）斜投影

图 1–13　中心投影　　图 1–14　平行投影

二、三面视图及对应关系

1. 三面视图及对应关系

物体在一个投影面上的投影称为单面视图，物体在两个互相垂直的投影面上的投影称为两面视图。上述两种视图都不能确定出空间物体的唯一准确形状。解决这一问题必须建立多个投影面体系，我们一般用三个互相垂直的投影面，建立三面投影体系，如图 1–15 所示。三面投影体系由三个互相垂直的投影面组成。其中水平投影面，用字母 *H* 表示；正投影面，用字母 *V* 表示；与 *H*、*V* 面均垂直的投影面称为侧立面，用字母 *W* 表示。三个投影面相交于三个投影轴即 *OX*、*OY*、*OZ*，三个投影轴相交于原点 *O*。将物体在三个投影面上分别作其正投影，便形成了物体的三面视图。

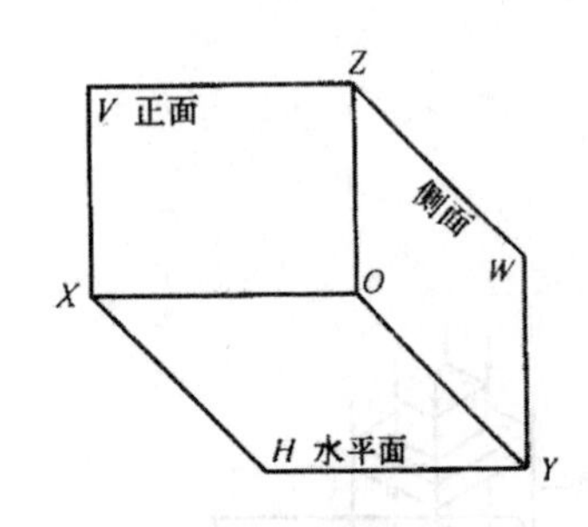

图 1–15　三面投影体系

通常把物体在 *H* 面上的投影称为水平投影或 *H* 面投影；在 *V* 面上的投影称为正面投影或 *V* 面投影；在 *W* 面上的投影称为侧面投影或 *W* 面投影，如图 1–16 所示。

为了在同一平面内将三面视图完整地反映出来，就需要将投影面展开。即：*V* 面不动，*H* 面绕 *OX* 轴向下旋转 90°，*W* 面绕 *OZ* 轴向右旋转 90°，如图 1–17 所示。

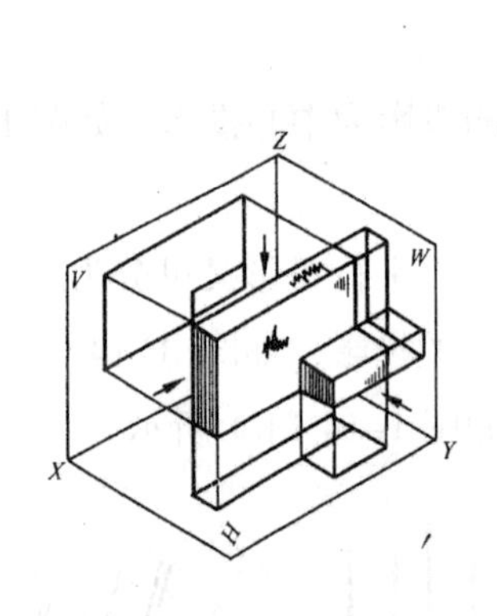

图 1–16　形体的三面投影

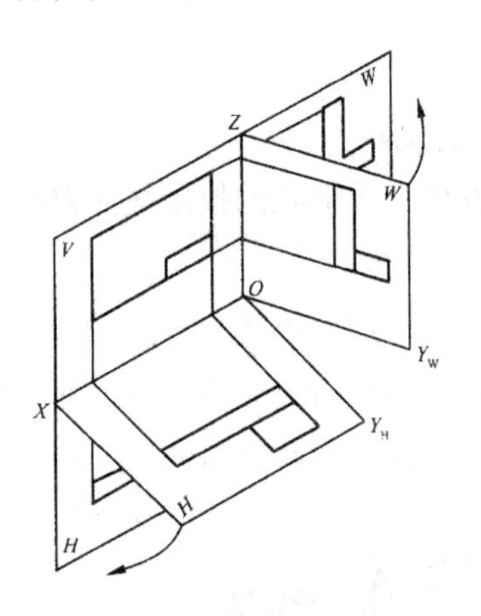

图 1–17　平面投影的展开

2. 三面视图的对应关系

（1）三面视图的三等关系

三面视图共同表达同一物体，因此，它们之间存在密切的关系。*V* 面投影反映物体的长度、高度；*H* 面投影反映物体的长度、宽度；*W* 面投影反映物体的高度、宽度。三个投影图之间存在如下关系：*V*，*H* 两面投影都反映物体的长度且左右对齐，称“长对正”；*V*，*W* 两面投影都反映物体的高度且上下对齐，称为“高平齐”；*H*，*W* 两面投影都反映物体的宽度且前后对齐，称为“宽相等”。将“长对正”、“高平齐”、“宽相等”简称为三等关系，如图 1–18 所示。

（2）二面视图的方位关系

V 面投影图反映物体上下、左右关系；*H* 面投影图反映物体的前后、左右关系，*W* 面

投影反映物体的上下、前后关系，如图 1–19 所示。

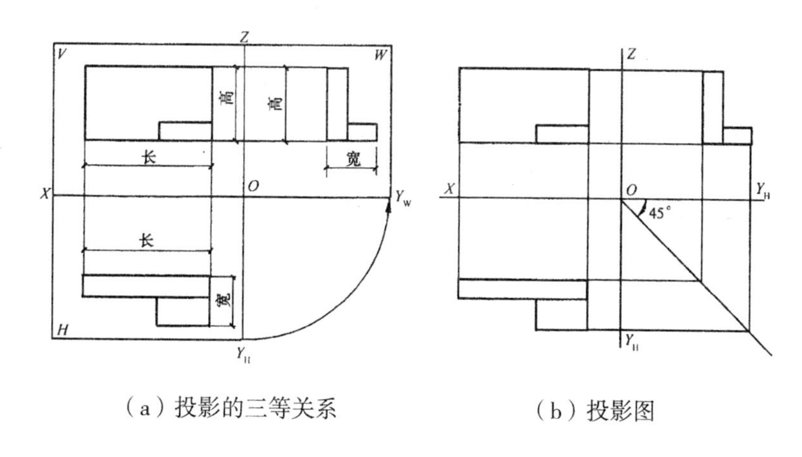

（a）投影的三等关系　　（b）投影图

图 1–18　三面投影的三等关系

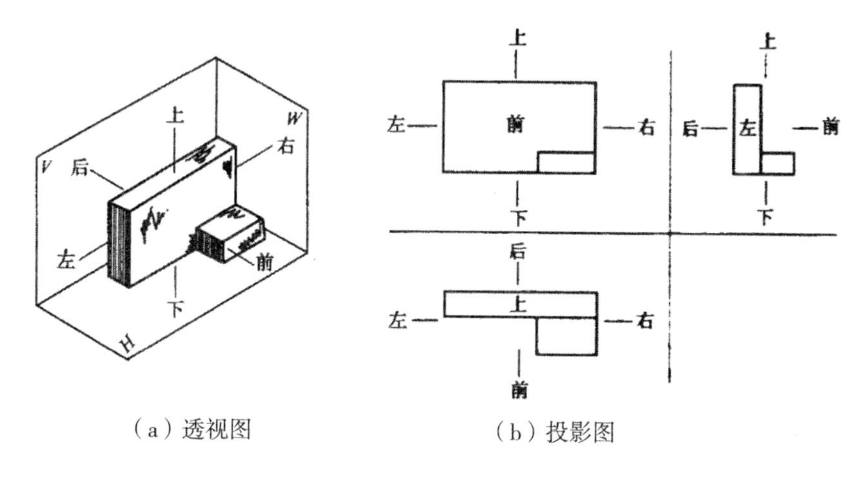

（a）透视图　　（b）投影图

图 1–19　三面投影的方位关系

三、点、直线、平面的投影

建筑物一般是由多个平面构成，而各平面相交于多条线，各条线又相交于多个点，由此可见点是构成线、面、体的最基本的几何元素。点、线、面的投影则是绘制建筑工程图的基础。因此，掌握点的投影是学习制图和识图的基础。

1. 点的投影

将空间点 *A* 放在三面投影体系中，自 *A* 点分别向三个投影面作垂线（投影线），便获得了点的三面投影。空间点用大写字母来表示，而在各投影面 *H*、*V*、*W* 的投影分别用小写字母、小写字母加一撇、小写字母加两撇来标注。*A* 点的三面投影分别标注为 *a*、*a*'、*a*"，如图 1–20 所示。

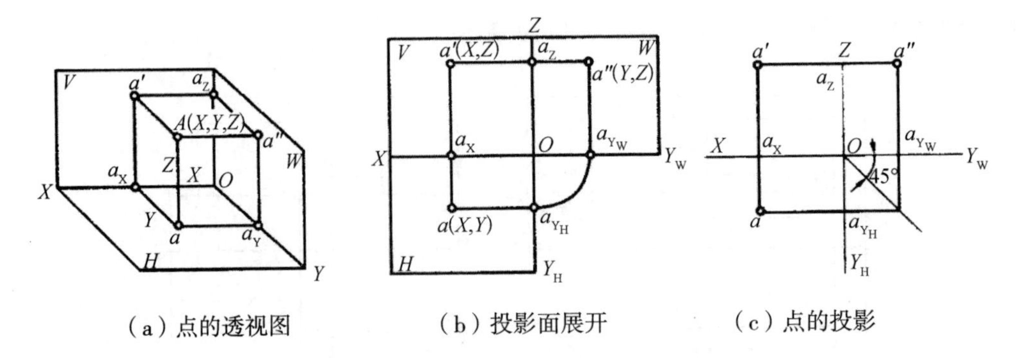

（a）点的透视图　（b）投影面展开　（c）点的投影

图 1–20　点的投影规律

点的投影规律：

1）点的投影连线垂直于两投影面相交的投影轴，如 $aa'\perp OX$，$a'a''\perp OZ$；

2）点的坐标反映投影点到投影轴的距离及到投影面的距离，如投影点 a 的坐标 Y 值反映该点到 OX 轴的距离及 a 点到 v 投影面的距离，即 A 到 v 投影面的距离。

2. 直线的投影

（1）直线的投影特性

直线的投影就是直线上各点的投影的集合。直线倾斜投影面时，其投影仍是一条直线段，但长度缩短，称为一般位置直线，当直线段垂直投影面时，其投影积聚成一点；当直线平行投影面时，其投影与直线本身平行且等长，如图 1–21 所示。

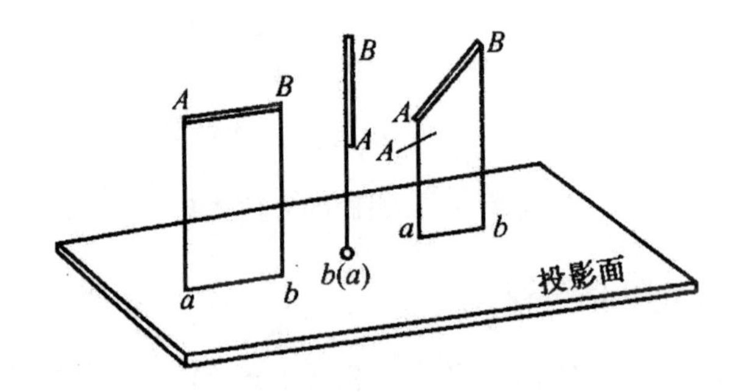

图 1–21　直线的投影

（2）直线的投影

一般位置直线段倾斜于 V、H、W 三个投影面在三个投影面上的投影都倾斜于投影轴且长度缩短，投影线与投影轴的夹角并不反映空间直线段与各投影面的倾角，如图 1–22 所示。

（3）投影面平行线段的投影

按平行线段与投影面的相对位置分为水平线、正平线、侧平线三种，其投影情况如

图 1–23 所示。

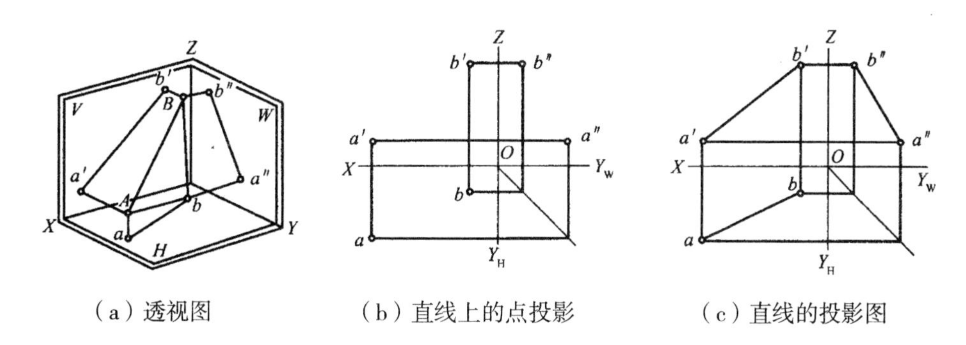

（a）透视图　（b）直线上的点投影　（c）直线的投影图

图 1–22　一般直线的投影

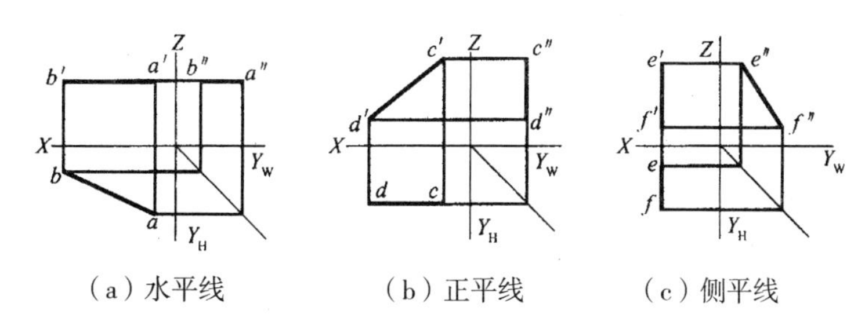

（a）水平线　（b）正平线　（c）侧平线

图 1–23　投影面平行线的投影图

1）水平线：平行于 H 面而倾斜于 V、W 面的直线，其投影见图 1–23（a）。

2）正平线：平行于 V 面而倾斜于 H、W 面的直线，其投影见图 1–23（b）。

3）侧平线：平行于 W 面而倾斜于 H、V 面的直线，其投影见图 1–23（c）。

各条平行线在所平行的投影面上的投影长度即为该空间直线段实长，而在其余两个投影面上的投影分别平行于对应的投影轴且长度缩短。

（4）投影面垂直线的投影

垂直线段分为正垂线、铅垂线、侧垂线 3 种，其投影情况如图 1–24 所示。

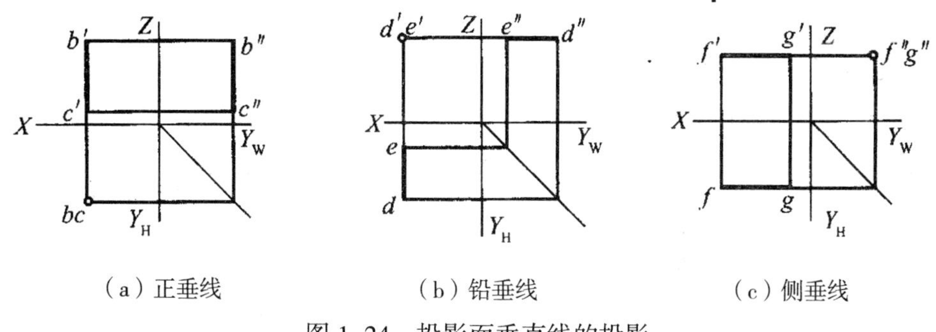

（a）正垂线　（b）铅垂线　（c）侧垂线

图 1–24　投影面垂直线的投影

1）铅垂线：垂直于 H 面，平行于 V、W 面的直线，其投影如图 1–24（a）所示。

2）正垂线：垂直于 V 面，平行于 H、W 面的直线，其投影如图 1–24（b）所示。

3）侧垂线：垂直于 W 面，平行于 V、H 面的直线，其投影如图 1–24（c）所示。

各垂直线段在其垂直的投影面上的投影积聚为一点，而在其余两个投影面上的投影平行于投影轴且反映实长。

综上所述，直线段上的点的投影一定落在该直线段的同面投影线上，并且点在直线段上所分割线段的比例与其投影点在投影线上的分割比例不变：而投影面的垂直线段上的点一定在该投影面上积聚为一点。

3. 平面的投影

空间平面与投影面的相对位置分为一般位置平面、投影面平行面、投影面垂直面三种，其投影情况也有不同。

（1）一般位置平面的投影

倾斜于三个投影面的空间平面称为一般位置平面，在三个投影面上的投影都是小于实际形状的类似形，如图 1–25 所示。

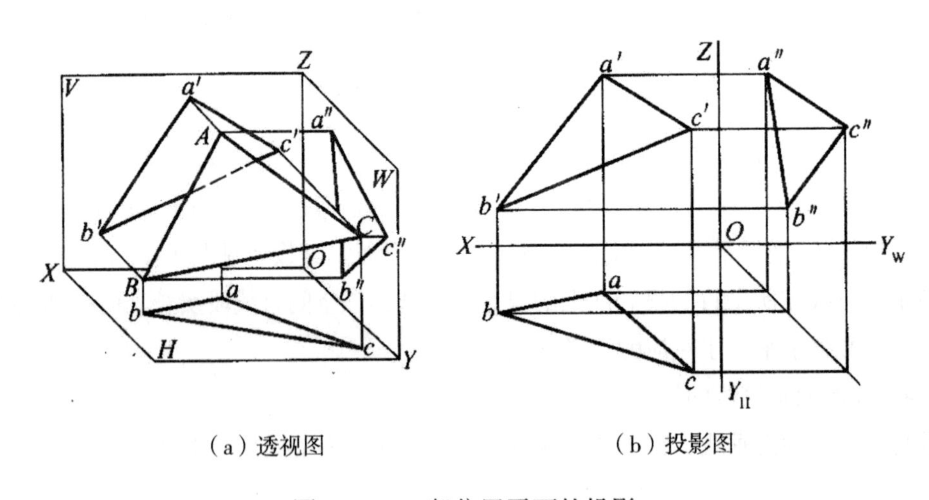

（a）透视图　　（b）投影图

图 1–25　一般位置平面的投影

（2）投影面的平行面投影

平行于某一投影面的空间平面称为投影面的平行面。该平面在平行投影面的投影反映实形，而在另外两投影面上则为平行于投影轴的直线段。平行面具体可分为：水平面、正平面、侧平面三种。

1）水平面：平行于 H 面而垂直于 V、W 面的平面，其投影如图 1–26（a）所示。

2）正平面：平行于 V 面而垂直于 H、W 面的平面，其投影如图 1–26（b）所示。

3）侧平面：平行于 W 面而垂直于 V、H 面的平面，其投影如图 1–26（c）所示。

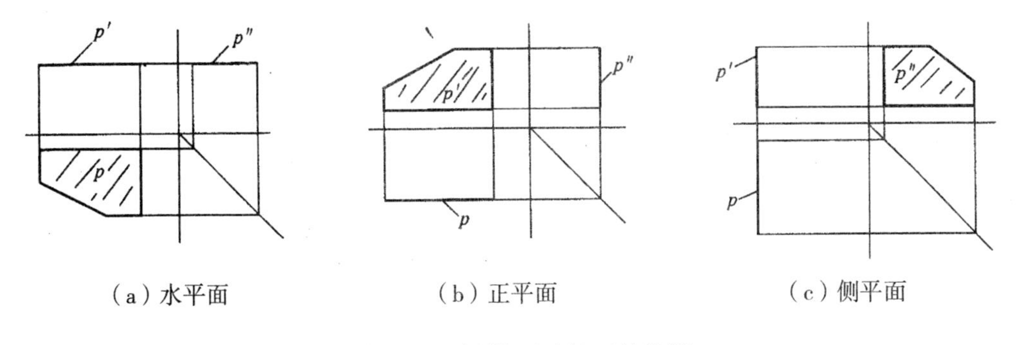

图 1–26　投影面平行面的投影

（3）投影面的垂直面投影

垂直于某一投影面且倾斜于其余两投影面的平面称为投影面的垂直面。该平面积聚在其垂直的投影面上成一直线段，且与两投影轴的夹角反映平面与两投影面的夹角，在其余两投影面的投影是小于实形的类似形。垂直面具体可分为铅垂面、正垂面和侧垂面三种。

1）铅垂面：垂直于 *H* 面，倾斜于 *V*、*W* 面的平面，其投影如图 1–27（a）所示。

2）正垂面：垂直于 *V* 面，倾斜于 *H*、*W* 面的平面，其投影如图 1–27（b）所示。

3）侧垂面：垂直于 *W* 面，倾斜于 *H*、*V* 面的平面，其投影如图 1–27（c）所示。

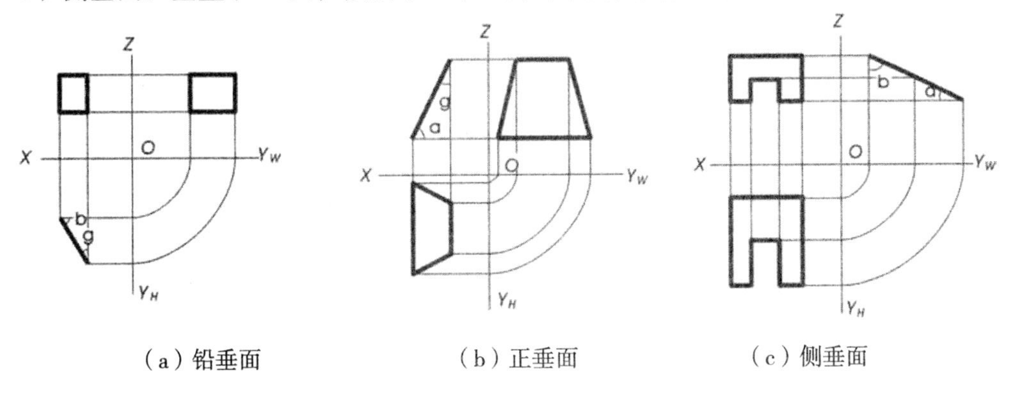

图 1–27　投影面垂直面的投影

四、组合体的投影

一个形体比较复杂的物体，可以把它看做是由若干个基本形体组合而成，故称为组合体。

1. 组合体的分类

组合体在形成的过程中，有时为基本体叠加而成，有时为基本体切割而成，有时既有叠加，也有切割。我们把这些组合方式分别称为叠加式组合、切割式组合和综合式组合。

（1）叠加式组合

由若干个基本几何体相接组成的形体。该形体组合简单，相互以平面相连接，只要明确组合体是由哪些基本形体构成，以及它们之间的相对关系，运用投影做法就能画出组合体的投影图，如图 1–28 所示。

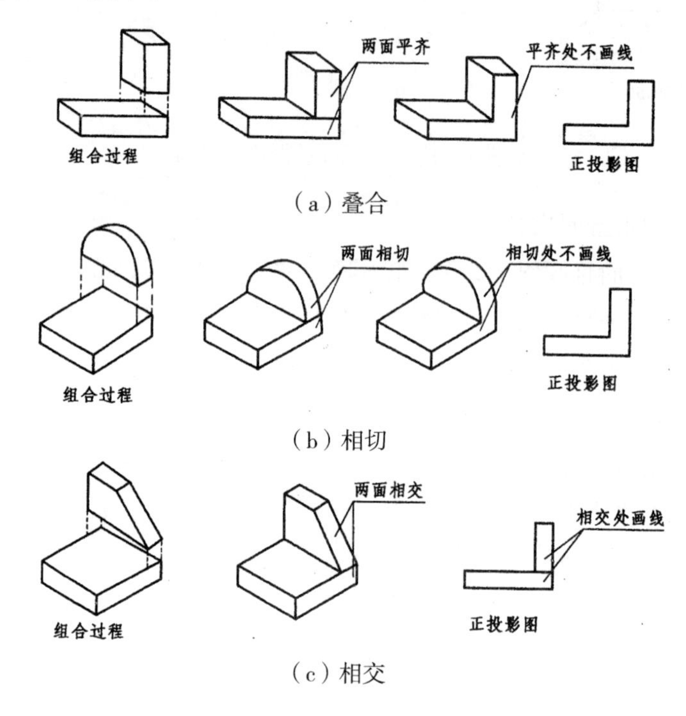

（a）叠合

（b）相切

（c）相交

图 1–28　组合体的叠加式组合

（2）切割式组合

切割式组合是由一个基本几何体被平面或曲面切除某些部分而形成的形体。此形体形状清晰、切割线分明，作投影图时应先画出基本几何体的三面视图，然后明确切割面与投影面关系，即可画出切割型组合体的投影图，其中切割线若不可见必须画成虚线表示，如图 1–29 所示。

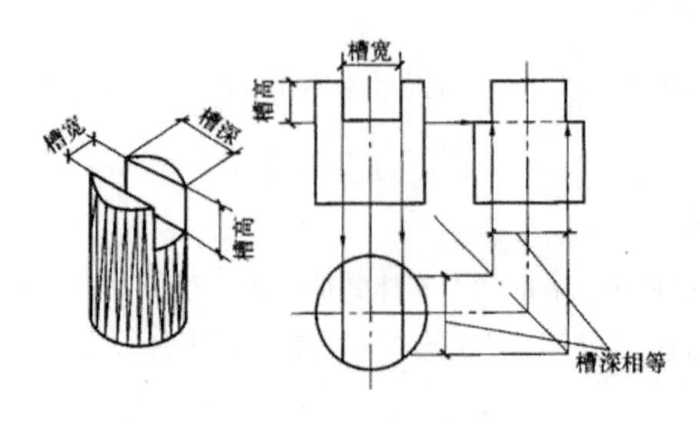

图 1–29　切割式组合

（3）综合式组合

综合式组合是叠加式组合与切割式组合并存的组合方式，如图 1–30 所示。该形体下部分是由一个长方体两边切去一个四棱柱、前边中间切去一个三棱柱后剩下的形体；上部分是一个四棱柱的上前边切去一个三棱柱后，形成的五棱柱前方又叠加了一个半圆柱，然后上下部分叠加，组成了该组合体。

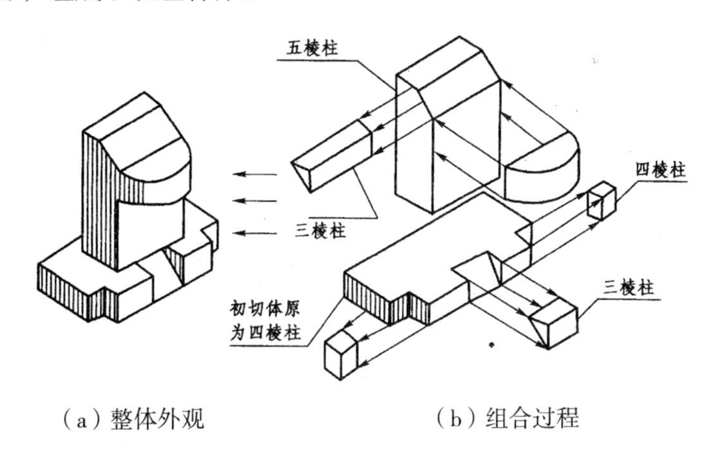

（a）整体外观　　（b）组合过程

图 1–30　组合体的综合式组合

2. 组合体三面视图的做法

首先进行形体分析，确定出基本形体及组合形式，如图 1–31 所示，此组合体是由一个四棱柱、一个圆柱体叠加后圆柱体被切割下一个小四棱柱体组成。依次画出组合体中各基本形体、切割形体的三面视图，即先画四棱柱体，其次画圆柱体，最后画切割四棱柱体。

注意：各三面视图间的关系以及相互间的可视情况，重合线可不再画，不可见线画成虚线。最后检查整理加深图线。

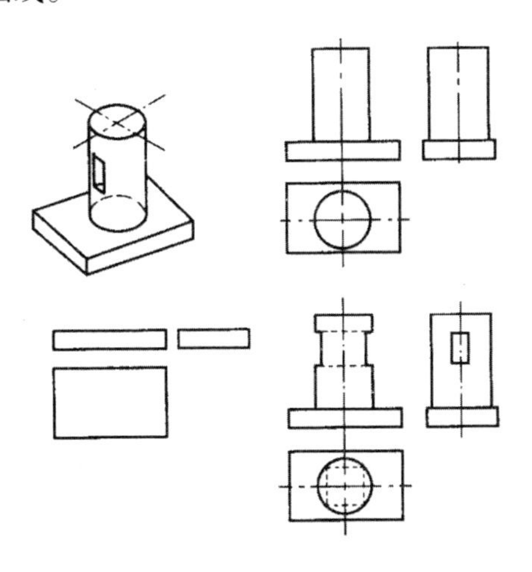

图 1–31　组合体三面投影的画法

第三节　剖面图与断面图

一、剖面图

主要用于内部结构形状比较复杂，层次较多的构件。假想用剖切平面剖开构件后，将处于观察者和剖切平面间的部分移去，将剩下的部分进行投影，并在图形的实体部分画上剖面符号，所得的图形叫剖面图。如图 1–32 所示。

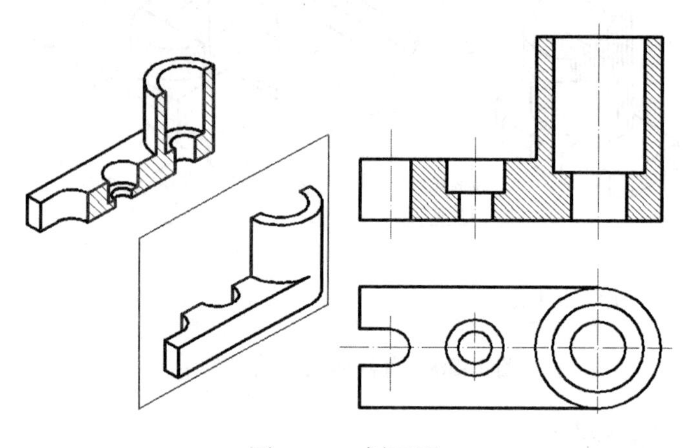

图 1–32　剖面图

1. 剖面图绘制要点

① 被剖切面切到部分的轮廓线用粗实线绘制，剖切面没有切到，但沿投射方向可以看到的部分，用中实线绘制；

② 一般不画虚线，确有没表达清楚的才画虚线；

③ 画出建筑材料图例。

2. 剖面图的标注

1）剖切符号：用粗实线，长 6 ~ 10mm，在起、止、转折处画出，投射方向线与剖切线垂直，长 4 ~ 6 mm。剖切符号不能与图形轮廓相交。

2）剖切符号编号：用阿拉伯数字从左至右，或从上到下的顺序进行编号。

3）标注：在剖切平面的迹线的起、止、转折处标注剖切位置线，在图形外的剖切位置线两端画出投射方向线。在投射方向线端注写剖切符号编号；如果剖切位置线需要转折时，应在转角处注上相同的数字；在剖面图下方标注剖面图名称，如“×—×剖面图”，在图名下绘一粗实横线，其长度应以图名所占长度为准。如图 1–33 所示。

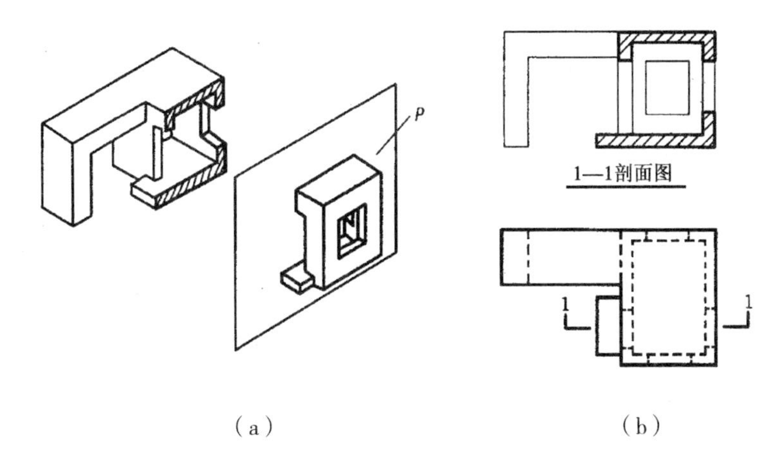

图 1-33　剖面图示例

二、剖面图的种类

1. 全剖面图

用一个剖切平面将物体全部剖开后所得到的剖面图，称为全剖面图。如图 1-34 所示的侧面投影为台阶的全剖面图。全剖面图通常用于不对称的形体，或者有些形体虽然对称，但是外形比较简单，或者在另一个投影图中已将其外形表达清楚时，可以采用全剖面图。

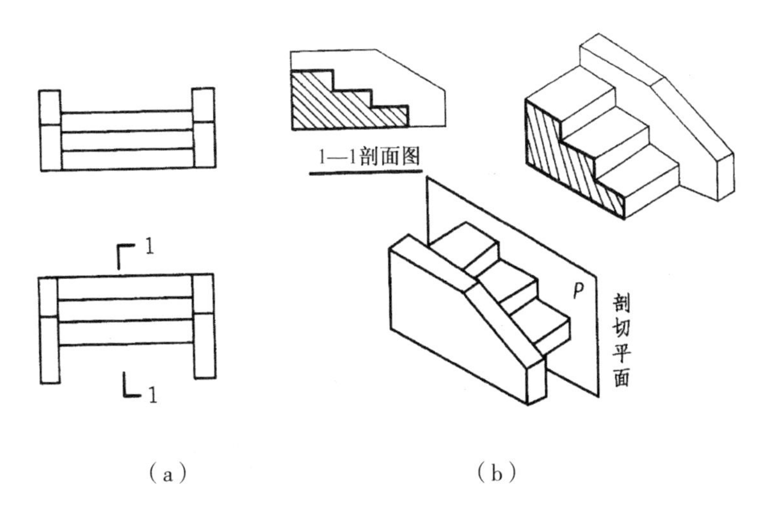

图 1-34　全剖面图

2. 半剖面图

如果被剖切的形体是对称的，而且形体的内外部分均比较复杂时，一般以对称轴为界，一半画外形投影图，一半画剖面图，这种用一个图同时表示物体的外形和内部构造的剖面图称为半剖面图。如图 1–35 所示为一个杯形基础的半剖面图。半剖面图应以对称线轴为外形图与剖面图的分界线，对称轴线画成单点长画线。当对称线为铅垂线时，剖面图画在对称线的右方；当对称线为水平线时，剖面图画在对称线的下方。半剖面图不画剖切符号和编号，图名用原投影图的图名。

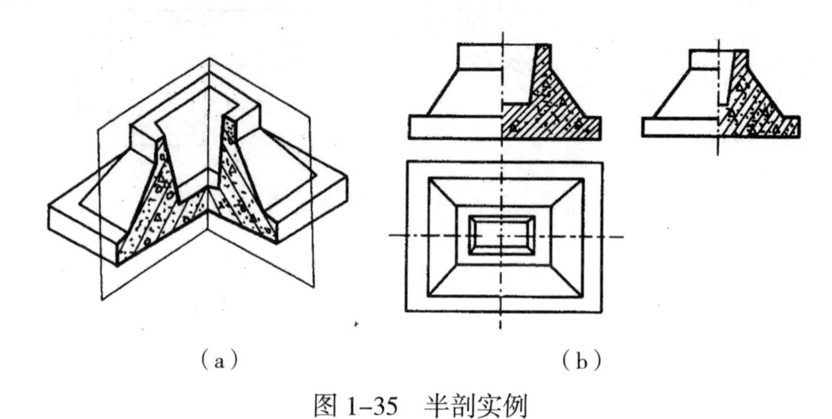

（a）　　　　　　（b）

图 1–35　半剖实例

3. 局部剖面图

当形体某一局部的内部形状需要表达，但是又没有必要作全剖和半剖时，可以保留原投影图的大部分，用剖切平面将形体的局部剖切开而得到的剖面图称为局部剖面图。如图 1–36 所示的杯形基础，在画剖面图时，保留了该基础的大部分外形，仅将其一角画成剖面图，以反映内部的配筋情况。局部剖面图一般不需标注，但局部剖面图与投影图之间应用波浪线隔开。波浪线不能与投影图中的轮廓线重合，也不能超出图形的轮廓线，分界线用 $b/3$ 的波浪线绘制，如果采用局部剖的结构有局部对称时，允许用对称中心线为分界线。

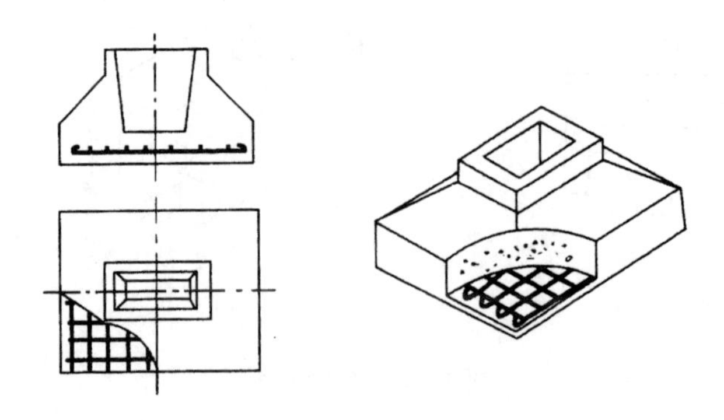

图 1–36　局部剖实例

4. 阶梯剖面图

用几个相互平行的剖切平面剖开物体后所得的剖视图，适用于物体内部各结构的对称

中心线不在同一对称平面上，方便表达，在起、止、转折处均要用同一字母标注。

5. 旋转剖面图

用两相交的剖切平面（交线垂直于某一基本投影面）剖开物体的方法，在起、止、转折处，用同一字母标出剖切位置，用箭头标出投影方向，并写上名称。主要适用于构件上具有回转轴。

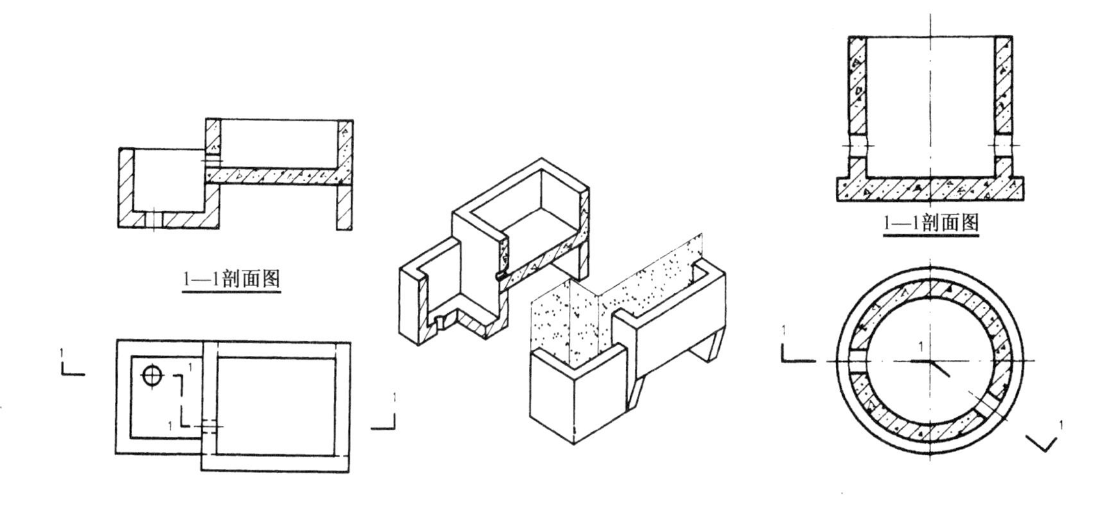

图 1-37　阶梯剖实例　　　　图 1-38　旋转剖实例

6. 分层剖面图

分层剖面图，可反映具有多层构造的工程形体各层所用材料和构造的做法，多用来表达房屋的楼面、地面、墙面和屋面等处的构造。分层剖面图应按层次波浪线将各层分开，波浪线也不应与任何图线重合，各层用引出线标注所采用材料和厚度尺寸。如图 1-39 所示为分层剖面图。

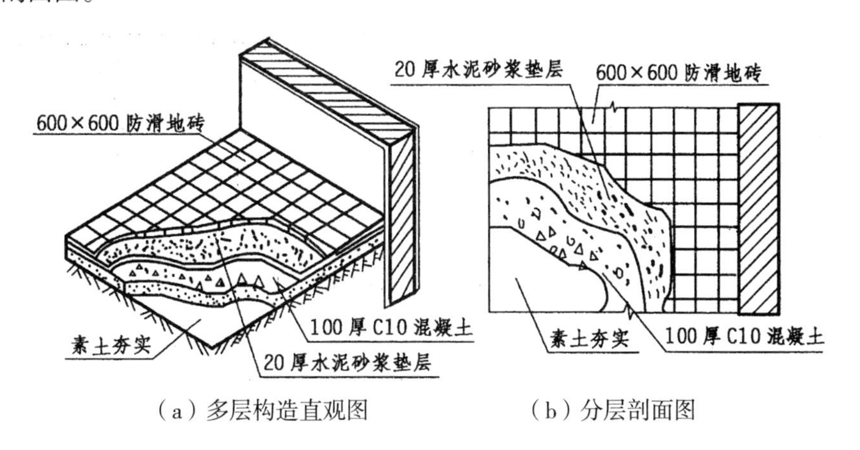

（a）多层构造直观图　　（b）分层剖面图

图 1-39　分层剖面图

三、断面图

假想用剖切平面将构件的某处切开，仅画出断面的图形，称为断面图。

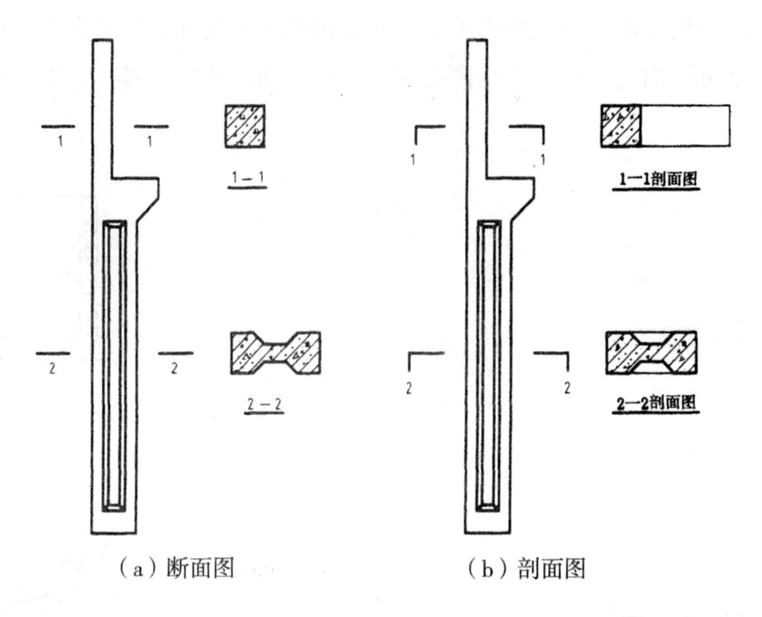

（a）断面图　　（b）剖面图

图 1–40　断面图实例

断面图与剖面图的区别：

1）断面图只画出形体被剖开后断面的投影，是面的投影；而剖面图是要画出形体被剖开后整个余下部分的投影，是体的投影，如图 1–41 所示。

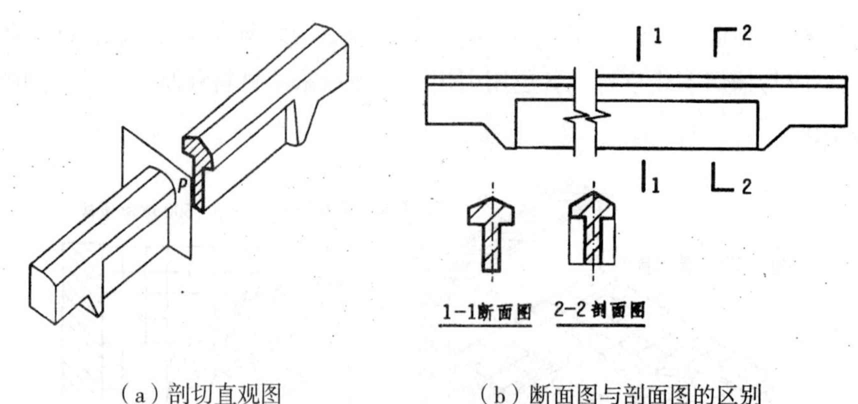

（a）剖切直观图　　（b）断面图与剖面图的区别

图 1–41　断面图与剖面图的区别

2）断面图与剖面图剖切符号的标注不同。断面图的剖切符号只画出剖切位置线，为长度 6 ~ 10mm 的粗实线，不画出投影方向线，编号写在投影方向一侧。

3）剖面图中的剖切平面可转折，断面图中的剖切平面不可以转折。

断面图主要用于表达物体断面的图形，在实际应用中，根据断面图所在的位置不同，通常采用的断面图有移出断面图、重合断面图和中断断面图。

1. 移出断面图

画在投影图外的断面图称为移出断面图。移出断面图一般绘制在靠近物体的一侧或端部处，并按顺序依次排列。移出断面图的轮廓线用粗实线绘制，内部用相应的材料图例填充。在移出断面图下方应注写与剖切面相应的编号，如 1–1、2–2，但不必写出“断面图”字样。如图 1–42 所示，（a）为梁、柱节点构造直观图，（b）为不同节点的移出断面图，其中 1–1 为花篮梁的断面图、2–2 为上方柱的断面图、3–3 为下方柱的断面图。

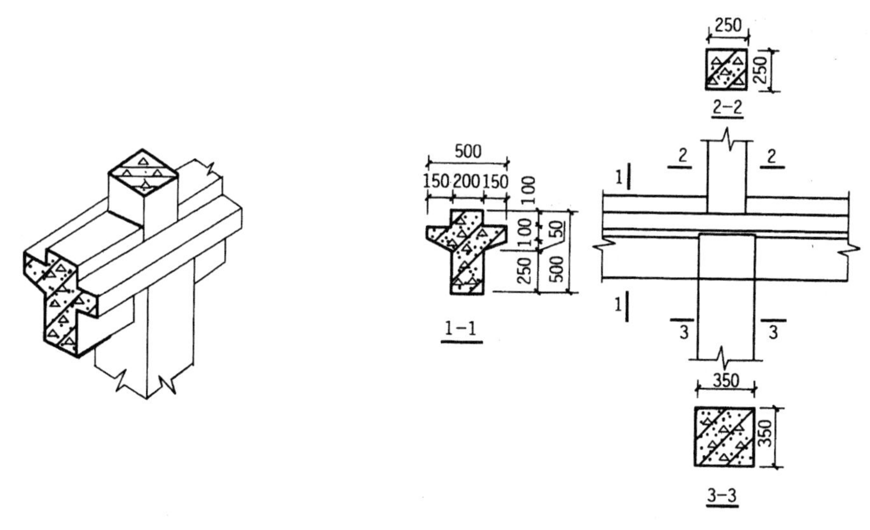

（a）梁、柱节点构造直观图　　（b）不同节点的移出断面图

图 1–42　移出断面图

2. 重合断面图

画在投影图内的断面图，称之为重合断面图。

重合断面图的投影图用细实线绘制。如果遇到投影图中的轮廓线与断面图中的轮廓线重叠时，则应按照投影图中的轮廓线完整地画出，不可间断。由于重合断面图与投影图重合，所以一般不必画剖切符号。如图 1–43（a）所示为工字钢的重合断面图。

重合断面图与原投影图的比例一致。如果断面图中的轮廓线不闭合，如图 1–43（b）所示为墙面的重合断面图——装饰图案，应当在断面轮廓线的内侧加画图例符号。

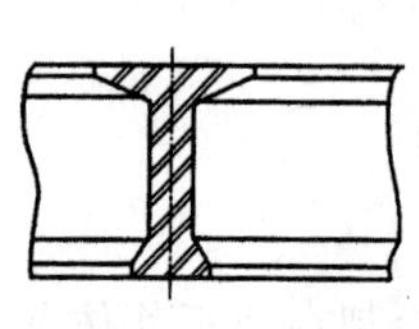

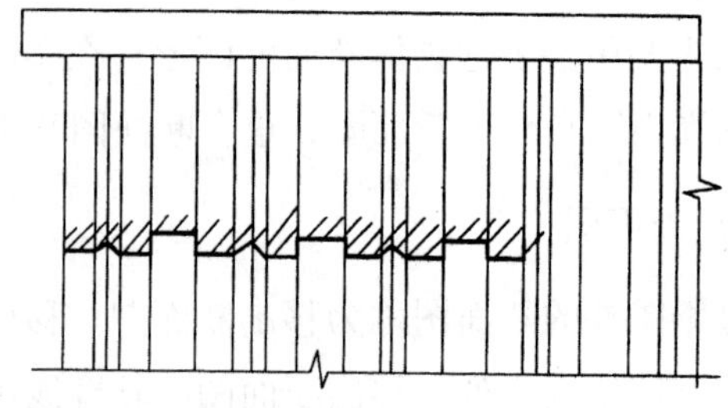

（a）工字钢的重合断面　　　　（b）墙面的重合断面

图 1–43　重合断面图

3. 中断断面图

较长的构件，如没长度方向的形状相同或按一定规律变化，可以断开省略绘制，如图 1–44 所示。

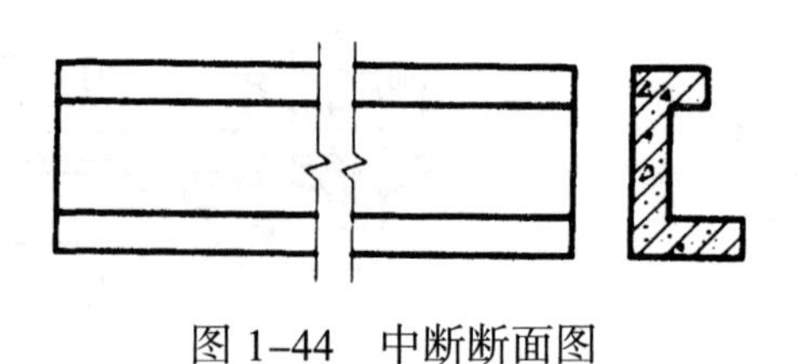

图 1–44　中断断面图

第二章 建筑施工图识图

施工图作为一种重要的工程技术文件，在建筑工程施工过程中起着很关键的作用。一名合格的工程技术管理人员首先必须能够熟练而准确地掌握图纸内容，按照图纸所表达的设计意图、技术要求来指导生产、组织施工。同时，还应能够发现图纸中的错误、遗漏及图样之间相互矛盾，以便与设计单位共同研究，得出相应的处理方案，确保建筑工程的施工质量。所以，掌握图纸是对一个工程施工技术人员的最基本要求。

第一节 建筑施工图基本知识

建筑工程施工图是按照不同的专业分别进行绘制的，一套完整的建筑工程施工图应包括以下几部分内容。

一、总图

总图常包括建筑总平面布置图、运输与道路布置图、竖向设计图、室外管线综合布置图（包括给水、排水、电力、弱电、暖气、热水、煤气等管网）、庭园和绿化布置图，以及各个部分的细部做法详图。此外，附有设计说明。

二、建筑专业图

建筑专业图包括个体建筑的总平面位置图，各层平面图，各向立面图，屋面平面图，剖面图，外墙详图，楼梯详图，电梯地坑、井道、机房详图，门廊门头详图，厕所盥洗卫生间详图，阳台详图，烟道、通风道详图，垃圾道详图及局部房间的平面详图，地面分格详图，吊顶详图等。此外，还有门窗表、工程材料做法表和设计说明。

三、结构专业图

结构专业图常包括基础平面图，桩位平面图，基础剖面详图，各层顶板结构平面图与剖面节点图，各型号柱、梁、板的模板图，各型号柱、梁、板的配筋图，框架结构柱、梁、板结构详图，屋架檩条结构平面图，屋架详图，檩条详图，各种支撑详图，平屋顶挑檐平面图，楼梯结构图，阳台结构图，雨篷结构图，圈梁平面布置图与剖面节点图，构造柱配筋图，墙拉筋详图，各种预埋件详图，各种设备基础详图，以及预制构件数量表和设计说明等。有些工程在配筋图内附有钢筋表。

四、设备专业图

设备专业图常包括各层上水、消防、下水、热水、空调等平面图，上水、消防、下水、热水、空调各系统的透视图或各种管道的立管详图，厕所、盥洗室、卫生间等局部房间平面详图或局部做法详图，主要设备或管件统计表和设计说明等。

五、电气专业图

电气专业图包括各层动力、照明、弱电平面图，动力、照明系统图，弱电系统图，防雷平面图，非标准的配电盘、配电箱、配电柜详图和设计说明等。

上述各专业施工图的内容，仅就常出现的图纸内容列举出来，并非各单项工程都得具备这些内容，还要根据建筑工程的性质和结构类型不同决定。例如，平屋顶建筑就没有屋架檩条结构平面图。又如，除成片建设的多项工程外，仅单项工程就可能不单独作总图。

第二节　建筑总平面图

一、建筑总平面图的形成和作用

在设计和建造一幢新建筑物之前，首先要了解新建房屋的位置、朝向、周围的环境、道路布置等情况，需要有一个工程的总体布局图样，这就是建筑总平面图。建筑总平面图是用1:500或1:1000的比例将新建房屋、原有建筑、周围地物和地貌所作的平面投影图。

总平面图是一个工程施工中确定房屋位置、施工放线、土方工程、绘制施工总平面的重要依据。

二、总平面图的内容

1）总体布局规划：表示新建工程的总体规划，如用地范围、地形、原有建筑物和构筑物的位置、原有道路和管线布置，以及拟建和拆除的建筑物。

2）形状和位置：表示新建房屋的平面形状，确定房屋的位置及确定房屋位置的方法。也就是根据原有建筑物的某个拐点或原有道路的转折点来定位，或者根据坐标定位。

3）地形和地貌：表示该区域的地形和地貌，如建筑物首层地面的绝对标高、室外整平标高和道路中心线的标高，以及该地区地面的起伏状态等都用等高线表示，由此可看出雨水排出方向和土方工程量。

4）朝向和风速：在总平面图中用指北针或风向频率玫瑰图表示该地区的朝向和风向频率及风速。

5）其他：总平面图中还要表示道路布置、环境绿化、地下暂线、电缆引入位置等的

分布情况。

三、总平面图图例符号

总平面图图例符号见表 2–1。

表 2–1　总平面图图例（部分）

序号	名称	图例	备注
1	新建建筑物		1. 需要时，可用▲表示出入口，可在图形内右上角用点数或数字表示层数 2. 建筑物外形（一般以±0.00 高度处的外墙定位轴线或外墙面线为准）用粗实线表示，需要时，地面以上建筑用中粗实线表示，地下以下建筑用细虚线表示
2	原有建筑物		用细实线表示
3	计算扩建的预留地或建筑物		用中粗虚线表示
4	拆除的建筑物		用细实线表示
5	截水沟或排水沟	1 40.00	“1”表示 1%的沟底纵向坡度，“40.00”表示变坡点间距离，箭头表示水流方向
6	挡土墙		被挡土在“突出”的一侧
7	挡土墙上设围墙		
8	雨水口		—
9	消火栓井		
10	坐标	X105.00 Y425.00 A105.00 B425.00	上图表示测量坐标 下图表示建筑坐标
11	过水路面		
12	室内标高	151.00	
13	室外标高	143.00	室外标高也可采用等高线表示

四、总平面图示例

如图 2–1 所示，本例为某住宅小区，选用绘图比例为 1:500，位于某区青年大街北侧，卫国路东侧。根据风玫瑰图可知建筑朝向及该地区常年主导风向为西北风，其次为西南风。从地形图等高线可知小区的西北角有土坡，等高线从 53～48m，相邻等高线差 1m，小区划分为 4 区域，东北区原有运动场、锅炉房；西北区拟建两栋建筑；东南区西侧设两个入口，四周设有围墙、绿化植物，拆除建筑一处，新建住宅 4 栋均为 4 层，首层地面绝对标高为 48.30. 室外地坪的绝对标高为 48.00，室内外高差为 0.3m，每栋建筑长 11.46mm，宽 12.48m，每栋建筑的西南角标注的 X、Y 坐标，是施工定位的依据；西南区拟建两栋 6 层建筑物。

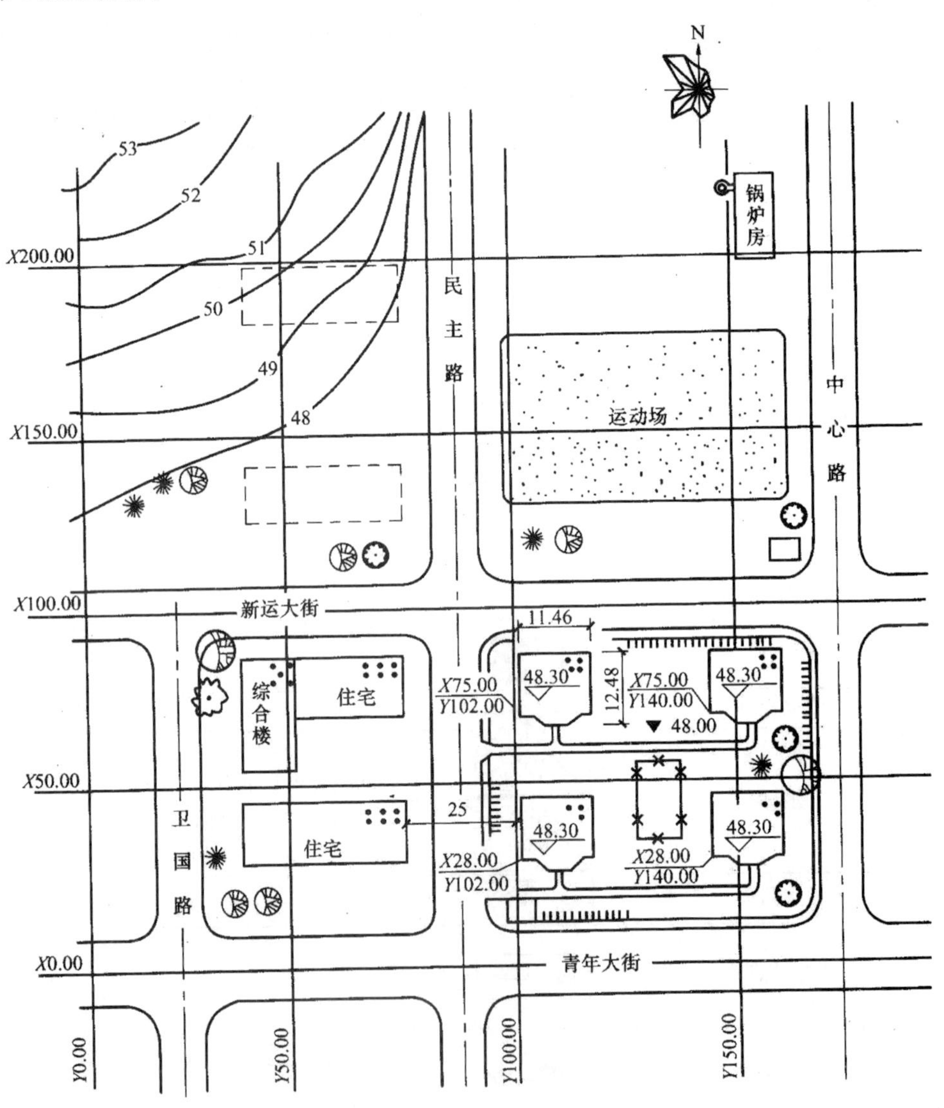

图 2–1　某住宅小区总平面图

第三节　建筑平面图

一、建筑平面图的形成与作用

建筑平面图是用一个假想的水平面，从窗洞口的位置剖切整个房屋，移去上面部分，做出剖切面以下部分水平投影，所得到的房屋水平剖面图即建筑平面图。如图 2–2 所示。一般每层画一个平面图，中间层如果平面布置无变化可只画一个平面图，即标准层平面图。屋顶平面图比较简单，可采用较小比例绘制，有时也可省略，有时可利用对称性将两层平面图画在同一图上，左半部分画出一层的一半，右半部分画出另一层的一半，但必须分别注明图名、比例。

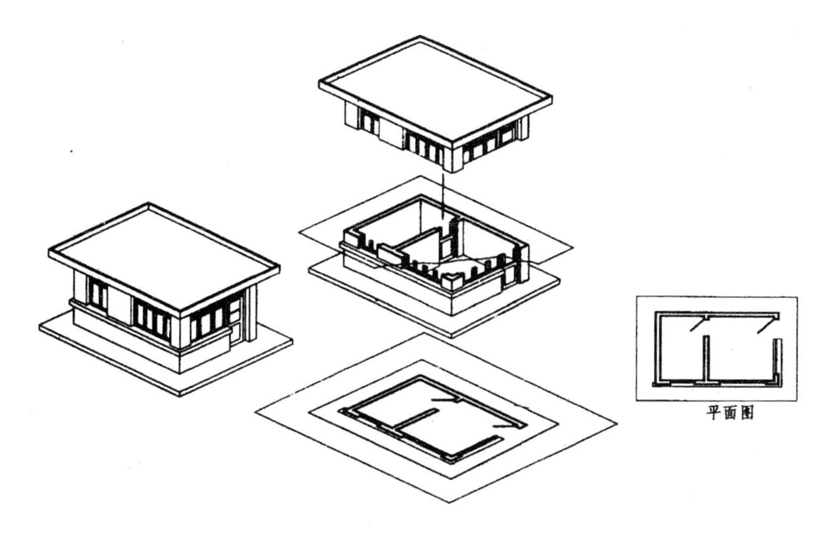

图 2–2　建筑平面图的形成过程

建筑平面图主要用于施工放线、砌筑墙体、安装门窗、室内装修，同时也是编制施工图预算的重要依据。

二、建筑平面图的内容、图示方法

1. 图名、比例、朝向

1）图名：是标注于图的下方表示该层平面的名称。如底层（或一层）平面图、二层平面图等。底层平面图表示该层的内部平面布置、房间大小，以及室外台阶、阳台、散水、雨水管的形状和位置等，标准层平面图表示该层内部的平面布置、房间大小、阳台及本层外设雨篷等。

2）比例：有 1∶50、1∶100、1∶200，依房屋大小和复杂程度来选定，通常采用 1∶

100。

3）朝向：一般在底层平面图上画出指北针来表示。

2. 图例

建筑物常用构造及配件图例，见表 2-2。

表 2-2　常用构造及配件图例

构件名称	图例	构件名称	图例
顶层楼梯平面	下	中间层楼梯平面	下 上
底层楼梯平面	上	墙体	
检查口		孔洞	
单扇平开或单向弹簧门		单面开启双扇门（包括平开或单面弹簧）	
墙洞外单扇推拉门		墙中单扇推拉门	

构件名称	图例	构件名称	图例
单层外开平开窗	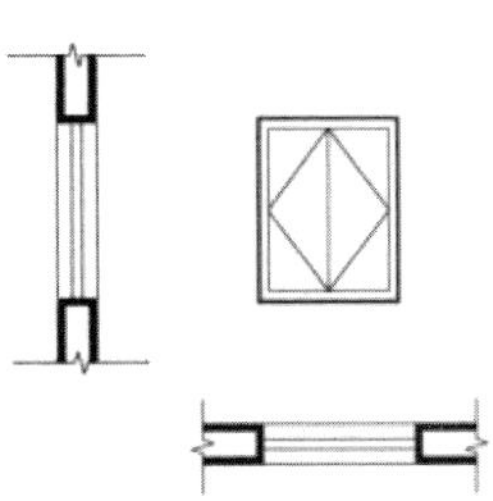	单层内开平开窗	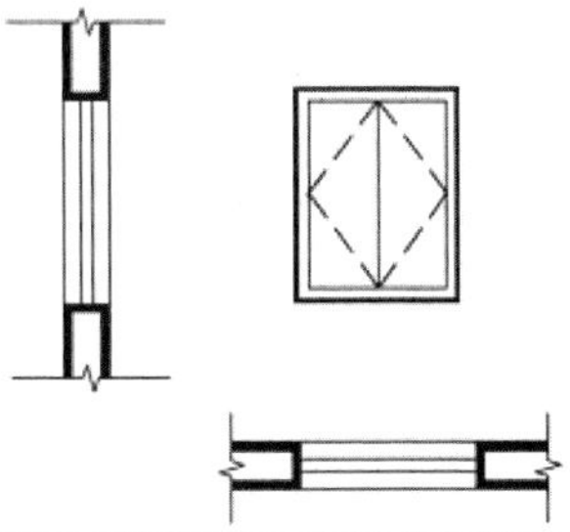
百叶窗	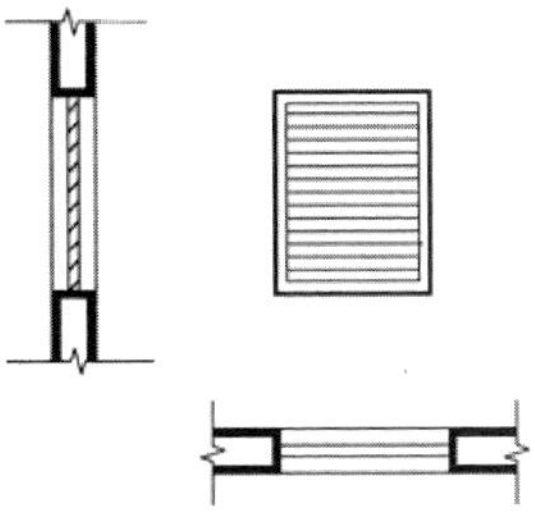	平推窗	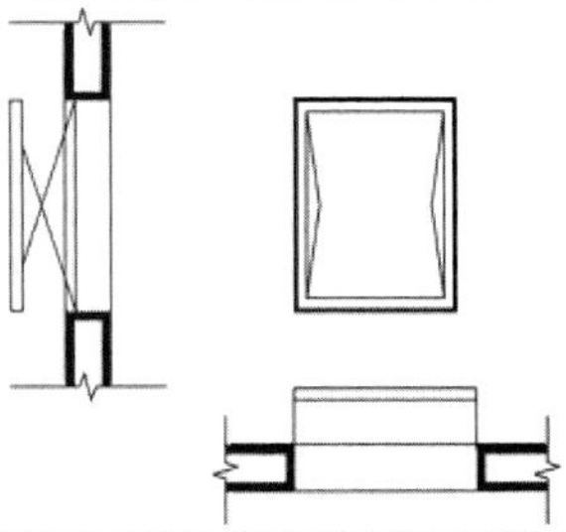

3. 定位轴线及编号

定位轴线是施工定位、放线的依据，确定主要构件位置的基线，依规定轴线应用细点画线绘制，编号应注写在轴线端部的圆内，圆应用直径为 8mm 的细实线绘制。对于详图，轴线圆直径可增加为 10mm，且圆内应注写轴线编号。横向轴线编号用阿拉伯数字，从左至右顺序注写，如图 2-3 所示，图中的底层平面图中①～⑫轴；竖向轴线用大写拉丁字母从下至上顺序注写，见附图一Ⓐ～Ⓕ轴。应注意拉丁字母中 I、O、Z 不得用于轴线编号，以免与阿拉伯数字中的 1、0、2 相混，字母不够可增用双字母或单字母加数字脚注，如 AA、BB 或 1 等。对于与主要构件联系的次要构件，它的轴线可采用附加轴线。编号用分数来表示。分母表示前一轴线编号，分子表示附加轴线编号（用阿拉伯数字按顺序编写），Ⓐ号轴线前附加轴线分母用(0A)表示，①号轴线前的附加轴线分母用(01)表示，分子用阿拉伯数字表示。一个详图适用几根轴线时，应同时注明各有关轴线编号。

4. 平面图的各部分尺寸

平面图的尺寸主要反映房间的开间、进深、门窗及设备的大小与位置等。

1）外部尺寸：一般注写在图形的下方及左侧，若平面图前后或左右不对称，则应四周标注尺寸。外部尺寸可分三道标注，即第一道细部尺寸（建筑物构配件的详细尺寸如窗宽和位置），中间一道为定位尺寸（轴线间尺寸，如开间：两条横向定位轴线间的距离；进深：两条纵向定位轴线间的距离），第三道尺寸为总尺寸（建筑物外轮廓尺寸，如总长、总宽）。

2）内部尺寸：一般表示房间的净长、净宽、墙厚及内墙上的门窗的位置及大小。

此外，平面图上还标出各处必要的标高。如地面、楼面、楼梯平台面、室外台阶顶面、阳台的标高等。

5. 门窗的编号

平面图上标有门窗的位置、开启方向、单层、双层及相应代号。一般门以 M–l、M–2 等表示；窗以 C–1、C–2 等表示。

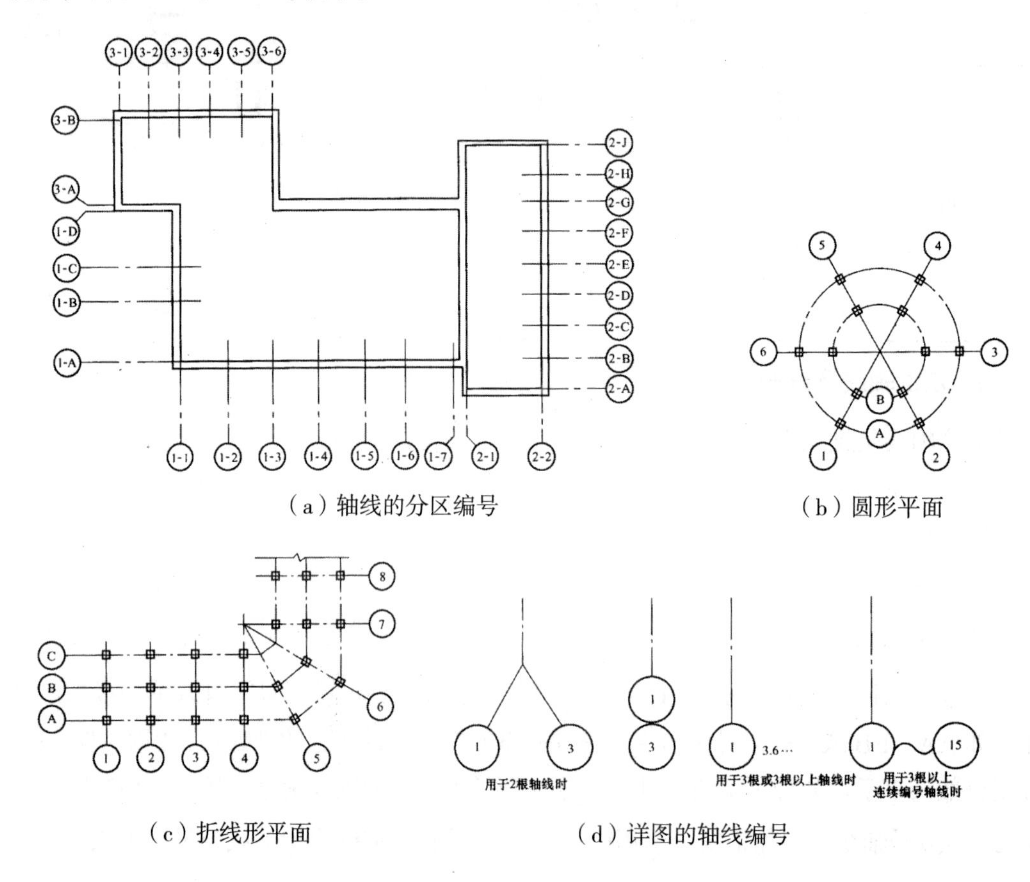

图 2–3　定位轴线编号

三、建筑平面图示例

识读建筑平面图一般从底层平面图入手，按照从大到小、从整体到细部的顺序进行。下面以如图 2–4 所示的某办公楼一层平面图为例，介绍建筑平面图的识读方法和步骤。

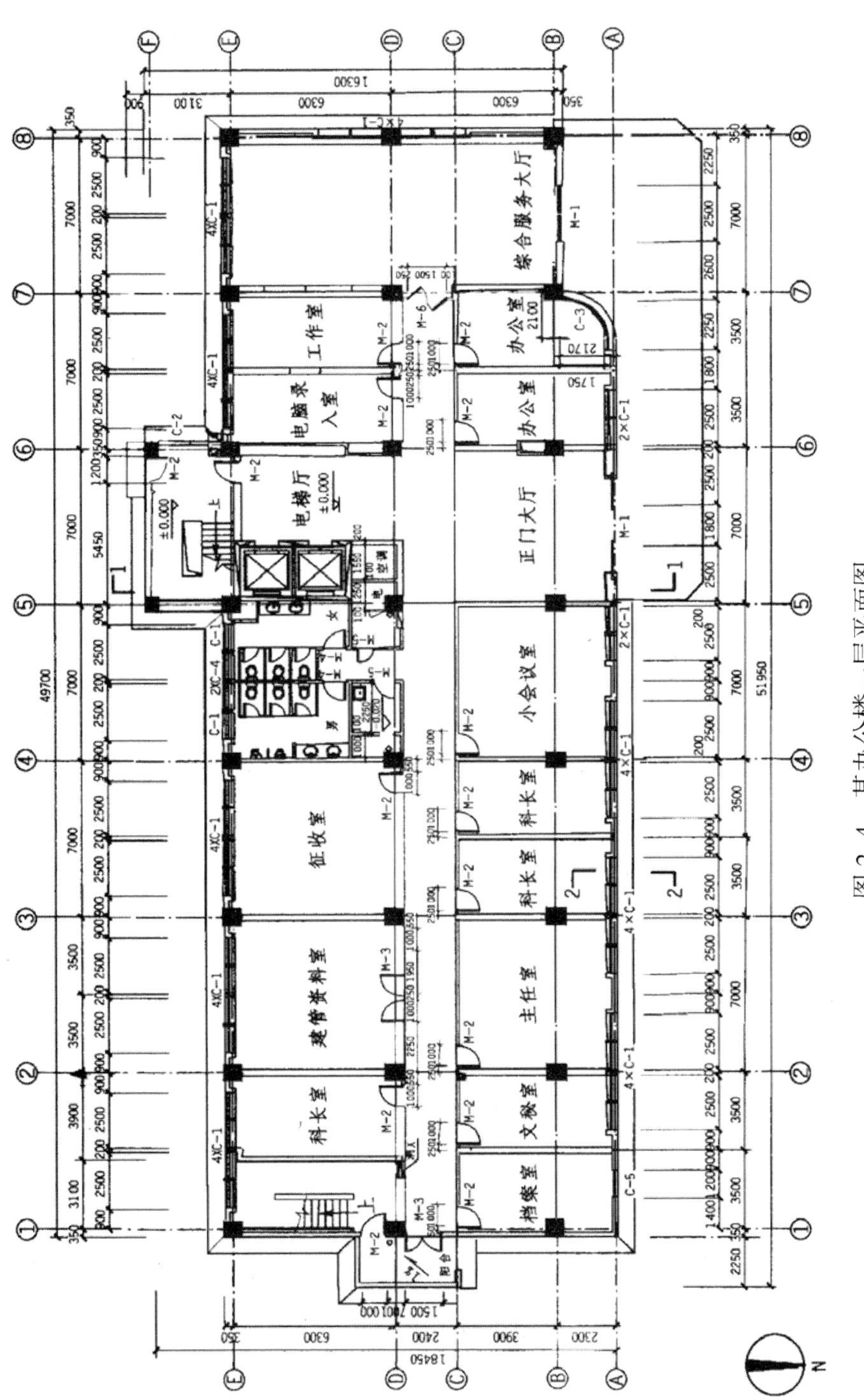

图 2-4 某办公楼一层平面图

1. 读图名、比例及文字说明

读图一般先看标题栏，结合图名了解图样内容。由图 2–4 可知，该图为某办公楼的一层平面图，绘图比例为 1: 100。

2. 了解建筑平面的布局和大小

由图 2–4 可知，该建筑的平面形状大致为矩形形状，主要入口朝北，建筑总长 51.950m，总宽 18.450m。

3. 了解建筑的结构类型和结构尺寸

建筑结构形式是钢筋混凝土框架结构，柱距为 7.0 m × 6.3m，图中⑥轴线前面为悬挑结构，挑出长度为 2.3m。

4. 了解建筑的内部布置和细部

从图中可以看出该办公楼有正门和服务大厅两个入口，室外设一步台阶。大楼正门入口正对电梯厅，主楼梯间与电梯厅相邻，电梯厅内设有两部电梯。在大楼的东南角① ~ ②轴之间设次楼梯间（独立式安全出口楼梯间），东端设次要出入口与外阳台相连。在一层的西端是综合服务大厅，大厅东侧的双弹簧门与通向大楼的走道隔开。走道两侧布置有主任室、科长室、征收室、档案室、会议室等办公用房。

由门窗编号可知该层门的类型有 6 种，分别为 M–1、M–2、M–3、M–4、M–5 和 M–6；窗的类型有 5 种，分别为 C–1、C–2、C–3、C–4 和 C–5，较多的是四连窗。

5. 了解楼地面标高

该建筑室内地面相对标高为 ± 0.000，厕所、盥洗室的地面相对标高为–0.020，低于室内地面 20mm。

6. 了解剖切符号

通过底层平面图上的剖切符号，了解建筑剖面图表达的剖切位置、剖视方向，便于与建筑剖面图对应起来识读。

7. 屋顶平面图的识读

图 2–5 为某办公楼的屋顶平面图，从图中可以看出屋面坡度为 3%、檐沟纵向坡度为 1%、雨水管的布置位置，以及屋面的防水做法类型等。

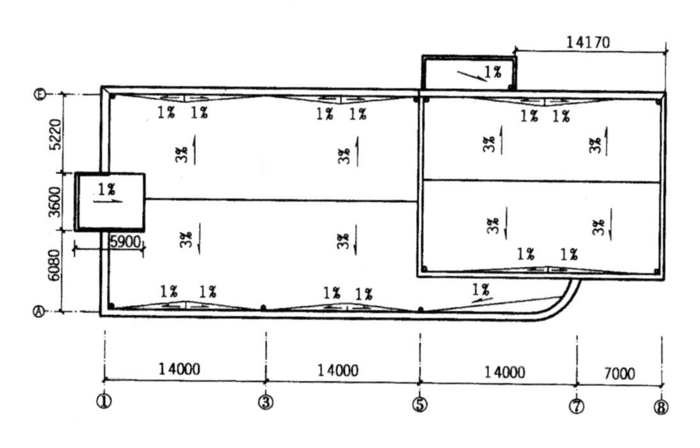

图 2-5　某办公楼屋顶平面图

第四节　建筑立面图

建筑立面图的形成、用途和命名

1. 建筑立面图的形成和用途

建筑立面图是在与建筑物立面平行的投影面上所作的正投影图，简称立面图。

立面图主要表示建筑物的外形和外貌，反映房屋的高度、层数、屋顶及门窗的形式、大小和位置；表示建筑物立面各部分配件的形状及其相互关系、墙面做法、装饰要求、构造做法等，是进行建筑物外装修的主要依据。

2. 建筑立面图的命名与数量

建筑物一般有四个立面图，如图 2-6 所示，各立面图的命名方法如下：

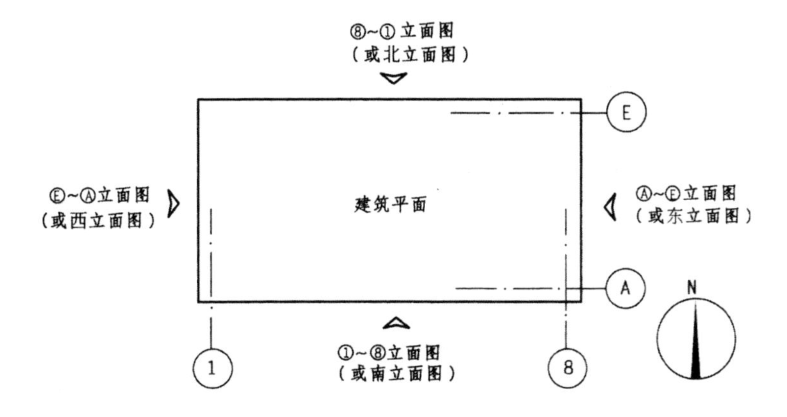

图 2-6　建筑立面图的形成与命名

1）按建筑物各立面的朝向命名。即朝向哪个立面方向就为此向立面图，如朝北的立面图样就称为北立面图。

2）按照立面特征命名。一般将建筑物主要出入口所处的立面，或是能够显著反映建筑物外貌特征的立面称为正立面图，与之相对的称为背立面图，其余的为侧立面图（包括左立面图和右立面图）。

3）根据建筑物两端首尾定位轴线的编号命名（注意：左侧轴线编号在前，右侧轴线编号在后）。如图 2-7 所示的立面图图名也可为①～⑧立面图。

4）对于平面形状曲折的建筑物，如圆形、曲线形或折边形平面的建筑物，可分段展开绘制立面图，并在图名后加注“展开”字样。

立面图的数量是根据房屋各立面的形状和墙面的装修要求来决定的，当房屋各立面造型不同、墙面装修不同时，就需要画出所有立面图，如果房屋的侧面造型与装饰装修做法相同，则只需画出一个侧立面图即可。

3. 建筑立面图的图示内容与方法

建筑立面图主要表达房屋的外形、定位轴线、各部分尺寸、门窗位置、阳台、窗台、建筑各层标高、檐口，以及台阶、雨水管的位置等。建筑立面图采用的绘图比例应和建筑平面图一致，一般为 1: 100。

（1）立面外形

立面图主要表明房屋建筑的立面外形和外貌，包括外形轮廓、门窗、挑檐、雨篷、阳台、台阶、遮阳板、屋顶、雨水管、勒脚、散水、墙面及其装饰线、装饰物等的形状、位置等。

为使建筑立面图主次分明、清晰明了，应注意线型的应用。一般用粗实线绘制建筑物的外轮廓和有较大转折处的投影线，用中粗线绘制外墙上凸凹部位，如壁柱、门窗洞口、挑檐、雨篷、阳台、遮阳板等，用细实线绘制门窗细部分格、雨水管、勒脚和其他装饰线条，用加粗实线绘制室外地坪线。

建筑物立面上往往有许多重复的细部分格，如门窗、阳台栏杆、墙面构造花饰等，绘制立面图时，只需详细画出一个图样，其余部分可简化画出，即只需要画出其轮廓和主要分格。

（2）标注标高

立面图中标注的标高应与各层楼地面的标高相一致，一般注写的标高部位有室内外地坪、各层楼面、檐口、屋脊、女儿墙、雨篷、门窗、台阶等处。

（3）标注定位轴线

在建筑立面图中，要画出起始轴线和终止轴线及其编号。

（4）标注索引符号

对于建筑立面图中不能确切表达的图样做法，需要画出详图或引用标准做法，这时需在立面图对应的位置处标注索引符号。

（5）注明外墙面装饰装修做法

在立面图上，应用引出线加文字说明注明墙面各部位所用的装饰装修材料、颜色、施工做法等。

4. 建筑立面图识读示例

以某办公楼立面图为例说明立面图的识读方法，如图 2–7 所示。

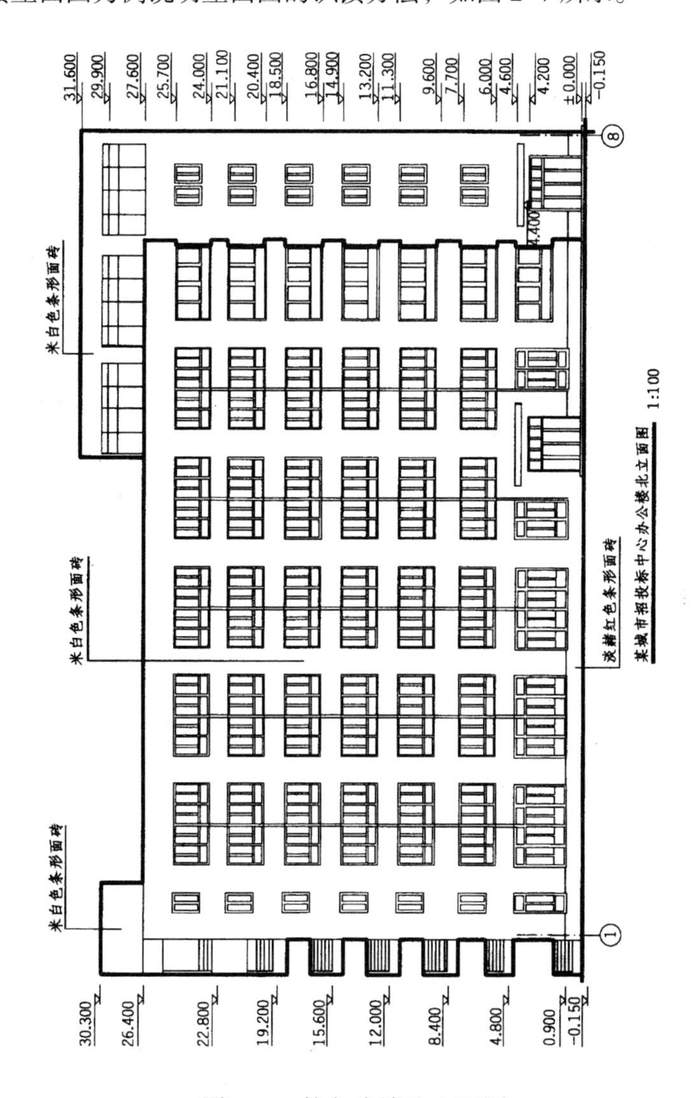

图 2–7　某办公楼北立面图

1）了解图名和比例。从图中可以看出，本图为北立面图，绘图比例为 1: 100，反映了建筑物的主要出入口的位置和主要外貌特征，属于建筑的正立面图。

2）了解建筑正面的外貌特征。从图中可以看出，此建筑的北立面形状为两侧高、中间低的“凹”形。该建筑为 7 层，局部为 8 层，屋顶形式为平屋顶；建筑正面主要窗户成组排列，有很强的节奏韵律感；建筑正面设有两个出入口，一个设置在建筑的主体部分，一个靠右侧，出入口处设一台阶与室外地坪联系。

3）了解建筑物的高度尺寸。从图中可以看出，此建筑总高 31. 750m，一楼层高 4.800m，标准层层高 3.600m，前面主体部分高度为 27.750m。

4）了解建筑立面的装饰装修做法。该建筑的正面墙体大部分为米白色条形面砖饰面，下部勒脚用淡赭红色条形面砖装饰。

第五节　建筑剖面图

一、建筑剖面图的形成、内容、图示方法

1. 形成与作用

建筑剖面图是用一个假想的垂直剖切面剖切房屋，移去剖切平面与观察者之间的部分，将留下的部分按剖视方向作出的正投影图。剖切位置标注在底层平面图中，剖切部位应选在能反映房屋全貌、构造特点等有代表性的位置。剖面图主要用来表示建筑物内部垂直方向的高度、构造层次、结构形式等。

2. 剖面图的内容、图示方法

建筑剖面图主要表达建筑中被剖切到的梁、柱、墙体、楼面、室内地面、室外地坪、门窗洞口等，以及未被剖切到的剩余部分，图示方法因图示内容而不同。

1）建筑中被剖切到的结构，如梁、墙体、楼板、屋面板、雨篷等，这些结构断面轮廓用粗实线绘制，内部用相应的材料图例进行填充。

2）未被剖切到的构配件如墙体、柱、门窗洞口等，其投影用细实线绘制。

3）被剖切到的建筑结构表面的装饰装修构造，如梁和墙体的饰面、楼面及室内外地坪的面层、顶棚、墙裙、勒脚等用细实线绘制。

4）屋顶、楼地面、散水等构造，用多层构造引出线，按照制图规范要求表达。

5）各部位的高度尺寸和标高尺寸：高度尺寸应标出墙身垂直方向的分段尺寸，如门窗洞口、窗间墙等的高度尺寸。标高尺寸应标注出室内外地面、各层楼面、阳台、楼梯平台、檐口、屋脊、女儿墙、雨篷、门窗、台阶等处的标高。

6）当有些节点构造在建筑剖面图中表达不清楚时，可用详图索引符号引注。

二、建筑剖面图识读示例

现以如图 2–8 所示某办公楼剖面图为例，说明剖面图的识读方法。

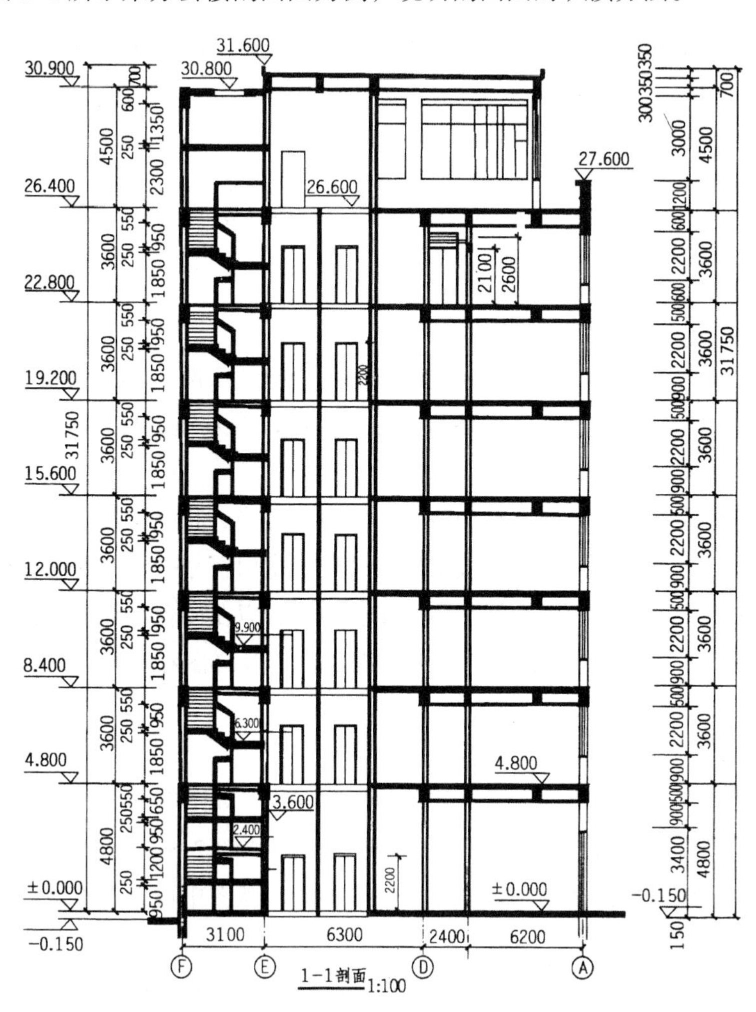

图 2–8　某办公楼剖面图

1）了解图名和比例。从图中可以看出，该图为 1–1 剖面图，比例为 1∶100，与建筑平面图和剖面图的比例相同。

2）了解剖面图形成时在建筑物中的剖切位置。将剖面图图名编号与底层平面图的剖切符号编号对照，看出该剖面图为建筑的横剖面图，剖切位置在⑤ ~ ⑥轴线之间，剖切到了门厅、楼梯间、电梯间和外墙上的门窗洞口。

3）了解建筑的剖面形状和结构类型。从图中可以看出，该建筑的剖面形状为矩形，共八层，为钢筋混凝土框架结构，屋顶形式为平屋顶，楼板为梁板结构，被剖切到的楼梯为三跑板式结构。

4）了解建筑内部设施的布置情况。该剖面图中反映出了电梯井、内部门窗的位置关系。

5）了解高度尺寸和重要部位的标高。从图中可以看出，该建筑一层层高为4. 800m，其余各层为 3.600m;室内地面标高为±0.000，第七层上的屋顶标高为 26.400，第八层上的屋顶标高为31. 600。

第六节 建筑详图

一、建筑详图的内容、作用

为了弥补在平面图、立面图、剖面图中由于受图幅和比例小的限制，建筑物的某些细部及构配件的详细构造和尺寸无法表达清楚这一不足，而另外绘制大比例如 1∶10、1∶5、1∶2、1∶1等的施工图，称为建筑详图。

建筑详图一般表达构配件的详细构造，如材料、规格、相互连接方法、相对位置、详细尺寸、标高等。其详图符号必须与被索引图样上的索引符号一致，并注明比例。建筑详图包括墙身详图、楼梯详图、卫生间和厨房布置详图，以及阳台、雨篷、台阶、门窗、内外装饰装修等详图。下面主要介绍一般建筑中常见的墙身详图和楼梯详图。

二、墙身详图识读示例

以某办公楼墙身详图为例说明墙身详图的识读方法，如图 2–9 所示。

1）看图名、比例。根据墙身剖面图的编号，对照如图 2–9 所示的一层平面图上相应的剖切符号，了解该墙身详图的剖切位置和剖视方向。从图中可以看出该墙身详图的比例为 1∶20。

2）了解墙体厚度、材料及其与定位轴线的关系。从图中的断面材料图例可以看出该建筑物的一层外墙是砖墙，厚为 240mm；定位轴线位于墙身内表面。

3）了解各层楼地面、屋面的构造做法。楼地面、屋面的构造用多层构造引出线注明各层的厚度、材料。由图可以看出，该建筑楼地面为水泥砂浆楼地面，屋面采用 SBS 卷材防水。

4）了解散水、防潮层、窗台、檐口等各部位的细部做法。由图可以看出，该建筑散水采用混凝土散水，宽度为 800mm，墙身下部利用钢筋混凝土地梁作防潮层、窗台，檐口处为女儿墙，高度 500mm。

5）了解各部位的标高、高度尺寸及细部尺寸。根据图中标注的标高、高度尺寸及细

部尺寸，可了解各层楼地面、室外地坪、窗洞口顶面和窗台的高度位置，了解窗洞口、女儿墙、过梁、窗台等的高度和细部尺寸。

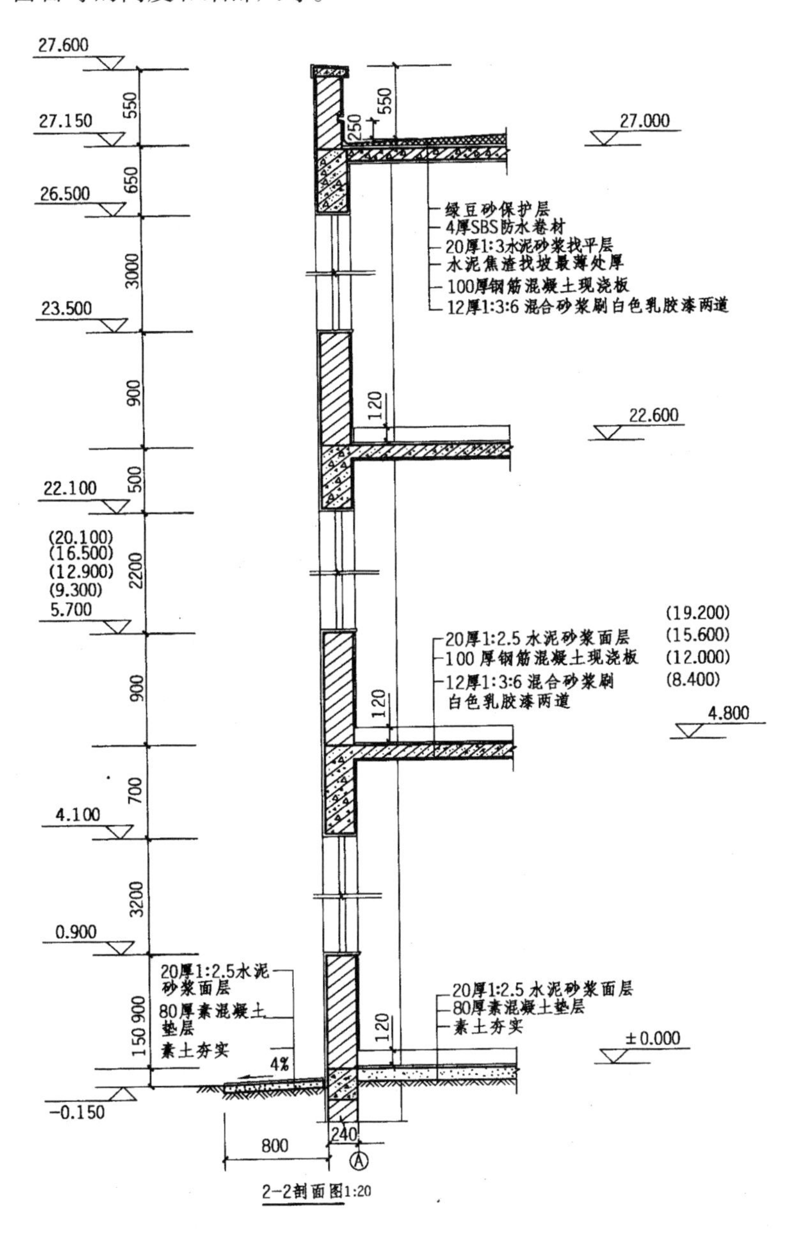

图 2–9　某办公室墙身详图

三、楼梯详图识读示例

楼梯是建筑中构造比较复杂的部分，应画出其详图来反映楼梯的平面布局、类型、结构形式和平台、踏步等的尺寸，以作为楼梯施工的依据。楼梯详图一般包括楼梯平面图、楼梯剖面图和节点详图。下面以图 2–10 为例说明楼梯详图的识读方法。

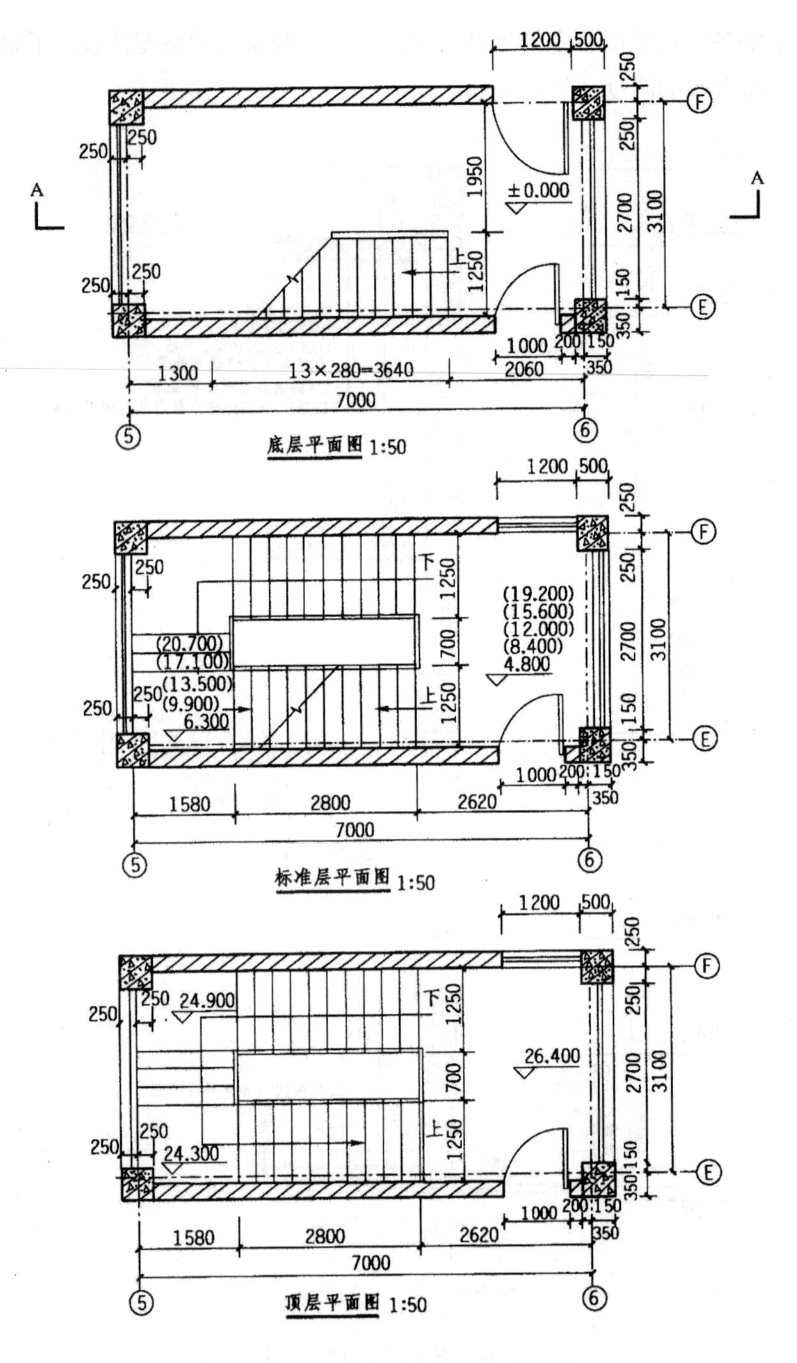

图 2-10　某办公楼楼梯平面图

1）了解该楼梯在建筑中的位置。由图可以看出，该楼梯位于横向定位轴线⑤～⑥、纵向定位轴线⑩～⑤之间。

2）了解楼梯间的尺寸和楼梯形式。由图可以看出，该楼梯间的开间为 7 000mm，进深 3 100mm，楼梯为三跑楼梯。

3）了解楼梯段和楼梯井宽。图中标注楼梯段宽度为 1 250mm，楼梯井宽为 700mm。

4）了解平台宽和楼梯段长度。图中底层楼梯段长度为 3 640mm，标准层和顶层楼梯段长度为 2 800mm，平台宽度在图中都有标注。

5）了解其他细部。由图可以看出，该楼梯有门与室外相连，门洞上部各层设置了与门洞等宽的窗，靠近轴线⑤在柱子的内缘安装了围护栏杆等。

6）了解各处的标高。该楼梯各个平台处都标注了标高。

7）了解剖切符号及编号。楼梯底层平面图中画出了剖切符号，并标注了编号。

第三章　结构施工图识图

第一节　结构施工图基本知识

一、结构施工图的主要内容和用途

结构施工图主要表示房屋结构系统的结构类型、结构布置、构件种类及数量、构件的内部构造和外部形状大小以及构件间的连接构造等。通常简称“结施”。

结构施工图的主要内容包括：

1．结构设计说明

结构设计说明包括选用结构材料的类型、规格、强度等级，地基情况，施工注意事项，选用标准图集等（小型工程可将说明分别写在各图纸上）。

2．结构布置平面图

结构布置平面图包括基础平面图，楼层结构布置平面图，屋面结构平面图（工业建筑包括屋面板、天沟板、屋架、天窗架及支撑系统布置等）。

3．构件详图

构件详图包括梁、板、柱及基础结构详图，楼梯结构详图，屋架结构详图，其他详图（如支撑详图等）。

结构施工图是结构设计的最终成果图，也是结构施工的指导性文件。它是进行构件制作、结构安装、编制预算和安排施工进度的依据。

二、常用构件的表示方法

房屋结构的基本构件，如板、梁、柱等，种类繁多，布置复杂，为了图示简明扼要，便于清楚地区分构件，便于施工、制表、查阅等，因此有必要赋予各类构件以代号。“国标”规定的常用构件代号见表 3-1。表 3-1 中的代号是用构件名称中主要单词的汉语拼音的第一个字母，或几个主要单词的汉语拼音的第一个字母组合表示的。如 XB 表示现浇钢筋混凝土板，即用“现浇”和“板”的汉语拼音的第一个字母组合而成。

表 3-1 常用构件代号

名称	代号	名称	代号
板	B	密肋板	MB
屋面板	WB	楼梯板	TB
空心板	KB	盖板或沟盖板	GB
槽形板	CB	挡雨板或檐口板	YB
折板	ZB	吊车安全走道板	DB
墙板	QB	支架	ZJ
天沟板	TGB	柱	Z
梁	L	基础	J
屋面梁	WL	设备基础	SJ
吊车梁	DL	桩	ZH
圈梁	QL	柱间支撑	ZC
过梁	GL	垂直支撑	CC
连系梁	LL	水平支撑	SC
基础梁	JL	梯	T
楼梯梁	TL	雨篷	YP
檩条	LT	阳台	YT
屋架	WJ	梁垫	LD
托架	TJ	预埋件	M
天窗架	CJ	天窗端壁	TD
框架	KJ	钢筋网	W
钢架	GJ	钢筋骨架	G

第二节 基础施工图

基础图是建筑物地下部分承重结构的施工图。基础的构造形式主要与上部结构形式有关，如条形基础、独立基础、桩基础等。如图 3-1 所示。

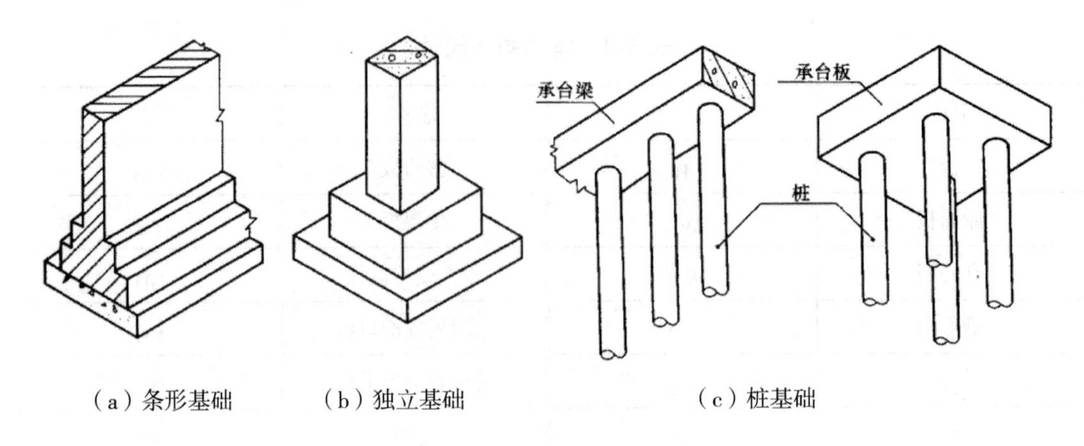

（a）条形基础　（b）独立基础　（c）桩基础

图 3–1　常用的基础

基础图分为基础平面图和基础详图两部分。

一、基础平面图

基础平面图是假设用一个水平剖切平面，沿着房屋的室内地面与基础之间切开，然后移去房屋地面以上部分，向下作投影，由此得到的水平剖面图称为基础平面图。基础平面图主要表示基础的平面位置，基础与墙、柱的定位轴线的关系，基础底部的宽度，基础上预留的孔洞、构件、管沟等。

1. 混合结构基础平面图

图 3–2 是某学校宿舍的基础平面图。从图中可以看出该房屋的基础为墙下条形基础。还可以看出，纵、横向定位轴线间的距离，如Ⓐ ~ Ⓑ轴为 3 000mm，①~②轴为 3 600mm。定位轴线两侧的细实线是基础外边线，粗实线是墙边线。以①轴线为例，图中注出基础宽度为 1 200mm，墙厚为 370mm，墙的定位尺寸分别为 250mm 和 120mm，基础的定位尺寸分别为 665mm 和 535mm，轴线位置偏中。

2. 框架结构基础平面图

（1）柱下独立基础平面图

图 3–3 是某学校实验楼的框架结构独立基础平面图。从图中可以看出房屋的基础主要为柱下独立基础，图中一一注明了各种构件的代号和编号，还可以看出纵、横向定位轴线间的距离，如Ⓐ ~ Ⓑ轴为 5 400mm，①~②轴为 3 000mm。定位轴线两侧的中实线是基础梁的轮廓线，如①轴的基础梁用 JL3 表示。柱的断面涂黑，其断面大小为 350mm×500mm，①轴与Ⓑ轴的外柱面与墙面平齐，距轴线 120mm，内柱面距轴线 230mm，即轴线“偏中”；②⑦轴的左右两柱面距轴线均为 175mm，即与轴线“对

中”；Ⓐ轴、Ⓑ轴和Ⓓ轴的柱面也同样采取了“偏中”的处理与标注方法。柱的四周方形细实线轮廓是独立基础，就 J1 而言，基底轮廓线距Ⓐ轴的距离分别为 770mm 和 1 030mm，距①轴的距离分别为 750mm 和 750mm。

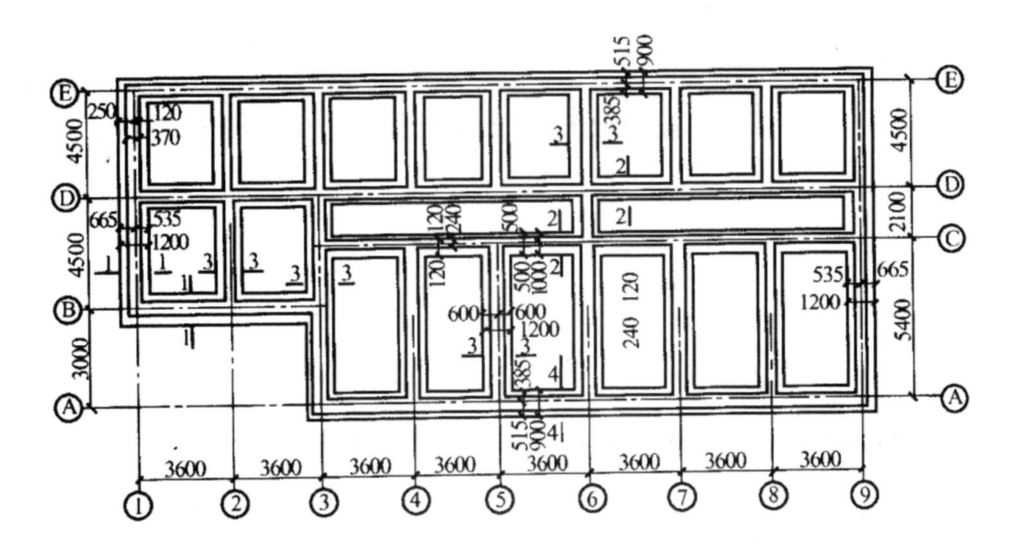

图 3-2 条形基础平面图

（2）桩基础平面图

图 3-4 是某住宅楼的预制桩基础平面布置图。从图中可以看出该房屋是柱下独立承台桩基础，还可以看出，纵、横定位轴线间的位置、基础代号和承台形状及承台下桩的布置、数量、承台与承台梁的关系等。如：Ⓐ ~ Ⓑ轴间距离 4 100mm，① ~ ②轴距离为 3 300mm，桩基础用 JC—1，JC—2 等表示,⑩轴与Ⓓ轴交接处是柱下四桩方形承台，承台边到⑩轴的距离为 200mm。

二、基础详图（基础断面图）

基础详图是假想用一个铅垂的剖切平面在指定的部位作剖切，用较大的比例（1:20）绘制的基础断面图。主要表示基础的形状、构造、材料、基础埋置深度和截面尺寸、室内外地面、防潮层位置、所属轴线、基底标高等。

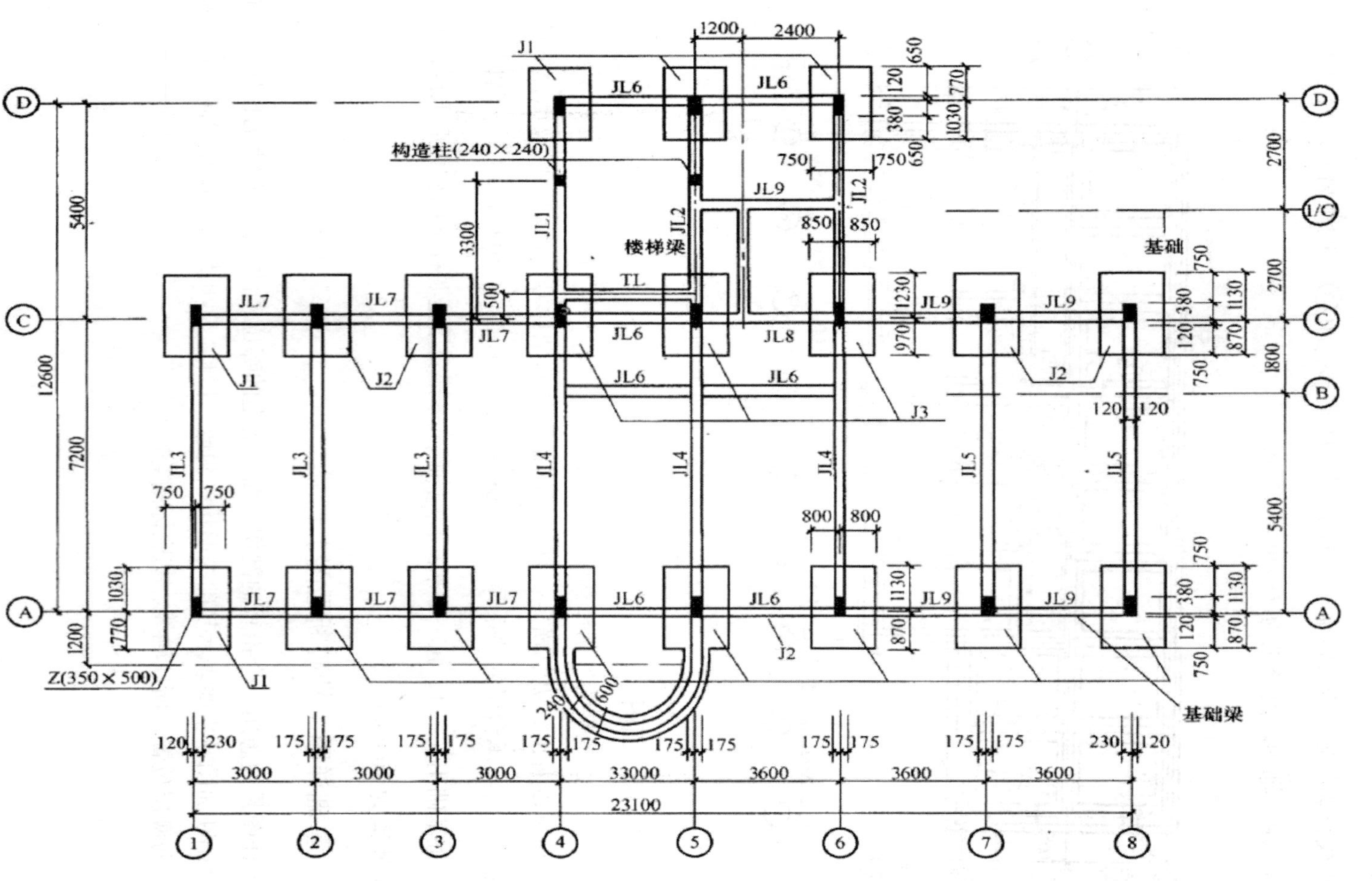

图 3-3　柱下独立基础平面图（1:100）

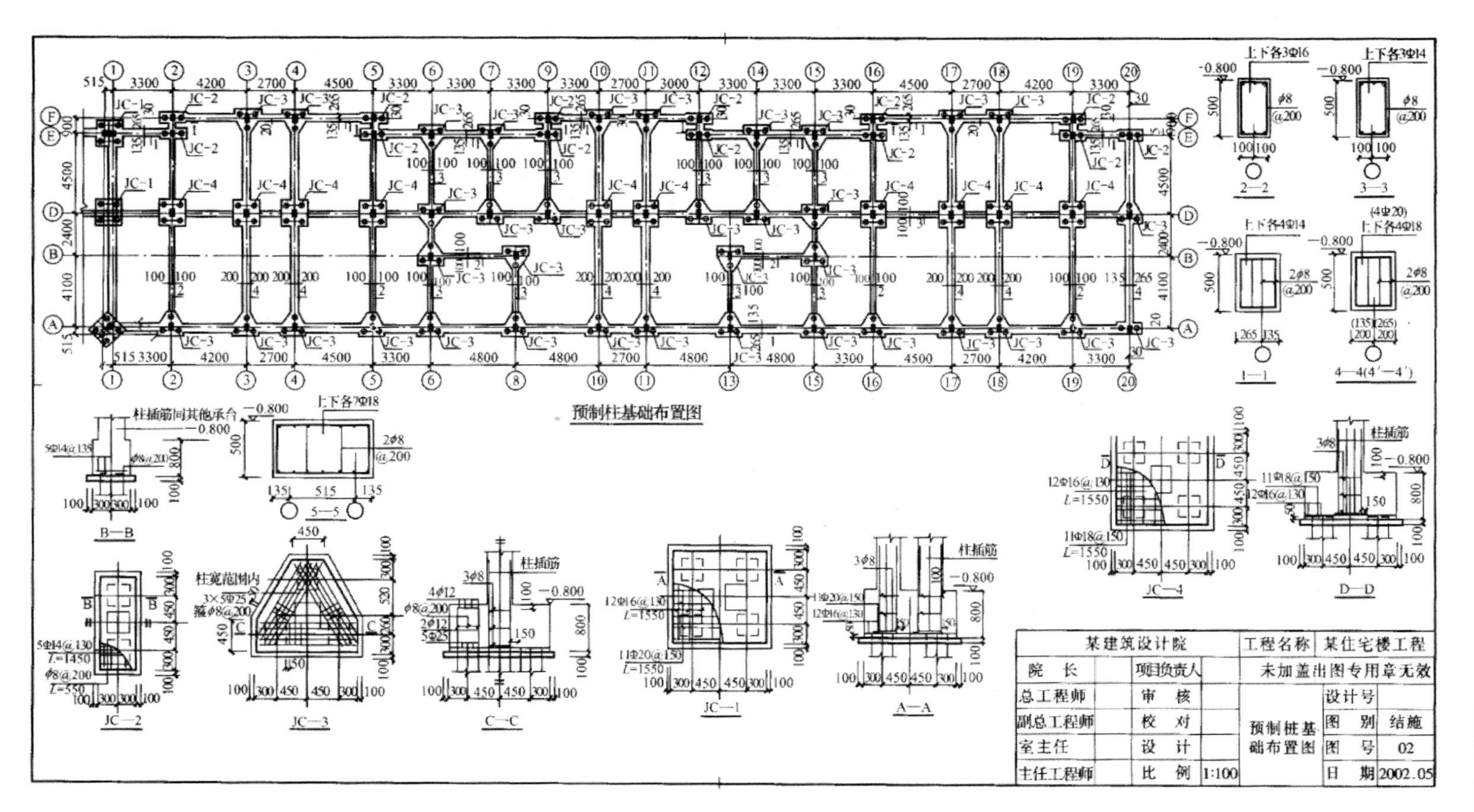

图 3-4　某住宅楼的预制桩基础平面布置图

1. 混合结构的条形基础详图

图 3–5 是图 3–2 的基础平面图中的 1–1 剖面和 2–2 剖面详图。从基础详图中可以看出，该基础是毛石条形基础。1–1 剖面详图是外墙基础剖面图，基础底部宽度为 1 200mm，从基础底边线起每砌 400mm 高毛石收 150mm 宽，外墙基础的底面标高为 –1.800，在外墙基础上面设有钢筋混凝土圈梁（QL–1），圈梁上面是墙身。室内外地面标高分别为±0.000 和–0.600，防潮层设在室内地面下 60mm 处。此外，从图上还可看出墙定位轴线到墙外侧和内侧的距离分别为 250mm 和 120mm，基础底边线到轴线的距离分别为 665mm 和 535mm 等。

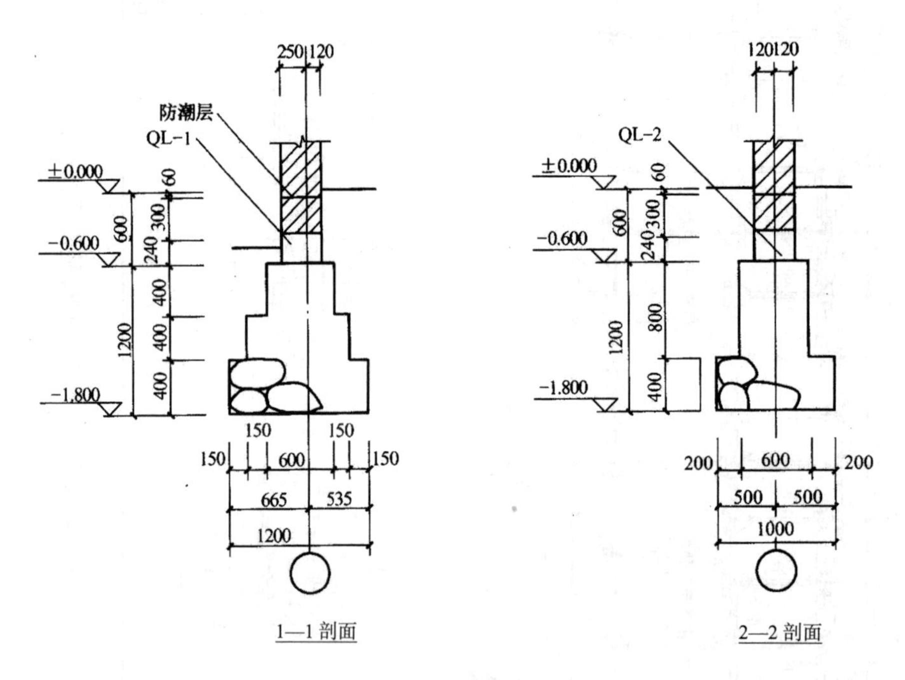

图 3–5 条形基础详图

2. 框架结构基础详图

（1）柱下独立基础详图

图 3–6 是图 3–3 的基础平面图中的独立基础 J2 的详图。独立基础详图通常由断面图和平面图组成，图名用代号或编号表示。阅读时将图名对照平面图，了解其平面位置及所适用的轴线。在图 3–3 中，基础 J2 共有 11 个，详图中的轴线编号可以不一一注出。图中细实线表示基础的轮廓，粗实线表示钢筋。基础是由高均为 300mm 的两层台阶组成，混凝土基础的底面配置了纵横两层钢筋①ϕ 10@150 和②ϕ8@200。为了与上部柱子的钢筋搭接，在基础中预留了 8 根ϕ8 带有直弯钩的插筋，插筋露出基础顶面 800mm，并用两个ϕ8

的箍筋固定。基础底面标高为–1.700，从图 3–6 中还可以看出，柱子截面尺寸为 350mm×500mm，基础底面尺寸为 1 600mm×2 000mm。

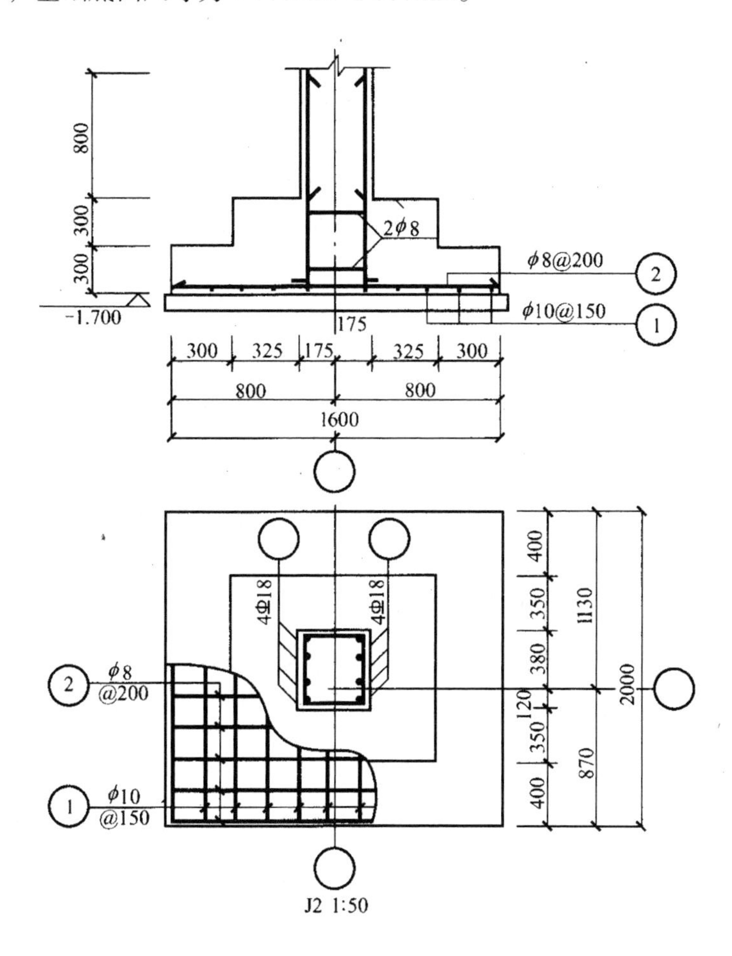

图 3–6　独立基础详图

（2）桩基础详图

见图 3–4。由 JC–4 可以看出，4 根桩对称布置在桩四周，其中心至柱中线的水平、垂直距离均为 450mm，承台高为 800mm，截面为 1 500mm×1 500mm，承台梁顶标高为 –0.800，承台的底面配双向受力筋 11ϕ18@150 和 12ϕ16@130，承台内预留插筋直径和根数与桩内纵向受力筋直径和根数相同，并用 3ϕ8 箍筋固定。预制桩内纵向受力钢筋锚入承台内。4—4 剖面是承台梁断面详图，承台梁断面尺寸为 400mm×500mm，承台梁的顶面和底面各配置了纵向受力钢筋 4ϕ8，箍筋 2ϕ8@200。

第三节　楼层、屋面结构布置平面图

一、楼层结构平面图的形成、基本组成和用途

楼层结构平面图是假想用一个水平剖切面沿着楼面将房屋剖开后所作的楼层的水平投影图。用来表示该楼层的梁、板、柱、墙的平面布置，现浇钢筋混凝土楼板的构造与配筋，及它们之间的结构关系。

其主要内容有：

1）图名、比例。常用比例为1:100、1:200，同建筑平面图。

2）定位轴线及其编号，并标注两道尺寸，即轴线间尺寸和建筑的总长、总宽。

3）梁、柱的平面布置、截面尺寸、代号或编号。

4）现浇板的位置、配筋状况、厚度、标号及编号。

5）预制板的数量、代号和编号。

6）墙体的厚度、构造柱的位置和编号。

7）详图索引符号等及构件统计表、钢筋表和文字说明。

楼层结构平面图是施工时安装梁、板、柱等各种构件或现浇构件的依据。

二、楼层结构平面图的图示方法

1）结构平面圈的定位轴线必须与建筑平面图一致。

2）对于承重构件布置相同的楼层，可只画一个结构平面图，该图为标准层结构平面图。

3）楼梯间的结构布置，一般在结构平面图中不予表示，只用双对角线表示，楼梯间这部分内容在楼梯详图中表示。

4）凡墙、板、圈梁构造不同时，均应标注不同的剖切符号和编号，依编号查阅节点详图。

5）习惯上把楼板下的墙体和门窗洞口位置线等不可见线不画成虚线而改画成细实线。

6）预制构件的布置有两种形式：一种是在结构单元内（即每一开间）按实际投影用细实线分别画出各预制板，并标注其数量、规格及型号，如图 3-7 中㊊所示。另一种是在结构单元内，画一条对角线并沿着对角线方向注明预制板的数量、规格及型号，如图 3-7 中㊋所示。

对预制楼板铺设方式相同的开间，可用相同的编号如㊊、㊋等表示，不必画出楼板的布置情况。

7）预制构件的代号，如图 3–7 和图 3–9 所示。

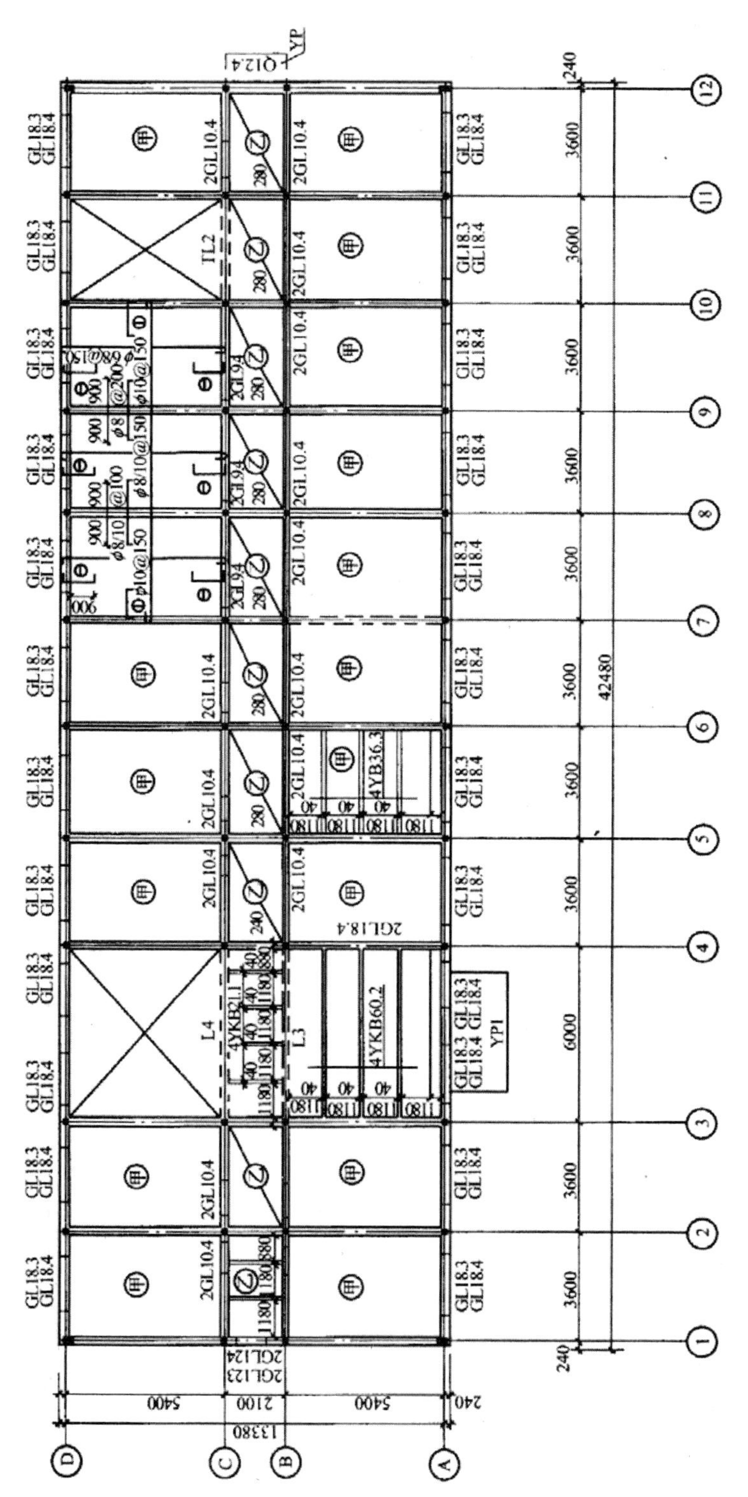

图 3–7　楼层结构平面图

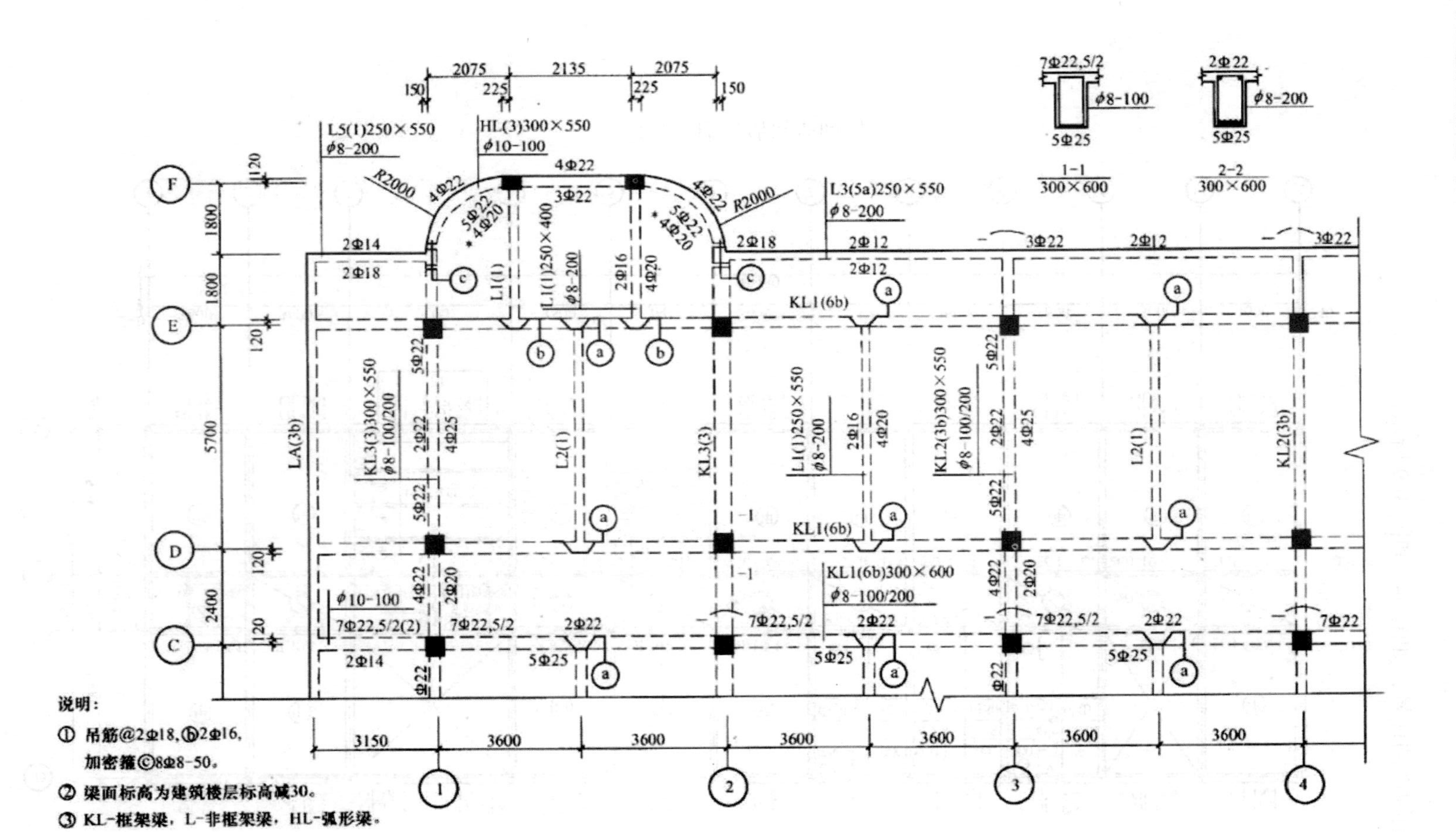

说明：
① 吊筋ⓐ2Φ18，ⓑ2Φ16，
加密箍ⓒ8Φ8-50。
② 梁面标高为建筑楼层标高减30。
③ KL-框架梁，L-非框架梁，HL-弧形梁。

图 3-8 楼层梁配筋平面图（局部）

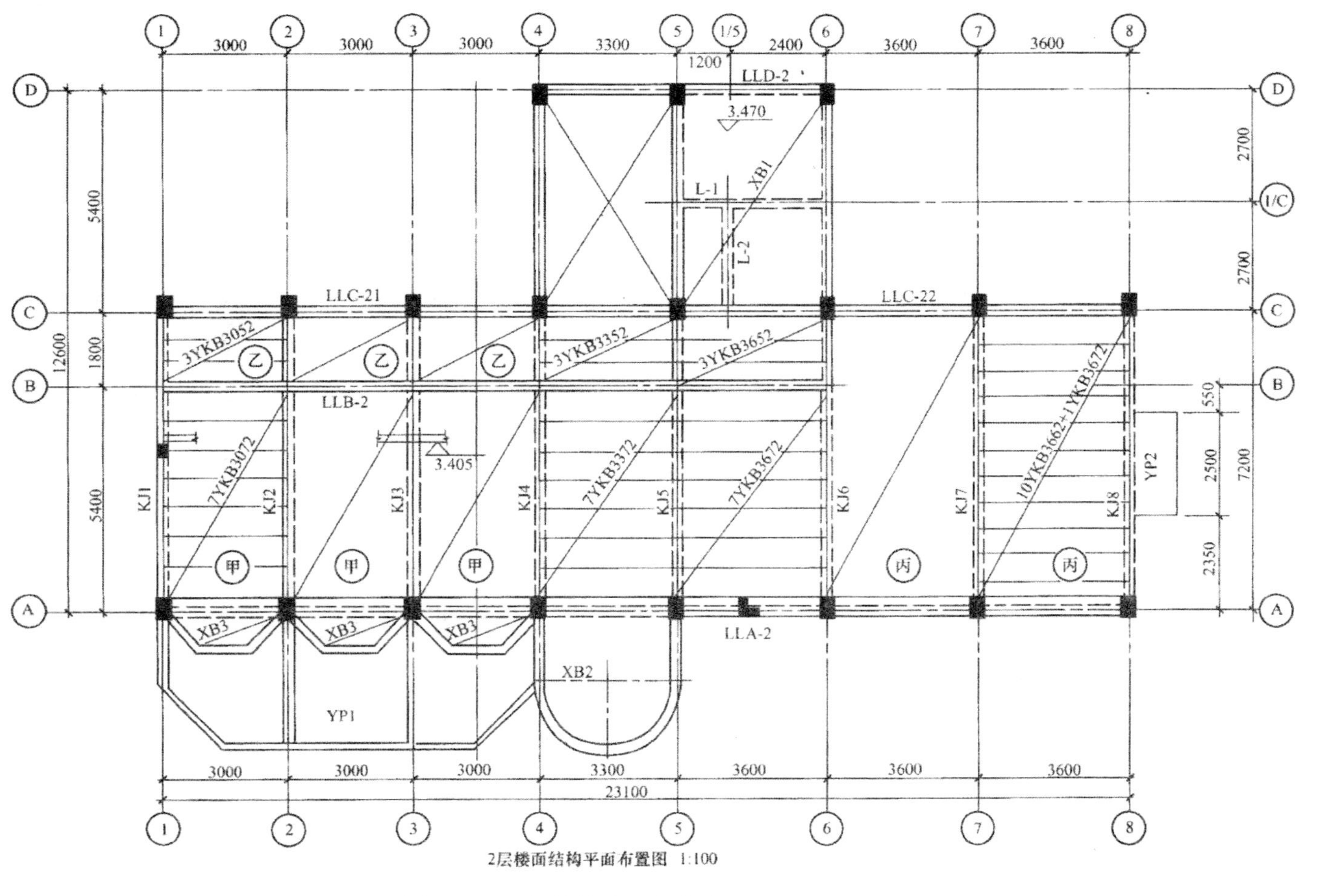

图 3-9　框架结构楼层结构布置平面图

预制钢筋混凝土多孔板的标注含义如下（各地区多孔板的标注方法不同）：

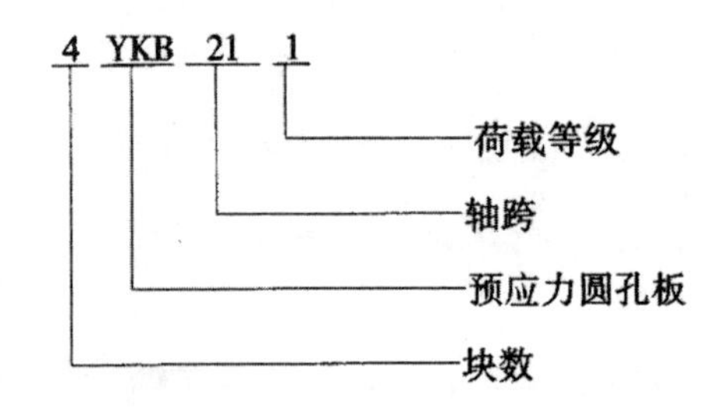

或

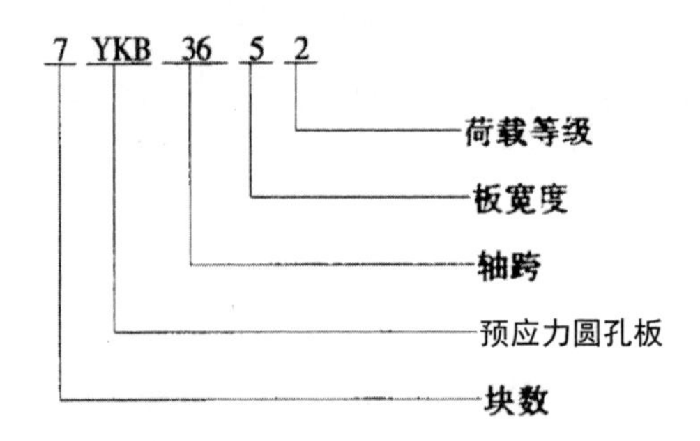

钢筋混凝土过梁的标注含义如下：

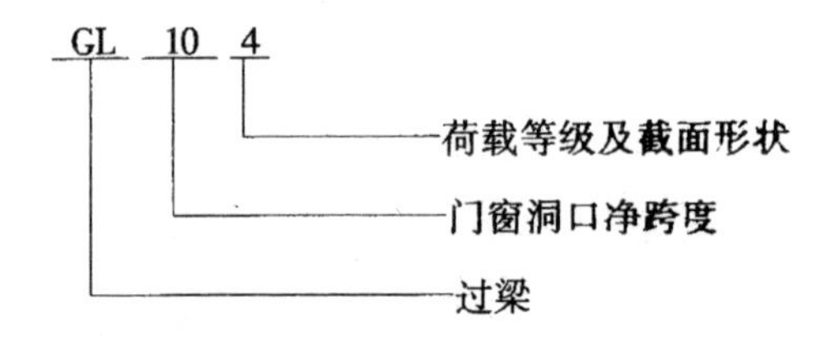

8）现浇构件钢筋的布置，每一种钢筋只画一根，或只画主筋，其他钢筋可从详图中查阅。钢筋标注含义如下：

① 如图 3-7 中现浇板的配筋（⑦～⑩轴）。

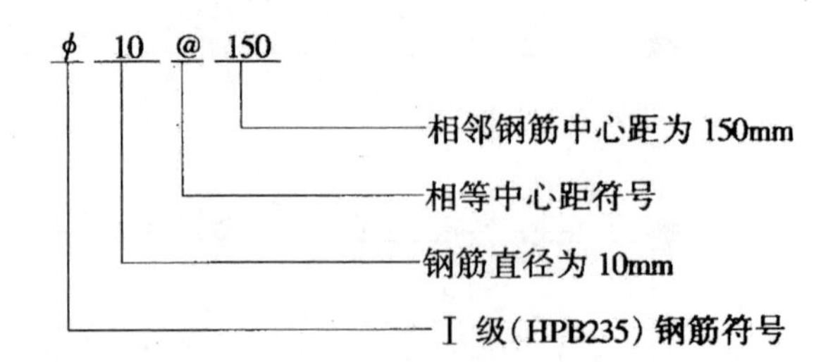

② 楼层梁配筋的平面图示法如图 3-8 所示。梁的代号、截面尺寸 $b \times h$（断面宽×断面高）和箍筋的各跨基本值从梁上引出注写。当某跨 $b \times h$ 或箍筋值与基本值不同时，则将其特殊值从所在跨引出另注。将梁上部（顶层）受力筋（支座和跨中）、下部（底层）受力

筋逐跨注在梁上和梁下的相应位置上。梁上部受力筋或下部受力筋多于一排时，各排钢筋的数量从上到下用斜线（ / ）分隔说明。

三、混合结构楼层平面图

图3–7为首层结构平面图，比例1:100，该结构为纵横混合承重。Ⓒ、Ⓓ轴与⑦～⑩轴相交范围为现浇板，其余各处均为预制板，但板型号不同。以⑤、⑥轴线间为例：Ⓐ～Ⓑ为横墙承重，轴线Ⓒ～Ⓓ的楼板铺设与Ⓐ～Ⓑ相同，故均用编号㊊表示，Ⓑ～Ⓒ轴之间为纵墙承重，楼板铺设以编号㊋表示，现浇板部分标有钢筋的规格。预制楼板㊊如⑤～⑥轴与Ⓐ～Ⓑ轴间共铺4块预应力空心板，跨度为3 600mm，荷载等级为3级。

四、框架结构楼层平面图

1. 预制装配式楼盖

如图 3–9 所示，该平面图的柱为涂黑的断面，共有 8 榀框架分别由①～⑧轴线来定位。框架梁示为 KJ1、KJ2，用中虚线表示，梁底标高为 3.405，该房屋属于钢筋混凝土横向框架结构。纵向定位轴线Ⓐ～Ⓓ轴线分别确定连系梁 LLA–2、LLB–2，LLC–21（LLC–22）的位置。图中Ⓐ～Ⓒ轴线间的楼板均为预制，但柱距不同，规格亦不同。图 3–9 中①～②轴间㊊，共有 7 块预应力空心板，跨度为 3 000mm，宽度为 700mm，荷载等级为 2 级。

2. 现浇整体式楼盖

（1）现浇板的配筋图（如图 3–10 所示）

该图中现浇板底层两个方向都配有受力筋而无分布筋，即①ϕ6@200 和②ϕ8@150，顶层各梁上均有负筋而不画分布筋，即⑧ϕ 8@165 和⑧ϕ8@150。

（2）现浇梁的配筋

如图 3–8 中③轴线上Ⓒ～Ⓓ轴线间梁的支座配筋标注为 7ϕ22，5 / 2，即表示支座上部纵筋两排，上排纵筋为 5ϕ22，下排纵筋为 2ϕ22。又如Ⓒ轴线上①、②轴线间主梁上标注的@为附加吊筋 2ϕ 22。

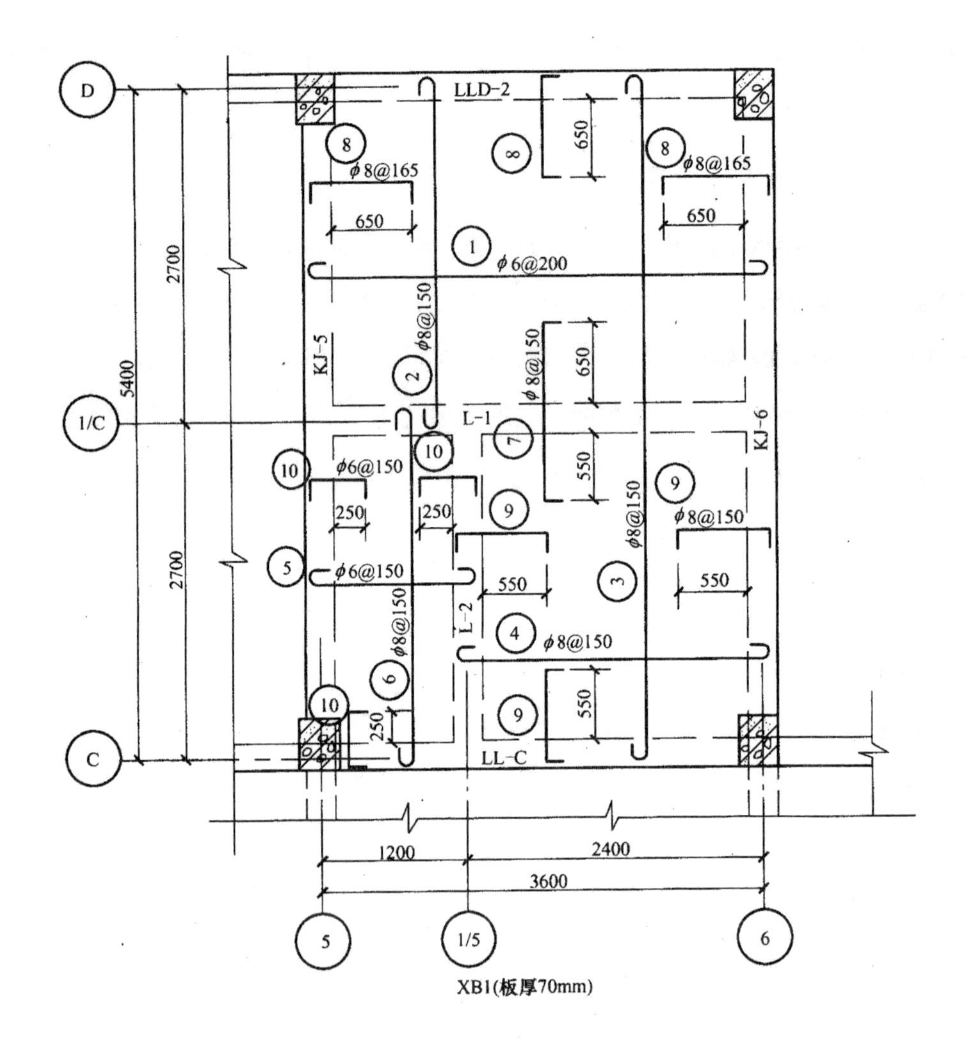

图 3-10　现浇板的配筋图

第四节　建筑构件结构详图

一、楼梯结构平面图

楼梯结构平面图主要反映各构件（如楼梯梁、梯段板、平台板及楼梯间的门窗过梁等）的平面布置、代号、大小、定位尺寸以及它们的结构标高，如图 3-11 所示。

1）楼梯结构平面图中的轴线编号与建筑施工图一致，剖切符号仅在底层楼梯结构平面图中表示。

2）楼梯结构平面图是设想沿上一楼层平台梁顶剖切后所作的水平投影。剖切到的墙用中实线表示，楼梯的梁、板的轮廓线可见的用细实线表示，不可见的则用细虚线表示，

墙上的门窗洞口不表示。

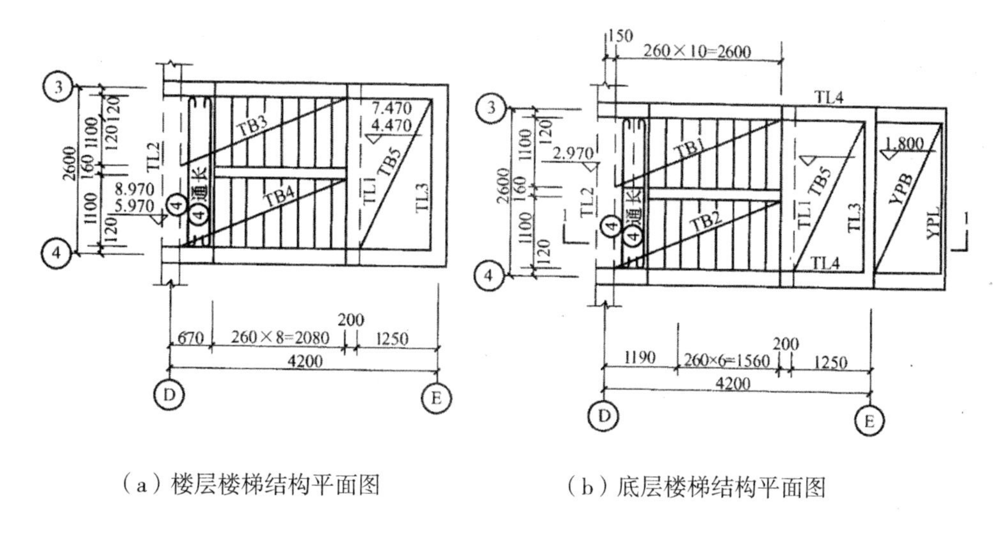

（a）楼层楼梯结构平面图　　（b）底层楼梯结构平面图

图 3–11　楼梯结构平面图

图 3–11 是现浇板式楼梯的结构平面图。从图中可以看出，平台梁 TL2 设置在Ⓓ轴线上兼作楼层梁，底层楼梯平台通过平台梁 TL3、TL4 与室外雨篷 YPL、YPB 连成一体；楼梯平台是平台板 TB5 与 TL1、TL3 整体浇筑而成的；楼梯段分别为 TB1、TB2、TB3、TB4，它们分别与上、下的平台梁 TL1、TL2 整体浇筑；TB2、TB3、TB4 均为折板式梯段，其水平部分的分布钢筋连通而形成楼梯的楼层平台，平面图上还表示了该处双层分布钢筋④的布置。

二、楼梯结构剖面图

楼梯结构剖面图表示楼梯承重构件的竖向布置、形状和连接构造等情况，如图 3–12 所示。

由图 3–12，并对照底层平面图 3–11，可以看出，楼梯是“左上右下”的布置方法。第一个梯段是长跑，第二个梯段是短跑，剖切在第二梯段一侧，因此在 1—1 剖面图中，短跑及与短跑平行的梯段、平台均剖切到，涂黑表示其断面。长跑侧则只画其可见轮廓线，用细线表示。

楼梯结构剖面图上，标注了各构件代号，并说明各构件的竖向布置情况，还标注了梯段平台梁等构件的结构高度及平台板顶、平台梁底的结构标高。

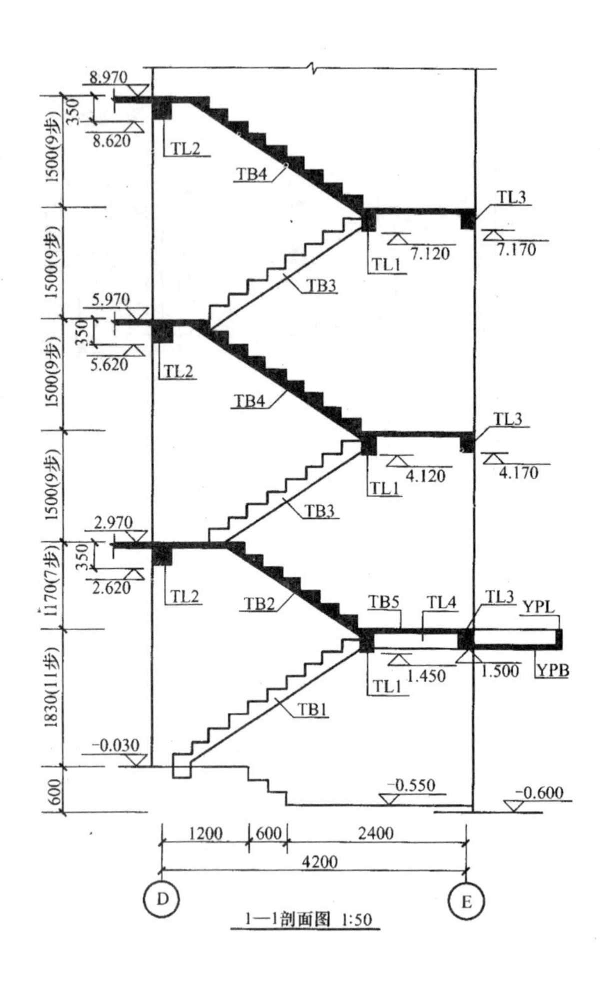

图 3-12　楼梯结构剖面图

三、楼梯配筋图

在楼梯结构剖面图中，因比例较小，不能详细表示楼梯板和楼梯梁的配筋时，可以用较大的比例画出每个构件的配筋图。如图 3-13 所示。从图 3-13 中可以看出，楼梯板下层的受力筋采用①ϕ10@150，分布筋采用④ϕ6@250；在楼梯段的两端斜板截面的上部配置支座受力钢筋②和③ϕ10@150，分布筋④ϕ6@250；在楼板与楼梯段交接处，按构造配支座受力筋③ϕ10@150，当钢筋布置不能表示清楚时，可以画钢筋详图表示。

外形简单的梁，可只画断面表示。如图 3-13 中 TL1 为矩形梁，其断面反映了与平台上下两梯段的连接关系，梁底配置 2ϕ14 主筋，梁顶配置 2ϕ12 架立筋，箍筋用ϕ6@200。

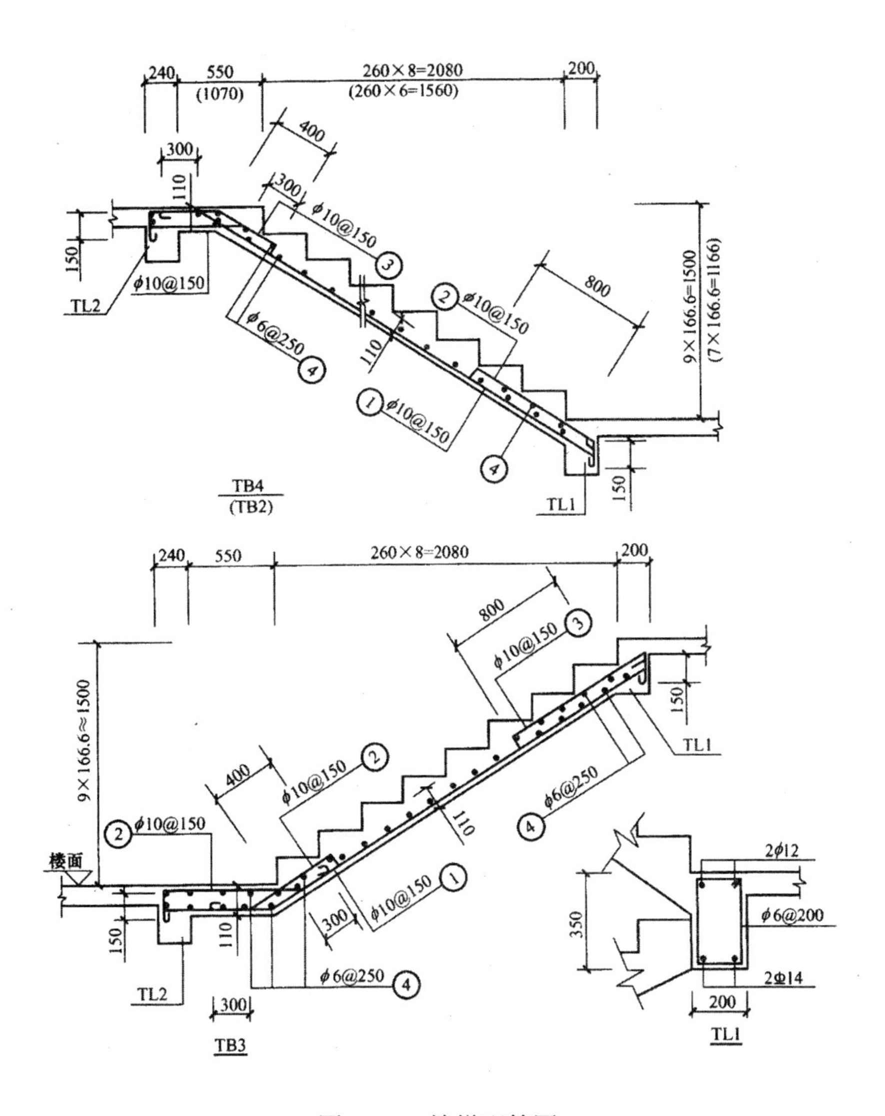

图 3–13　楼梯配筋图

第五节　结构施工图平面整体表示方法制图规则（平法）

为了提高设计效率、简化绘图、缩减图纸量，使施工图看图、记忆和查找方便，我国推出了国家标准图集《混凝土结构施工图平面整体表示方法制图规则和构造详图》（G101）。它是我国对钢筋混凝土施工图的设计表示方法的重大改革，被列为建设部 1996 年科技成果重点推广项目。

建筑结构施工图平面整体设计方法，简称平法。平法的表达形式就是把结构构件的尺寸和配筋等，按照平面整体表示方法制图规则，整体直接地表达在各类构件的结构平面布置图上，再与标准构造详图相配合，即构成一套完整的结构设计。平法由平法制图规则和标准构造详图两大部分组成。

平法经过十几年的发展，已在设计、施工、造价和监理等诸多建筑领域中得到广泛应用。目前，《混凝土结构施工图平面整体表示方法制图规则和构造详图》(11G101)系列平法国家建筑标准设计共有3册：混凝土结构施工图平面整体表示方法制图规则和构造详图(现浇混凝土框架、剪力墙、梁、板)(11G101–1)、混凝土结构施工图平面整体表示方法制图规则和构造详图(现浇混凝土板式楼梯)(11G101–2)、混凝土结构施工图平面整体表示方法制图规则和构造详图(独立基础、条形基础、筏形基础及桩基承台)(11G101–3)。

下面对常用的柱、梁平法进行介绍，其他构件的表示方法请参见相应图集学习掌握。

一、柱的平法施工图表示方法

柱平法施工图是在柱平面布置图上采用列表注写方式或截面注写方式表达。柱平法施工图中要按规定注明各结构层的楼面标高、结构层高及相应的结构层号。

1. 柱列表注写方式

列表注写方式，是在柱的平面布置图上，分别在同一编号的柱中选择一个(有时需要选择几个)截面标注几何参数代号；在柱表中注写柱号、柱段起止标高、几何尺寸与配筋的具体数值，并配以各种柱截面形状及其箍筋类型图的方式，来表达柱平法施工图，如图3–14所示。

柱表注写内容规定如下：

1)柱编号。柱编号由类型代号和序号组成，应符合表3–2的规定。

表3–2 平法柱编号

柱类型	代号	序号	柱类型	代号	序号
框架柱	KZ	××	梁上柱	LZ	××
框支柱	KZZ	××	剪力墙上柱	QZ	××
芯柱	XZ	××			

注：编号时，当柱的总高、分段截面尺寸和配筋均对应相同，仅分段截面与轴线的关系不同时，仍可将其编为同一柱号。

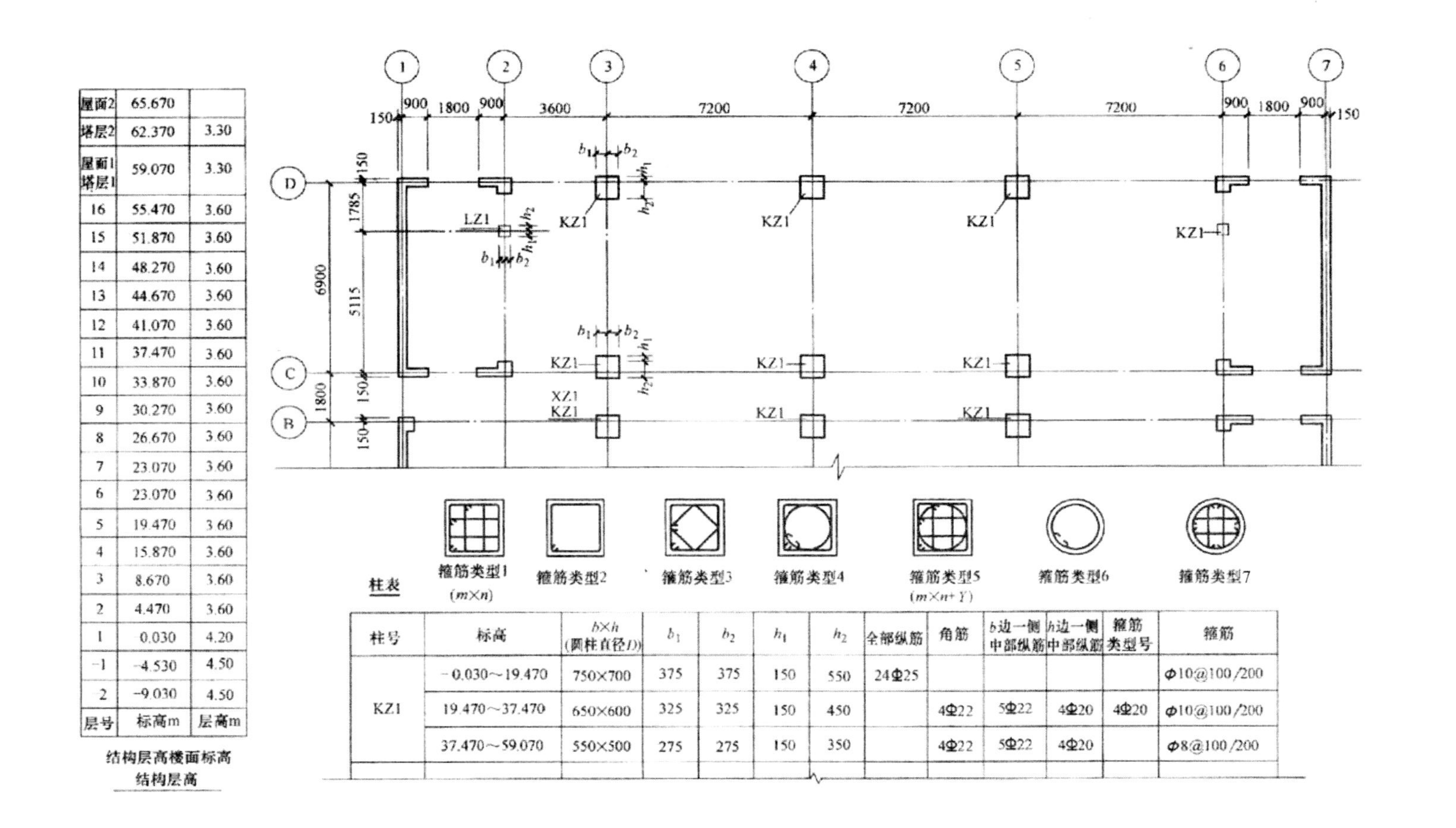

层号	标高m	层高m
屋面2	65.670	
塔层2	62.370	3.30
屋面1 塔层1	59.070	3.30
16	55.470	3.60
15	51.870	3.60
14	48.270	3.60
13	44.670	3.60
12	41.070	3.60
11	37.470	3.60
10	33.870	3.60
9	30.270	3.60
8	26.670	3.60
7	23.070	3.60
6	23.070	3.60
5	19.470	3.60
4	15.870	3.60
3	8.670	3.60
2	4.470	3.60
1	0.030	4.20
−1	−4.530	4.50
−2	−9.030	4.50

结构层高楼面标高
结构层高

柱号	标高	b×h (圆柱直径D)	b_1	b_2	h_1	h_2	全部纵筋	角筋	b边一侧中部纵筋	h边一侧中部纵筋	箍筋类型号	箍筋
KZ1	−0.030～19.470	750×700	375	375	150	550	24Φ25					Φ10@100/200
	19.470～37.470	650×600	325	325	150	450		4Φ22	5Φ22	4Φ20	4Φ20	Φ10@100/200
	37.470～59.070	550×500	275	275	150	350		4Φ22	5Φ22	4Φ20		Φ8@100/200

−0.030～59.070柱平法施工图(局部)

图 3-14 柱列表注写方式示例

2）各段柱的起止标高。自柱根部往上以变截面位置或截面未变但配筋改变处为界分段注写。框架柱和框支柱的根部标高是指基础顶面标高；芯柱的根部标高是指根据结构实际需要而定的起始位置标高；梁上柱的根部标高是指梁顶面标高；剪力墙上柱的根部标高分两种：当柱纵筋锚固在墙顶部时，其根部标高为墙顶面标高；当柱与剪力墙重叠一层时，其根部标高为墙顶面往下一层的结构层楼面标高。

3）柱几何参数。对于矩形柱，注写柱截面尺寸 $b \times h$ 及与轴线关系的几何参数代号 b_1、b_2 和 h_1、h_2 的具体数值，须对应于各段柱分别注写。其中 $b = b_1 + b_2$，$h = h_1 + h_2$。当截面的某一边收缩变化至与轴线重合或偏到轴线的另一侧时，b_1、b_2、h_1、h_2 中的某项为零或为负值。对于圆柱，表中 $b \times h$ 一栏改用在圆柱直径数字前加 d 表示。为表达简单，圆柱截面与轴线的关系也用 b_1、b_2 和 h_1、h_2 表示，并使 $d = b_1 + b_2 = h_1 + h_2$。

4）柱纵筋。当柱纵筋直径相同，各边根数也相同时（包括矩形柱、圆柱和芯柱），将纵筋注写在“全部纵筋”一栏中；除此之外，柱纵筋分角筋、截面 b 边中部筋和 h 边中部筋三项分别注写（对于采用对称配筋的矩形截面柱，可仅注写一侧中部筋，对称边省略不注）。

5）箍筋类型号及箍筋肢数。在箍筋类型栏内注写绘制柱截面形状及其箍筋类型号各种箍筋类型图以及箍筋复合的具体方式，须画在表的上部或图中的适当位置，并在其上标注与表中相对应的 b、h 并编上相应的类型号。

6）柱箍筋。包括钢筋级别、直径与间距。当为抗震设计时，用斜线“／”区分柱端箍筋加密区与柱身非加密区长度范围内箍筋的不同间距。施工人员须根据标准构造详图的规定，在规定的几种长度值中取其大者作为加密区长度。当圆柱采用螺旋箍筋时，需在箍筋前加“L”。例中 ϕ10@ 100/250，表示箍筋为 I 级钢筋，直径 ϕ10，加密区间距为 100，非加密区为 250；ϕ8@ 100，表示箍筋为 I 级钢筋，直径 ϕ8，间距沿柱全高为 100；Lϕ10@100/200，表示采用螺旋箍筋，为 I 级钢筋，直径 ϕ10，加密区间距为 100，非加密区为 200。

2. 柱截面注写方式

截面注写方式，是在分标准层绘制的柱平面布置图的柱截面上，分别在同一编号的柱中选择一个截面，按另一种比例原位放大绘制截面配筋图，并在各个配筋图上注写截面尺寸 $b \times h$、角筋或全部纵筋（当纵筋采用一种直径且图示清楚时）、箍筋的具体数值，以及在柱截面配筋图上标注柱截面与轴线关系 b_1、b_2、h_1、h_2 的具体数值的方式来表达柱平法施工图，如图 3-15 所示。当纵筋采用两种直径时，须注写截面各边中部筋的具体数值（对于采用对称配筋的矩形截面柱，可仅在一侧注写中部筋）。

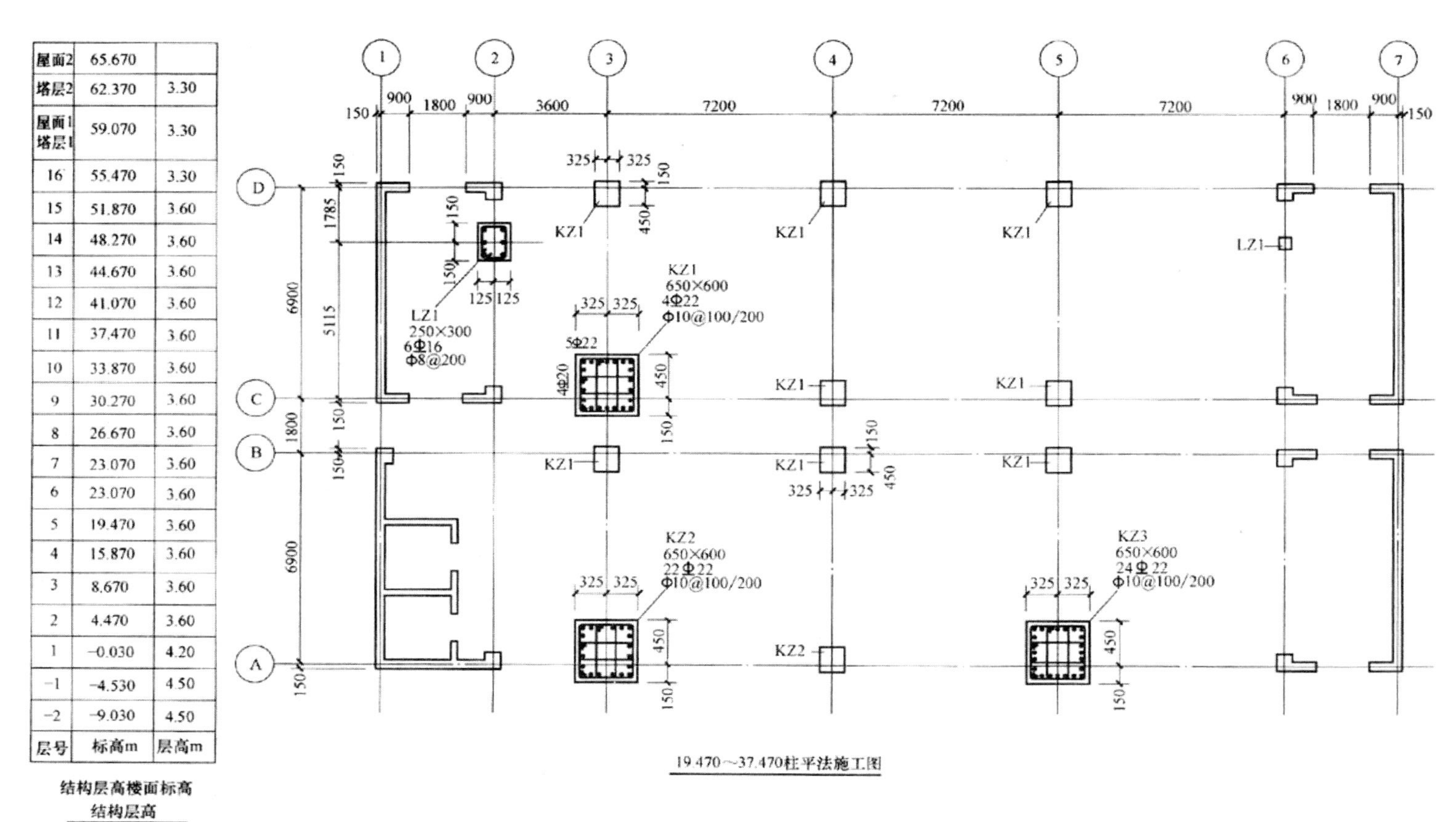

屋面2	65.670	
塔层2	62.370	3.30
屋面1 塔层1	59.070	3.30
16	55.470	3.30
15	51.870	3.60
14	48.270	3.60
13	44.670	3.60
12	41.070	3.60
11	37.470	3.60
10	33.870	3.60
9	30.270	3.60
8	26.670	3.60
7	23.070	3.60
6	23.070	3.60
5	19.470	3.60
4	15.870	3.60
3	8.670	3.60
2	4.470	3.60
1	-0.030	4.20
-1	-4.530	4.50
-2	-9.030	4.50
层号	标高m	层高m

图 3-15　柱截面注写方式示例

二、梁的平法施工图表示方法

梁的平法施工图是在梁的平面布置上采用平面标注方式或截面标注方式表达。梁平面布置图，应分别按梁的不同结构层（标准层），将全部梁与其相关联的柱、墙、板一起采用适当比例绘制，并注明各结构层的顶面标高、相应的结构层号。对于轴线未居中的梁，除梁边与柱边平齐外，应标注其偏心定位尺寸。

1. 梁平面注写方式

梁平面注写方式是指在梁的平面布置图上分别在不同编号的梁中各选一根梁，在其上标注截面尺寸和配筋的具体数值。

平面注写方式包括集中标注与原位标注，如图 3–19 所示。集中标注表达梁的通用数值，原位标注表达梁的特殊数值。当集中标注中的某项数值不适用于梁的某部位时，则将该项数值原位标注。施工时，原位标注取值优先。

（1）梁集中标注

梁集中标注可以从梁的任意一跨引出，标注内容有五项必注值及一项选注值，规定如下：

1）梁编号。梁的编号由梁类型代号、序号、跨数及有无悬挑代号几项组成，应符合表 3–3 的规定。

表 3–3　平法梁编号

梁类型	代号	序号	跨数及是否带有悬挑	备　　注
楼层框架梁	KL	××	（××）、（××A）或（××B）	（××A）为一端有悬挑，（××B）为两端有悬挑，悬挑不计入跨数
屋面框架梁	WKL	××	（××）、（××A）或（××B）	
框支梁	KZL	××	（××）、（××A）或（××B）	
非框架梁	L	××	（××）、（××A）或（××B）	
悬挑梁	XL	××	（××）、（××A）或（××B）	

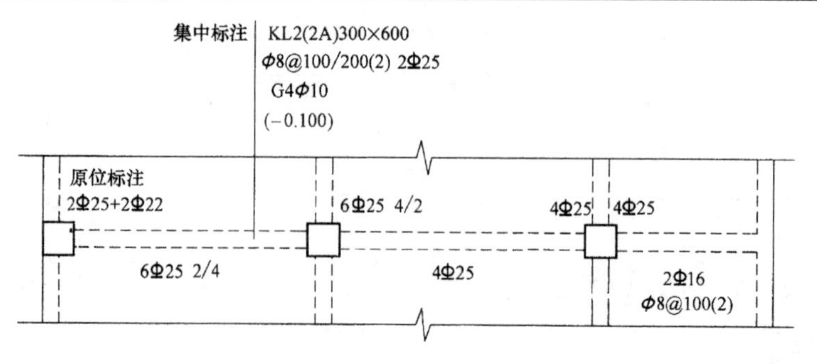

图 3–16　平面注写方式示例

2）梁截面尺寸。等截面梁用 $b \times h$ 表示，如图 3–15 中的 KL2 （2A）所示“300×600”表示：梁宽为 300，梁高为 600；加腋梁用 $b \times h$　$Y_{C1 \times C2}$ 表示（C1 表示腋长，C2 表示腋高）；悬挑梁且根部和端部的高度不同时，用斜线分隔根部与端部的高度值，即为 $b \times h_1 / h_2$，如图 3–17 所示。

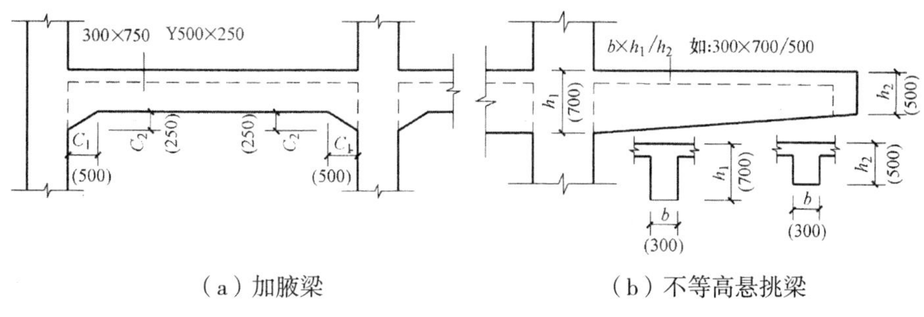

（a）加腋梁　　　　（b）不等高悬挑梁

图 3–17　加腋梁与变截面梁尺寸示意图

3）梁箍筋。包括钢筋级别、直径、加密区与非加密区间距及肢数。箍筋加密区与非加密区的不同间距及肢数需用“／”分隔；箍筋肢数应写在括号内。箍筋加密区范围根据抗震等级参照标注构造详图。图 3–16 中 KL2（2A）的“ϕ8@100/200（2）”表示：箍筋为 HPB235 级钢筋，直径 8，加密区间距为 100，非加密区间距为 200，均为双肢箍。例 18ϕ12@150（4）/200 （2）表示：箍筋为 HRB335 级钢筋，直径 12；梁的两端各有 18 个四肢箍筋，间距为 150，梁跨中部分，间距为 200，双肢箍。

4）梁上部通长筋或架立筋。图 3–16 中 KL2（2A）的“2ϕ25”表示：上部通长筋为 2 根直径为 25 的 HRB335 级钢筋，用于双肢箍。所注规格与根数应根据结构受力要求及箍筋肢数等构造要求而定。当同排纵筋中既有通长筋又有架立筋时，应用加号“+”将通长筋和架立筋相连，且须将各角部纵筋写在加号前面，架立筋写在加号后面的括号内。例 2ϕ22+（4ϕ12）用于六肢箍，其中 2ϕ22 为通长筋，4ϕ12 为架立筋。

当梁的上部纵筋和下部纵筋均为全跨相同通长设置，且多数跨配筋相同时，此项可加注下部纵筋的配筋值，用“；”将上部与下部纵筋的配筋值分隔开。如某梁集中标注处写“3ϕ22；3ϕ20”表示：梁的上部通长筋为 3ϕ22，梁的下部通长筋为 3ϕ20。

5）梁侧面纵向构造钢筋或受扭钢筋。当梁腹板高度 $h_w \geqslant 450$ 时，须配置纵向构造腰筋，注写值以大写字母 G 打头，接续注写设置在梁两个侧面的总配筋值，且对称配置。所注规格与根数应符合构造详图的要求。图 3–16 中 KL2（2A）的“G4ϕ10”表示：梁的两个侧面共配置 4ϕ10 的纵向构造腰筋，每侧各配置 2ϕ10。

梁侧面需配置受扭纵向钢筋时，注写值以大写字母 N 打头，接续注写设置在梁两个侧面的总配筋值，且对称配置。例 N6ϕ22 表示：梁的两个侧面共配置 6ϕ22 受扭纵筋，每侧各配置 3ϕ22。

6）梁顶面标高高差，此项为选注值。梁顶面标高高差是指相对于结构层楼面标高的高差值，对位于结构夹层的梁，则指相对于结构夹层楼面标高的高差。有高差时，须将其写入括号内，无高差时不标注。图 3–16 中 KL2（2A）的“（–0.100）”表示：该梁顶面标高低于其结构层的楼面标高 0.1m。

（2）梁原位标注

1）梁支座上部纵筋。该部位包含通长筋在内的所有纵筋。当上部纵筋多于一排时，用“／”将各排纵筋自上而下分开，如图 3–16 中 KL2（2A）的“6ϕ254/2”表示：表示上一排纵筋为 4ϕ25，下一排纵筋为 2ϕ25；当同排纵筋有两种直径时，用“+”将两种直径纵筋相连，且角部纵筋写在前面，如图 3–15 中 KL2（2A）的“2ϕ25+2ϕ22”表示：梁支座上部有四根纵筋，2ϕ25 放在角部，2ϕ22 放在中部；当梁中间支座两边的上部纵筋相同时，可仅标注一边，但不相同时，应在支座两边分别标注。

2）梁下部纵筋。下部纵筋多于一排时，同样用“／”将各排纵筋自上而下分开。同排纵筋有两种直径时，同样用“+”将两种异径纵筋相连，且角部纵筋写在前面。梁下部纵筋不全伸入支座时，将梁支座下部纵筋减少的数量写在括号里，如“6ϕ25　2（–2）／4”表示：上排纵筋为 2ϕ25，且不伸入支座，下一排纵筋为 4ϕ25，且全部伸入支座。

3）附加箍筋或吊筋。将其直接画在平面图中的主梁上，用引线注明总配筋值；当多数附加箍筋或吊筋相同时，可在梁平法施工图上统一注明，少数与统一注明值不同时，再引用原位引注，如图 3–18 所示。

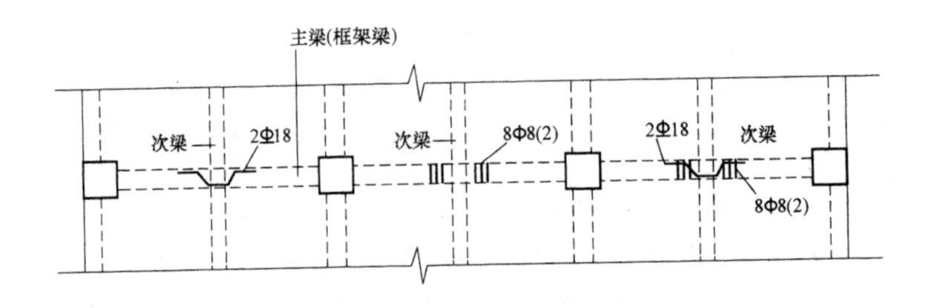

图 3–18　附加箍筋与吊筋注写示例

4）当在梁上集中标注的内容不适用于某跨或某悬挑部分时，则将其不同数值原位标注在该跨或该悬挑部位，施工时应按原位标注数值取用。

2. 梁截面注写方式（如图 3–20 所示）

梁截面标注方式是指在分标准层绘制的梁平面布置图上，分别在不同编号的梁中各选一根梁用剖面号引出配筋图，并在其上标注截面尺寸和配筋具体数值的方式来表达梁平法施工图。截面标注方式既可以单独使用也可以与平面标注方式结合使用。

层号	标高m	层高m
屋面2	65.670	
塔层2	62.370	3.30
屋面1 塔层1	59.070	3.30
16	55.470	3.60
15	51.870	3.60
14	48.270	3.60
13	44.670	3.60
12	41.070	3.60
11	37.470	3.60
10	33.870	3.60
9	30.270	3.60
8	26.670	3.60
7	23.070	3.60
6	23.070	3.60
5	19.470	3.60
4	15.870	3.60
3	8.670	3.60
2	4.470	3.60
1	-0.030	4.20
-1	-4.530	4.50
-2	-9.030	4.50

结构层高楼面标高
结构层高

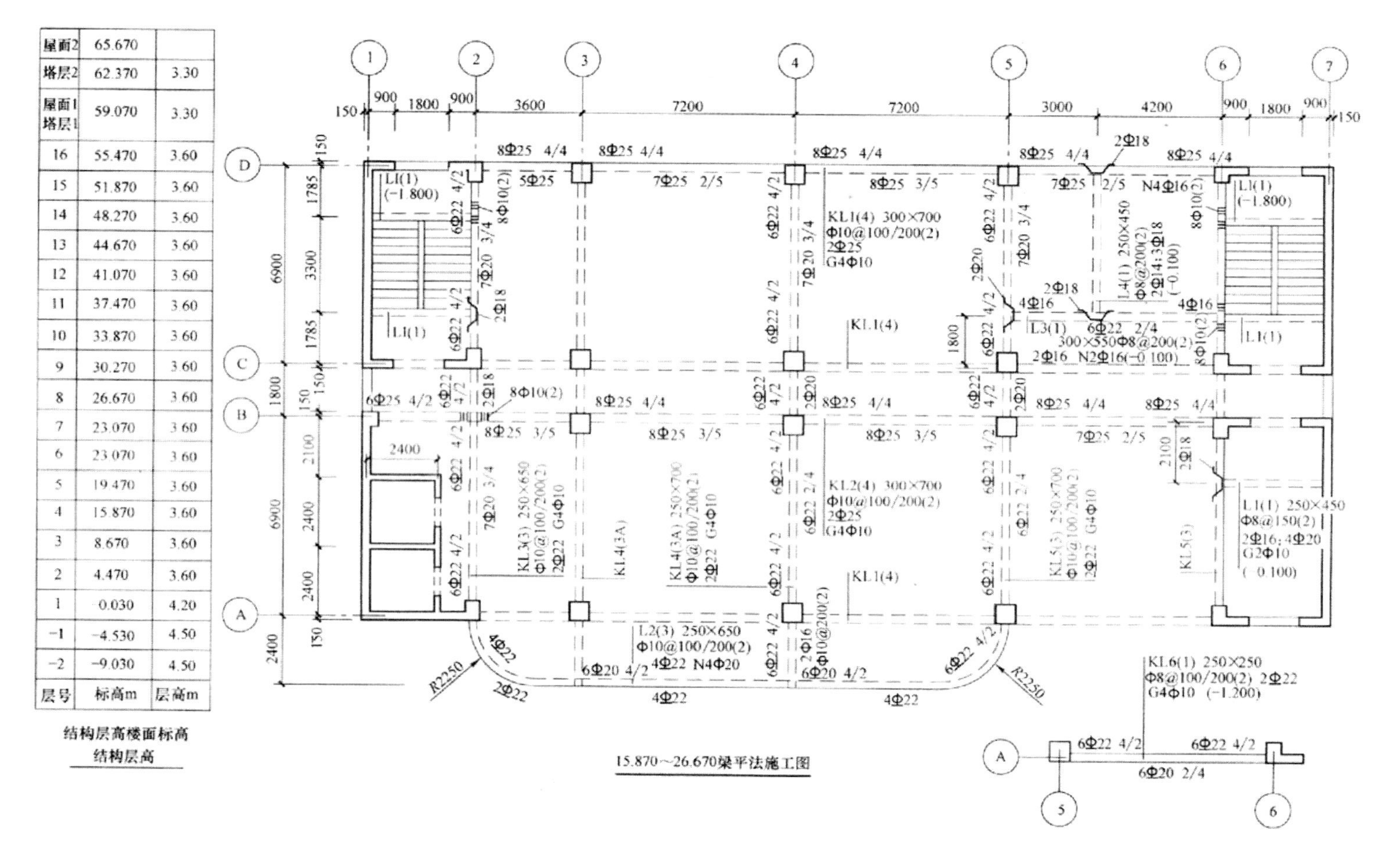

图 3-19 梁平法施工图平面注写方式示例

屋面2	65.670	
塔层2	62.370	3.30
屋面1 塔层1	59.070	3.30
16	55.470	3.60
15	51.870	3.60
14	48.270	3.60
13	44.670	3.60
12	41.070	3.60
11	37.470	3.60
10	33.870	3.60
9	30.270	3.60
8	26.670	3.60
7	23.070	3.60
6	23.070	3.60
5	19.470	3.60
4	15.870	3.60
3	8.670	3.60
2	4.470	3.60
1	-0.030	4.20
-1	-4.530	4.50
-2	-9.030	4.50
层号	标高m	层高m

结构层高楼面标高
结构层高

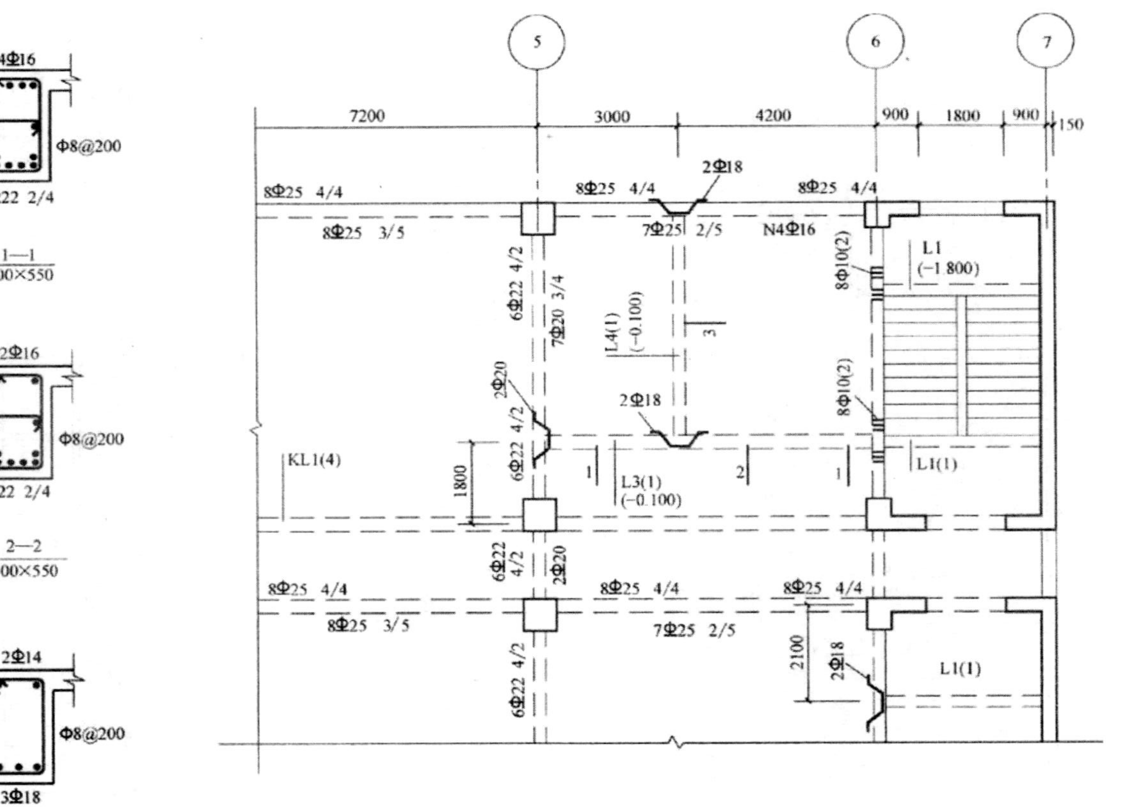

图 3-20　梁平法施工图截面注写方式示例

第二部分 建筑构造

第四章　建筑构造概述

第一节　建筑物的分类和等级

一、建筑物的分类

1. 按建筑物的使用性质分

（1）民用建筑

民用建筑是指供人们居住、生活、工作和学习的房屋和场所。一般分为以下两种：

① 居住建筑是指供人们生活起居的建筑物，如住宅、公寓、宿舍等。

② 公共建筑是指供人们进行各项社会活动的建筑物，如办公、科教、文体、商业、医疗、邮电、广播、交通和其他建筑等。

（2）工业建筑

工业建筑是指供人们从事各类生产活动的用房（一般称为厂房）。

（3）农业建筑

农业建筑是指供农业、牧业生产和加工用的建筑，如温室、畜牧饲养场、种子库等。

2. 按主要承重结构的材料和结构形式分

（1）木结构

木结构是用木材作为主要承重构件的建筑，是我国古建筑中广泛采用的结构形式。但由于木材易腐、易燃、强度低，以及我国森林资源缺乏等问题，一般仅用于低层、规模较小的建筑物，如别墅、旅游性建筑。

（2）砖混结构

砖混结构是用砖墙（或砖柱）、钢筋混凝土楼板和屋顶承重构件作为主要承重结构的建筑。这种结构整体性、耐久性、耐火性均较好，且取材方便，但自重较大，广泛用于 6 层及 6 层以下的民用建筑和小型工业厂房。

（3）钢筋混凝土结构

钢筋混凝土结构是主要承重构件全部采用钢筋混凝土的建筑。这类结构广泛用于大型公共建筑、高层建筑和工业建筑。

① 全框架结构是指由钢筋混凝土柱、梁和板形成空间承重骨架，墙体只起围护和分

隔作用的建筑。这种结构整体性好，承载能力强，空间布局灵活，抗震性好，可用于多层和高层建筑以及要求大空间或多功能的建筑等。

② 底层框架结构是指仅仅底层为框架结构，而上部均为砖混结构的建筑。这种结构形式可利用底层大空间作商店、食堂、车间、俱乐部等使用，上部小空间可用作住宅、宿舍、办公室等，既具有框架结构的能形成大空间的优点，又具有砖混结构价格低的优点。但这种结构形式由于刚度分布不均，且头重脚轻，重心偏高，对抗震不利，故在地震区应慎用。

③ 框架–剪力墙结构是指建筑以框架结构为主，只是在适当的位置设置必要长度的剪力墙来抵抗水平力作用，这种结构形式称为框架剪力墙结构，简称"框–剪"，多用于柱距较大和层高较高的高层公共建筑。

④ 剪力墙结构是指在高层和超高层建筑中，为了进一步提高建筑物的抗水平力的能力，将建筑的全部墙体用钢筋混凝土制成无孔洞或少孔洞的实墙，以承受建筑的全部荷载（竖向荷载、水平荷载），这种结构形式称为剪力墙结构。这种结构多用于高层住宅、旅馆。

⑤ 核心筒结构是指建筑的核心部位设置封闭式剪力墙，周边为框架结构，这种结构形式称为核心筒结构。核心筒内常作为电梯、楼梯和垂直管线的通道，多用于超高层塔式建筑。

⑥ 筒中筒结构是指建筑的核心部位和周边均设置筒形剪力墙，内外筒之间用连系梁连接，形成一种刚度极好的结构体系，适用于超高层且体型较大的建筑。

（4）钢结构

钢结构是指主要承重构件全部采用钢材制作，外围护墙和分隔内墙用轻质块材、板材的建筑。这种结构整体性好、自重、抗震性能好，但耗钢量大，耐火性差，主要用于超高层建筑、大跨度公共建筑和工业建筑。

（5）钢–钢筋混凝土混合结构

钢–钢筋混凝土混合结构是用钢筋混凝土结构组成竖向承重体系，用钢结构组成水平承重体系的大空间结构建筑，其横向可跨越30m以上的空间。在这类结构中，水平承重体系可采用桁架、悬索、网架、拱、薄壳等结构形式，多用于体育馆、大型火车站、航空港等公共建筑。

3. 按建筑的层数或总高度分

（1）住宅建筑

1～3层为低层建筑；4～6层为多层建筑；7～9层为中高层建筑；10层以上为高层建筑。

（2）公共建筑

建筑物高度超过 24m 者为高层建筑（不包括超过 24m 的单层建筑），建筑物高度不超过 24m 者为非高层建筑。

1972 年国际高层建筑会议规定：建筑物层数在 9 ~ 16 层，建筑总高度在 50m 以下的为低高层建筑；建筑物层数在 17 ~ 25 层，建筑总高度在 50 ~ 75m 的为中高层建筑；建筑物层数在 26 ~ 40 层，建筑总高度达 100m 的为高层建筑；建筑物层数超过 40 层，建筑总高度超过 100m 时，为超高层建筑。

4. 按建筑的规模和数量分

（1）大量性建筑

大量性建筑主要指建筑规模不大，但建造数量多，与人们生活密切相关的建筑，如住宅、中小学教学楼、医院等。

（2）大型性建筑

大型性建筑主要指建造于大中城市的体量大而数量少的公共建筑，如大型体育馆、火车站等。

二、建筑的等级

建筑的等级包括耐久等级和耐火等级两个方面。

1. 耐久等级

建筑物耐久等级的指标是指主体结构的使用年限。使用年限的长短主要根据建筑物的重要性和质量标准确定。它是建筑投资、建筑设计和结构构件选材的重要依据。《民用建筑设计通则》（GB 50352—2005）对建筑的耐久等级作了如下规定：

一级：使用年限为 100 年以上，适用于重要的建筑和高层建筑。

二级：使用年限为 50 ~ 100 年，适用于一般性建筑。

三级：使用年限为 25 ~ 50 年，适用于次要建筑。

四级：使用年限为 15 年以下，适用于临时性或简易建筑。

2. 耐火等级

建筑物的耐火等级是衡量建筑物耐火程度的标准，是根据组成建筑物构件的燃烧性能和耐火极限确定的。我国现行《建筑设计防火规范》（GB 50016—2013）规定，高层建筑的耐火等级分为一、二两级（表 4–1）；其他建筑物的耐火等级分为一、二、三、四级（表 4–2）。

表 4-1　高层民用建筑构件的燃烧性能和耐火极限

		一级	二级
墙	防火墙	非燃烧体 1.00	非燃烧体 3.00
	承重墙、楼梯间、电梯井和住宅单元之间的墙	非燃烧体 2.00	非燃烧体 2.00
	非承重外墙、疏散过道两侧的隔墙	非燃烧体 1.00	非燃烧体 1.00
	房间隔墙	非燃烧体 0.75	非燃烧体 0.50
柱		非燃烧体 3.00	非燃烧体 2.50
梁		非燃烧体 2.00	非燃烧体 1.50
楼板、疏散楼梯、屋顶的承重构件		非燃烧体 1.50	非燃烧体 1.00
吊顶（包括吊顶搁栅）		非燃烧体 0.25	难燃烧体 0.25

表 4-2　多层建筑构件的燃烧性能和耐火极限

		一级	二级	三级	四级
墙	防火墙	非燃烧体 4.00	非燃烧体 4.00	非燃烧体 4.00	非燃烧体 4.00
	承重墙和楼梯间的墙	非燃烧体 3.00	非燃烧体 2.50	非燃烧体 2.50	难燃烧体 0.50
	非承重墙、外墙、疏散过道两侧的隔墙	非燃烧体 1.00	非燃烧体 1.00	非燃烧体 0.50	难燃烧体 0.25
	房间隔墙	非燃烧体 0.75	非燃烧体 0.50	非燃烧体 0.50	难燃烧体 0.25
柱	支承多层的柱	非燃烧体 3.00	非燃烧体 2.50	非燃烧体 2.50	难燃烧体 0.50
	支承单层的柱	非燃烧体 2.50	非燃烧体 2.00	非燃烧体 2.00	燃烧体
梁		非燃烧体 2.00	非燃烧体 1.50	非燃烧体 1.00	难燃烧体 0.50
楼板		非燃烧体 1.50	非燃烧体 1.00	非燃烧体 0.50	难燃烧体 0.25
屋顶的承重构件		非燃烧体 1.50	非燃烧体 0.50	燃烧体	燃烧体
疏散楼梯		非燃烧体 1.50	非燃烧体 1.00	非燃烧体 1.00	燃烧体
吊顶（包括吊顶搁栅）		非燃烧体 0.25	难燃烧体 0.25	难燃烧体 0.15	燃烧体

耐火极限是指对任一建筑构件按时间—温度标准曲线进行耐火试验，从受到火的作用时起，到失去支持能力（木结构），或完整性被破坏（砖混结构），或失去隔火作用（钢结构）时为止的这段时间，以小时表示。

燃烧性能是指组成建筑物的主要构件在明火或高温作用下燃烧与否及燃烧的难易程度。分为非燃烧体、难燃烧体和燃烧体。

非燃烧体是指用非燃烧材料做成的建筑构件，如砖、石、混凝土、金属材料等。

难燃烧体是指用难燃烧材料做成的建筑构件，或用燃烧材料制作，而用非燃烧材料做保护层的建筑构件，如沥青混凝土、石膏板、水泥刨花板、抹灰木板条等。

燃烧体是指用容易燃烧的材料做成的建筑构件，如木材、纸板、纤维板，胶合板等。

第二节　建筑的构造组成

一般民用建筑尽管其使用功能不同，所用材料和做法上各有差别，可以表现出各种各样的形式和特点，但通常都是由基础、墙或柱、楼板层、楼梯、屋顶和门窗六大部分组成如图 4–1 所示。它们根据所处部位的不同而发挥各自不同的作用。

1. 基础

基础是位于建筑物最下部的承重构件，承受建筑物的全部荷载，并将荷载传给地基。

2. 墙体

墙体是围成房屋空间的竖向构件。具有承重、围护和水平分隔的作用。它承受由屋顶及各楼层传来的荷载，并将这些荷载传给基础；外墙还用于抵御自然界各种因素对室内的侵袭，内墙用作房间的分隔、隔声、遮挡视线以保证具有舒适的环境。

3. 楼板层

楼板层是划分空间的水平构件。具有承重、竖向分隔和水平支撑的作用。楼层将建筑从高度方向分隔成若干层，承受着家具、设备、人体荷载及自重，并将这些荷载传给墙或柱，同时楼板层的设置，对增加建筑的整体刚度起着重要作用。

4. 楼梯

楼梯是各层之间的交通联系设施。其主要作用是上下楼层和紧急疏散之用。

5. 屋顶

屋顶是建筑物顶部承重构件和围护构件。主要作用是承重、保温隔热和防水。屋顶承受着房屋顶部包括自重在内的全部荷载，并将这些荷载传递给墙或柱；同时抵御自然界各种因素对顶层房间的侵袭。

6. 门窗

门和窗均属非承重的建筑配件。门的主要作用是交通和分隔房间，有时兼有采光和通风作用。窗的主要作用是采光和通风，同时还具有分隔和围护的作用。

一般民用建筑除上述主要组成部分以外，还有一些人们使用和建筑本身所必需的构、配件，如阳台、散水、装修部分等。

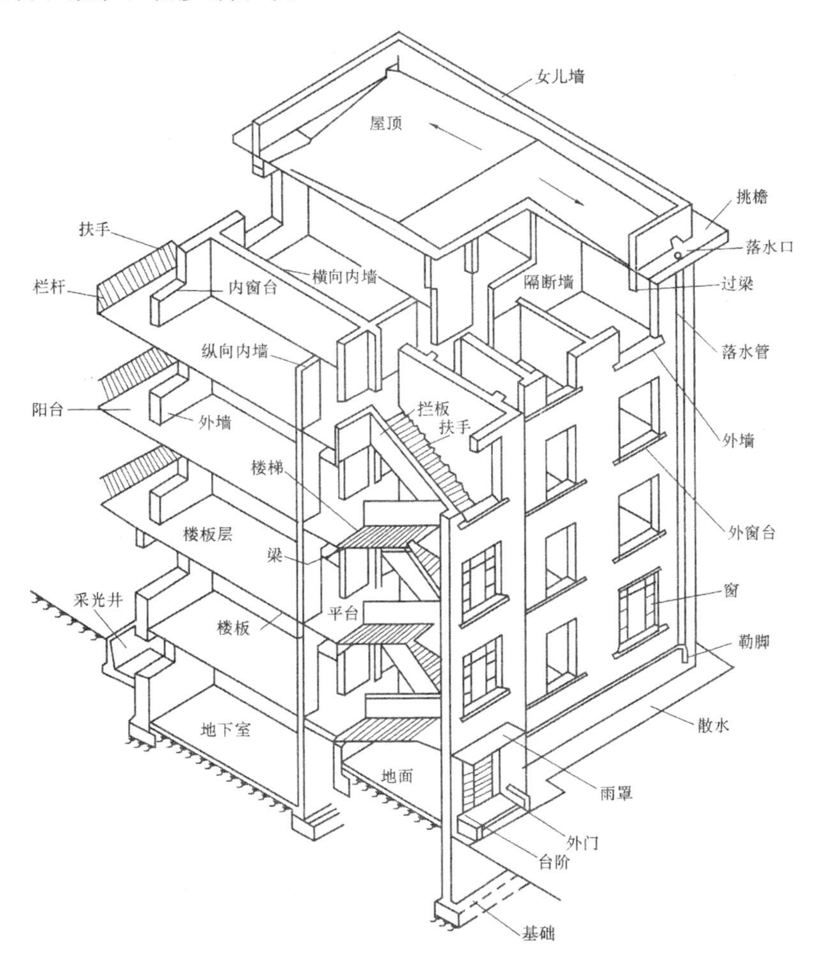

图 4–1　住宅构件示意图

第三节　建筑模数协调统一标准

为使不同材料、不同形式和不同制造方法的建筑制品、建筑构配件和组合体实现工业化大规模生产，并具有一定的通用性和互换性，在建筑业中必须共同遵守《建筑模数协调标准》（GB/T 50002—2013）中的有关规定。

1. 建筑模数

建筑模数是建筑设计中选定的标准尺寸单位。它是建筑物、建筑构配件、建筑制品以及有关设备尺寸相互间协调的基础。

（1）基本模数

基本模数是建筑模数协调统一的基本尺度的单位，用符号 M 表示，1M = 100mm。

（2）导出模数

导出模数分为扩大模数和分模数。扩大模数为基本模数的整倍数值，以 3M（300mm）、6M（600mm）、12M（1200mm）、15M（1500mm）、30M（3000mm）和 60M（6000mm）表示。分模数为整数除基本模数，以 M/10（10 mm）、M/5（20 mm）和 M/2（50 mm）表示。

（3）模数数列及其应用

模数数列是以基本模数、扩大模数、分模数为基础扩展的数值系统。模数数列根据建筑空间的具体情况拥有各自的适用范围，建筑物中的所有尺寸，除特殊情况下，一般都应符合模数数列的规定。

基本模数主要用于建筑物的层高、门窗洞口和构配件截面；扩大模数主要用于建筑物的开间或柱距、进深或跨度、层高、构配件截面尺寸和门窗洞口尺寸等；分模数主要用于建筑构配件截面、构造节点及缝隙尺寸等处。

2. 几种尺寸及其相互关系

为保证设计、生产、施工各阶段建筑制品、构配件等有关尺寸间的统一与协调，必须明确标志尺寸、构造尺寸、实际尺寸及其相互关系，如图 4–2 所示。

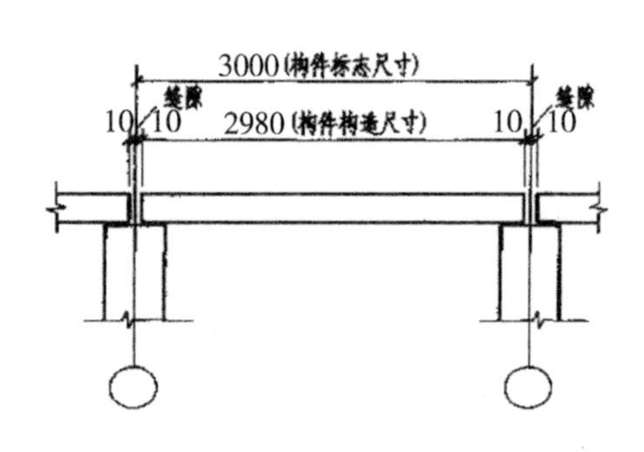

图 4–2　几种尺寸之间的关系

（1）标志尺寸

标志尺寸是用于标注建筑物定位轴线之间的距离（跨度、柱距、层高等）以及建筑制品、建筑构配件、组合件、有关设备界限之间的尺寸。标志尺寸必须符合模数数列的规定。

（2）构造尺寸

构造尺寸是生产、制造建筑构配件、建筑组合件、建筑制品等的设计尺寸，一般情况下，构造尺寸为标志尺寸减去缝隙尺寸。

（3）实际尺寸

实际尺寸是建筑构配件、建筑组合件、建筑制品等生产制作后的实有尺寸，实际尺寸与构造尺寸之间的差数应符合建筑公差的规定。

第五章　基础与地下室构造

第一节　基础的分类

基础是房屋建筑的重要组成部分，它承受建筑物上部结构传来的全部荷载，并将这些荷载连同基础的自重一起传到地基。地基是基础下面直接承受荷载的土层或岩体。地基承受建筑物的荷载而产生的应力和应变随着土层深度的增加而减小，在达到一定深度后就可以忽略不计。直接承受荷载的土层称为持力层，持力层以下的土层称为下卧层，如图 5–1 所示。尽管地基不属于建筑的组成部分，但它对保证建筑物的坚固耐久具有非常重要的作用。因此，在地基及基础设计中应具有足够的强度、稳定性和沉降均匀以及经济合理的基本要求，以确保建筑结构的安全和建筑物的日常使用。

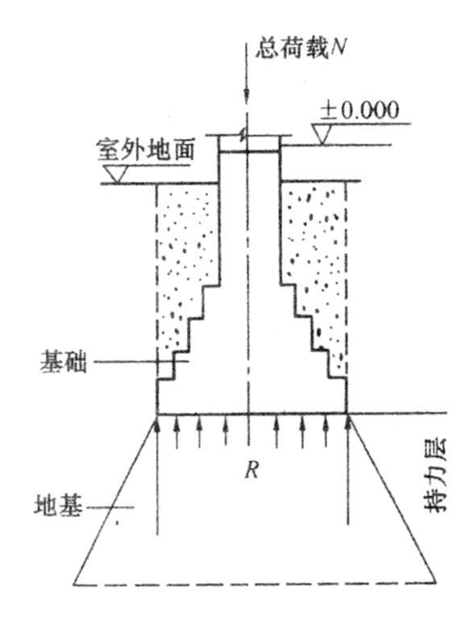

图 5–1　地基、基础与荷载的关系

一、地基的分类

建筑物的地基分为天然地基和人工地基两大类。

1. 天然地基

凡位于建筑物下面的土层，不需经过人工加固，而能直接承受建筑物全部荷载并满足变形要求的称为天然地基。按《建筑地基基础设计规范》的规定：建筑地基土(岩)，可分为岩石、碎石土、砂土、粉土、黏性土和人工填土六类。

2. 人工地基

当土层的承载能力较低或虽然土层较好，但因上部荷载较大，必须对土层进行人工加固后才足以承受上部荷载，并满足变形的要求。这种经人工处理的土层，称为人工地基。

采用人工加固地基的方法通常有以下几种：

（1）压实法

用各种机械对土层进行夯打、碾压、振动来压实松散土的方法为压实法。土的压实法主要是通过减小土颗粒间的孔隙，排除土壤中的空气，从而增加土的干容重，减少土的压缩性，以提高地基的承载能力。

（2）换土法

当基础下土层比较软弱，或地基有部分较软弱的土层而不能满足上部荷载对地基的要求时，可将较软弱的土层部分或全部挖去，换成其他较坚硬的材料，这种方法称换土法。换土法所用材料一般是选用压缩性低的无侵蚀性材料，如砂、碎石、矿渣、石屑等松散材料。这些松散材料是被基槽侧面土壁约束，借助互相咬合而获得强度和稳定性的，从应力状态上看属于垫层，通常称为砂垫层或砂石垫层。

（3）打桩法

当建筑物荷载很大，地基承载力不能满足要求时，可采用打桩法加固地基。这种方法是将砂桩、灰土桩、钢桩或钢筋混凝土桩打入或灌入土中，把土壤挤实或把桩打入地下坚实的土壤层上，从而提高土壤的承载能力。

二、基础的埋置深度

基础的埋置深度是指室外地坪到基础底面的垂直距离，简称埋深，如图 5-2 所示。根据基础埋深的不同，有深基础和浅基础之分。一般情况下，将埋深大于 5m 的称为深基础，埋深不大于 5m 的称为浅基础。从基础的经济效果看，其埋置深度愈小，工程造价愈低，但基础埋深过小，没有足够的土层包围，基础底面的土层受到压力后会把基础四周的土挤出，基础会产生滑移而失去稳定；同时，基础埋深过浅，易受外界的影响而损坏。所以基础的埋深一般不应小于 500mm。

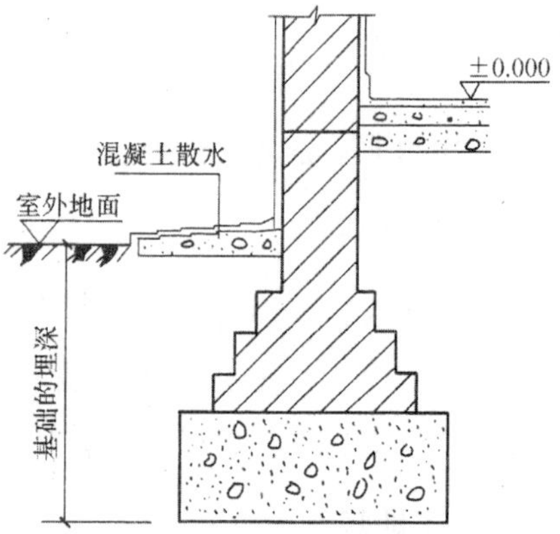

影响基础埋置深度的因素很多，一般应根据下列条件综合考虑来确定：

（1）建筑物的用途

如有无地下室、设备基础、地下设施及地下管线等。

（2）作用在地基上的荷载大小和性质

荷载有恒荷载和活荷载之分，其中恒荷载引起的沉降量最大，而活荷载引起的沉降量相对较小，因此当恒载较大时，基础埋置深度应大一些。

图 5-2　基础的埋置深度

（3）工程地质与水文地质条件

在一般情况下，基础应设置在坚实的土层上，而不要设置在耕植土、淤泥等软弱土层上。当表面软弱土层很厚，加深基础不经济时，可采用人工地基或采取其他结构措施。基础宜设在地下水位以上，以减少特殊的防水措施，有利于施工。如必须设在地下水位以下，应使基础底面低于最低地下水位 200mm 及其以下。如图 5–3 所示。

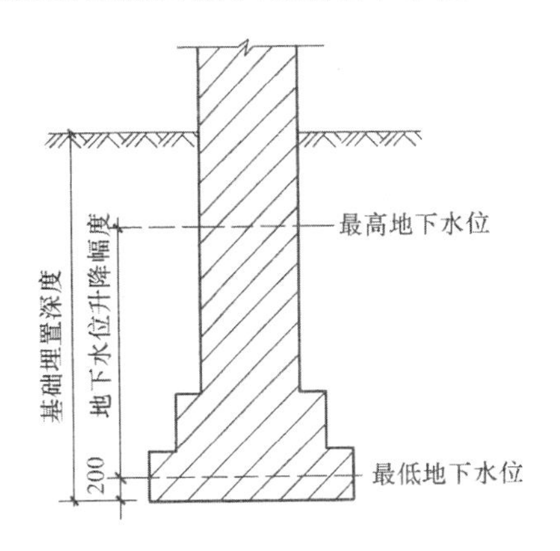

图 5–3　基础埋深与地下水位关系

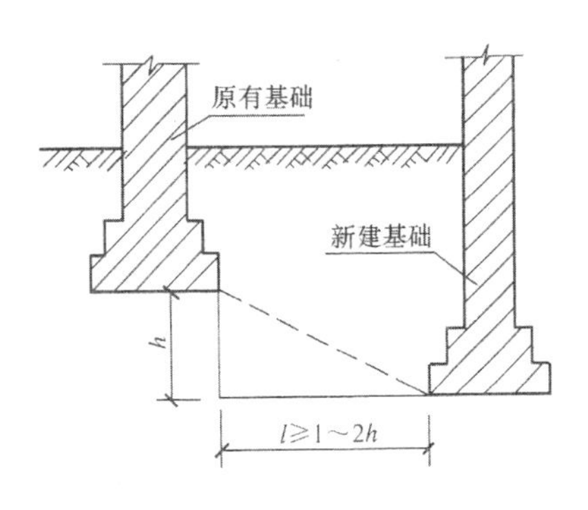

图 5–4　基础埋深与相邻基础关系

（4）基土冻胀和融陷的影响

基础底面以下的土层如果冻胀，会使基础隆起；如果融陷，会使基础下沉，因此基础埋深应设在当地冰冻线以下，以防止地基土冻胀导致基础的破坏。但岩石及砂砾、粗砂、中砂类的土质对冰冻的影响不大。

（5）相邻建筑物基础的影响

新建建筑物的基础埋深不宜深于相邻原有建筑物的基础。当新建基础深于原有建筑物基础时，两基础间应保持一定净距，一般取相邻两基础底面高差的 1～2 倍。如图 5–4 所示。如上述要求不能满足时，应采取临时加固支撑、打板桩或加固原有建筑物地基等措施。

第二节　基础的类型和构造

1. 基础的类型

（1）按基础的构造形式分类

1）条形基础：当建筑物上部结构采用墙承重时，基础沿墙身设置呈长条状，这种基础称为条形基础或带形基础，如图 5–5 所示。条形基础常用砖、石、混凝土等材料建造。当地基承载能力较小荷载较大时，承重墙下也可采用钢筋混凝土条形基础。

2）独立基础：当建筑物上部结构为梁、柱构成的框架、排架及其他类似结构时，其基础常采用方形或矩形的单独基础，称独立基础。独立基础的形式有阶梯形、锥形、杯形等，如图 5-6 所示，主要用于柱下；当建筑是以墙作为承重结构，而地基承载力较弱或埋深较大时，为了节约基础材料，减少土石方工程量，也可采用墙下独立基础。为了支承上部墙体，在独立基础上可设基础梁或拱等连续构件，如图 5-7 所示。

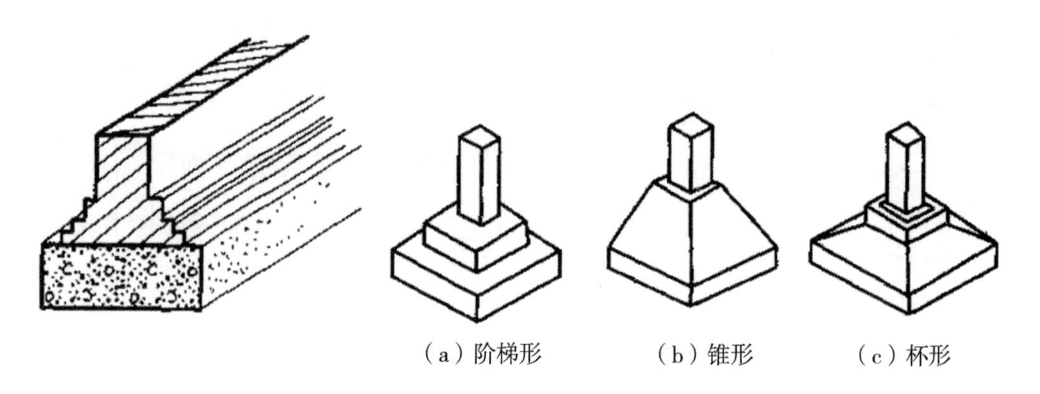

图 5-5　条形基础　　　　图 5-6　独立基础

3）井格基础：当建筑物上部荷载不均匀，地基条件较差时，常将柱下基础纵横相连组成井字格状，叫井格基础，如图 5-8 所示。它可以避免独立基础下沉不均的弊病。

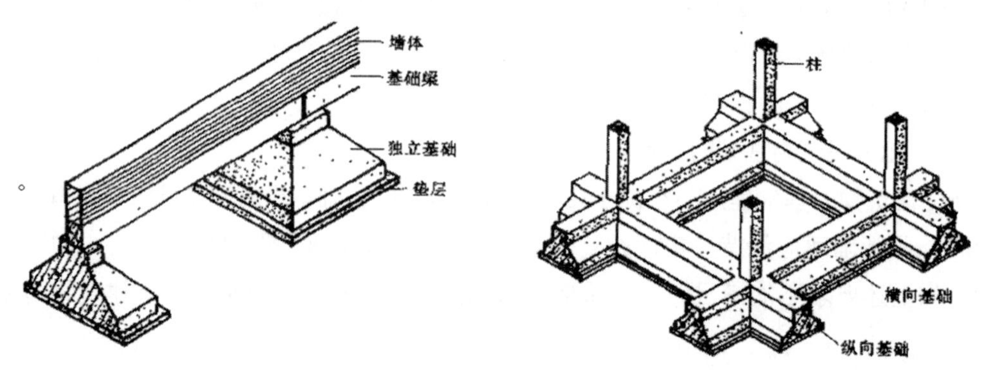

图 5-7　墙下独立基础　　　　图 5-8　井格基础

4）板筏基础：当建筑物上部荷载很大或地基的承载力很小时，可由整片的钢筋混凝土板承受整个建筑的荷载并传给地基，这种基础形似筏子，故称筏片基础，也称满堂基础。其形式有板式和梁板式两种，如图 5-9 所示。

5）箱形基础：当钢筋混凝土基础埋置深度较大，为了增加基础的整体刚度，有效抵抗地基的不均匀沉降，常采用由钢筋混凝土底板、顶板和若干纵横墙组成的箱形整体来作为房屋的基础，这种基础称为箱形基础，如图 5-10 所示。箱形基础具有较大的强度和刚度，且内部空间可用作地下室，故常作为高层建筑的基础。

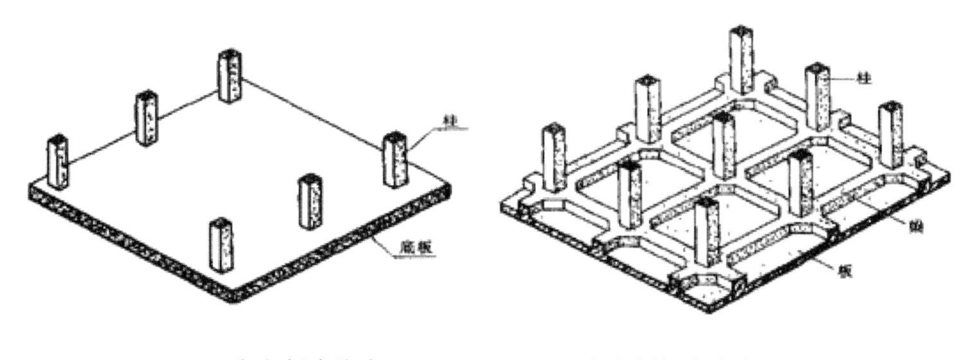

（a）板式基础　　（b）梁板式基础

图 5–9　板筏基础

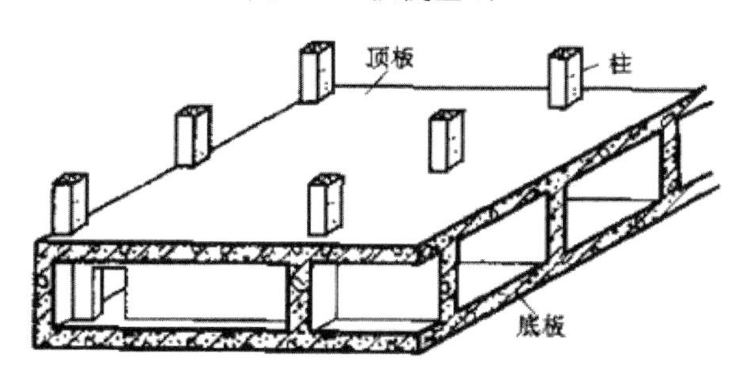

图 5–10　箱形基础

6）桩基础：当建筑物荷载较大，地基的软弱土层厚度在 5m 以上及基础不能埋在软弱土层内时，常采用桩基础。桩基础具有承载力高，沉降量小，节省基础材料，减少挖填土方工程量，改善施工条件和缩短工期等优点。因此，近年来桩基础应用较为广泛。

① 桩基础的组成。桩基础是由桩身和承台梁（或板）组成，如图 5–11 所示。桩身尺寸是按设计确定的，再按照设计的点位置打（或浇灌）入土中。在桩的顶部灌筑钢筋混凝土承台梁(或板)，以支承上部结构，使建筑物荷载均匀地传递到桩基上。在寒冷地区，承台梁下应铺设 100 ~ 200mm 厚的粗砂或焦渣，以防止土壤冻胀引起承台梁（或板）的反拱破坏。

② 桩基按受力情况分类。桩基可分为摩擦桩与端承桩。摩擦桩靠桩壁与土壤的摩擦力承担总荷载，如图 5–12（a）所示。这种桩适合坚硬土层较深，总荷载较小的工程；端承桩是将桩尖直接支承在岩石或硬土层上，用桩端支承建筑的总荷载，也称做柱桩，如图 5–12（b）所示。这种桩适用于坚硬土层较浅、荷载较大的工程。

③ 桩基按材料和施工方法分类。桩基按材料不同可分为混凝土桩、钢筋混凝土桩、土桩、木桩、砂桩、钢桩等。目前，我国采用较多的为钢筋混凝土桩，钢筋混凝土桩按施工方法不同又分为预制桩和灌注桩。

a. 预制桩是预先在钢筋混凝土构件厂或现场预制，然后用打桩机打入地基土层中。桩的断面一般为 200 ~ 350mm 见方，桩长不超过 12m。预制桩施工方便，容易保证质量，适宜用在新填土或较软弱的地基。但这种桩造价较高，此外，打桩时有较大噪声，影响周围环境。

b. 灌注桩是直接在所设计的桩位上开孔然后向孔内加放钢筋骨架，浇灌混凝土而成。与钢筋混凝土预制桩比较，灌注桩不需大型打桩机械，适应性强，近年来发展较快。

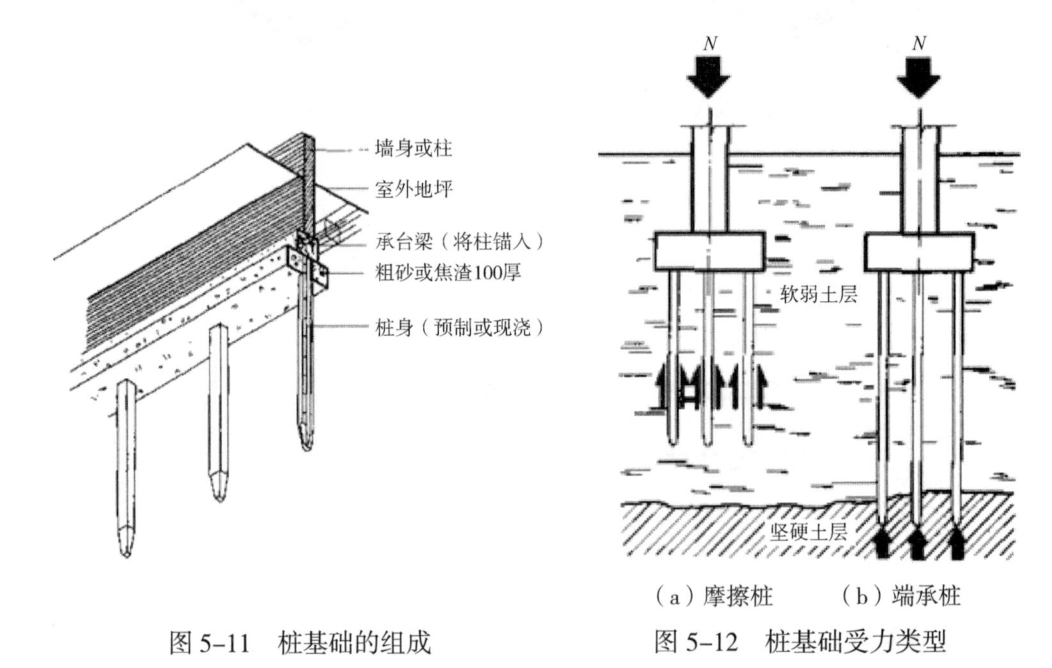

图 5-11　桩基础的组成

图 5-12　桩基础受力类型

（2）按基础的材料及受力特点分类

① 刚性基础。凡是由刚性材料建造、受刚性角限制的基础，称为刚性基础。刚性材料一般是指抗压强度高、抗拉和抗剪强度较低的材料。如砖、石、混凝土、灰土等材料建造的基础，属于刚性基础，如图 5-13 所示。这类基础的大放脚(基础的扩大部分)较高，体积较大，埋置较深。适用于地下水位较低、六层以下的砖墙承重建筑。

一般情况下，基础的底面积愈大，其底面的压强愈小，对地基的负荷愈有利。但放大的尺寸超过一定范围，超过基础材料本身的抗拉、抗剪能力，就会产生冲切破坏。从图 5-14 中可看出，破坏的方向不是沿墙或柱的外侧垂直向下，而是与垂线形成一个角度，这个角度就是材料特有的刚性角，它是宽 b 与高 h 所夹的角。只有控制基础的宽高比(b:h)，才能保证基础不被破坏。

② 柔性基础（扩展基础）。主要是指钢筋混凝土基础，它是在混凝土基础的底部配以钢筋，利用钢筋来抵抗拉应力，使基础底部能够承受较大的弯矩。这种基础不受材料刚性角的限制，故称为柔性基础，如图 5-20 所示。柔性基础构造高度较小，埋置深度浅，挖

方量小。适用于土质较差、荷载较大、地下水位较高等条件下的大小型建筑。

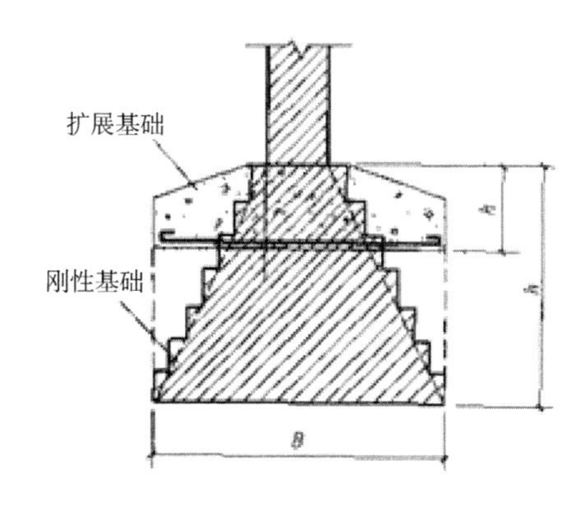

图 5-13 刚性基础与柔性（扩展基础）比较

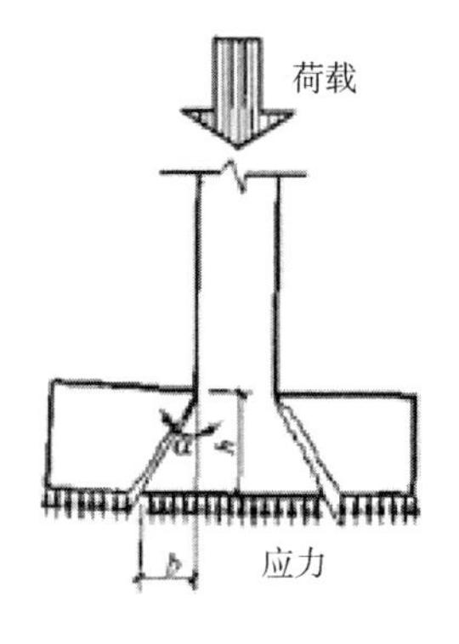

图 5-14 刚性角的形成

2. 刚性基础构造

（1）砖基础

用黏土砖砌筑的基础叫砖基础。它具有取材容易，价格较低，施工简便等优点。但由于砖的强度、耐久性、抗冻性和整体性均较差，因而只适合于地基土质好、地下水位较低，五层以下的砖混结构中。

砖基础断面一般都做成阶梯形，这个阶梯形通常称为“大放脚”，如图 5-15 所示。大放脚从垫层上开始砌筑，其台阶宽高比要满足刚性角要求，即 $b/h \leqslant 1/1.5$。施工时可采用“二皮一收”（等高式）或“二皮一收”与“一皮一收”相间（间隔式），但其最底下一级必须用二皮砖厚。一皮即一皮砖，标注尺寸为 60mm，每收一次，两边各收 1／4 砖长。砌筑前基槽底面要铺 20mm 厚的砂垫层。

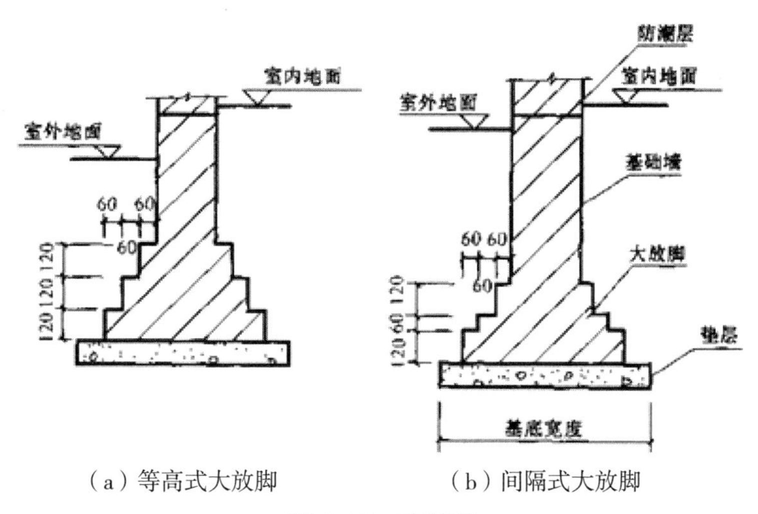

（a）等高式大放脚　　（b）间隔式大放脚

图 5-15 砖基础

（2）毛石基础

毛石是一种天然石材经粗略加工使其基本方整，便于人力搬运及操作的石料，粒径一般不小于 300mm。毛石基础的强度、抗水、抗冻、抗腐蚀性能均较好。但由于毛石自重较大，操作要求高，运输、堆放不便，故毛石基础多适用于邻近山区，石材丰富，一般标准的砖混结构中。

毛石基础的做法有两种。一种是毛石灌浆基础，即在基坑内先铺一层高 400mm 左右的毛石后，灌以 M2.5 砂浆，然后分层施工；另一种是浆砌毛石基础，即边铺砂浆边砌毛石。两种做法均要求毛石大小交错搭配，缝内砂浆饱满，灰缝错开。

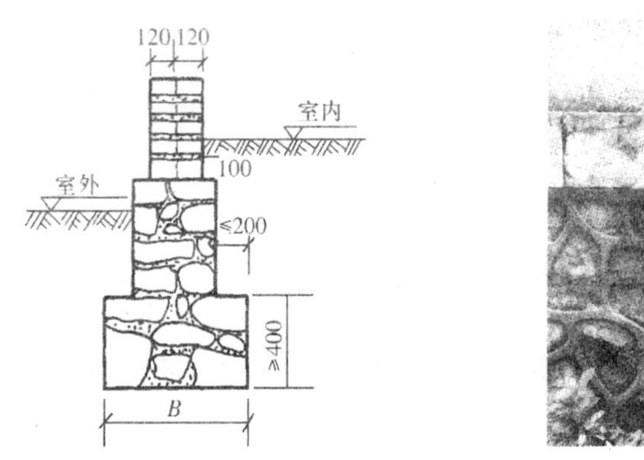

图 5-16　毛石基础

毛石基础断面形式一般为阶梯形，其台阶宽高比允许值为 $b/h \leqslant 1/1.5$，如图 5-16 所示。为了便于砌筑和保证砌筑质量，基础顶部宽度不宜小于 500mm，且要比墙或柱每边宽出 100mm。每个台阶的高度不宜小于 400mm，出台宽度不应大于 200mm。当基础底面宽度小于 700mm 时，毛石基础应做成矩形截面。毛石顶面砌墙时应先铺一层水泥砂浆。

（3）灰土基础

在砖基础下用灰土做垫层，便形成灰土基础，如图 5-17 所示。在地下水位较低的地区，低层房屋采用灰土基础，可节省材料，降低基础成本。

灰土是用经过消解后的石灰粉和黏性土按一定比例加适量的水拌和夯实而成。其配合比为 3∶7 或 2∶8，一般采用 3∶7，即 3 份石灰粉，7 份黏性土(体积比)，通常称“三七灰土”。灰土需分层夯实，每层均需铺 220mm，夯实后为 150mm 厚，通称一步。三层及三层以上的混合结构和轻型厂房，多采用三步灰土，厚 450mm；三层以下混合结构房屋多采用两步灰土，厚 300mm。垫层超过 100mm 按基础使用和计算。

灰土基础具有施工简便，造价便宜，可以节约水泥和砖石材料的优点。但由于灰土抗冻性、耐水性较差，所以灰土基础应设置在地下水位以上，冰冻线以下。

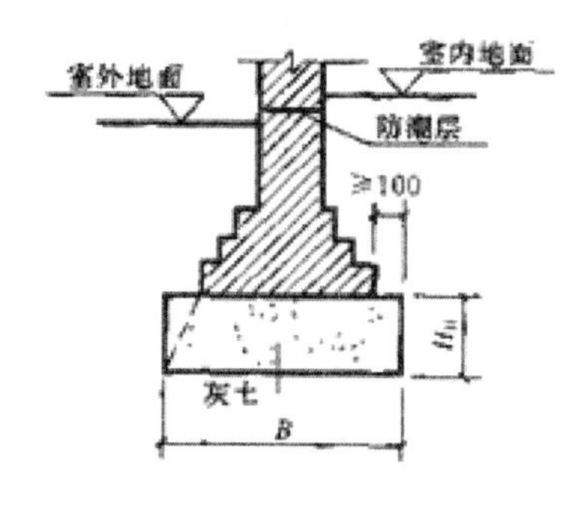

图 5-17 灰土基础

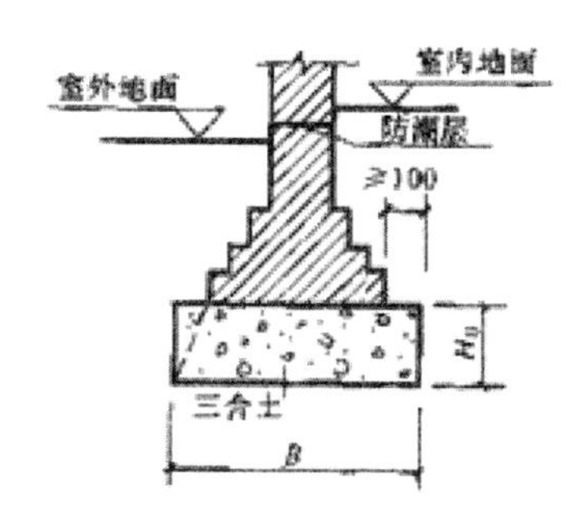

图 5-18 三合土基础

（4）三合土基础

在砖基础下用石灰、砂、骨料（碎砖、碎石或矿渣）组成的三合土做垫层，形成三合土基础，如图 5-18 所示。这种基础具有施工简单、造价低廉的优点。但其强度较低，只适用于四层及四层以下的建筑，且基础应埋置在地下水位以上。

三合土的配比为 1∶3∶6 或 1∶2∶4。三合土应均匀铺入基槽内，加适量水拌和夯实，每层厚 150mm，总厚度 $H_0 \geq 300$mm，宽度 $B \geq 600$mm。三合土铺至设计标高后，在最后一遍夯打时，宜浇浓灰浆。待表面灰浆略微风干后，再铺上薄薄一层砂子，最后整平夯实。

（5）混凝土和毛石混凝土基础

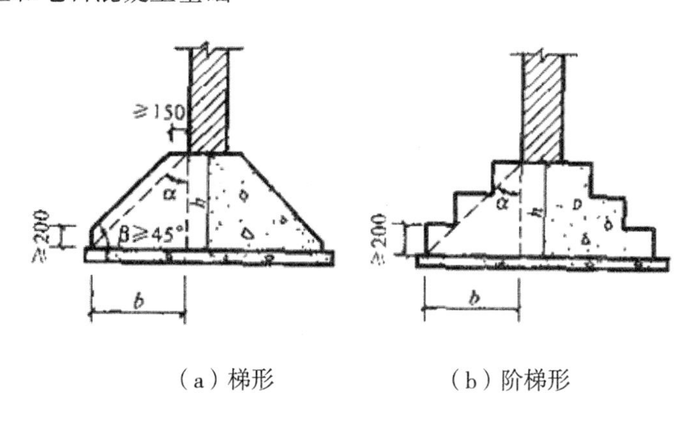

（a）梯形　（b）阶梯形

图 5-19 混凝土基础

这种基础多采用 C15 或 C20 混凝土浇筑而成，它坚固耐久、抗水、抗冰，多用于地下水位较高或有冰冻情况的建筑。它的断面形式和有关尺寸，除满足刚性角外，不受材料规格限制，按结构计算确定。其基本形式有梯形、阶梯形等，如图 5-19 所示。

基础底面下可设置垫层，垫层多用低强度等级的混凝土或三合土，厚度 80～100mm，每侧加宽 80～100mm。垫层不计入基础面积，作用是找平坑槽，便于施工。

混凝土的强度、耐久性、防水性都较好，是理想的基础材料。在混凝土基础体积过大时，可以在混凝土加入适量毛石，即是毛石混凝土基础。加入的毛石粒径不得超过300mm，也不得大于基础宽度的 1/3，加入的毛石体积为总体积的 20%～30%，且应分布均匀。

3. 柔性基础（扩展基础)构造

柔性基础就是在基础受拉区的混凝土中配置钢筋，由弯矩产生的拉应力全部由钢筋承担，因而不受刚性角的限制。基础的“放脚”可以做得很宽、很薄，所以也叫板式基础，如图 5-20 所示。它的截面面积较刚性基础小得多，挖土方量也少得多，但是它增加了钢筋和混凝土的用量，综合造价还是较高。

柔性基础设计时相当于倒置的悬臂板。端部最薄处厚度不应小于 200mm，根部厚度由计算确定，一般最经济厚度为 b/4。

柔性基础属受弯构件，混凝土的强度等级不宜低于 C20，钢筋需进行计算求得，但受力筋直径不宜小于 8mm，间距不宜大于 200mm。一般情况下要做混凝土垫层，为了施工方便，垫层厚度一般为 80～100mm。为保护基础钢筋，当有垫层时，保护层厚度不宜小于 35mm，不设垫层时，保护层厚度不宜小于 70mm。

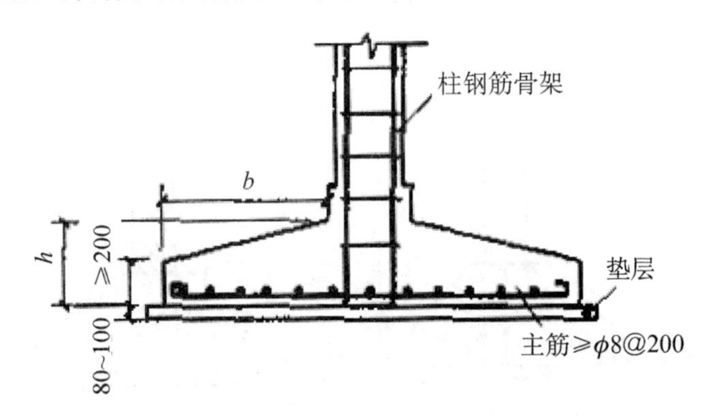

图 5-20　柔性基础（扩展基础）构造

4. 基础的特殊问题处理

（1）埋深不同的基础的处理

因受上部荷载、地基承载力或使用要求等因素的影响，连续的基础会出现不同的埋深，这时不同埋深的连续基础应做成台阶逐渐过渡。过渡台阶的高度不应大于 500mm，长度不宜小于 1 000mm，以防止因埋深的变化太突然，使墙体断裂或发生不均匀沉降，如图 5-21 所示。

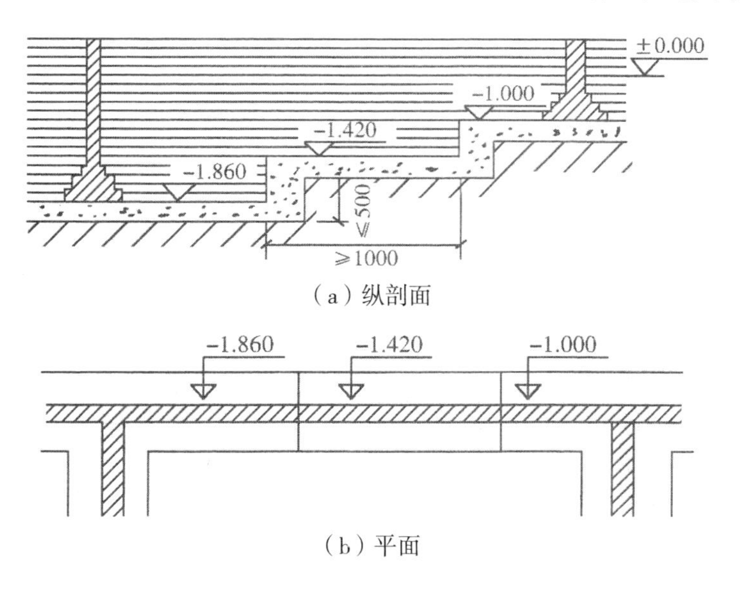

（a）纵剖面

（b）平面

图 5-21　不同埋深的基础处理

（2）沉降缝处的基础

当建筑物设置了沉降缝时，在沉降缝的对应位置，基础必须断开，以满足自由沉降的需要。基础在沉降缝处的构造有双墙式、交叉式和悬挑式。

双墙式的基础是在沉降缝两侧的墙下设置各自的基础，适用于上部荷载较小的建筑，如图 5-22（a）所示。

交叉式的基础是将沉降缝两侧结构的基础设置成独立式，并在平面上相互错开，如图 5-22（b）所示。

当建筑物上部荷载较大时，可采用悬挑式。悬挑式的基础是将沉降缝一侧的基础正常设置，另一侧利用挑梁支承基础梁，基础梁上砌筑墙体的做法，如图 5-22（c）所示。

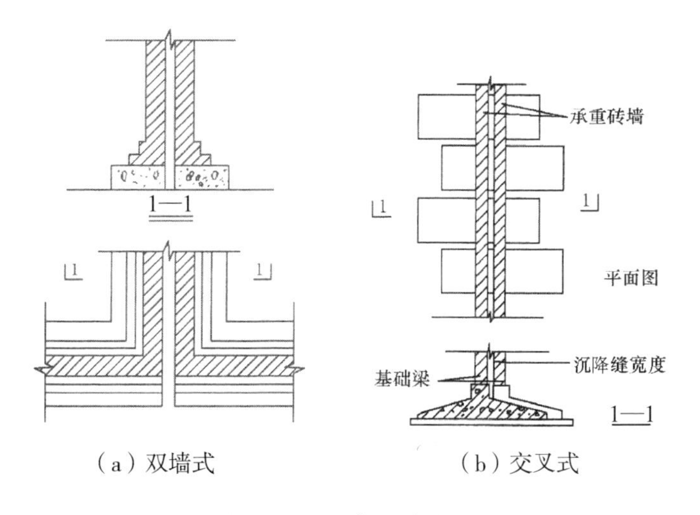

（a）双墙式　　（b）交叉式

图 5-22　沉降缝处基础

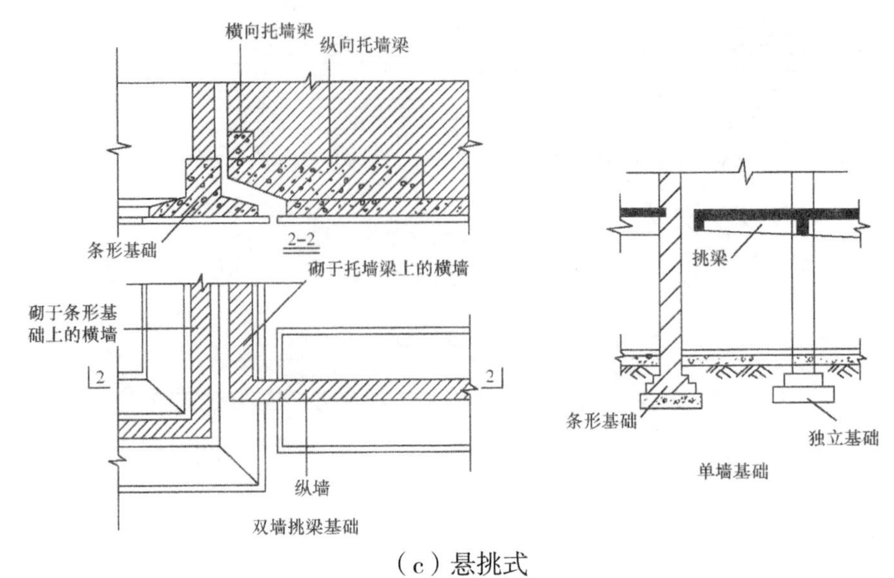

（c）悬挑式

图 5-22　沉降缝处基础（续）

第三节　地下室构造

在建筑物首层下面的房间叫地下室，它是在限定的占地面积中争取到的使用空间。在城市用地比较紧张的情况下，把建筑向上下两个空间发展，是提高土地利用率的手段之一。如高层建筑的基础很深，利用这个深度建造一层或多层地下室，既增加了使用面积，又省去房心填土之费用，一举两得。图 5-23 为地下室示意图。

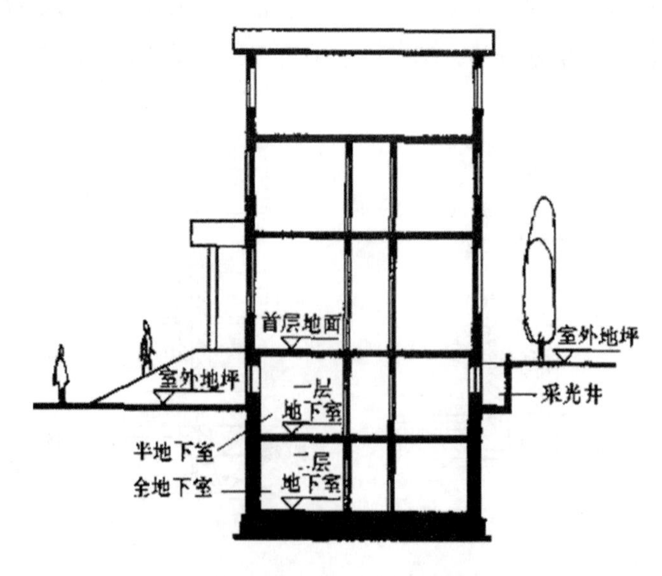

图 5-23　地下室示意图

1. 地下室的类型

地下室按使用功能可分为普通地下室和人防地下室；按埋置深度可分为全地下室和半地下室；按结构材料分为砖混结构地下室和钢筋混凝土地下室等。

2. 地下室的组成与构造要求

地下室一般由底板、墙体、顶板、楼梯和门窗五大部分组成。

（1）底板

底板处于最高地下水位之上时，可按一般地面工程做法，即垫层上现浇混凝土 60～80mm 厚，再做面层；如底板处于地下水位之中时，底板不仅承受地面垂直荷载，还要承受地下水的浮力。因此，要求它具有足够的强度、刚度和抗渗性能。通常采用钢筋混凝土底板。

（2）墙体

墙体的主要作用是承受上部结构的垂直荷载，并承受土、地下水和土壤冰胀的侧压力。因此，要求它必须具有足够的强度和防潮、防水的性能。一般采用砖墙、混凝土墙或钢筋混凝土墙。

（3）顶板

顶板与楼板基本相同，常采用现浇或预制的钢筋混凝土板。如作为人防地下室必须采用现浇板，并按有关规定决定板的厚度和混凝土强度等级。

（4）楼梯

楼梯可与地面以上部分的楼梯间结合布置。对于人防地下室，要设置两个直通地面的出入口，并且必须有一个是独立的安全出口。这个安全出口周围不得有较高的建筑物，以防因突袭倒塌堵塞出口，影响疏散。

（5）门窗

普通地下室的门窗与地上房间门窗相同。地下室外窗如在室外地坪以下时，应设置采光井，以利于地下室采光和通风。人防地下室一般不允许设窗，如需设窗，应做好战时封堵措施。外门应按防护等级要求，设置防护门、防护密闭门。

3. 地下室采光构造

地下室的外窗处，可按其与室外地面的高差情况设置采光井。采光井可以单独设置，也可以联合设置，视外窗的间距而定。

采光井由侧墙、底板和防护篦子组成。侧墙可用砖砌，底板多为现浇混凝土。底板面应比窗台低 250～300mm，以防雨水溅入和倒灌。井底部抹灰应向外侧倾斜，并在井底低处设置排水管，如图 5-24 所示。

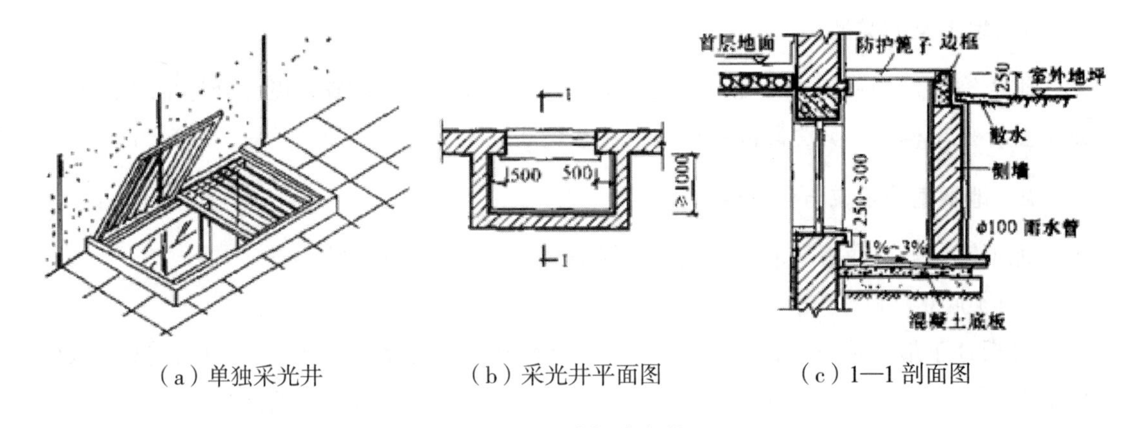

（a）单独采光井　　（b）采光井平面图　　（c）1—1 剖面图

图 5–24　地下室采光井

4. 地下室的防潮与防水构造

地下室的外墙和底板都埋在地下，常年受到土中水分和地下水的侵蚀、挤压，如不采取有效的构造措施，地面水或地下水将渗透到地下室内，轻则引起墙皮脱落，墙面霉变，影响美观使用，重则降低建筑物的耐久性，甚至破坏。因此，地下室的防潮和防水是确保地下室能够正常使用的关键环节，应根据现场的实际情况，确定防潮或防水的构造方案，做到安全可靠，万无一失。

（1）地下室的防潮

当地下水的常年水位和最高水位均在地下室地坪标高以下时，地下室的墙体和底板会受到土壤中潮气的影响，故需做防潮处理，即在地下室的外墙外面和底板中设置防潮层。墙体垂直防潮层的做法是：先在墙体外面抹一层 20 mm 厚 1∶2.5 的水泥砂浆找平层（找平层需延伸到散水以上 300mm）；再涂一道冷底子油和两道热沥青；然后在墙体外侧回填低渗透性土壤，如黏土、灰土等，并逐层夯实，土层宽度不小于 500mm，以防地面雨水或其他地表水的影响。另外，地下室的所有墙体都应当设两道水平防潮层，一道设在地下室地坪以下 60mm 处；一道设在室外地坪以上 150 ~ 200mm 处，使整个地下室防潮层连成整体，以防地下潮气沿地下墙身或勒脚处进入室内，具体构造如图 5–25（a）所示。地下室地坪防潮，可采用素混凝土，具体构造如图 5–25（b）所示。

地下室底板的防潮做法是：灰土或三合土垫层上浇筑 60 ~ 80mm 厚的密实 C15 混凝土，然后再做面层。对外墙与地下室地面交接处，外墙与首层地断交接处都应分别作好墙身水平防潮处理。

（2）地下室的防水

当设计最高地下水位高于地下室底板时，地下室的底板和部分外墙将浸泡在水中，在水的作用下，地下室的外墙受到地下水的侧压力，底板则受到浮力作用，而且地下水位高

出地下室地面愈高，侧压力和浮力就越大，渗水也越严重。因此，地下室外墙与底板应做好防水处理。目前，常采用的防水方案有柔性防水和刚性防水两大类。

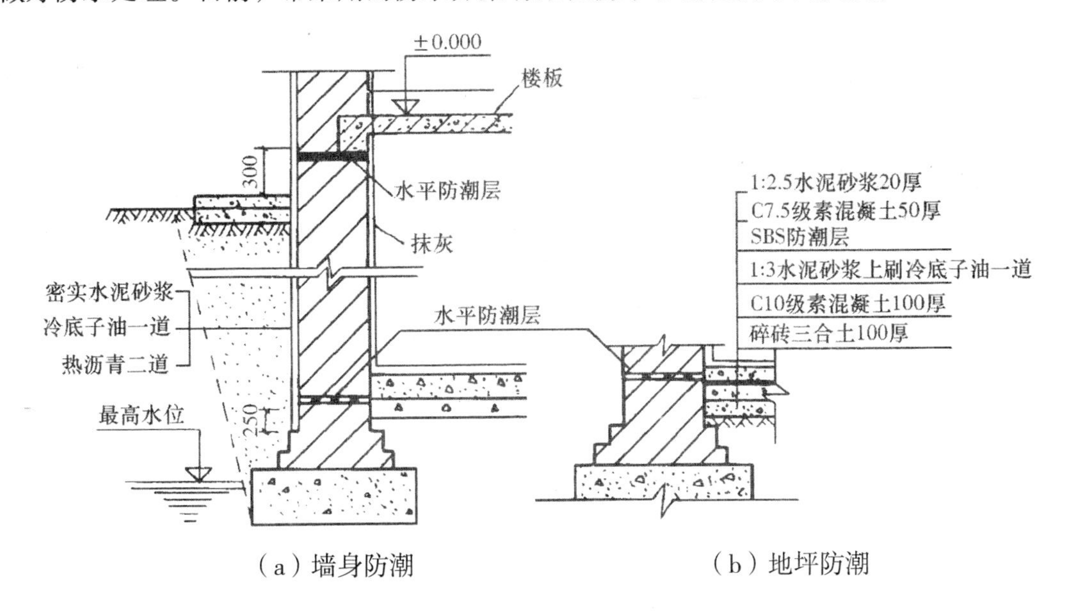

（a）墙身防潮　　　　（b）地坪防潮

图 5-25　地下室的防潮处理

1）柔性防水：柔性防水层是在外墙和底板表面敷设具有一定柔韧性和较大延伸率的防水材料，利用材料的高效防水特性阻止水的渗入，如防水卷材、有机防水涂料。

① 卷材防水：卷材防水能适应结构的微量变形和抵抗地下水的一般化学侵蚀，比较可靠，是一种传统的防水做法。现在工程中，卷材防水层一般采用高聚物改性沥青防水卷材(如 SBS 改性沥青防水卷材、APP 改性沥青防水卷材)或合成高分子防水卷材(如三元乙丙橡胶防水卷材、再生胶防水卷材等)与相应的胶结材料黏结形成防水层。防水卷材的厚度选用应符合表 5-1 的规定。

表 5-1　防水卷材厚度

<table>
<tr><th>防水等级</th><th>设防道数</th><th>合成高分子防水卷材</th><th>高聚物改性沥青防水卷材</th></tr>
<tr><td>1 级</td><td>三道或三道以上设防</td><td rowspan="2">单层：不应小于 1.5mm
双层：每层不应小于 1.2mm</td><td rowspan="2">单层：不应小于 4 mm
双层：每层不应小于 3 mm</td></tr>
<tr><td>2 级</td><td>二道设防</td></tr>
<tr><td rowspan="2">3 级</td><td>一道设防</td><td>不应小于 1.5mm</td><td>不应小于 4mm</td></tr>
<tr><td>复合设防</td><td>不应小于 1.2 mm</td><td>不应小于 8mm</td></tr>
</table>

按防水材料的铺贴位置不同，分为外防水和内防水两种。

外防水是将卷材防水材料贴在迎水面，即外墙的外侧和底板的下面，防水效果好，采用较多，但维修困难，缺陷难以查找。其构造要点是：先在混凝土垫层上将油毡铺满整个地下室底板，在其上浇筑细石混凝土或水泥砂浆保护层，以便浇筑钢筋混凝土底板。地坪防水油毡须留出足够的长度以便与墙面垂直防水油毡搭接。对墙体的防水处理：先在外墙外面抹20mm厚的1:2.5水泥砂浆找平层，涂刷冷底子油一道，再按一层油毡一层沥青胶顺序粘贴好防水层。油毡从底板上包上来，沿墙身由下而上连续密封粘贴，在设计水位以上500～1 000mm处收头。在防水层外墙宜采用聚苯乙烯泡沫塑料保护层，或砌砖保护墙（边砌边填实）和铺抹30mm厚水泥砂浆，以保护防水层均匀受压，保护墙与防水层之间缝隙中灌以水泥砂浆。保护墙下干铺油毡一层，并沿其长度方向每隔 3～5m 设一通高竖向断缝，以保证紧压防水层，如图5-26所示。

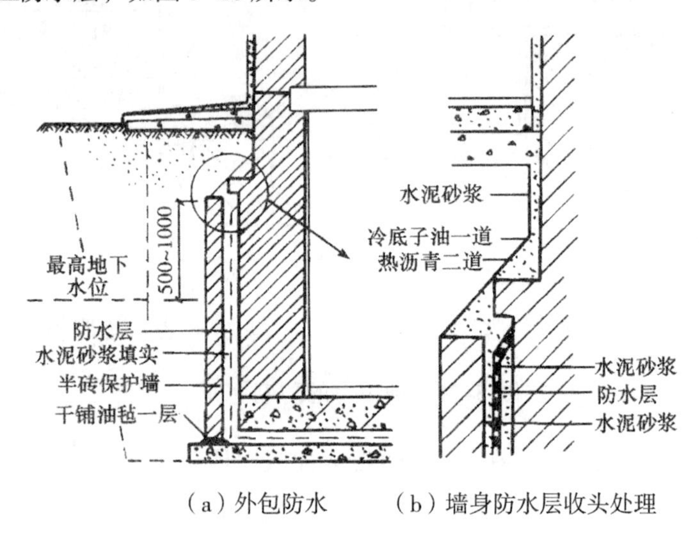

（a）外包防水　　（b）墙身防水层收头处理

图5-26　地下室外防水构造

② 涂料防水：涂料防水是指在施工现场以刷涂、刮涂、滚涂等方法将无定型液态涂料在常温下涂覆于地下室结构表面的一种防水做法。目前，涂料以经乳化或改性的沥青材料为主，也有用高分子合成材料制成的，固化后的涂料薄膜能防止地下水的浸入。一般为多层敷设。防水涂料厚度参见表5-2的规定。为增强防水效果，可加铺1～2层纤维制品。涂料的防水质量、耐老化性能均较油毡防水层好，故目前在地下室防水工程中应用广泛。

表5-2　防水涂料厚度　　单位：mm

防水等级	设防道数	有机涂料			无机涂料	
		反应型	水乳型	聚合物水泥	水泥基	水泥基渗透结晶型
1级	三道或三道以上设防	1.2～2.0	1.2～1.5	1.5～2.0	1.5～2.0	≥0.8
2级	二道设防	1.2～2.0	1.2～1.5	1.5～2.0	1.5～2.0	0.8
3级	一道设防	—	—	≥2.0	≥2.0	—
	复合设防	—	—	≥1.5	≥1.5	—

2）刚性防水

当采用具有较高强度和无延伸能力的防水材料，如防水砂浆、防水混凝土所构成的防水层时为刚性防水。

① 水泥砂浆防水：水泥砂浆防水是采用合格材料，通过严格多层次交替操作形成的多防线整体防水层，或掺入适量防水剂以提高砂浆的密实性。水泥砂浆防水层分层铺抹或喷涂，铺抹时应压实、抹平和表面压光，每层宜连续施工，阴阳脚处应做成圆弧形。

由于目前水泥砂浆防水以手工操作为主，质量难以控制，加之砂浆干缩性大，故水泥砂浆防水仅用于结构刚度大、建筑变形小、面积小的工程。

② 防水混凝土：为满足结构和防水的需要，地下室的墙体和地坪多采用钢筋混凝土。这时，防水以防水混凝土为佳。防水混凝土的配置和施工与普通混凝土相同，所不同的是借不同集料级配，以提高混凝土的密实性；或在混凝土内掺入一定量的外加剂，以提高混凝土自身的防水性能。集料级配主要采用不同粒径的骨料进行配料，碎石或卵石的粒径宜为 5 ~ 40mm，含泥量不得大于 1.0%，泥块含量不得大于 0.5%；砂宜用中砂，含泥量不得大于 3.0%；水泥强度等级不应低于 32.5 级，不得使用受潮或结块水泥；同时提高混凝土中水泥砂浆的含量，使砂浆充满于骨料之间，从而堵塞因骨料间直接接触而出现渗水通道，达到防水的目的。

掺外加剂是在混凝土中掺入加气剂或密实剂以提高其抗渗性能。外加剂防水混凝土外墙、底板均不宜太薄。外墙板的厚度不得小于200mm，底板的厚度不得小于150mm，以保证刚度和抗渗效果。为防止地下水对钢筋混凝土结构的侵蚀，在墙的外侧应先用水泥砂浆找平，然后刷热沥青隔离，如图 5–27 所示。

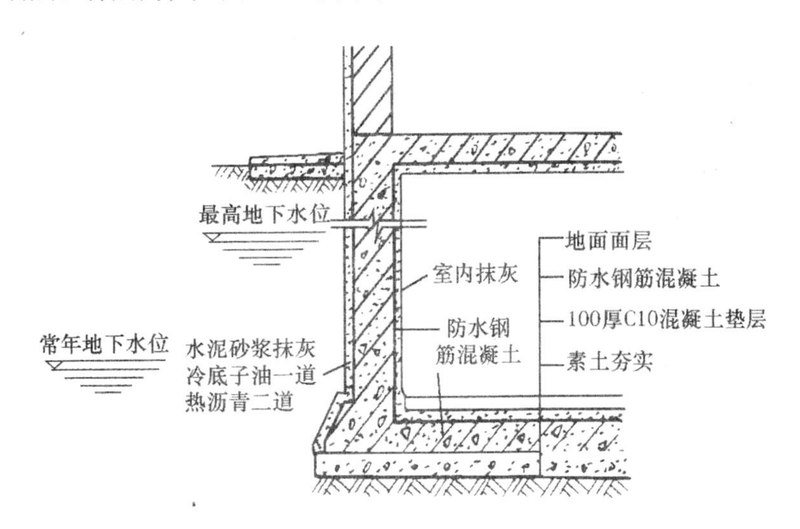

图 5–27　地下室混凝土防水处理

第六章　墙体构造

第一节　墙体的作用和分类

一、墙体的作用

墙体在建筑中的作用有以下四点：

1）承受荷载：承受房屋的屋顶、楼层、墙体自身重力荷载作用，使用过程中人和设备等荷载作用，以及风荷载、地震等水平荷载等作用。

2）围护作用：抵御自然界风、雪、雨等的侵袭，防止太阳辐射和噪声的干扰等。

3）分隔作用：墙体可以把建筑分隔成若干个小空间或小房间。

4）装修作用：墙体还是建筑装修的重要部分，墙面装修对整个建筑物的装修效果起了很大作用。

二、墙体的分类

墙体的分类方法很多，大体有从材料上、从墙体位置上、从受力特点上等几种分类方法。

1）墙体按材料分类：土墙、石墙、砖墙、钢筋混凝土墙，以及利用工业废料制成的砌块墙、板材墙。

2）墙体按所在位置分类：外墙、内墙、纵墙、横墙。建筑物四周的墙称为外墙；位于建筑物内部的墙称为内墙；沿建筑物长轴方向布置的墙称为纵墙；沿建筑物短轴方向布置的墙称为横墙，如图 6-1 所示。另外，还有窗间墙、窗下墙、女儿墙等。

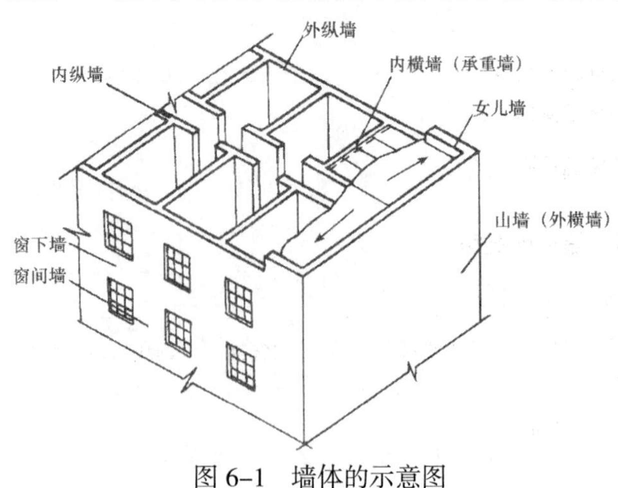

图 6-1　墙体的示意图

3）墙体按受力特点分类：承重墙、非承重墙。承重墙是指直接承受上部梁、楼板层和屋顶传来荷载的墙体；非承重墙还分为自承重墙和隔墙。自承重墙是指不承受外来荷载仅承受自身重量的墙；隔墙是指不但不承受外来荷载，而且自身重量也由梁或楼板承受，仅起分隔房间作用的墙。

4）墙体按构造做法分类：实体墙（如图 6–2 所示）、空体墙（如图 6–3 所示）、复合墙（如图 6–4 所示）。

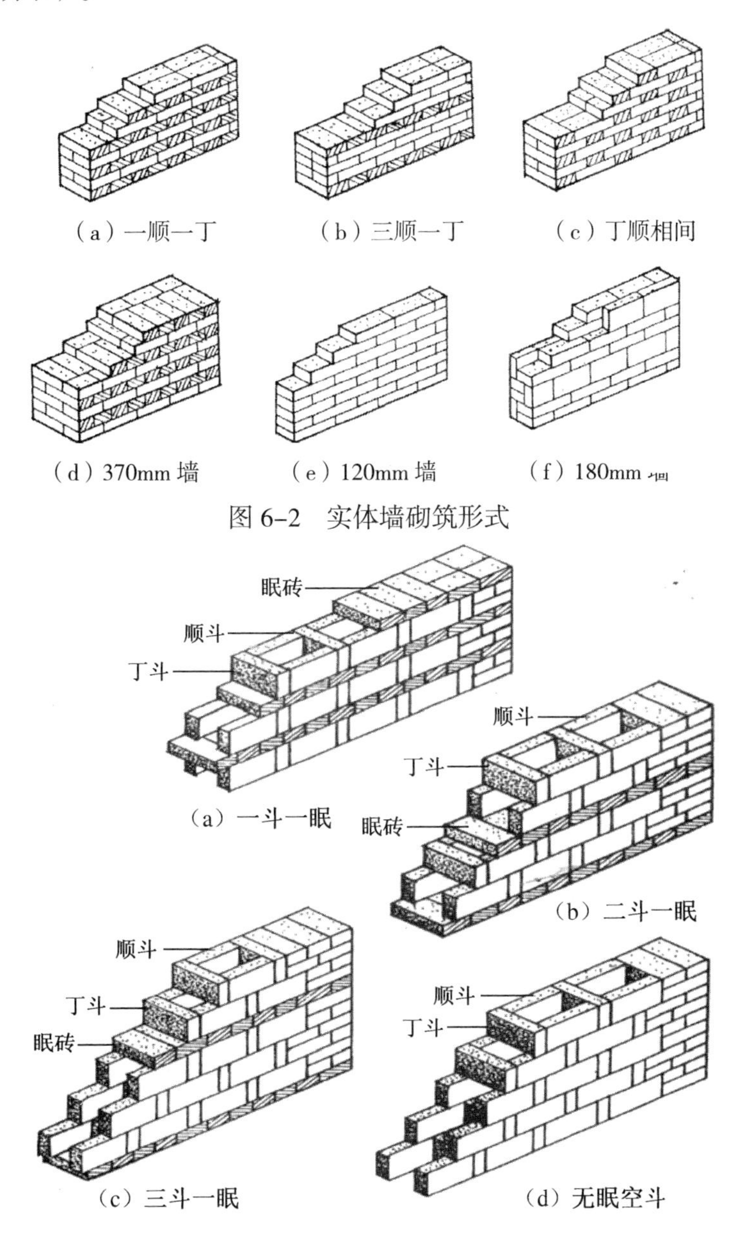

（a）一顺一丁　（b）三顺一丁　（c）丁顺相间

（d）370mm 墙　（e）120mm 墙　（f）180mm 墙

图 6–2　实体墙砌筑形式

（a）一斗一眠　（b）二斗一眠　（c）三斗一眠　（d）无眠空斗

图 6–3　空斗墙砌筑形式

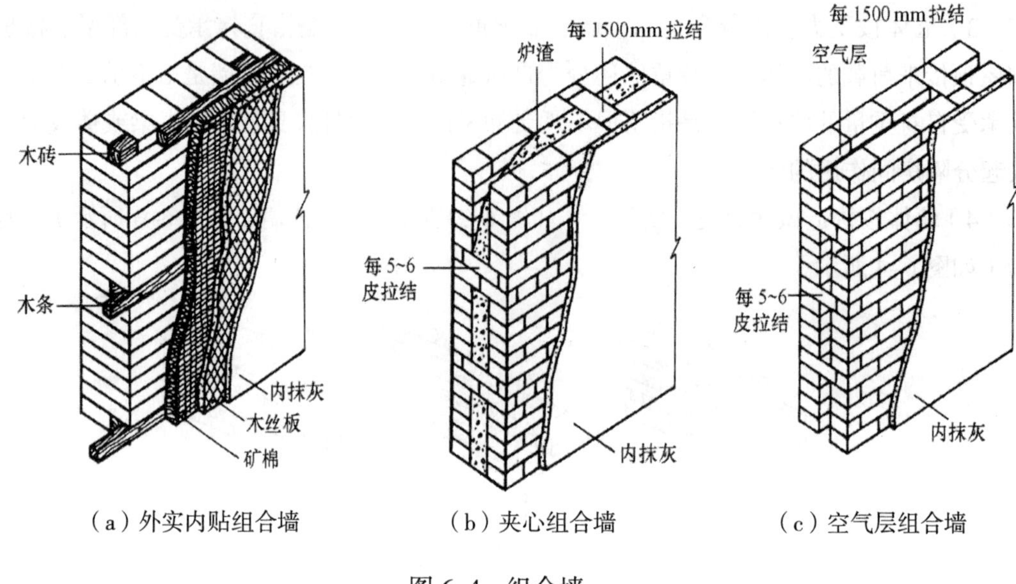

（a）外实内贴组合墙　（b）夹心组合墙　（c）空气层组合墙

图 6-4　组合墙

第二节　砖墙的构造

1. 砖墙材料

砖墙是用砂浆将砖按一定技术要求砌筑而成的，其主要材料是砖和砂浆。

（1）砖

砖有普通烧结砖（标准砖）、多孔砖、空心砖、粉煤灰砖和灰砂砖等。普通烧结砖是我国传统的墙体材料，在全国普遍采用。

普通实心砖（标准砖）的规格是 240mm × 115 mm × 53 mm。

多孔砖的规格如图 6-5 所示。

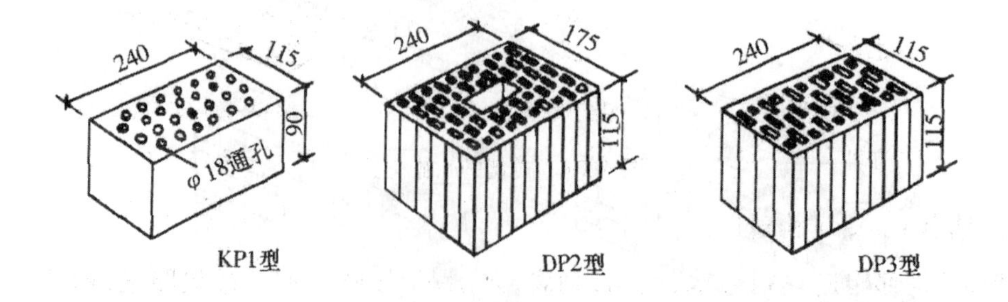

图 6-5　多孔砖的规格

砖的强度等级分别有 MU7.5、MU10、MU15、MU20、MU25、MU30 六个级别。

（2）砂浆

砂浆是砌体的胶结材料。它将砌体内的砖块连成一整体，用砂浆抹平砖表面，使砌体在压力下应力分布较均匀。此外，砂浆填满砌体缝隙，减少了砌体的空气渗透，提高了砌体的保温、隔热和抗冻能力。

砌筑砂浆有水泥砂浆、石灰砂浆、混合砂浆。

砂浆的强度等级分别有 M2.5、M5、M7.5、M10、M15 五个等级。

2. 砖墙的细部构造

墙身的细部构造一般指在墙身上的细部做法，其中包括勒脚、散水、防潮层、窗台、过梁等内容。

（1）勒脚

外墙墙身下部接近室外地坪的表面部分。

作用：防止雨、雪、土壤潮气对墙面的侵蚀和受到人、物、车辆的碰撞，从而保护墙面，保证室内干燥，提高建筑物的耐久性；同时，还有美化建筑外观的作用。

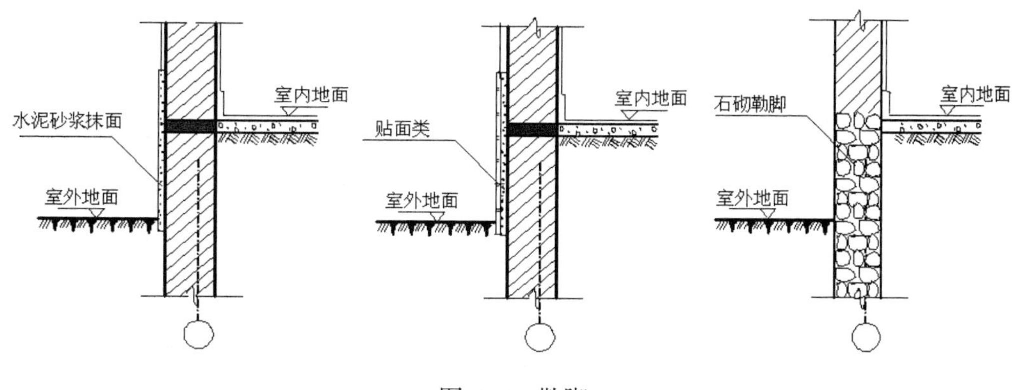

图 6-6　勒脚

勒脚构造做法：

1）水泥砂浆表面抹灰；

2）贴面类：在勒脚部位用天然石板、人造块料贴面；

3）石材砌筑该部分墙体成为石砌勒脚，如毛石等；

4）在勒脚部位增加墙厚，再做饰面的办法做成。

勒脚的高度一般为室内地坪与室外地坪之高差，即：一般距室外地坪 500mm 以上，也可以根据立面的需要而提高勒脚的高度尺寸，如图 6-6 所示。

（2）散水

建筑物四周、靠近勒脚下部的排水坡。

作用：为了迅速排除建筑物四周的地表积水，避免勒脚和下部砌体受到侵蚀。散水构造要求：散水的宽度应大于屋檐的挑出尺寸 200 mm，且不应小于 600 mm。散水坡度一般在 3% ~ 5%，外缘高出室外地坪 20 ~ 50 mm 较好，如图 6-7 所示。散水的常用做法如图 6-8 所示，包括砖铺散水、块石散水、三合土散水、混凝土散水。

（3）防潮层

在墙身中设置防潮层的目的是防止土壤中的水分沿基础墙上升。它的作用是提高建筑物的耐久性，保持室内干燥卫生。如图 6-9 所示，墙身防潮做法有水平防潮和垂直防潮两种。

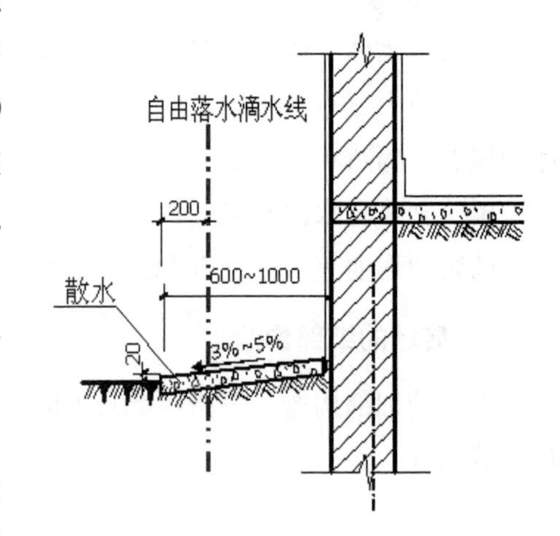

图 6-7　散水构造要求

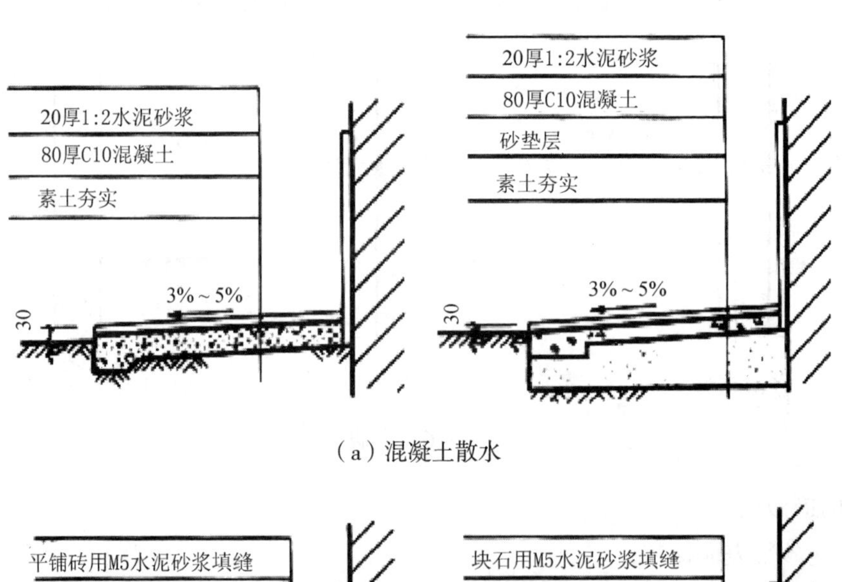

（a）混凝土散水

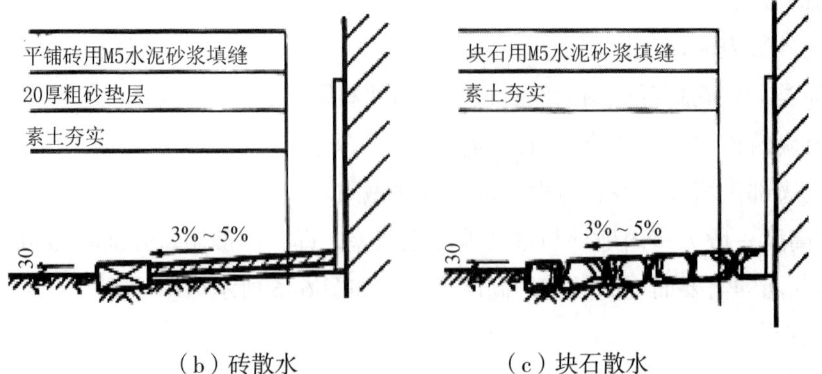

（b）砖散水　　（c）块石散水

图 6-8　散水构造做法

1）水平防潮：当室内地面有混凝土垫层时，防潮层应设置于与混凝土垫层同一标高处，这一标高一般在室内地面标高以下 60mm 左右。当室内地面垫层为透气材料（如炉渣、碎石等）其位置可与室内地面平齐或高于室内地面 60mm，如图 6-10 所示。水平防潮层材料，通常有三种，即防水砂浆防潮层、油毡防潮层、细石混凝土防潮层，如图 6-11 所示。

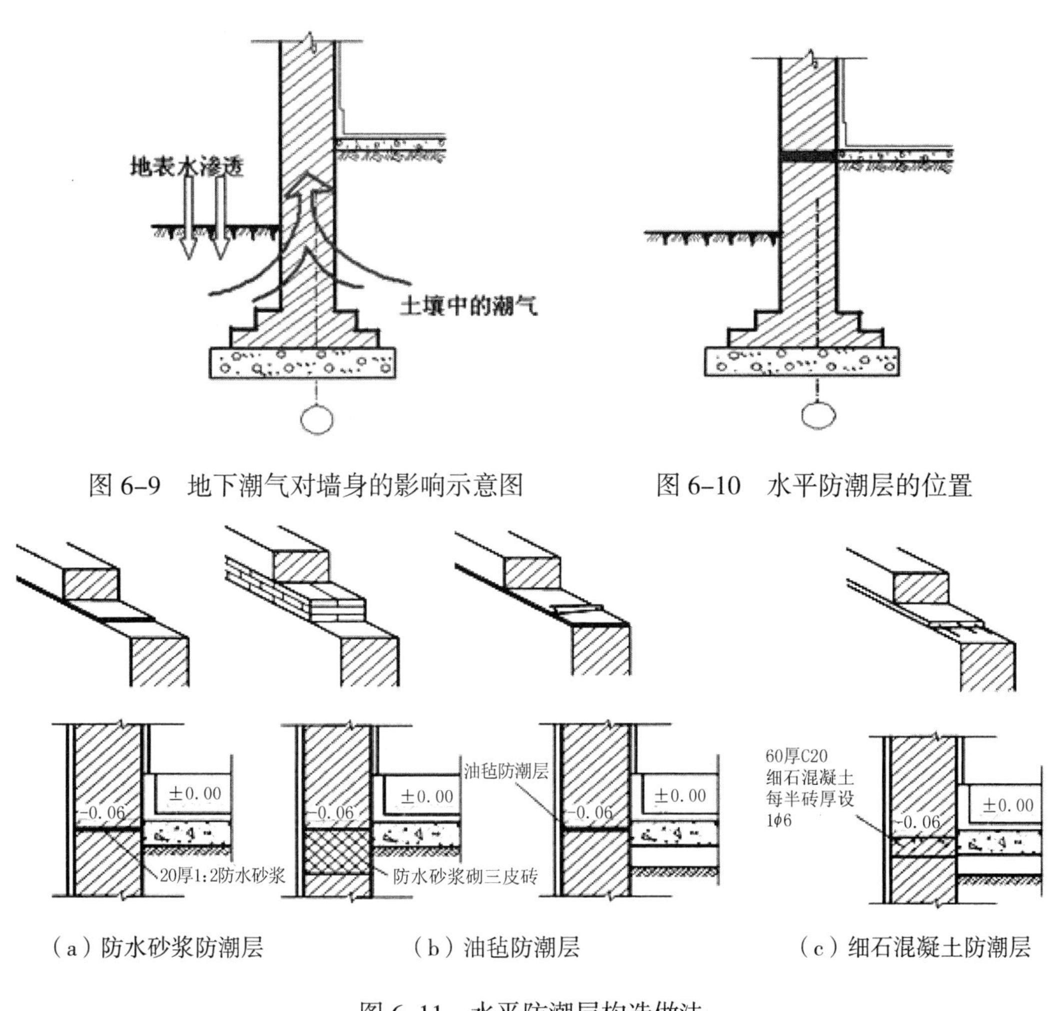

图 6-9　地下潮气对墙身的影响示意图

图 6-10　水平防潮层的位置

（a）防水砂浆防潮层　（b）油毡防潮层　（c）细石混凝土防潮层

图 6-11　水平防潮层构造做法

2）垂直防潮层：当相邻室内地面存在高差或室内地面低于室外地面时，为避免地表水和土壤潮气的侵袭，不仅要设置水平防潮层，而且还要设置对高差部分的垂直墙面做防潮处理。构造做法：在两道水平防潮层之间，迎水和潮气的垂直墙面上先用水泥砂浆将墙面抹平，再涂以冷底子油一道，热沥青两道或作其他的处理，如图 6-12 所示。

（4）明沟

明沟又称阳沟、排水沟，位于建筑物的四周。它的作用是把屋面下落的雨水有组织地导向地面排水集井而流入下水道。按照材料不同可分为混凝土明沟、砖砌明沟，如图 6–13 所示。

（5）窗台

窗台即窗洞口与窗下框接触部分的水平部分。为防止雨水渗入窗下框与窗洞下边交界处的缝隙内，窗台应作出向外倾斜的坡度，使雨水往窗外流淌，为了避免窗台上流下的雨水污染墙面，常将窗台挑出墙面，使带灰尘的雨水不沿墙面流淌而保持墙面的整洁。

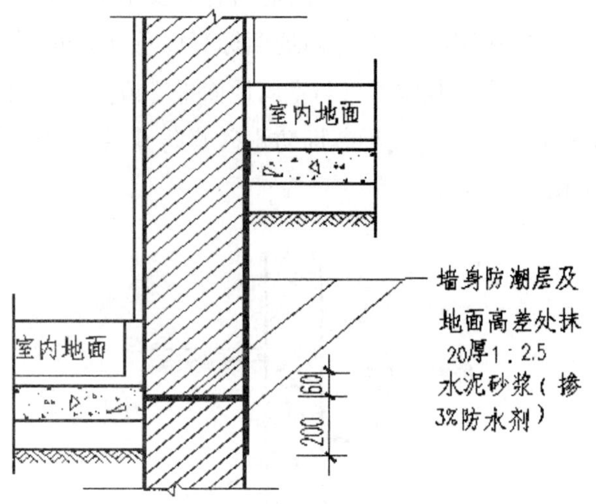

图 6–12　墙身垂直防潮层构造做法

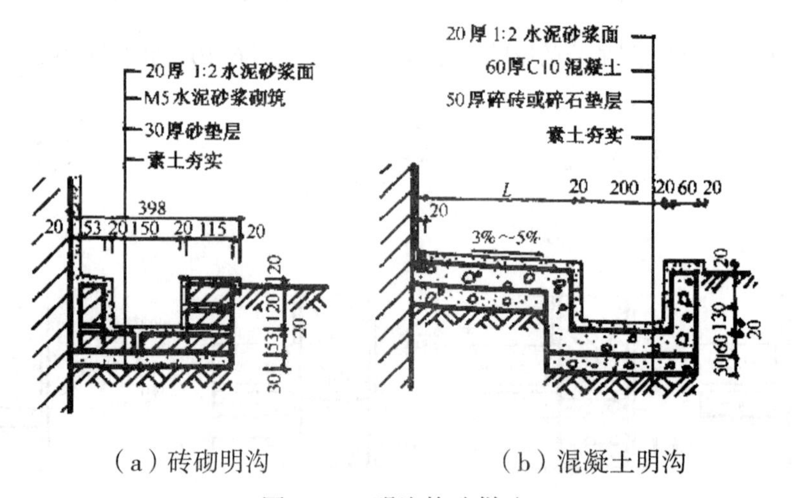

（a）砖砌明沟　　（b）混凝土明沟

图 6–13　明沟构造做法

窗台可分为外窗台和内窗台。外窗台靠室外侧设置，且须向外形成一定坡度。主要作用是为了避免雨水顺窗面淌下后聚积在窗洞下部，侵入墙身或沿窗下框与窗洞之间的缝隙向室内渗流，也为了避免污染墙面；内窗台靠室内一侧设置，主要作用则是为了排除窗上的凝结水，以保护室内墙面，及存放东西、摆放花盆等。

外窗台有砖砌窗台和混凝土窗台板两种做法，可悬挑也可不悬挑，如图 6–14 所示。内窗台有水泥砂浆抹窗台和窗台板两种做法，如图 6–15 所示。

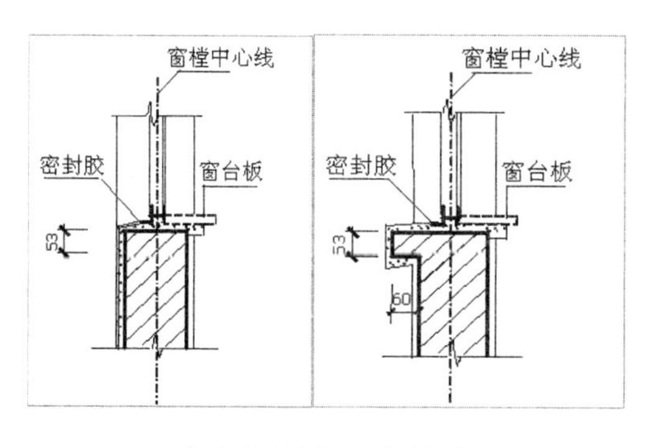

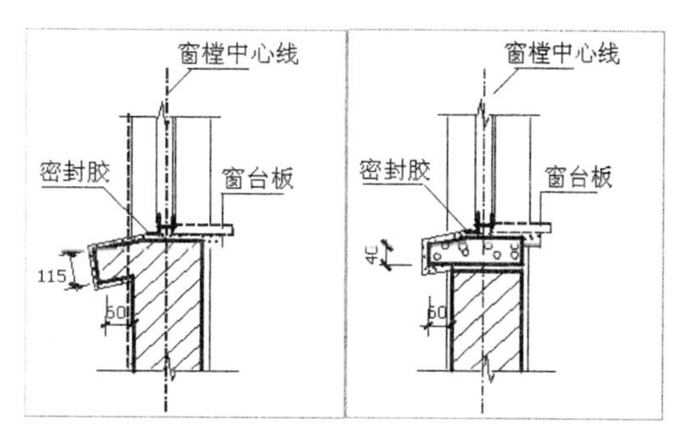

（a）不悬挑窗台构造　　　　　　　　（b）悬挑窗台构造

图 6–14　窗台构造

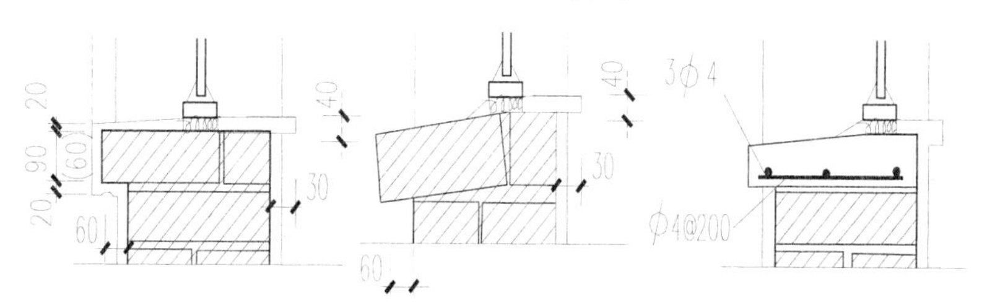

图 6–15　内窗台构造做法

（6）门窗过梁

当砖墙中开设门窗洞口时，为了支撑门窗洞口上方局部范围的砖墙重力，在门窗洞上沿设置横梁，称为门窗过梁，如图 6–16 所示。常见的有钢筋混凝土过梁、钢筋砖过梁、砖过梁三种。

1）钢筋混凝土过梁：钢筋混凝土过梁承载能力强，适应性强，适用于宽度较大或上方承受较大荷载的门窗洞口，是应用比较普遍的一种过梁。按照施工方法不同，钢筋混凝土过梁有现浇和预制两种，其中预制钢筋混凝土过梁便于施工，是最常用的一种。其断面形式有矩形和 L 形两种，断面高度要考虑砖的规格，高度有 60mm、120mm、180mm、240mm 等。过梁两端伸入墙体内的支承长度不小于 240 mm。当设计需要做窗眉板时，可按要求出挑，一般可挑出 300 ~ 500mm。如图 6–17 所示。

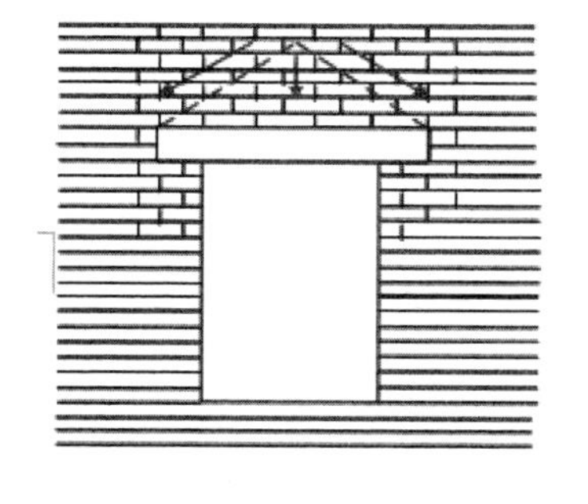

图 6–16　过梁受荷范围示意图

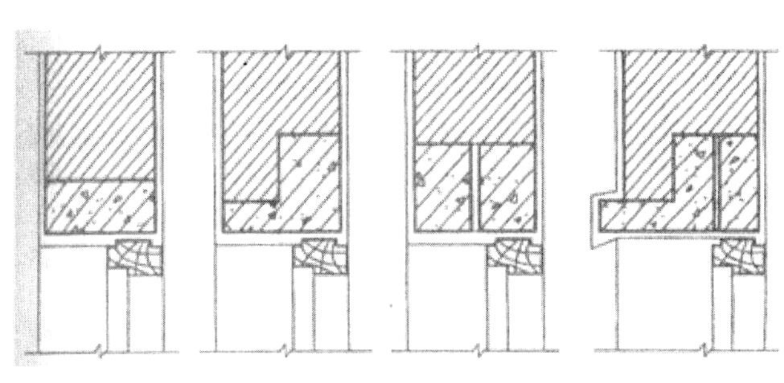

图 6–17　钢筋混凝土过梁构造

2）钢筋砖过梁：当洞口宽度不大于 2m 时，可采用钢筋砖过梁，即洞口上部先支木模，上放直径 6 mm 钢筋，间距不大于 120 mm，伸入两边墙内应不小于 240 mm。钢筋上下应抹砂浆层。如图 6–18 所示。

3）平拱砖过梁：砖过梁是我国的一种传统做法，形式多种，其中平拱砖过梁是将砖侧砌而成，灰缝上宽下窄使砖向两边倾斜，两端下部伸入墙内 20 ~ 30mm，中部起拱高度约为跨度的 1/50。采用平拱砖过梁时洞口宽度不大于 1.2m。通常可用作墙厚在 240 mm 及其以上的非承重墙门窗动口过梁，如图 6–19 所示。

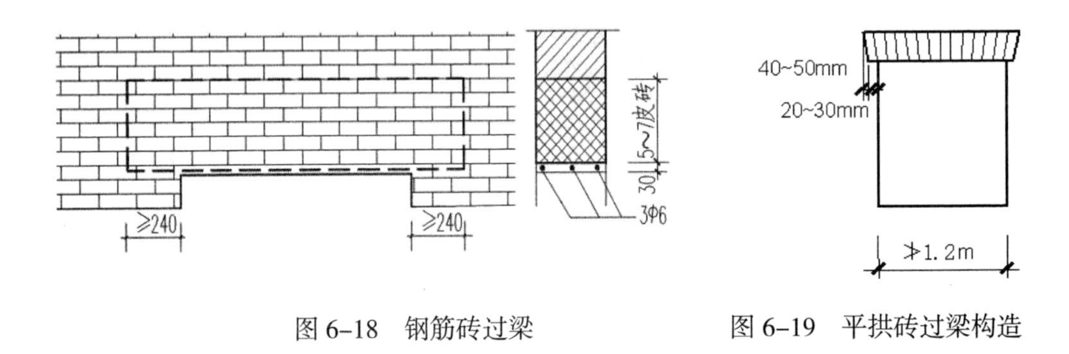

图 6–18　钢筋砖过梁　　　图 6–19　平拱砖过梁构造

（7）圈梁

1）定义：在房屋的外墙、内纵墙和主要横墙设置的处于同一水平面内的连续封闭梁。

2）作用：增强房屋的整体刚度，减少地基不均匀沉降引起的墙体开裂，提高房屋的抗震刚度。

做法及构造要求：圈梁有钢筋混凝土圈梁和钢筋砖圈梁两种。其中钢筋混凝土圈梁应用最为广泛。其截面高度不得小于 120mm 截面宽度不得小于墙厚的 2/3，同时不得小于 240mm。纵向钢筋不宜少于 4ϕ10，箍筋为 ϕ6mm，间距不大于 250 mm。钢筋混凝土圈梁在墙体的位置应考虑充分发挥作用并满足最小断面尺寸。外墙圈梁一般与楼板相平，内墙圈梁一般在板下，如图 6–20 所示。

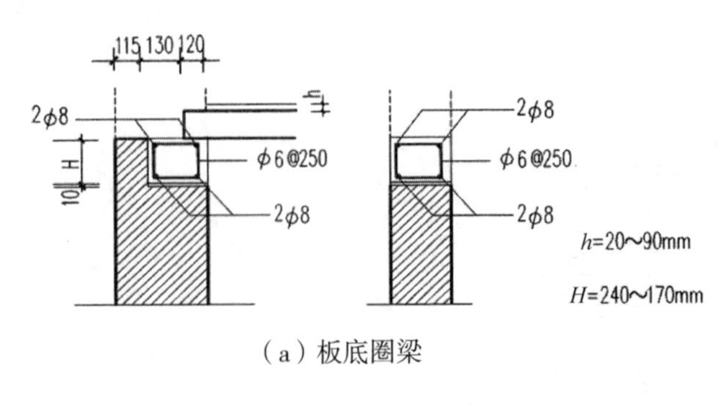

（a）板底圈梁

图 6–20　圈梁的构造

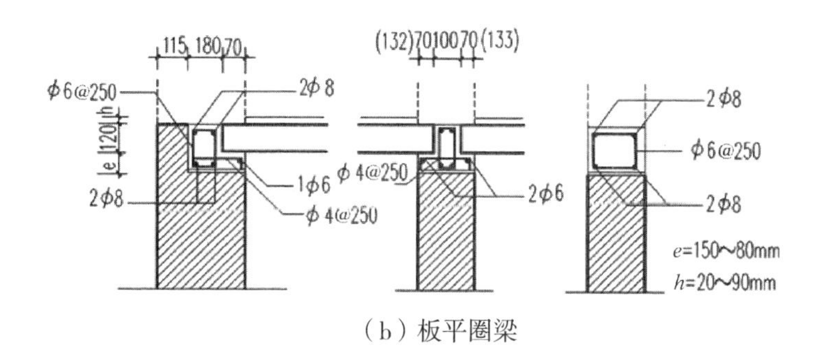

（b）板平圈梁

图 6–20　圈梁的构造（续）

钢筋混凝土圈梁被门窗洞口截断时，应在洞口部位增设相同截面的附加圈梁。附加圈梁与圈梁的搭接长度不应小于垂直间距的两倍，并不小于 1m，如图 6–21 所示。

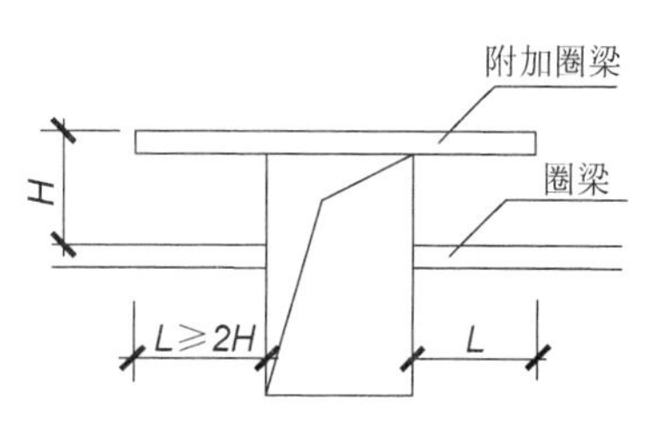

图 6–21　附加圈梁

钢筋砖圈梁即在砖墙灰缝设置连续钢筋的方法形成圈梁，现已较少采用。

（8）构造柱

构造柱是为了加强墙体及提高房屋整体性而设置的钢筋混凝土柱，与圈梁一起构成空间骨架，提高了建筑物的整体刚度和墙体的延性，约束墙体裂缝的开展，从而增加建筑物承受地震作用的能力。因此，有抗震设防要求的建筑中须按照规范要求设置钢筋混凝土构造柱，如图 6–22 所示。

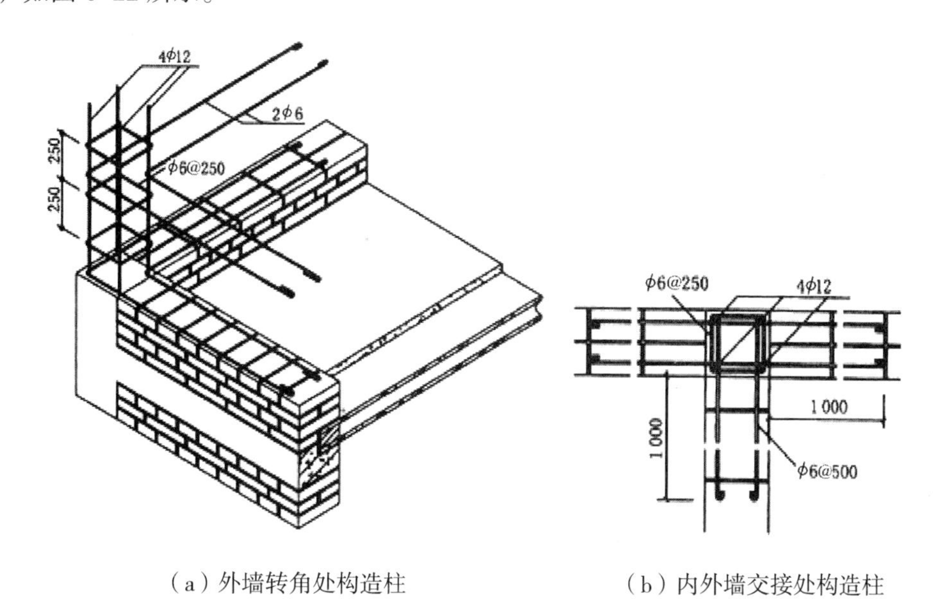

（a）外墙转角处构造柱　　（b）内外墙交接处构造柱

图 6–22　钢筋混凝土构造柱构造

构造柱一般加设在外墙转角处、内外墙交接处、楼梯间四角以及较长墙段的中部。

构造柱的构造特点：

1）施工时，应先放构造柱的钢筋骨架，再砌砖墙，最后浇注混凝土。这样做的好处是结合牢固，节省模板。

2）构造柱两侧的墙体应砌成马牙槎，即每 300 mm 高伸出 60mm，每 300 mm 高再收回 60mm。

3）构造柱钢筋应生根与地梁或基础，无地梁时应伸入室外地坪下 500mm 处，构造柱钢筋的上部应锚入顶层圈梁，以形成封闭的骨架。

4）为加强构造柱与墙体的连接，应沿柱高每 500mm，放 2ϕ6 钢筋，且每边伸入墙内不少于 1m 或到洞口边。

5）每一楼层构造柱的上下两端各 500 mm 范围内为箍筋加密区，加密区箍筋间距为 100 mm。

第三节　砌块墙的构造

砌块墙是以普通混凝土、各种轻骨料混凝土或采用工业废料、粉煤灰、石渣等制成实心或空心的块材，用胶结材料砌筑而成的砌体。

1. 砌块类型

1）按单块重量和幅面大小分为小型、中型、大型。

2）按材料的不同分为混凝土、加气混凝土、浮石混凝土等。

3）按砌块形式分为实心、空心砌块。

4）按砌块的功能分为承重、保温砌块。

2. 砌块的规格

小型砌块规格：主块外形尺寸：390mm × 190mm × 190mm。

辅助砌块尺寸：190mm × 190mm × 190mm，190mm × 90mm × 190mm。

小型混凝土空心砌块如图 6–23 所示。

3. 砌块墙的组砌要求

砌块墙的组砌方式多采用整块顺砌，一般采用 M5 砂浆砌筑。砌筑时要求错缝搭接避免通缝。错缝搭接长度不得小于砌块长度的 1/4，如搭接长度不足或纵横墙交接处无法咬接时，应在水平灰缝中设置 2ϕ4 的钢筋，进行拉结处理。砌体灰缝厚度一般为 15mm，如图 6–24 所示。

图 6–23 小型混凝土空心砌块

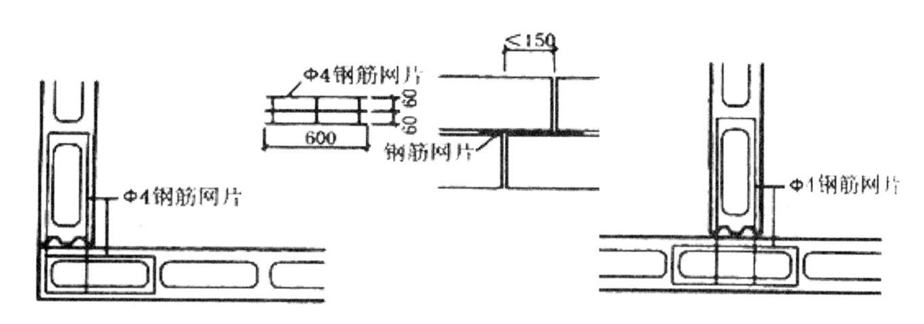

图 6–24 砌块墙的组砌构造

4. **砌块墙体构造**

（1）圈梁

为了增加墙体整体性，多层砌块建筑应设圈梁，圈梁有现浇和预制两种。现浇圈梁整体性强，对加固墙身有利，但施工较复杂。不少地区采用 U 形预制构件，在槽内配置钢筋，现浇混凝土形成圈梁，如图 6–25 所示。

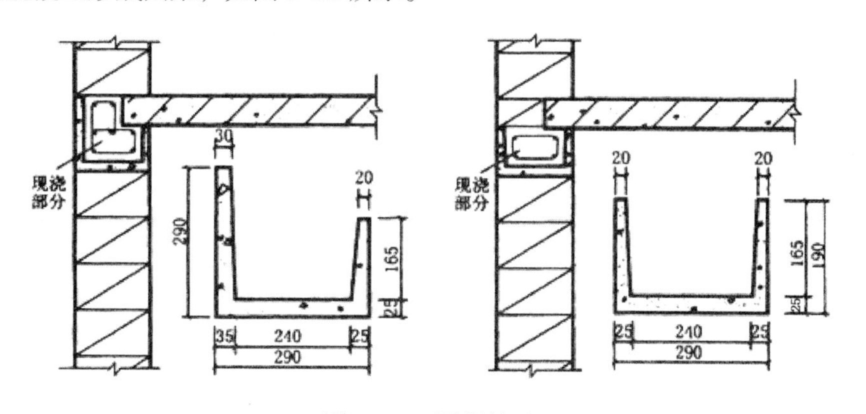

图 6–25 圈梁构造

（2）构造柱

构造柱是从构造角度考虑设置的，一般设在建筑物的四角、外墙交接处、楼梯间、电梯间的四角以及某些较长墙体的中部。其作用是从竖向加强层间墙体的连接，与圈梁一起构成空间骨架，加强建筑物的整体刚度，提高墙体抗变形的能力，约束墙体裂缝的开展。

构造柱的截面不宜小于 240mm × 180mm，常用 240mm×240mm。纵向钢筋宜采用 4ϕ12，箍筋不小于ϕ6@250mm，并在柱的上下端箍筋加密。施工时，应先放构造柱的钢筋骨架，再砌砖墙，最后浇注混凝土；构造柱两侧的墙体应砌成马牙槎，即每 300mm 高伸出 60mm，每 300mm 高再收回 60mm。构造柱纵筋的下端应生根于地梁内，无地梁时构造柱下端应伸入室外地坪下 500mm 处，构造柱纵筋的上部应锚入顶层圈梁，以形成封闭的骨架；为加强构造柱与墙体的连接，应沿柱高设置拉结钢筋，竖向间距不大于 500mm，放 2ϕ6 钢筋，每边伸入墙内不少于 1m 或到洞口边，见图 6–26。

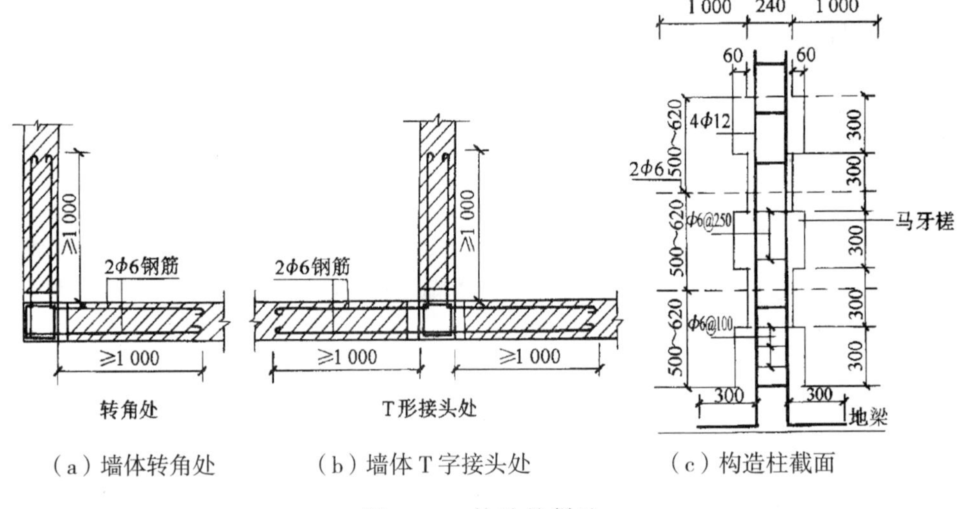

（a）墙体转角处　（b）墙体 T 字接头处　（c）构造柱截面

图 6–26　构造柱做法

空心砌块墙体的竖向加强措施是在外墙转角以及某些内外墙相接的“T”字接头处增设构造柱，该柱亦称“芯柱”（注意与平法中芯柱的区别），将砌块在垂直方向连成一体。多利用空心砌块上下孔洞对齐，于孔中配置ϕ10 ~ 12 的钢筋，然后用细石混凝土分层灌实，如图 6–27 所示。

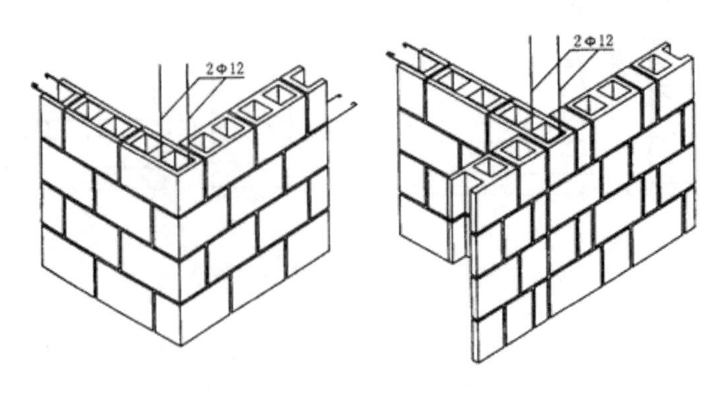

图 6–27　构造柱构造

图 6-28 为圈梁与构造柱的应用实例。

（a）圈梁与构造柱

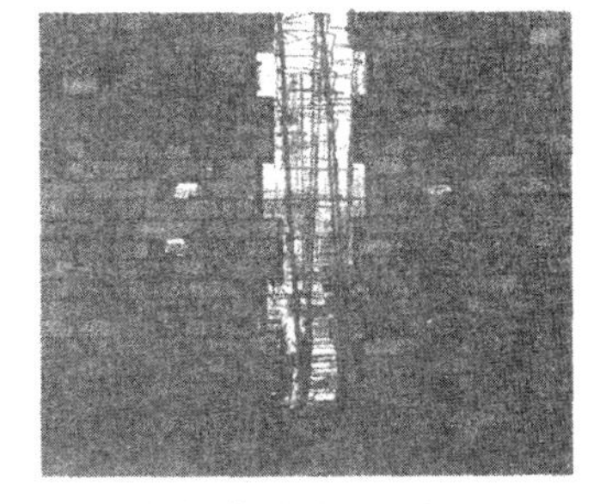

（b）构造柱马牙槎

图 6-28　圈梁与构造柱实例图

5. 墙体的变形缝

变形缝包括伸缩缝、沉降缝和防震缝三种，它的作用是保证房屋在温度变化、基础不均匀沉降或地震时能有一些自由伸缩，以防止墙体开裂、结构破坏。要求在产生位移和变形时变形缝不受阻，不被破坏，并不破坏建筑物和建筑饰面层。同时，应根据其部位和需要分别采取防水、防火、保温等措施。

1）伸缩缝：伸缩缝又称温度缝，是在长度或宽度较大的建筑物中，为避免由于温度变化引起材料热胀冷缩导致构件开裂而沿建筑物的竖向将基础以上部分全部断开的垂直缝隙。伸缩缝从基础顶面开始，将墙体、楼板、屋顶构件全部断开。由于基础埋在地下，受温度影响较小，故不必断开。伸缩缝的间距为 60m 左右，伸缩缝的宽度为 20 ~ 30mm，缝内应填保温材料。外侧缝口用镀锌薄钢板盖缝，如图 6-29（a）所示；内侧缝口一般用木盖缝条盖缝，如图 6-29（b）所示。

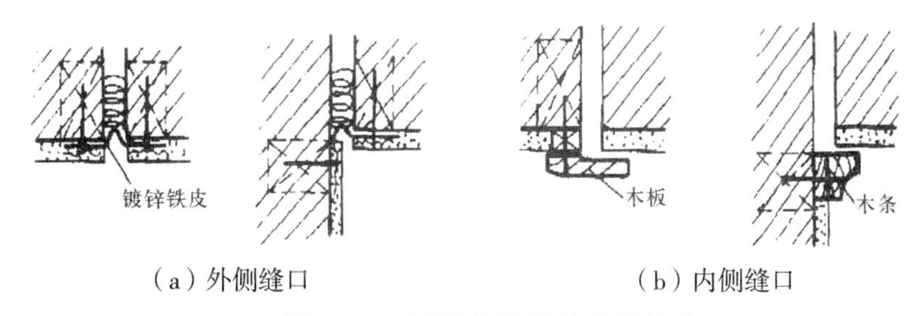

（a）外侧缝口　　（b）内侧缝口

图 6-29　墙体伸缩缝的盖缝构造

2）沉降缝：沉降缝是为了防止建筑物不均匀沉降而设置的垂直缝。一般从基础底部断开，并贯穿建筑物全高。沉降缝的两侧应各有基础和砖墙。沉降缝的宽度一般应为 50 ~ 70 mm，它可兼起伸缩缝的作用，缝的形式与伸缩缝基本相同，只是盖缝板在构造上应保证两侧单元在竖向能自由沉降，如图 6-30 所示。

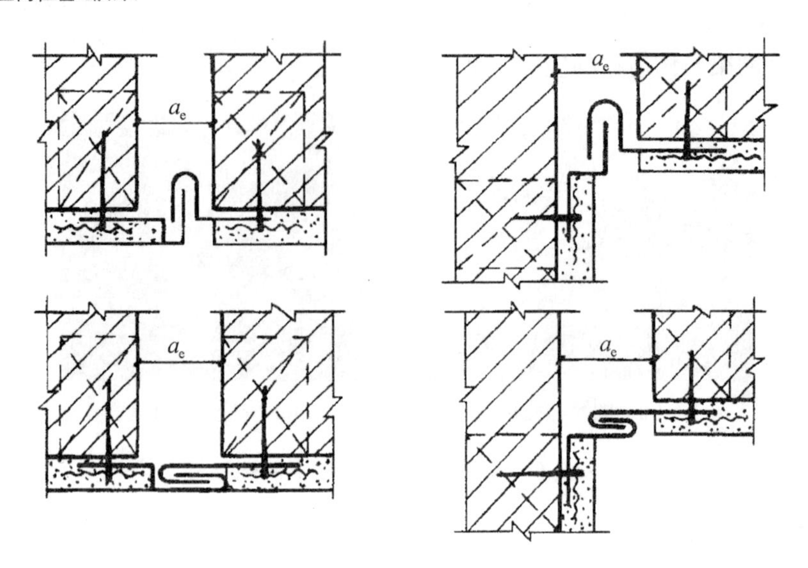

图 6-30　沉降缝的构造（a_e—缝宽）

出现下列情况时应设置沉降缝：

① 建筑物平面的转折部位；

② 建筑的高度和荷载差异较大处；

③ 过长建筑物的适当部位；

④ 地基土的压缩性有显著差异处；

⑤ 建筑物的基础类型不同以及分期建造房屋的交界处。

3）防震缝：为了防止建筑物在地震时相互撞击造成变形和破坏而设置的垂直缝。一般在地震烈度 8 度或 8 度以上地区设置，防震缝将建筑分成若干体型简单、结构刚度均匀的独立单元。防震缝处应用双墙使缝两侧的结构封闭。构造要求与伸缩缝相同，但不应做错口缝和企口缝，缝内不填任何材料。由于防震缝的宽度较大，构造上更应注意盖缝的牢固、防风沙、防水和保温等问题，如图 6-31 所示。

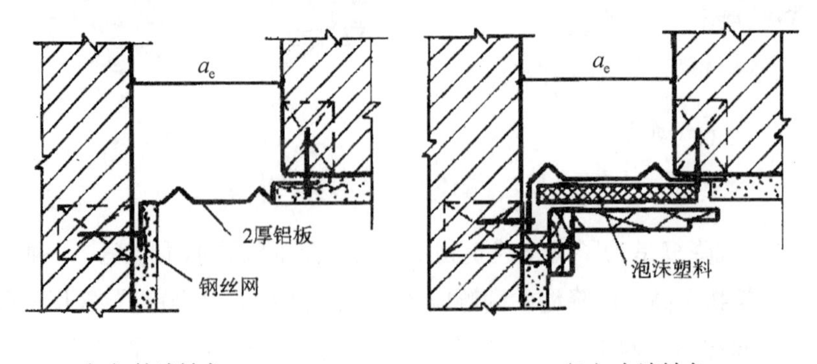

（a）外墙转角　　（b）内墙转角

图 6-31　防震缝的构造（a_e—缝宽）

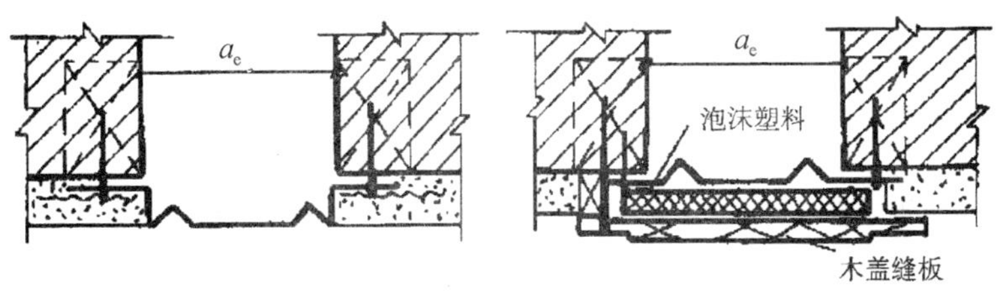

（c）外墙平缝　　（d）内墙平缝

图 6–31　防震缝的构造（a_e—缝宽）（续）

当出现下列情况之一时，应设防震缝。

① 房屋立面高度差在 6m 以上。

② 房屋有错层，并且楼板高差较大。

③ 各组成部分的刚度截然不同。

图 6–32 为变形缝的应用实例。

（a）基础变形缝实例图

（b）内墙变形缝构造处理实例图

图 6–32　变形缝实例

第四节　隔墙的构造

建筑中不承重，只起分隔室内空间作用的墙体叫隔断墙。

1. 隔墙的基本要求

隔墙在满足稳定性条件下，应愈薄愈好；

隔墙应愈轻愈好，目的是减轻加给楼板的荷载；

隔墙要根据需要满足隔声、防水防潮、耐火等要求；

为适应房间适用性质的改变，隔墙要便于拆装。

2. 隔墙的类型

按构造方式的不同，隔墙可分为块材隔墙、立筋隔墙、板材隔墙。

3. 常用隔墙的构造

（1）普通砖隔墙

砖隔墙有半砖隔墙（墙厚为 120mm）和 1/4 砖隔墙（墙厚为 60mm）之分。

半砖隔墙，可采用全顺式砌筑，到顶后改为斜砌式，以保证与顶部楼盖的有效连接。砌筑用砂浆强度等级不低于 M5。因半砖隔墙墙体比较薄，当高度大于 3m 和长度大于 5m 时，应采取加固措施以确保其稳定。另外，为确保隔墙与主墙间的有效连接，隔墙与主墙之间应设置拉接钢筋，如图 6–33 所示。

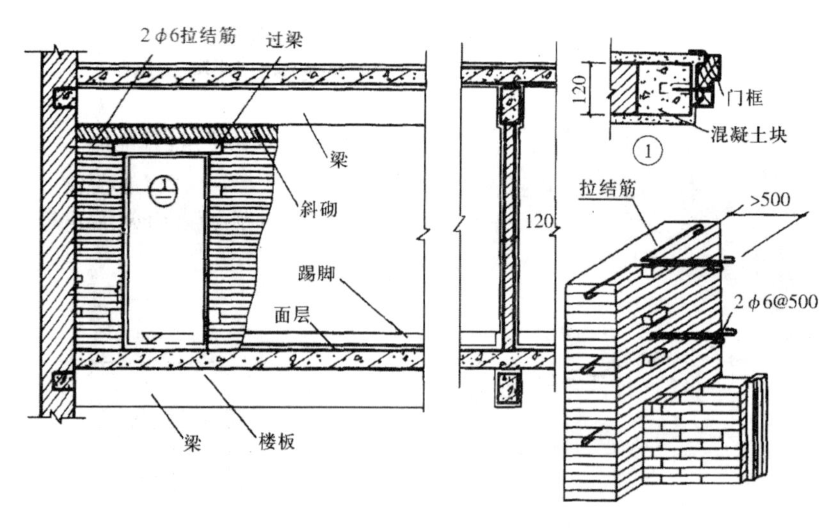

图 6–33　半砖隔墙构造

1/4 砖隔墙，即 60 墙，是采用单砖侧砌。因为 1/4 砖隔墙更薄，稳定性差. 对抗震不利，只做成高不超过 3m、面积不大、不设门窗的隔墙。

（2）砌块隔墙

砌块隔墙常采用比普通砖大而轻的各种砌块砌筑。如加气混凝土砌块、炉渣混凝土砌块、陶粒混凝土砌块等。隔墙厚度由砌块尺寸而定，一般为 100 ~ 125mm，当采用防潮性能较差的砌块时，宜在墙下部砌 3 ~ 5 皮黏土砖作垫层，构造如图 6–34 所示。

（3）灰板条隔墙

灰板条隔墙是立筋隔墙的一种，板条抹灰隔墙由上槛、下槛、立龙骨、斜撑等构件组成骨架上钉灰板条，然后在两侧抹灰而成。

上、下槛与立筋断面一般为 50mm×70 mm 或 50mm×100mm，立筋间距为 50mm 左右，斜撑或横撑间距为 1.5m 左右，断面同龙骨断面。灰板条尺寸通常为 1 200

mm×24mm×6 mm 和 1 200 mm ×38 mm×9 mm 两种。安装时，为利于湿胀干缩，在板缝接头处，要留有 3 ~ 5mm 宽的缝隙；为了利于抹灰，板条之间应留有 6 ~ 10 mm 的缝隙。在板条墙与主要墙体交接处，为加强其强度，可在板条墙两侧钉上铁丝网。为了防止板条膨胀起鼓，板条的接头不应放在同一位置。板条抹灰隔墙构造，如图 6–35 所示。

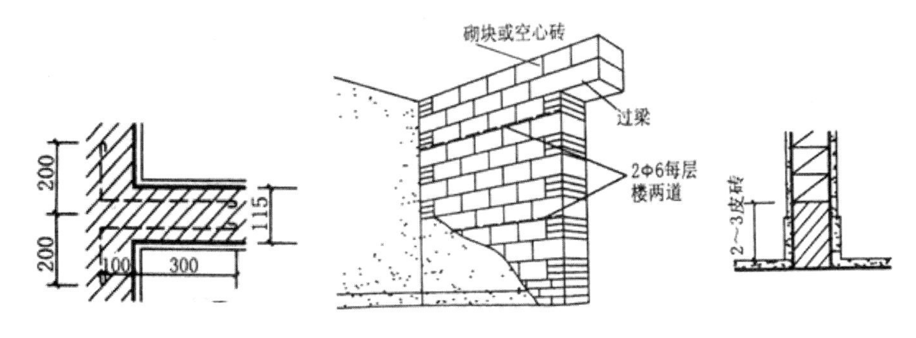

图 6–34　砌块隔墙构造

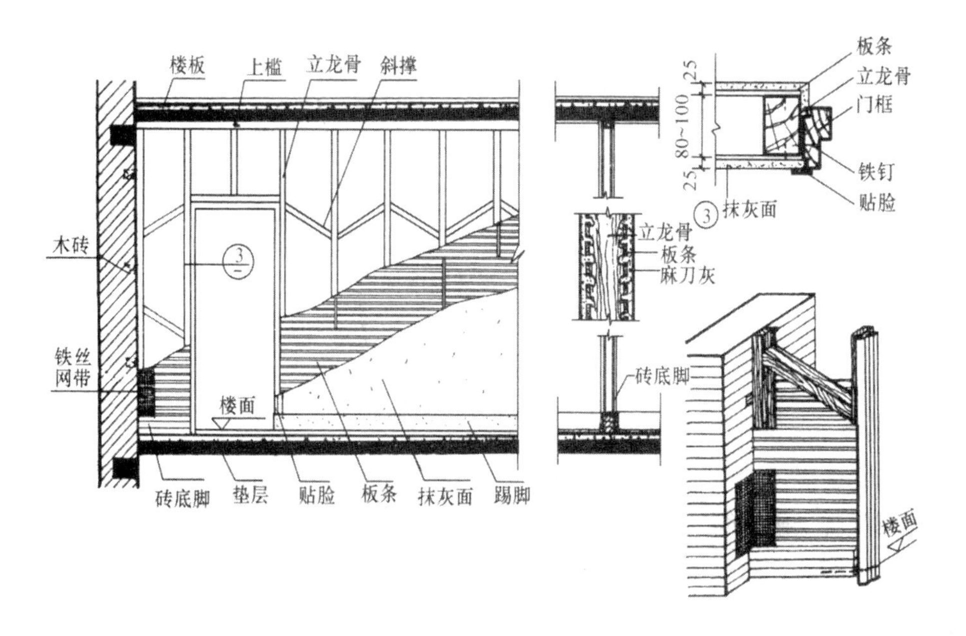

图 6–35　木骨架板条抹灰隔墙构造

第七章　楼地层构造

第一节　楼面的基本组成

为了满足使用要求，楼面通常由面层、结构层(楼板)、顶棚层三部分组成。必要时，对某些有特殊要求的房间加设附加层，如防水层、隔声层和隔热层等。图 7–1 为楼面的基本组成。

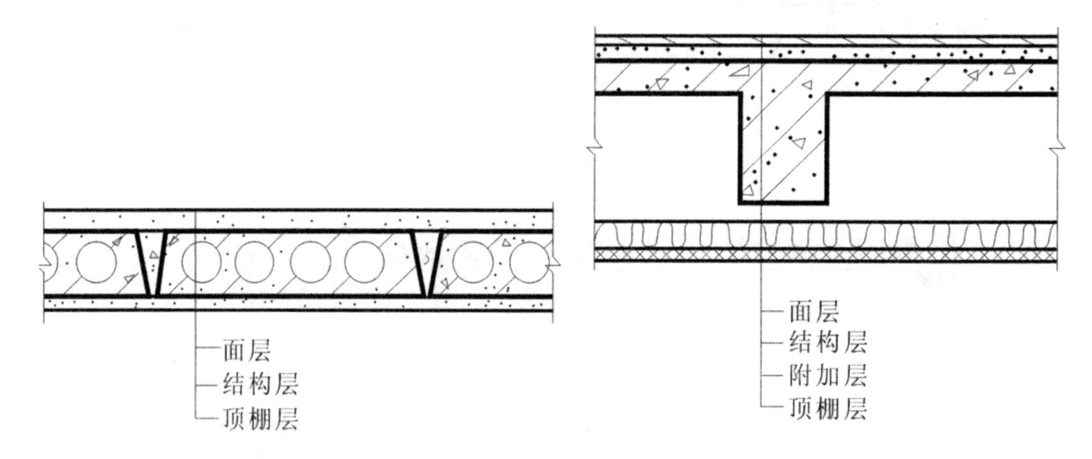

图 7–1　楼面的基本组成

1. 面层

面层是指人们进行各种活动与其接触的楼面表层。面层起着保护楼板、分布荷载、室内装饰等作用。楼面的名称是以面层所用材料而命名的，如面层为水泥砂浆则称为水泥砂浆楼面。

2. 结构层

结构层又称楼板，由梁或拱、板等构件组成。它承受整个楼面的荷载，并将这些荷载传给墙或柱，同时还对墙身起水平支撑作用。

3. 顶棚层

顶棚层是楼面的下面部分。根据不同建筑物的要求，在构造上有直接抹灰顶棚、粘贴类顶棚和吊顶棚等多种形式。

第二节　楼板的类型和构造

楼面根据其结构层使用的材料不同，可分为木楼板、砖拱楼板、压型钢板组合楼板及钢筋混凝土楼板等。如图 7–2 所示。

① 木楼板：具有自重轻、观感好、表面温暖、构造简单等优点，但耐火性能差，易腐蚀，难维护。

② 砖拱楼板：可以节约钢材、水泥、木材，但由于自重大，承载能力及抗震性能差，施工较复杂，目前一般不采用。

③ 压型钢板组合楼板：具有强度高、刚度大、整体性好且有利于施工等优点，但由于用钢量大，造价高，目前主要用于钢框架结构中。

④ 钢筋混凝土楼板：强度高、整体刚度大，耐久性和耐火性好，并且现浇混凝土可塑性好，可浇灌成各种形状和尺寸的构件，目前被广泛采用。

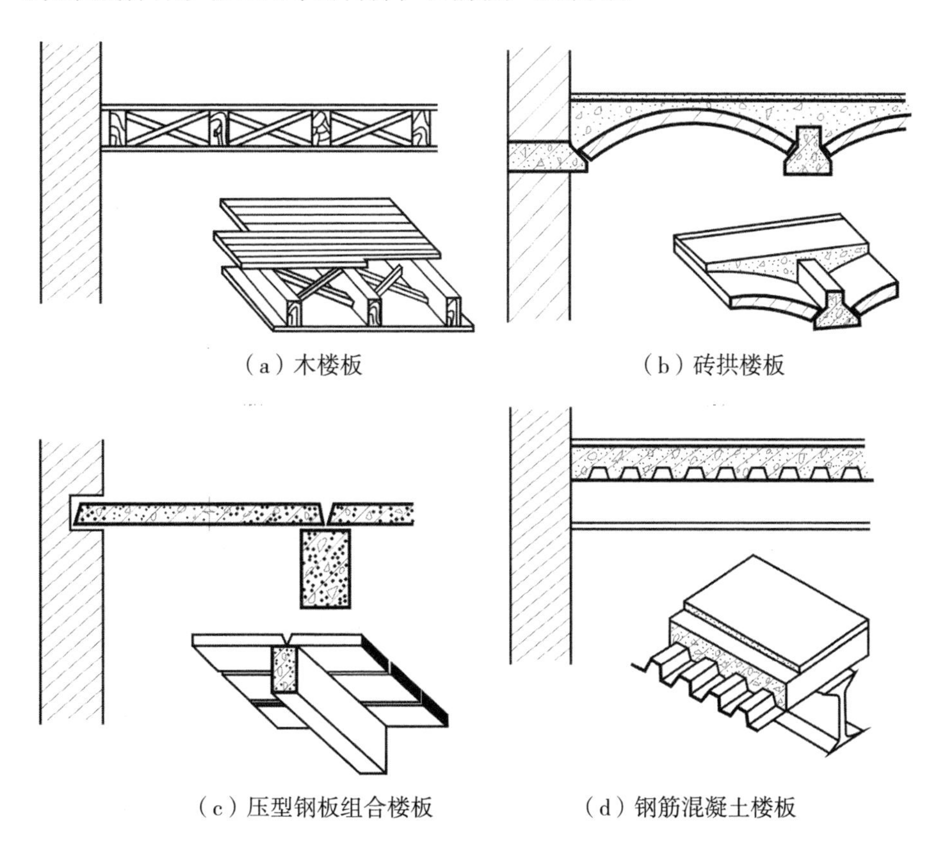

（a）木楼板　（b）砖拱楼板　（c）压型钢板组合楼板　（d）钢筋混凝土楼板

图 7–2　楼板的类型

本节主要介绍钢筋混凝土楼板。

钢筋混凝土楼板按施工方式的不同可以分为现浇整体式、预制装配式和装配整体式楼板，预制装配式由于抗震性能相对较差，不再推广使用，介绍在此省略。

1. 现浇钢筋混凝土楼板

现浇钢筋混凝土楼板是在施工现场按支模、扎筋、浇灌振捣混凝土、养护等施工程序而成型的楼板结构。由于是现场整体浇筑成型，结构整体性能良好，且制作灵活，因而特别适合于整体性要求较高、平面形式不规则、尺寸不符合模数或管道穿越较多的楼面，随着高层建筑的日益增多，混凝土搅拌运输车的广泛使用，以及施工技术的不断革新和工具式钢模板的发展，现浇钢筋混凝土楼板的应用将会更加广泛。

现浇钢筋混凝土楼板按其受力和传力情况可分为板式楼板、梁板式楼板、无梁楼板。

（1）板式楼板

板式楼板是直接支承在墙上、厚度相同的板。楼板上荷载直接由板传给墙体不需另设梁。由于现采用大规格模板，板底平整，有时顶棚可不另抹灰（模板间混凝土的“缝隙”需打磨平整），目前采用较多。

（2）梁板式楼板

梁板式楼板又称肋形楼板，是最常见的楼板形式之一，当板为单向板时，称为单向板肋梁楼板，当板为双向板时，称为双向板肋梁楼板。梁有主梁、次梁之分，次梁与主梁一般垂直相交，板搁置在次梁上，次梁搁置在主梁上，主梁搁置在墙或柱上。主次梁布置对建筑的使用、造价和美观等影响很大，如图 7–3 所示。

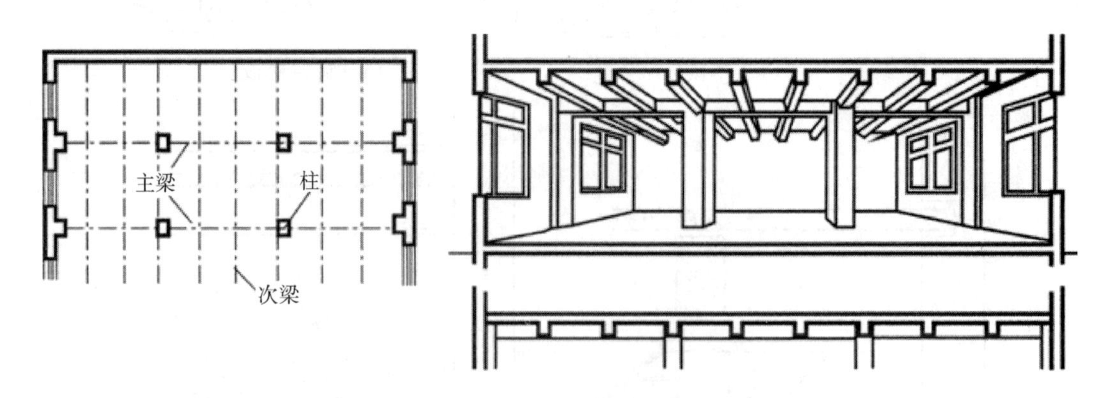

图 7–3　梁板式楼板透视图

1）单梁式楼板：如图 7–4 所示。

2）复梁式楼板：当房间平面尺寸任何一个方向均大于 6m 时，则应在两个方向设梁，甚至还应设柱。梁有主梁和次梁之分。主梁跨度一般为 5 ~ 8m，次梁跨度一般为 4 ~ 6m。板跨一般为 1.7 ~ 2.7m，板厚度为 60 ~ 80mm。

主梁宜沿房屋横向布置，使截面较大、抗弯刚度较好的主梁能与柱形成横向较强的框架承重体系：但当柱的横向间距大于纵向间距时，主梁应沿纵向布置，以减小主梁的截面高度，增大室内净高，便于通风和管道通过。

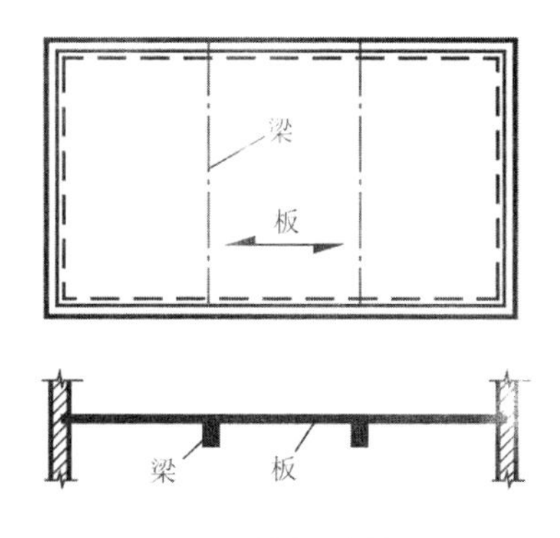

图 7-4　单梁式楼板

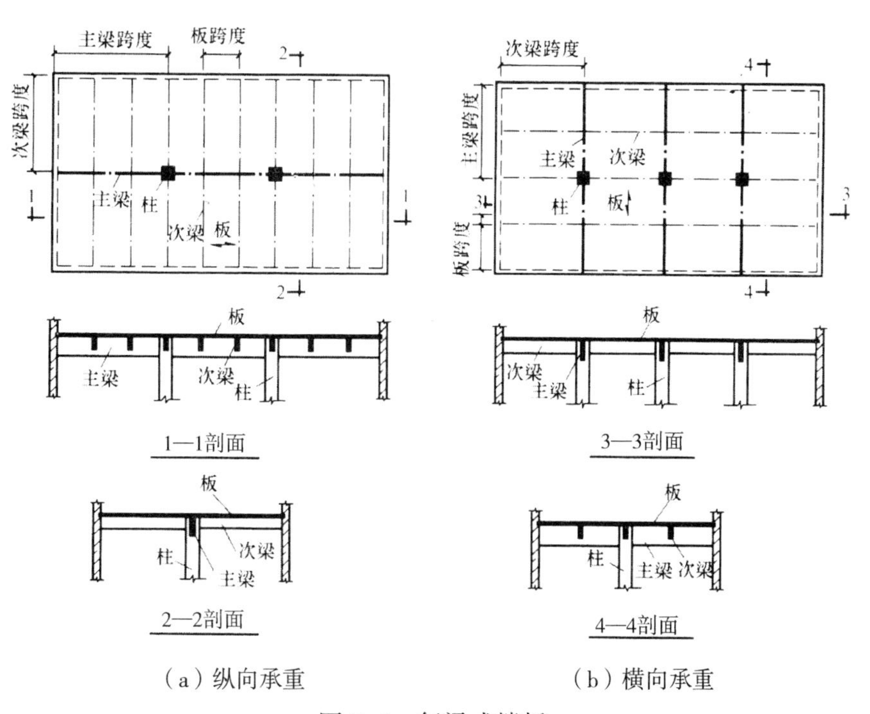

（a）纵向承重　　（b）横向承重

图 7-5　复梁式楼板

3）井梁式楼板：井式楼板是肋梁楼板的一种特殊形式。当房间尺寸较大，并且房间两个方向尺寸比较接近时，常沿两个方向布置等距离、等截面高度的梁（不分主次梁），板为双向板，形成井格形的梁板结构，纵梁和横梁同时承担着由板传递下来的荷载。井式楼板的跨度一般为 6 ~ 10 m。板厚为 70 ~ 80mm，井格边长一般在 2.5m 之内。井式楼板有正井式和斜井式两种。梁与墙之间成正交梁系的为正井式，如图 7-6（a）所示；长方形房间梁与墙之间常作斜向布置形成斜井式，如图 7-6（b）所示。井式楼板常用于跨度为 10 m 左右、长短边之比小于 1.5 的公共建筑的门厅、大厅。并且通常在井格梁下面加以艺术装饰处理，或安装吊顶。

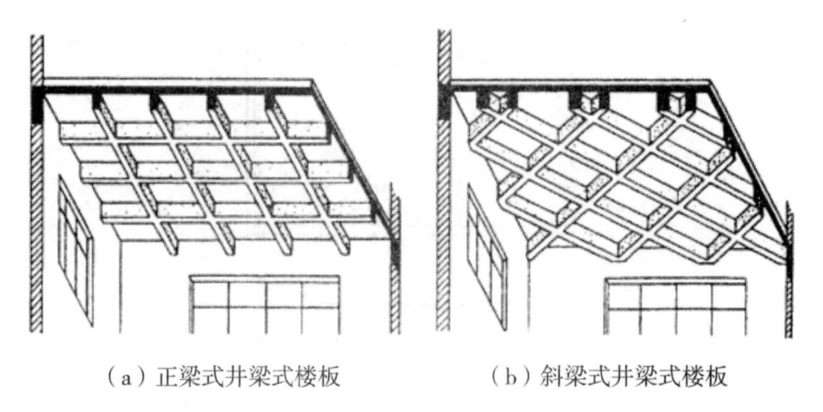

（a）正梁式井梁式楼板　　（b）斜梁式井梁式楼板

图 7-6　井梁式楼板

（3）无梁楼板

对于平面尺寸较大的房间或门厅，根据建筑要求也可以不设梁，直接将板支承于柱上，这种楼板即为无梁楼板，如图 7-7 和图 7-8 所示。无梁楼板分无柱帽和有柱帽两种类型。当荷载较大时，为改善楼板受力，应采用有柱帽无梁楼板，以增加板在柱顶上的支承面积。无梁楼板的柱网多布置多为方形，柱距一般为 6~8m，板厚不宜小于 120 mm，一般为 160 ~ 200 mm。

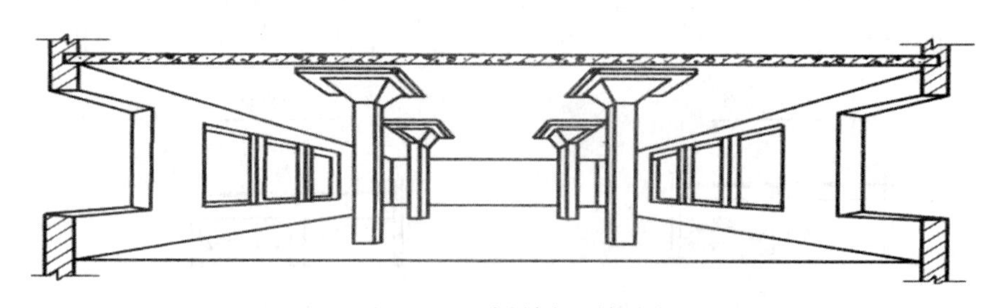

图 7-7　无梁楼板透视图

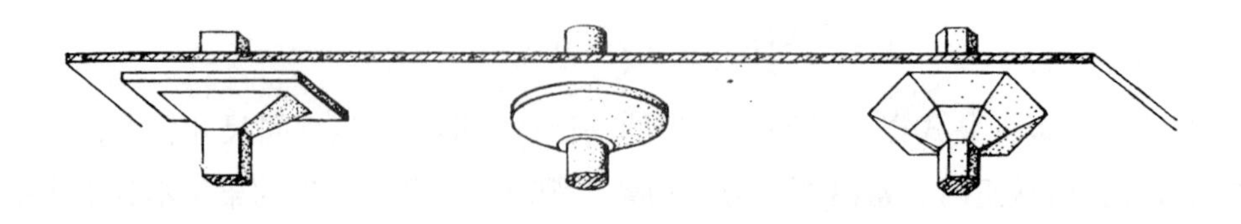

（a）仰视图

图 7-8　无梁楼板

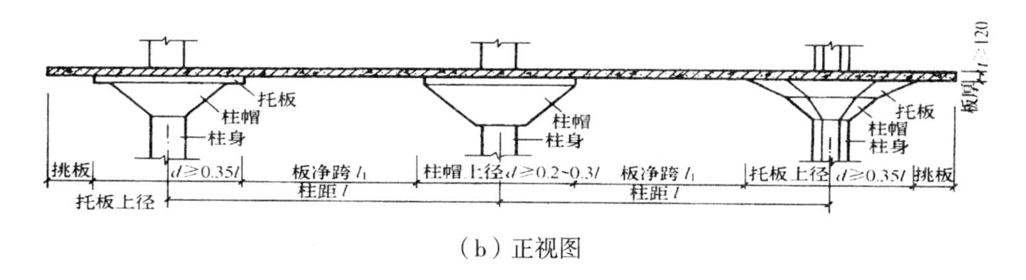

（b）正视图

图 7–8　无梁楼板（续）

2. 装配整体式钢筋混凝土楼板

（1）密肋填充块楼板

密肋填充块楼板底面平整，隔声效果好，能充分利用不同材料的性能，节约模板，且整体性好。

密助填充块楼板的密肋小梁有现浇和预制两种。现浇密肋填充块楼板以陶土空心砖、矿渣混凝土空心块等作为肋间填充块，然后现浇密肋和面板。填充块与肋和面板相接触的部位带有凹槽，用来与现浇肋或板咬接，使楼板的整体性更好。肋的间距视填充块的尺寸而定，一般为 300 ~ 600 mm，面板厚度一般为 40 ~ 50 mm，如图 7–9（a）所示。

预制小梁填充块楼板是在预制小梁之间填充陶土空心砖、矿渣混凝土空心块、煤渣空心砖等填充块，上面现浇混凝土面层而成，如图 7–9（b）所示。

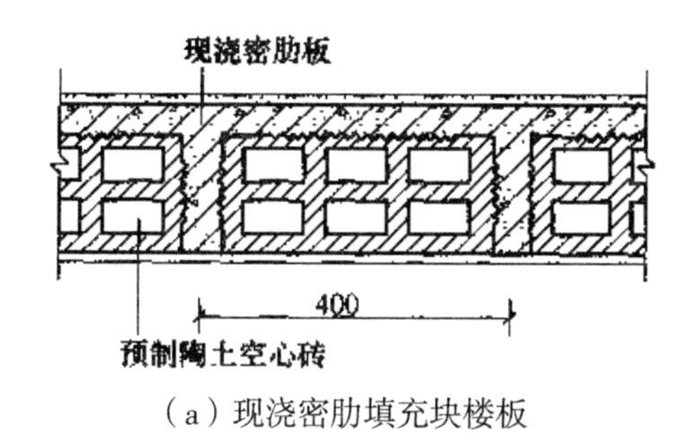

（a）现浇密肋填充块楼板

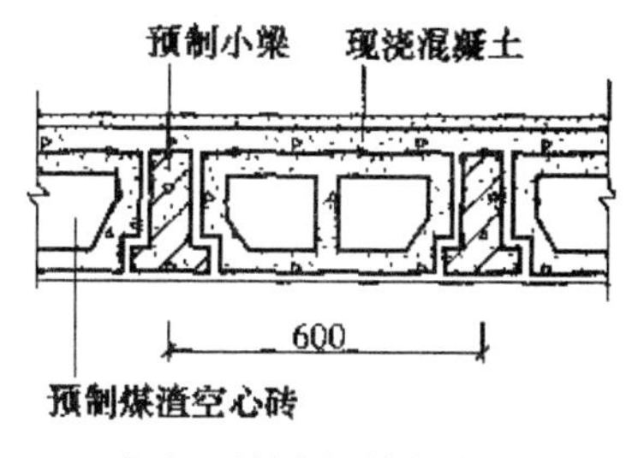

（b）预制小梁填充块楼板

图 7–9　密勒填充块楼板

（2）叠合式楼板

叠合式楼板是由预制板和现浇钢筋混凝土层叠合而成的装配整体式楼板。预制板既是楼板结构的组成部分，又是现浇钢筋混凝土叠合层的永久性模板。现浇叠合层内应设置负弯矩钢筋，并可在其中敷设水平设备管线。

叠合楼板的预制部分，可以采用预应力和非预应力实心薄板。板的跨度一般为 4 ~ 6m，预应力薄板的跨度最大可达 9m，板的宽度一般为 1.1 ~ 1.8m，板厚通常不小于 50 mm。叠合楼板的总厚度视板的跨度而定，以大于或等于预制板的两倍为宜，通常为

150～250mm，如图 7–10（b）所示。为使预制薄板与现浇叠合层结合牢固，薄板的板面应做适当处理，如在板面刻槽，或设置三角形结合钢筋等，如图 7–10（a）所示。

叠合楼板的预制板，也可采用钢筋混凝土空心板，此时现浇叠合层的厚度较薄，一般为 30～50mm，如图 7–10（c）所示。

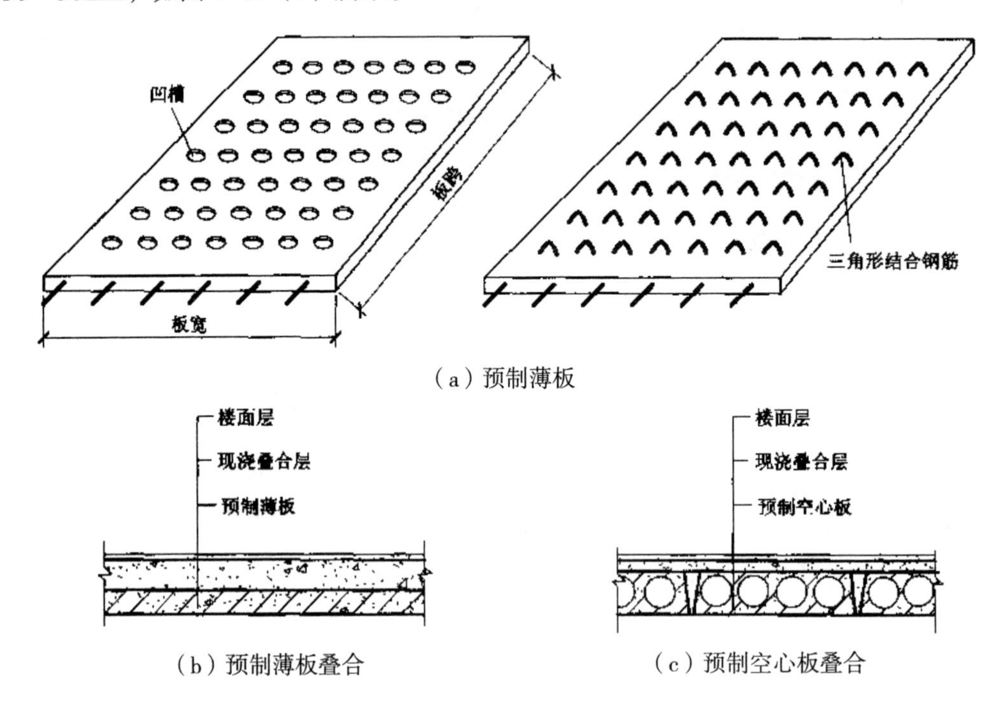

（a）预制薄板

（b）预制薄板叠合

（c）预制空心板叠合

图 7–10　叠合式楼板

第三节　阳台与雨篷

一、阳台

阳台是与室内空间相连并设有栏杆的室外小平台，是联系室内外空间和改善室内空间条件的重要组成部分。阳台主要由阳台板和栏杆扶手组成。阳台板是承重结构，栏杆扶手是安全、围护构件。阳台按其与外墙的相对位置可分为挑阳台、凹阳台、半凹半挑阳台和转角阳台，如图 7–11 所示。

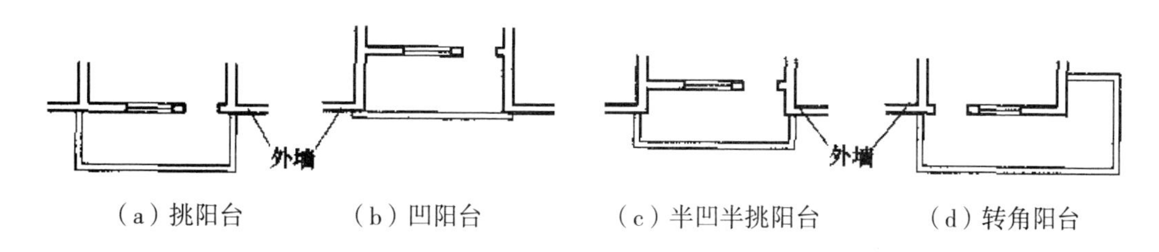

（a）挑阳台　（b）凹阳台　（c）半凹半挑阳台　（d）转角阳台

图 7–11　阳台的类型

1. 阳台结构布置

阳台承重结构的支承方式有墙承式、悬挑式等。

（1）墙承式

阳台板直接搁置在墙上，其板型和跨度通常与房间楼板一致，多用于凹阳台，如图 7–12（a）所示。

（2）悬挑式

这种支承方式结构简单，施工方便。阳台板悬挑出外墙。为使结构合理、安全，阳台悬挑长度不宜过大，而考虑阳台的使用要求悬挑长度又不宜过小，一般悬挑长度为 1.0 ~ 1.5m，以 1.2m 左右最为常见。

悬挑式适用于挑阳台或半凹半挑阳台。按悬挑方式不同有挑梁式和挑板式两种：

① 挑梁式：从横梁上伸出挑梁，阳台板搁置在挑梁上。挑梁压入墙内的长度应大于悬挑长度的 1.5 倍，为防止挑梁端部外露而影响美观，可增设边梁。阳台板的类型和跨度通常与房间楼板一致。挑梁式的阳台悬跳长度可适当大些，而阳台宽度应与横墙间距（即房间开间）一致。挑梁式阳台应用较广泛，如图 7–12（b）所示。

② 挑板式：利用阳台板直接悬挑，一般有两种做法：一种是将阳台板和圈梁现浇在一起，利用梁上部的墙体或楼板来平衡阳台板，以防止阳台倾覆。这种做法阳台底部平整，外形轻巧，阳台宽度不受房间开间限制，但梁受力复杂，阳台悬挑长度受限，一般不宜超过 1.2m，如图 7–12（c）所示。另一种是将房间楼板直接向外悬挑形成阳台板。这种做法构造简单，阳台底部平整，外形轻巧，但板受力复杂，构件类型增多。所以，通常采用钢筋混凝土现浇楼板，如图 7–12（d）所示。

2. 阳台的细部构造

（1）阳台栏杆与扶手

栏杆与扶手是阳台的围护构件，应具有足够的强度和适当的高度，做到坚固安全。按相关规范要求，栏杆扶手的高度不应低于 1.05m，高层建筑不应低于 1.1m。另外，栏杆扶手还兼起装饰作用，应考虑外形美观。

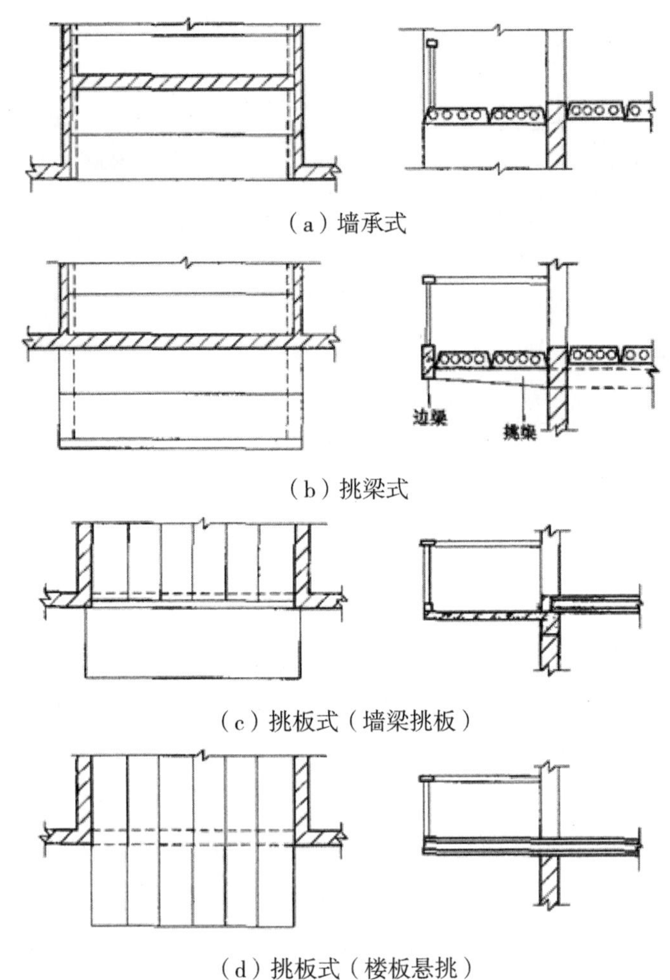

（a）墙承式

（b）挑梁式

（c）挑板式（墙梁挑板）

（d）挑板式（楼板悬挑）

图 7-12　阳台结构布置

栏杆形式有三种，即空花栏杆、实心栏板及由空花栏杆和实心栏板组合而成的组合式栏杆，如图 7-13 所示。

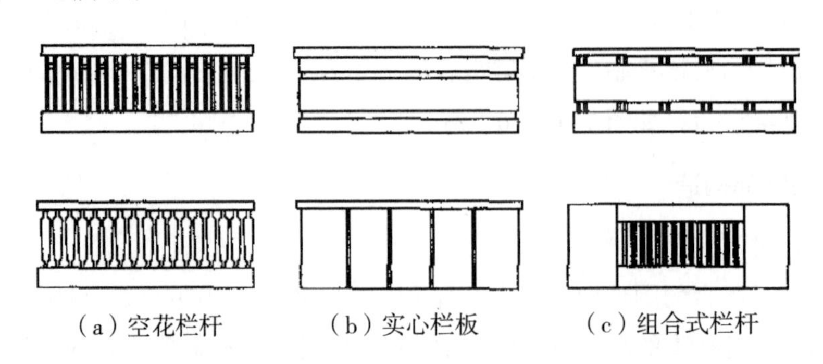

（a）空花栏杆　（b）实心栏板　（c）组合式栏杆

图 7-13　阳台栏杆形式

1）空花栏杆按材料不同有金属栏杆和预制混凝土栏杆两种形式，如图 7–14 所示。

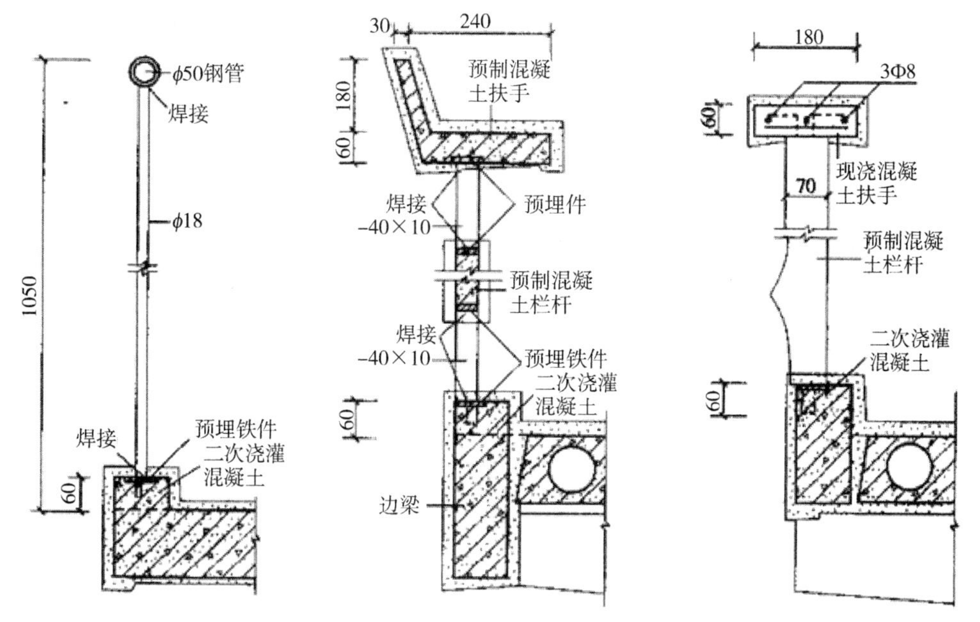

（a）金属栏杆与钢管扶手　（b）组合式栏杆与混凝土扶手　（c）预制混凝土栏杆与混凝土扶手

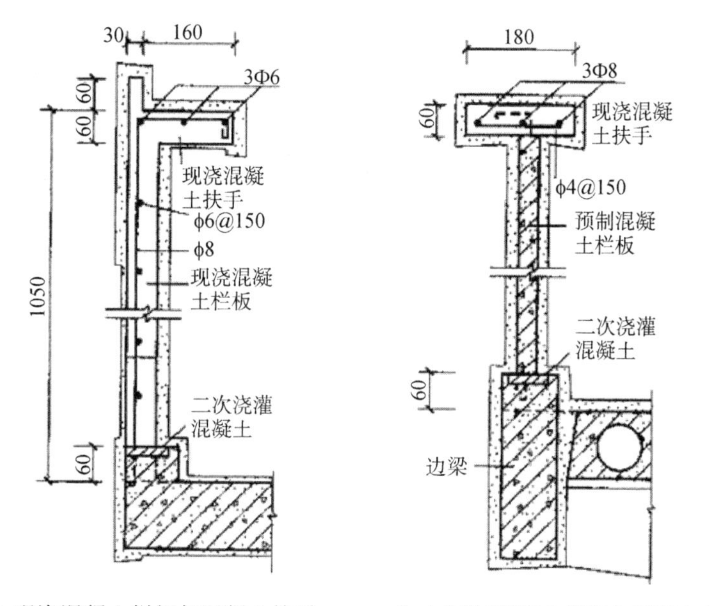

（d）现浇混凝土栏板与混凝土扶手　（e）预制混凝土栏板与混凝土扶手

图 7–14　阳台栏杆与扶手构造

① 金属栏杆一般采用圆钢、方钢、扁钢或钢管等。栏杆与阳台板（或边梁）应有可靠的连接，通常在阳台板顶面预埋通长扁钢与金属栏杆焊接，如图 7–14（a）所示，也可采

用预留孔洞插接等方法。组合式栏杆中的金属栏杆有时需与混凝土栏板连接，其连接方法一般为预埋铁件焊接，如图 7–14（b）所示。

② 预制混凝土栏杆与阳台板的连接，通常是将预制混凝土栏杆端部的预留钢筋与阳台板顶面的后浇混凝土挡水边槛现浇在一起，如图 7–14（c）所示，也可采用预埋铁件焊接或预留孔洞插接等方法。

2）栏板按材料来分有钢化玻璃栏板、混凝土栏板、砖砌栏板等。钢化玻璃栏板都是采用预制装配式。混凝土栏板有现浇和预制两种形式。现浇混凝土栏板通常与阳台板(或边梁)整浇在一起，如图 7–14（d）所示，预制混凝土栏板可预留钢筋与阳台板的后浇混凝土挡水边槛浇注在一起，如图 7–14（e）所示，或预埋铁件进行焊接。砖砌栏板的厚度一般为 120 mm，为加强其整体性，应在栏板顶部设现浇钢筋混凝土压顶，或在栏板中配置通长钢筋加固。为了追求外部美观，也有栏板外贴石材的做法。

栏板和组合式栏杆顶部的扶手多为现浇或预制钢筋混凝土扶手，少数情况下有石材扶手。栏板或栏杆与钢筋混凝土扶手的连接方法和它与阳台板的连接方法基本相同。空花栏杆顶部的扶手除采用钢筋混凝土扶手外，对金属栏杆还可采用木扶手或钢管扶手。

（2）阳台排水处理

为避免阳台的雨水流入室内，一般阳台地面应低于室内地面 30 ~ 60 mm 且应沿排水方向做排水坡，阳台板的外缘设挡水边槛，在阳台的一端或两端埋设泄水管直接将雨水排出。泄水管可采用镀锌钢管或塑料管，管口外伸至少 80 mm。对高层以上建筑或降雨量较大地区的建筑应将雨水导入雨水管排出，如图 7–15 所示。

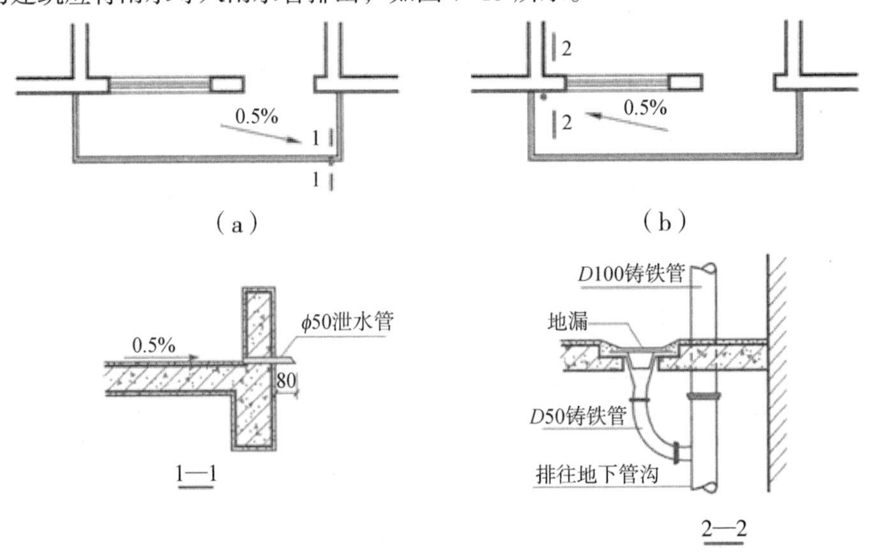

图 7–15　阳台排水处理

二、雨篷

雨篷是设置在建筑物外墙出入口的上方用于挡雨并有一定装饰作用的水平构件。雨篷的支承方式多为悬挑式，其悬挑长度视建筑设计要求和结构计算的结果而定，一般为 0.9 ~ 1.5m。按结构形式不同，雨篷有板式和梁板式两种。板式雨篷多做成变截面形式，一般板根部厚度不小于 70 mm，板端部厚度不小于 50 mm。为使梁板式雨篷的底面平整，常采用翻梁形式。当雨篷外伸尺寸较大时，其支承方式可采用立柱式，即在入口两侧设柱支承雨篷，形成门廊，立柱式雨篷的结构形式多为梁板式。

雨篷顶面应做好防水和排水处理。通常采用防水砂浆抹面，厚度一般为 20 mm，并应上翻至墙面形成泛水，其高度不小于 250 mm，同时，还应沿排水方向做出排水坡。为了集中排水和立面需要，可沿雨篷外缘做上翻的挡水边槛，并在一端或两端设泄水管将雨水集中排出，如图 7–16 所示。

除了传统的钢筋混凝土雨篷外，近年来在工程中也出现了造型轻巧、富有时代感的钢结构雨篷，其支撑系统有的用钢柱，有的与钢筋混凝土柱相连，还有的是采用悬拉索结构，如图 7–17 所示。

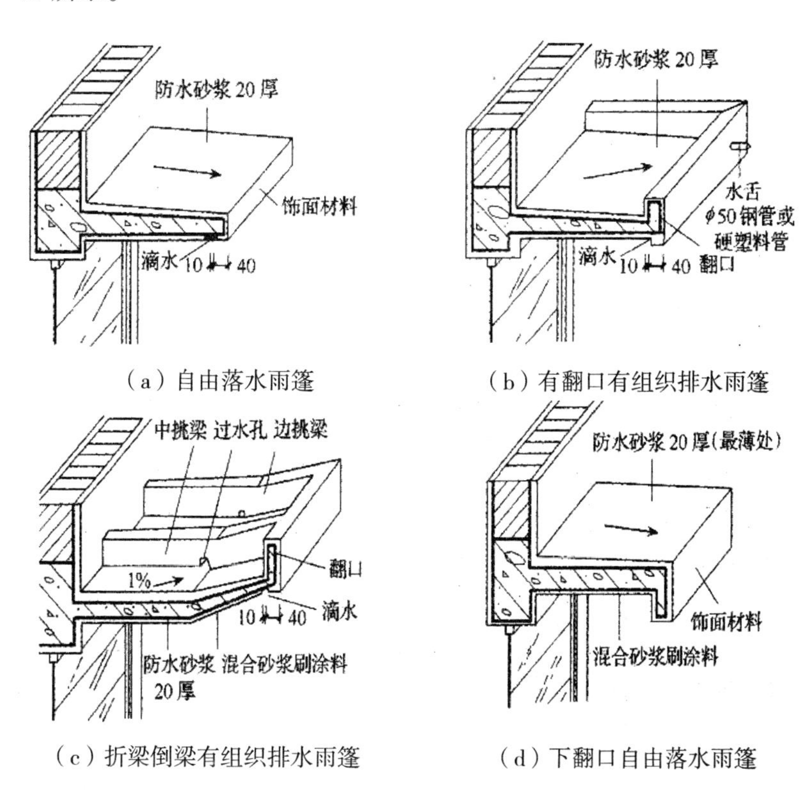

图 7–16　雨篷构造

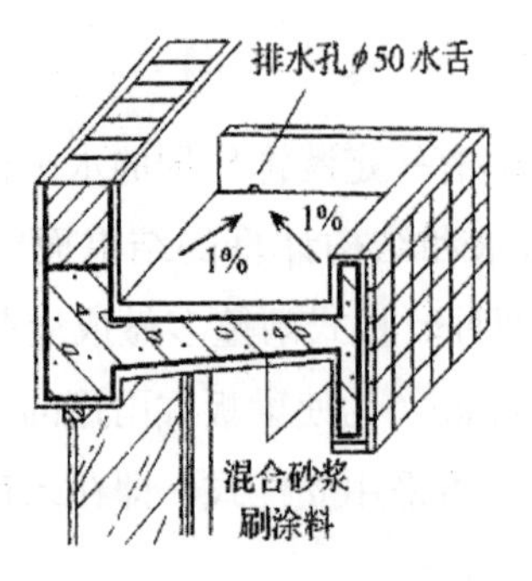

(e)上下翻口有组织排水雨篷

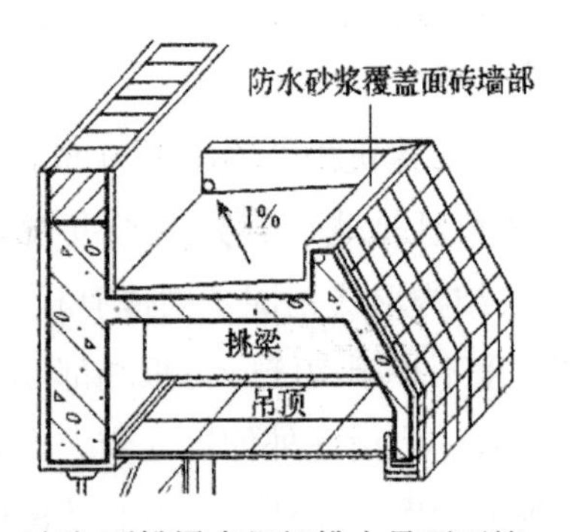

(f)下挑梁有组织排水吊顶雨篷

图 7–16 雨篷构造(续)

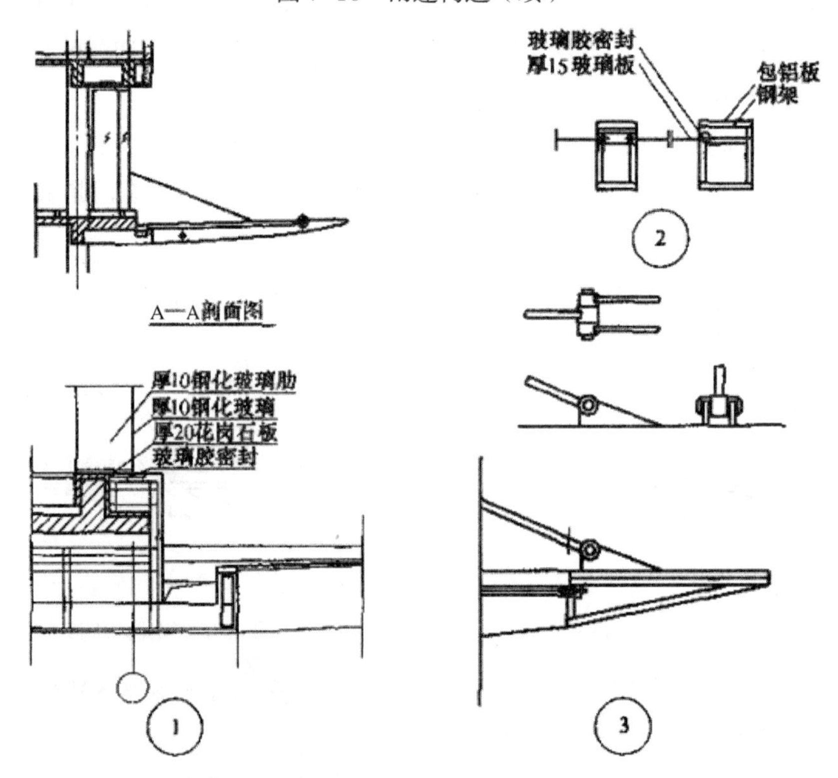

图 7–17 钢结构雨篷

第八章　楼梯与台阶构造

第一节　楼梯的组成

楼梯一般由楼梯段、平台、栏杆（栏板）和扶手三部分组成，如图 8–1、图 8–2 所示。

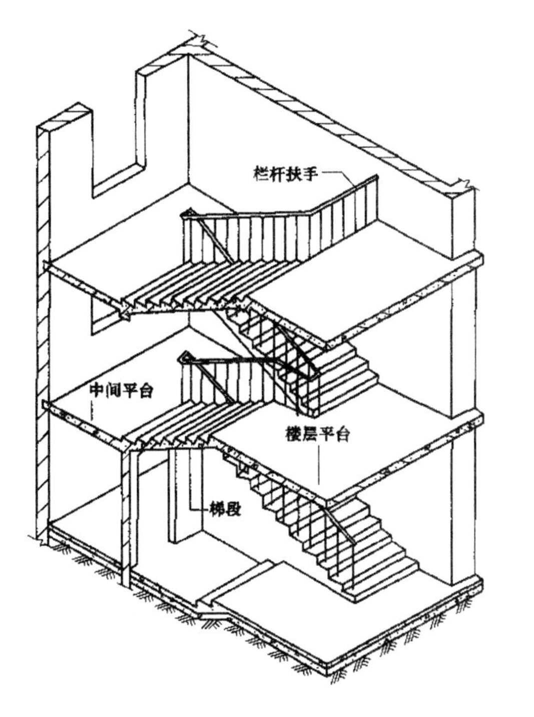

图 8–1　楼梯的组成

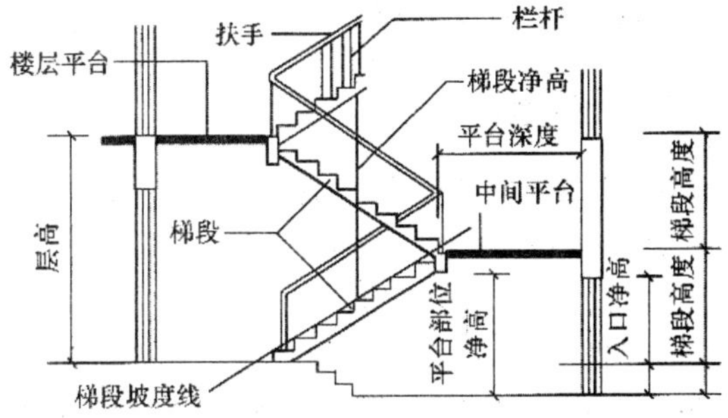

图 8–2　楼梯的剖面示意图

1. 楼梯段

楼梯段是倾斜并带若干踏步的构件，它连接楼层和中间平台，是楼梯的主要部分。楼梯段踏步数一般不宜少于 3 步，也不宜超过 18 步。

2. 平台

平台是指两个楼梯段之间的水平构件。位于两楼层之间的平台称为中间平台；与楼层地面标高一致的平台称为楼层平台。其主要作用是转向、缓冲和休息。

3. 栏杆（栏板）和扶手

栏杆是设在楼梯段和平台边缘的安全防护构件。要求必须坚固可靠，并具有适宜的安全高度。扶手一般附设于栏杆顶部，供依扶用。扶手也可附设于墙上，称为靠墙扶手。

第二节　楼梯的类型

1）楼梯按结构材料分，主要有木楼梯、钢筋混凝土楼梯和钢楼梯等；其中钢筋混凝土楼梯在结构刚度、耐火、造价、施工、造型等方面具有较多的优点，应用最为普遍。

2）根据楼梯设置的位置可分为：室内楼梯和室外楼梯。

3）按使用性质分有主要楼梯、辅助楼梯、防火楼梯等。

4）楼梯按楼层间梯段数量及其平面布置形式又可分为：直跑式、双跑式、三跑式、双分式、双合式、转角式、剪刀式、交叉式、曲线楼梯等各种形式，如图 8–3 所示。

① 直跑式楼梯：分单梯段直跑和多梯段直跑楼梯。中间无休息平台的称为单梯段直跑楼梯，也称单跑楼梯。沿着一个方向上楼，所占楼梯间的宽度较小，长度较大，用于层高较小的建筑，一般层高不超过 3m。也用于大型商场内部，气势宏伟，有较强的装饰效果。

② 双跑式楼梯：是普遍采用的一种形式，由两个楼梯段和一个中间平台组成。双跑楼梯所占楼梯间长度较小，面积紧凑，使用方便，用途最广。

③ 三跑式楼梯：由三个楼段和两个中间平台组成，占用面积宽而短，楼梯井较宽，一般用于公共建筑。

④ 双分式楼梯：由一个较宽的楼梯段经过中间平台后分为两个较窄的楼梯段，多用于公共建筑的门厅。

⑤ 双合式楼梯：由两个平行较窄的楼梯段到中间平台处合并为一个宽楼段，多用于公共建筑的主要楼梯。

⑥ 转角式楼梯：上下两个楼梯段成 90°，两个楼梯段均可沿墙设置，充分利用空间，一般用于公共建筑大厅和窄小的跃层住宅。

⑦ 剪刀式楼梯：相当于两个双跑式楼梯对接，占用面积较大，行走方便，用于人流较多的公共建筑。

⑧ 交叉式楼梯：由两个直跑楼梯交叉而不相连，用于人流较多的公共建筑。

⑨ 曲线楼梯：包括弧形楼梯、螺旋楼梯、圆形楼梯等，其特点是造型美观，有较强的装饰效果，用于较高级的公共建筑的门厅或大型商场内部。

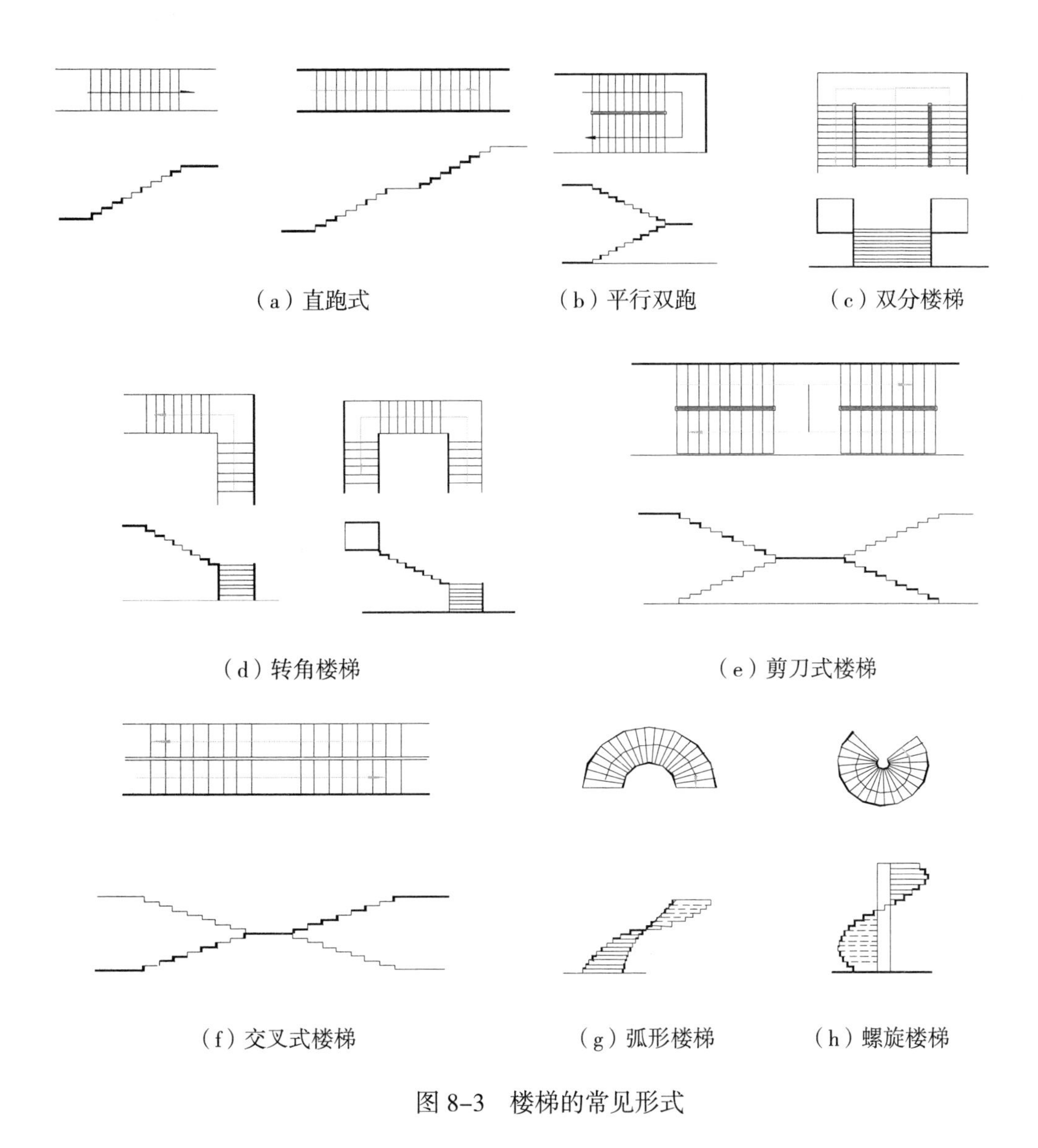

（a）直跑式　（b）平行双跑　（c）双分楼梯

（d）转角楼梯　（e）剪刀式楼梯

（f）交叉式楼梯　（g）弧形楼梯　（h）螺旋楼梯

图 8-3　楼梯的常见形式

第三节　楼梯的尺度

一、楼梯的坡度

楼梯的坡度是指楼梯段的坡度，即楼梯段的倾斜角。楼梯的坡度应根据使用情况合理选择。楼梯的坡度越小，行走越舒适，但扩大了楼梯间的进深，增加了建筑面积和造价；楼梯的坡度越大，虽然减小了楼梯间进深，减小了建筑面积和造价，但行走吃力。因此，在选择坡度时，要兼顾使用和经济。一般来讲，人流量大的地方和有老弱病残者使用的楼梯，坡度应该平缓些；人流量少的地方，如住宅建筑中的楼梯，坡度可稍微大些。

楼梯的坡度有两种表示方法，一是用斜面和水平面所夹角度表示，即角度法；二是用斜面的垂直投影高度与水平投影长度之比表示，即比值法。楼梯常见坡度范围为20°～45°，以30°左右为宜。坡度小于20°时，应采用坡道形式；坡度大于45°时，应设爬梯。楼梯、坡道、爬梯的坡度范围如图8-4所示。

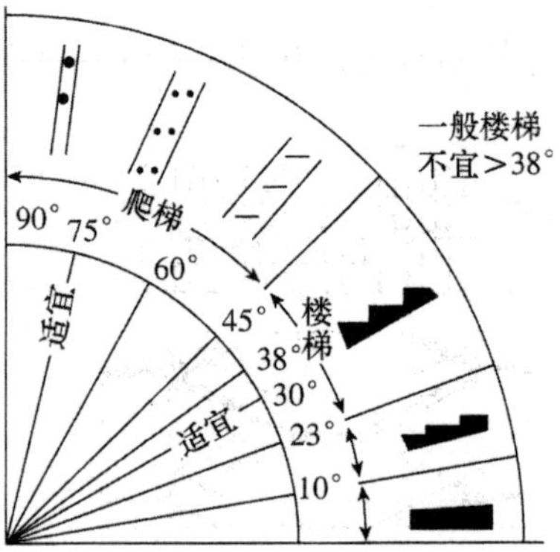

图8-4　楼梯、坡道、爬梯的坡度范围

二、踏步尺度

楼梯的踏步由踏面和踢面组成，如图8-5所示。踏面是人脚踩的部分，其宽度不应小于成年人的脚长，一般为250～300 mm。踢面高与踏面宽度有关，并且踢面和踏面尺寸由人正常身高的平均步距确定，可按下列经验公式计算：

$$2h + b = 600 \sim 620\ \text{mm}$$

式中，h——踢面高度；

b——踏面宽度；

600～620 mm——人的平均步距。

当踏步尺寸较小时，可以采取加做踏口突缘或使踢面倾斜的方式加宽踏面，如图8-5所示。踏口突缘挑出尺寸不宜过大，一般为20～25mm。

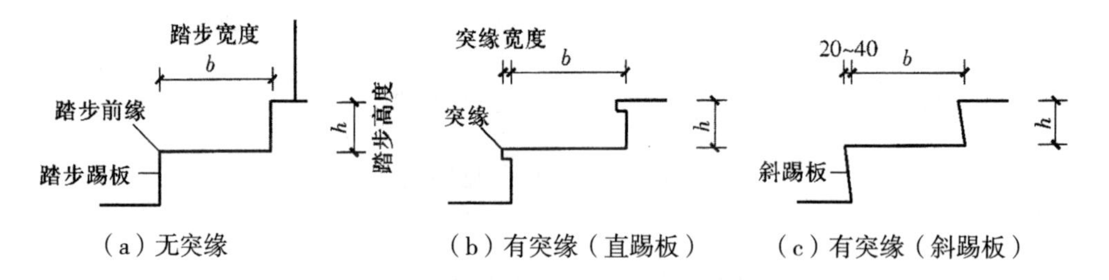

（a）无突缘　（b）有突缘（直踢板）　（c）有突缘（斜踢板）

图8-5　踏步形式和尺寸

常用适宜踏步尺寸见表8-1。

表8-1　常见的民用建筑楼梯的适宜踏步尺寸

名称	住宅	幼儿园	学校、办公楼	剧院、会堂	医院
踏步高 h/mm	150～175	120～150	140～160	120～150	120～150
踏步宽 b/mm	250～300	260～280	280～340	300～350	300～350

三、楼梯段与平台的宽度

梯段净宽除应符合防火规范的规定外，供日常主要交通用的楼梯的梯段净宽还应根据建筑物使用特征，一般按每股人流 0.55 +（0 ~ 0.15）m 的宽度确定，并不应少于两股人流。其中：0 ~ 0.15m 为人流在行进中人体的摆幅，公共建筑人流众多的场所应取上限值。一般单股人流通行时，梯段宽度应不小于 900mm；双股人流通行时为 1 100 ~ 1 400mm；三股人流通行时为 1 650 ~ 2 100mm，如图 8–6 所示。

平台宽度（深度）指楼梯间墙面至转角扶手中心线的水平距离，它分为中间平台宽度和楼层平台宽度。中间平台宽度应大于或等于梯段宽度，以利于人流通行和搬运家具设备。

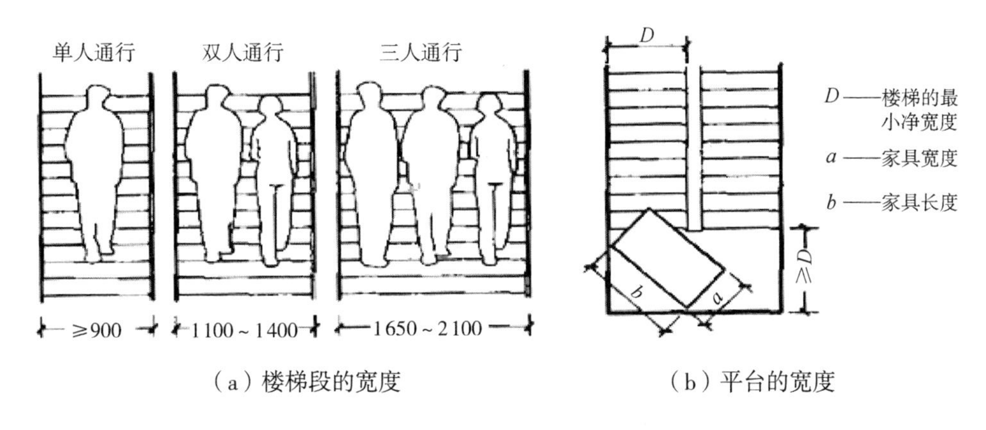

（a）楼梯段的宽度　　（b）平台的宽度

图 8–6　楼梯段与平台的宽度

四、梯井宽度

梯井是指梯段之间形成的空挡，此空挡从底层到顶层贯通。为了安全，其宽度应小些，以 60 ~ 200mm 为宜。有儿童经常使用的楼梯的梯井净宽大于 200mm 时，必须采取安全措施。

五、楼梯的净空高度

楼梯的净空高度包括平台过道处的净高和楼梯段的净高。为保证人流通行和家具搬运，平台过道处净空高度应大于 2 000mm，楼梯段处的净空高度应大于 2 200mm，如图 8–7 所示。

当在双跑平行楼梯底层中间平台下需设置进出通道时，为保证平台下净高大于 2 000mm。常采取将双跑梯做成长短跑或降低底层楼梯间室内标高或不设平台梁的方法解决。

六、楼梯栏杆（板）扶手高度

扶手高度是指踏面中心到扶手顶面的垂直距离。扶手的高度与楼梯的坡度、使用要求等有关，确定时要考虑人的依扶方便。一般室内扶手高度取 900 mm；儿童使用的楼梯一般取 600mm；顶层平台的水平安全栏杆扶手高度一般不宜小于1 000mm，为防止儿童穿过栏杆空档发生危险，栏杆之间的水平距离不应大于 120 mm；室外楼梯扶手高度应不小于 1 150mm，如图 8-8 所示。

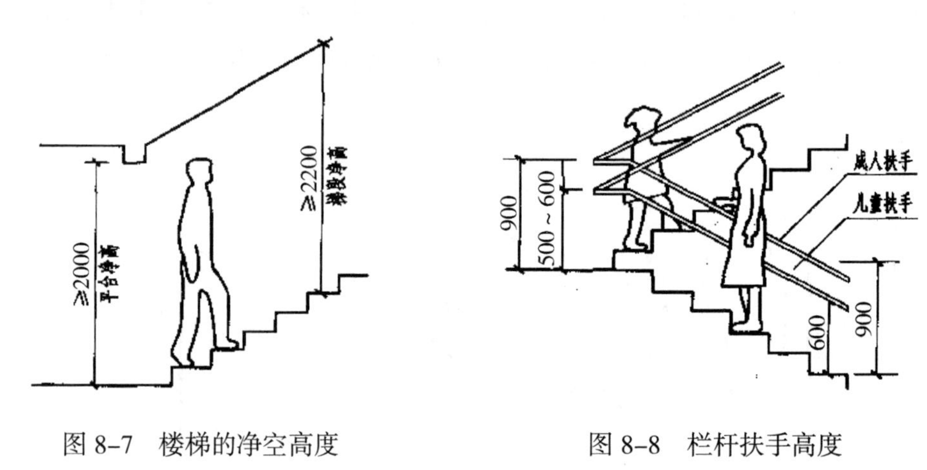

图 8-7　楼梯的净空高度　　　　图 8-8　栏杆扶手高度

第四节　钢筋混凝土楼梯构造

钢筋混凝土楼梯按施工方法不同，主要有现浇整体式和预制装配式两类。

现浇钢筋混凝土楼梯的整体性能好，刚度大，有利于抗震，并且适应性强，所以得到了广泛应用。此处仅介绍现浇钢筋混凝土楼梯。

现浇钢筋混凝土楼梯按梯段的受力特点和结构形式的不同，可分为板式楼梯和梁式楼梯两种。

一、板式楼梯

板式楼梯的梯段是一块斜放的板，它通常由梯段板、平台梁和平台板组成。如图 8-9 所示，梯段板承受着梯段的全部荷载，然后通过平台梁将荷载传给墙体或柱子。必要时，也可取消梯段板一端或两端的平台梁，使平台板与梯段板连为一体，折线形的板直接支承于墙或梁上。

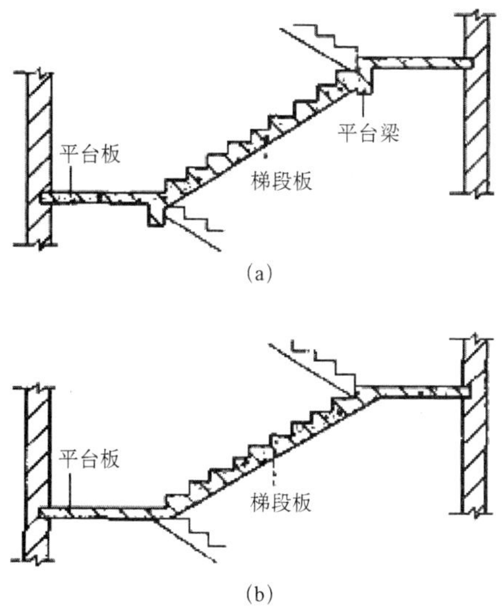

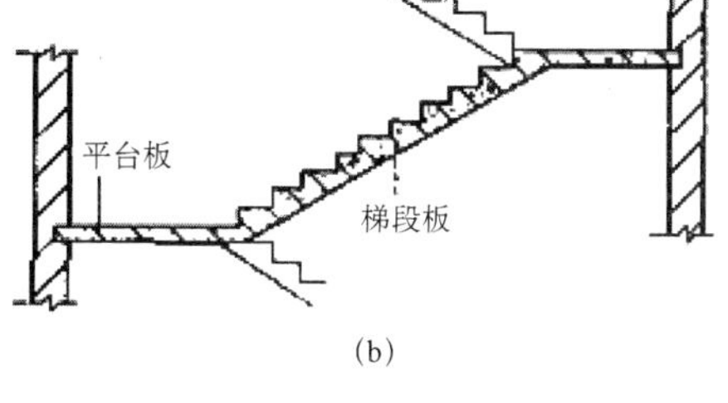

图 8–9　现浇钢筋混凝土板式楼梯

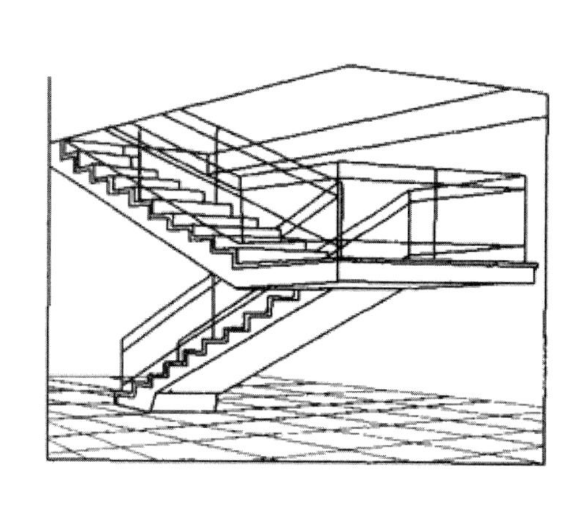

图 8–10　现浇钢筋混凝土悬臂板式楼梯

近年来在一些公共建筑和庭园建筑中，出现了一种悬臂板式楼梯，如图 8–10 所示，其特点是梯段和平台均无支承，完全靠上、下楼梯段与平台组成的空间板式结构与上、下层楼板结构共同来受力，其特点为：造型新颖、空间感好。

板式楼梯的梯段底面平整，外形简洁，便于支模施工。当梯段跨度不大时(一般不超过 3m)常采用。当梯段跨度较大时，梯段板厚度增加，自重较大，钢材和混凝土用量较多，经济性较差，这时常用梁式楼梯替代。

二、梁式楼梯

梁式楼梯段是由踏步板和梯段斜梁（简称梯梁）组成，如图 8–11 所示。梯段的荷载由踏步板传递给梯段梁，梯段梁再传给平台梁，最后平台梁将所有荷载传给墙体或柱子。

梯段梁通常设两根，分别布置在踏步板的两侧。梯梁与踏步板的相对位置有两种：

① 梯梁在踏步板之下，踏步外露，称为明步。

② 梯梁在踏步板之上，形成反梁，踏步包在里面，称为暗步。

梯梁也可以只设一根，通常有两种形式：一种是踏步板的一端设梯梁，另一端搁置在墙上，省去一根梯梁，可减少用料和模板，但施工不便；另一种是用单梁悬挑踏步板，即梯梁布置在踏步板中部或一端，踏步板悬挑这种形式的楼梯结构受力较复杂，但外形独特、轻巧，一般适用于通行量小、梯段尺度与荷载都不大的楼梯。当荷载或梯段跨度较大时，梁式楼梯比板式楼梯的钢材和混凝土用量少、自重轻，因此采用梁式楼梯比较经济。但同时也要注意到：梁式楼梯在支模、扎筋等施工操作方面较板式楼梯复杂。

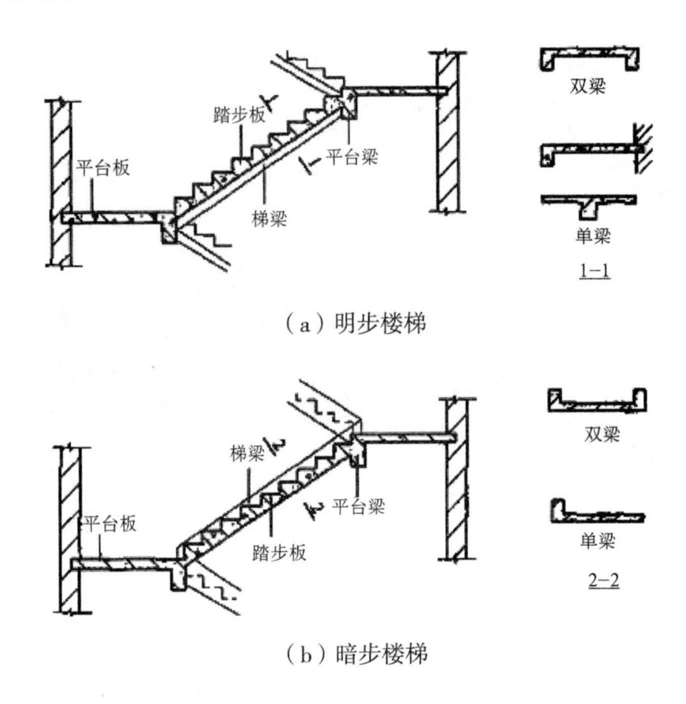

（a）明步楼梯

（b）暗步楼梯

图 8-11 现浇钢筋混凝土梁式楼梯

第五节 楼梯的细部构造

一、踏步面层及防滑处理

1. 踏步面层

踏步面层应便于行走、耐磨、防滑并保持清洁和美观。做法与楼地面做法基本相同，选用的材料视装修要求而定，一般与门厅或走道的楼地面材料一致，常用的有水泥砂浆面、水磨石面、大理石面和缸砖面等。

2. 防滑处理

为防止行人使用楼梯时滑倒，踏步表面应有防滑措施，特别是人流大或踏步表面光滑的楼梯，必须对踏步表面进行处理。防滑处理的方法通常是在接近踏口处设置防滑条，防滑条的材料主要有：金刚砂、马赛克、橡皮条和金属材料等。也可用带槽的金属材料包住踏口，这样既防滑又起保护作用。在踏步两端近栏杆（或墙）处一般不设防滑条，留出不小于 120mm 的空隙，以便清扫垃圾和冲洗，如图 8-12 所示。

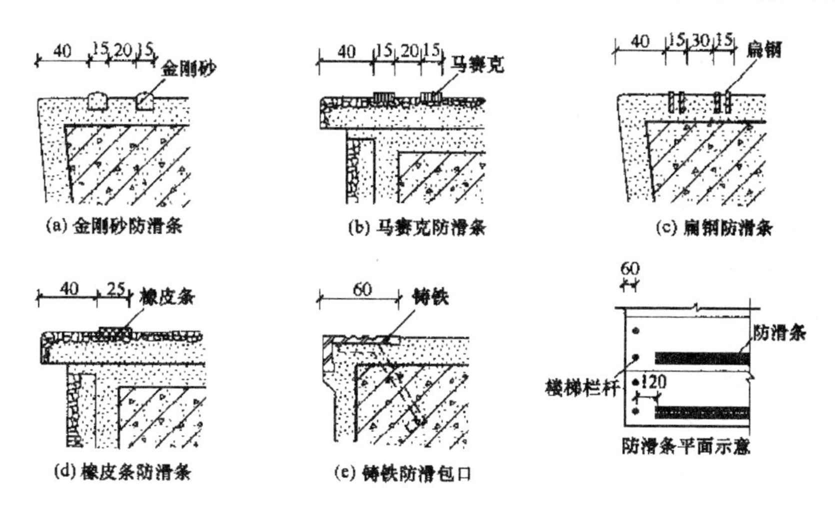

图 8–12　踏步防滑构造

二、栏杆（栏板）及扶手构造

1. 栏杆（栏板）的形式与构造

栏杆（栏板）的形式可分为：空花式、栏板式、组合式三种。

1）空花式。一般采用扁钢、圆钢、方钢，也可采用木、铝合金、不锈钢等材料制作。其杆件形成的空花尺寸不宜过大，一般不大于 110mm。经常有儿童活动的建筑，栏杆的分格应设计成不宜儿童攀登的形式，以确保安全，如图 8–13 所示。

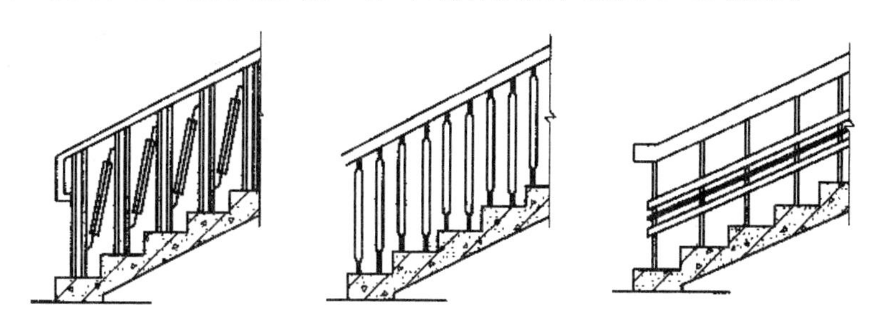

图 8–13　空花栏杆形式示例

2）栏板式。一般采用砖、钢板网水泥、钢筋混凝土、有机玻璃及钢化玻璃等材料制作，如图 8–14 所示。

3）组合式。是指空花式和栏板式两种形式的组合，其栏杆竖杆常采用钢材或不锈钢等材料，其栏板部分常采用轻质美观材料制作，如木板、塑料贴面板、铝板、有机玻璃板和钢化玻璃板等，如图 8–15 所示。

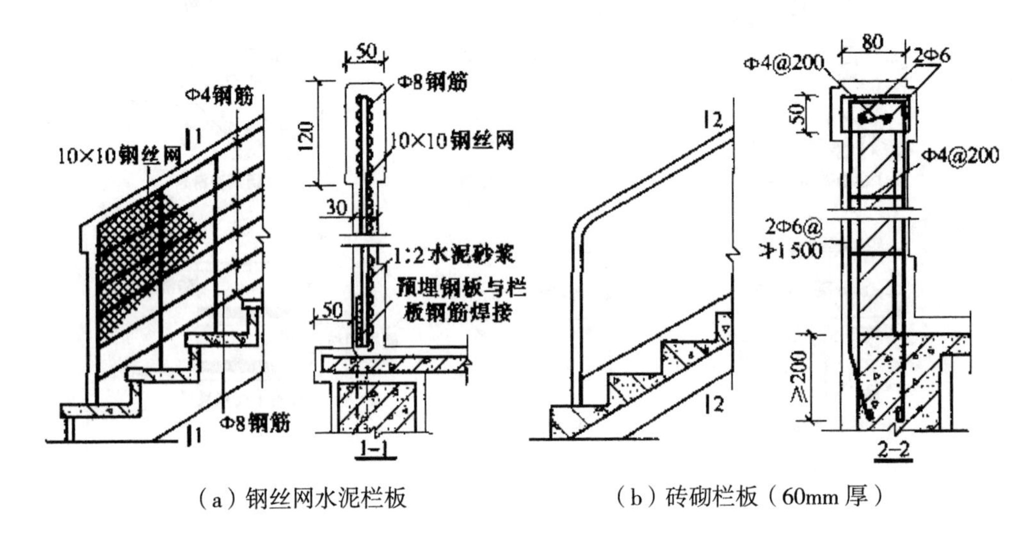

（a）钢丝网水泥栏板　　（b）砖砌栏板（60mm 厚）

图 8-14　栏板式栏杆

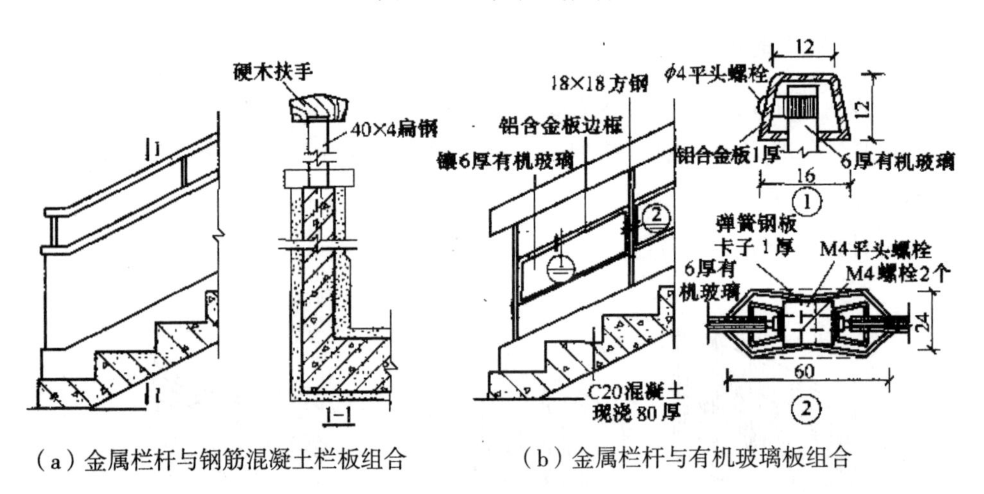

（a）金属栏杆与钢筋混凝土栏板组合　　（b）金属栏杆与有机玻璃板组合

图 8-15　组合式栏杆

2. 扶手

楼梯扶手位于栏杆（栏板）顶面，供人们上下楼梯时依扶之用。扶手一般由硬木、钢管、铝合金管、不锈钢管及塑料等材料做成。扶手断面形式多样，如图 8-16 所示，为几种常见扶手类型。

扶手的断面形式和尺寸应方便手握抓牢，扶手顶面宽一般为 40 ~ 90mm。栏板顶部的扶手可用水泥砂浆或水磨石抹面而成，也可用大理石、水磨石板、木材贴面而成。

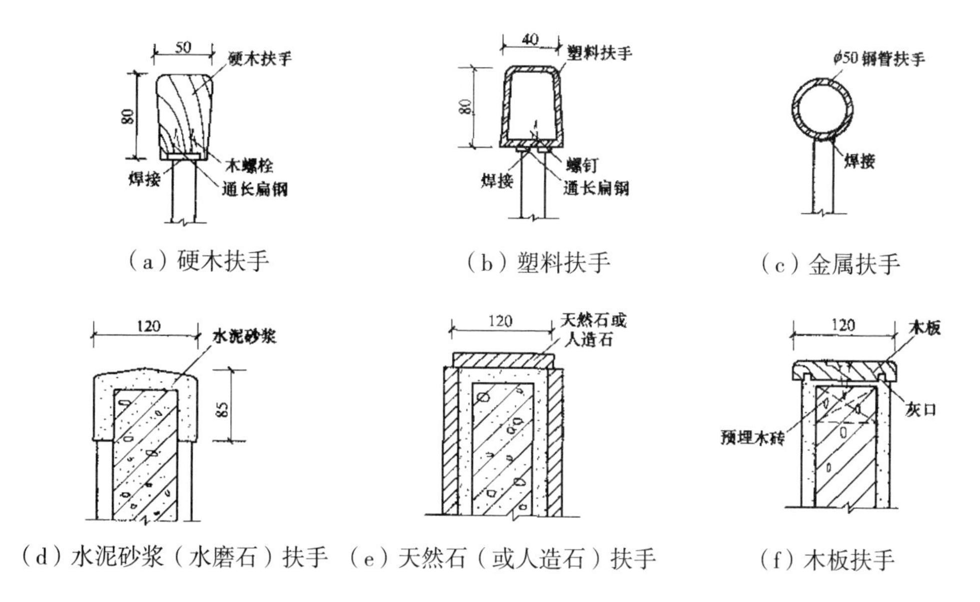

（a）硬木扶手　（b）塑料扶手　（c）金属扶手

（d）水泥砂浆（水磨石）扶手　（e）天然石（或人造石）扶手　（f）木板扶手

图 8-16　扶手形式与连接构造

3. 栏杆、扶手连接构造

（1）栏杆与梯段的连接

预埋铁件焊接：将栏杆的立杆与梯段中预埋的钢板或套管焊接在一起。

预留孔洞插接：将端部做成开脚或倒刺的栏杆插入梯段预留的孔洞内，用水泥砂浆或细石混凝土填实。

螺栓连接：用螺栓将栏杆固定在梯段上，固定方式有若干种，如用板底螺帽栓紧贯穿踏板的栏杆等。如图 8-17 所示。

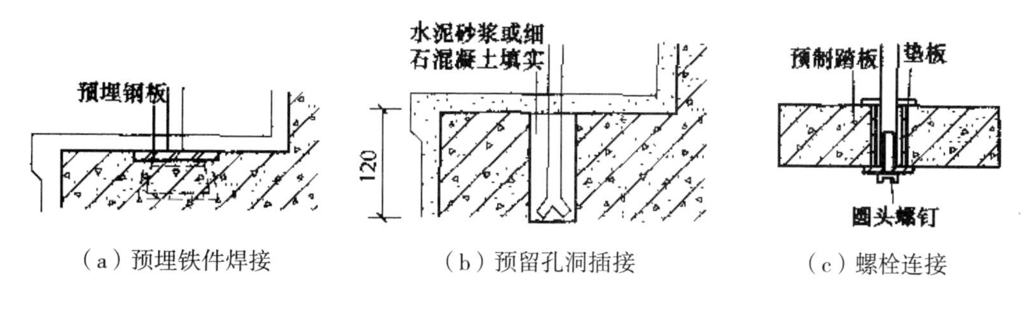

（a）预埋铁件焊接　（b）预留孔洞插接　（c）螺栓连接

图 8-17　栏杆与梯段的连接

（2）扶手与栏杆的连接

扶手与栏杆应有可靠的连接，其方法视扶手和栏杆的材料而定。硬木扶手与金属栏杆的连接，通常是在金属栏杆的顶端先焊接一根通长扁钢，然后用木螺栓将扁钢与扶手连接在一起。塑料扶手与金属栏杆的连接方法和硬木扶手类似。金属扶手与金属栏杆多采用焊接。扶手与栏杆的连接构造，如图 8–18 所示。

（3）扶手与墙柱面的连接

楼梯顶层的楼层平台临空一例，应设置水平栏杆扶手，扶手端部与墙应固定在一起。其方法为：在墙上预留孔洞，将扶手插入洞内，用水泥砂浆或细石混凝土填实。也可将扁钢用木螺栓固定于墙内预埋的防腐木砖上。若为钢筋混凝土墙或柱，则可采用预埋铁件焊接。靠墙扶手是通过连接件固定于墙上。连接件通常直接埋入墙上的预留孔内，也可用预埋螺栓连接，连接件与扶手的连接构造同栏杆与扶手的连接。如图 8–19 所示。

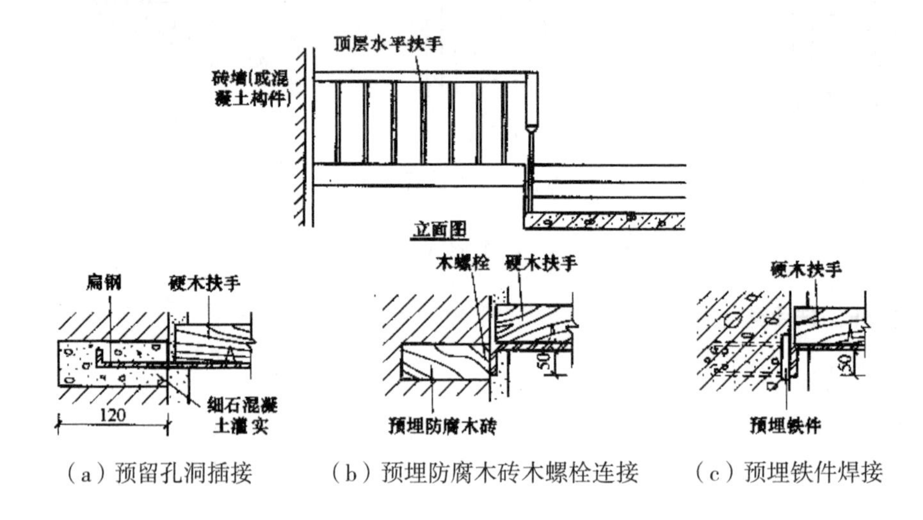

（a）预留孔洞插接　（b）预埋防腐木砖木螺栓连接　（c）预埋铁件焊接

图 8–18　扶手端部与墙柱的连接

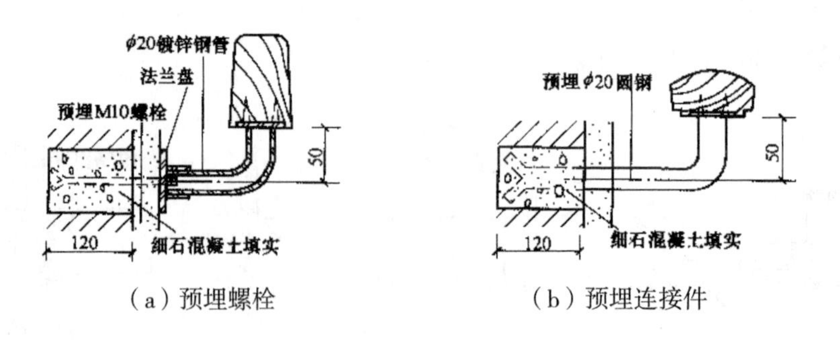

（a）预埋螺栓　（b）预埋连接件

图 8–19　靠墙扶手

4. 栏杆扶手的转弯处理

在平行并列楼梯的平台转弯处，当上下行楼梯段的踏口相平齐时，为保持上下行梯段的扶手高度一致，常用的处理方法是将平台处的栏杆设置到平台边缘以内半个踏步宽的位置上。如图 8–20（a）所示。在这一位置上下行梯段的扶手顶面标高刚好相同。这种处理方法，扶手连接简单，省工省料。但由于栏杆伸入平台半个踏步宽，使平台的通行宽度减小，若平台宽度小，则会给人流通行和家具设备搬运带来不便。若不减少平台的通行宽度，则应将平台处的栏杆紧靠平台边缘设置。此时，在这一位置，上下行梯段的扶手顶面标高不同，形成高差。处理高差的方法有几种，如采用鹤颈扶手。如图 8-20（b）所示。这种方法，弯头制作费工费料，所以有时将上下行扶手作断开处理。还有一种方法是将上下行梯段踏步错开一步。如图 8-20（c）所示。这样扶手的连接比较简单、方便，但却占用了休息平台的宽度。以上几种做法各有利弊，应根据实际情况选用。

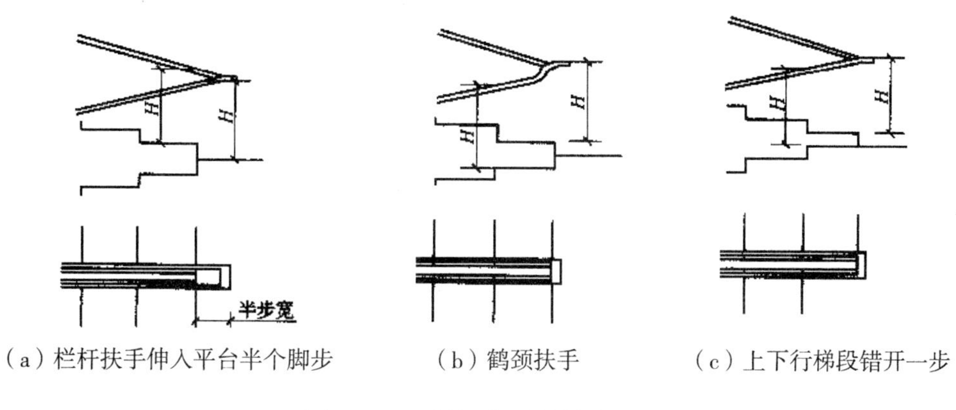

（a）栏杆扶手伸入平台半个脚步　　（b）鹤颈扶手　　（c）上下行梯段错开一步

图 8-20　栏杆扶手的转弯处理

第六节　台阶与坡道

室外台阶与坡道都是在建筑物入口处连接室内外不同标高地面的构件。其中台阶更为多用，当有车辆通行或室内外高差较小时采用坡道。

一、室外台阶

室外台阶一般包括踏步和平台两部分。台阶的坡度应比楼梯小，通常踏步高度为 100～150mm，踏步宽度为 300～400mm。平台设置在出入口与踏步之间，起缓冲过渡作用。平台深度一般不小于 1 000mm，为防止雨水积聚或溢入室内，平台面宜比室内地面低 20～60mm，并向外找坡 1%～4%，以利排水。

室外台阶应坚固耐磨，具有较好的耐久性、抗冻性和抗水性。台阶按材料不同有混凝土台阶、石台阶、钢筋混凝土台阶等。混凝土台阶应用最普遍，它由面层、混凝土结构层和垫层组成。面层可用水泥砂浆或水磨石，也可采用马赛克、天然石材或人造石材等块材面层，垫层可采用灰土（北方干燥地区）、碎石等，如图 8-21（a）所示。台阶也可用毛石或条石，其中条石台阶不需另做面层，如图 8-21（b）所示。当地基较差或踏步数较多时可采用钢筋混凝土台阶，钢筋混凝土台阶构造同楼梯，如图 8-21（c）所示。

为防止台阶与建筑物因沉降差别而出现裂缝，台阶应与建筑物主体之间设置沉降缝，并应在施工时间上滞后主体建筑。在严寒地区，若台阶下面的地基为冻胀土，为保证台阶稳定，减轻冻土影响，可采用换土法，换上保水性差的砂、石类土，或采用钢筋混凝土架空台阶。

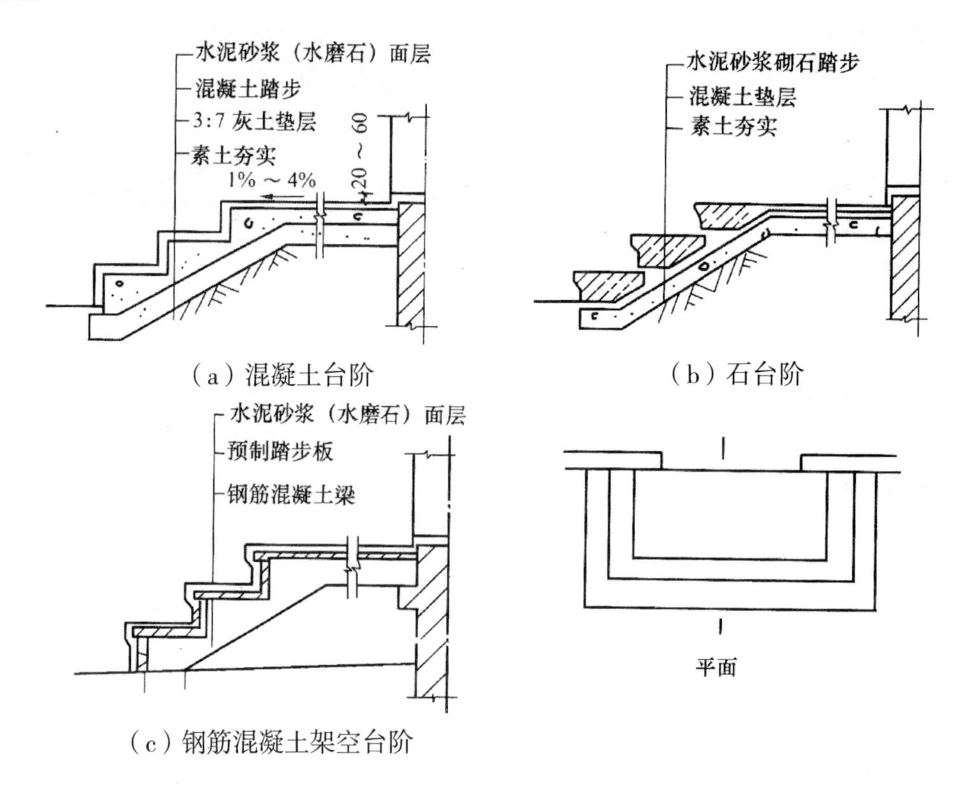

图 8–21　台阶类型及构造

二、坡道

坡道的坡度与使用要求、面层材料及构造做法有关。坡道的坡度一般为 1:6 ~ 1:12。面层光滑的坡道坡度不宜大于 1:10，粗糙或设有防滑条的坡道，坡度稍大，但也不应大于 1:6，锯齿形坡道的坡度可加大到 1:4。对于残疾人通行的坡道其坡度不大于 1:12，同时还规定与之匹配的每段坡道的最大高度为 750mm，最大水平长度为 9 000mm。

与台阶一样，坡道也应采用耐久、耐磨和抗冻性好的材料，其构造与台阶类似，多采用混凝土材料，如图 8–22（a）所示。坡道对防滑要求较高或坡度较大时可设置防滑条或做成锯齿形，如图 8–22（b）所示。

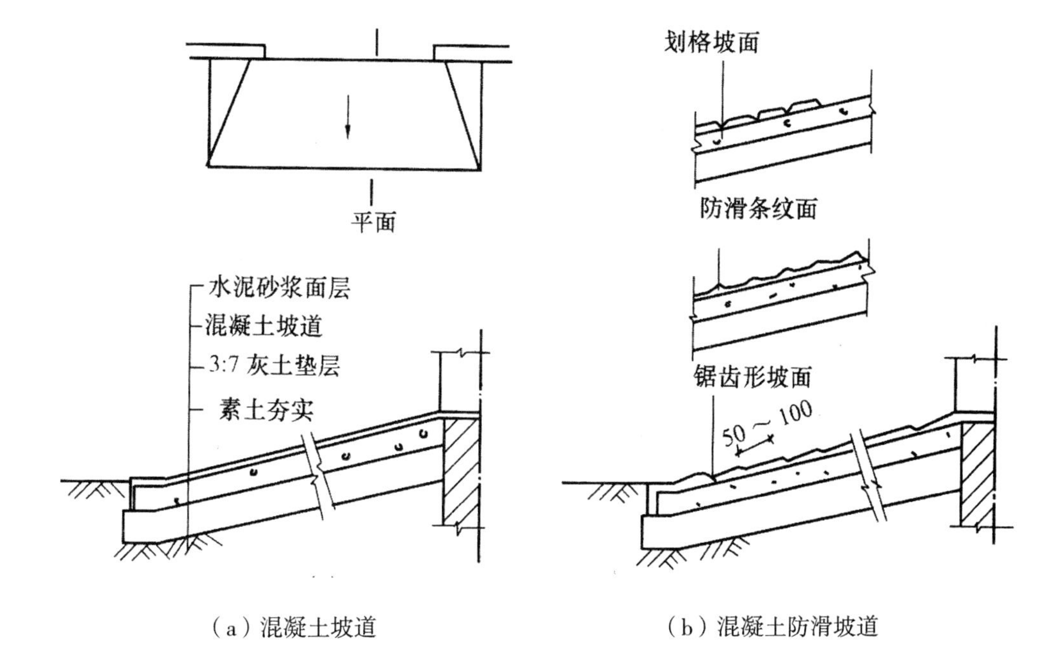

（a）混凝土坡道　　（b）混凝土防滑坡道

图 8-22　坡道构造

第九章 屋顶构造

第一节 屋顶的概述

一、屋顶的类型

屋顶按屋面坡度及结构选型的不同，可分为平屋顶、坡屋顶及其他形式的屋顶三大类。

1. 平屋顶

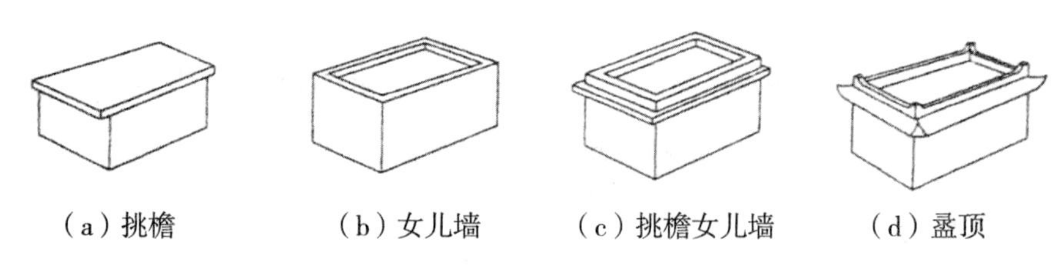

图 9–1 平屋顶常见的形式

平屋顶通常是指屋面坡度小于 5%的屋顶，常用坡度范围为 2%～3%。其一般构造是用现浇或预制的钢筋混凝土屋面板作基层，上面铺设卷材防水层或其他类型防水层。这种屋顶是目前应用最为广泛的一种屋顶形式，其主要优点是可以节约建筑空间，提高预制安装程度，加快施工速度。另外，平屋顶还可用作上人屋面，给人们提供一个休闲活动场所。平屋顶常见的几种形式如图 9–1 所示。

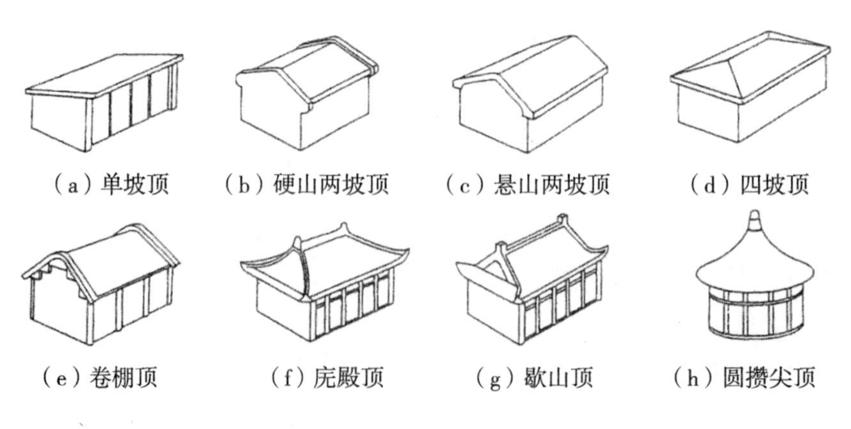

图 9–2 坡屋面常见的形式

2. 坡屋顶

坡屋顶通常是指屋面坡度大于10%的屋顶，常用坡度范围为10%~60%。传统建筑中的小青瓦屋顶和平瓦屋顶均属坡屋顶。坡屋顶在我国有着悠久的历史，因为它容易就地取材，并且符合传统的审美要求，故在现代建筑中也常采用。坡屋顶常见的几种形式如图 9-2 所示。

3. 其他形式的屋顶

随着建筑科学技术的发展，出现了许多新型的空间结构形式，也相应出现了许多新型的屋顶形式，如拱结构、薄壳结构、悬索结构和网架结构等。这类屋顶一般用于较大体量的公共建筑，如图 9-3 所示。

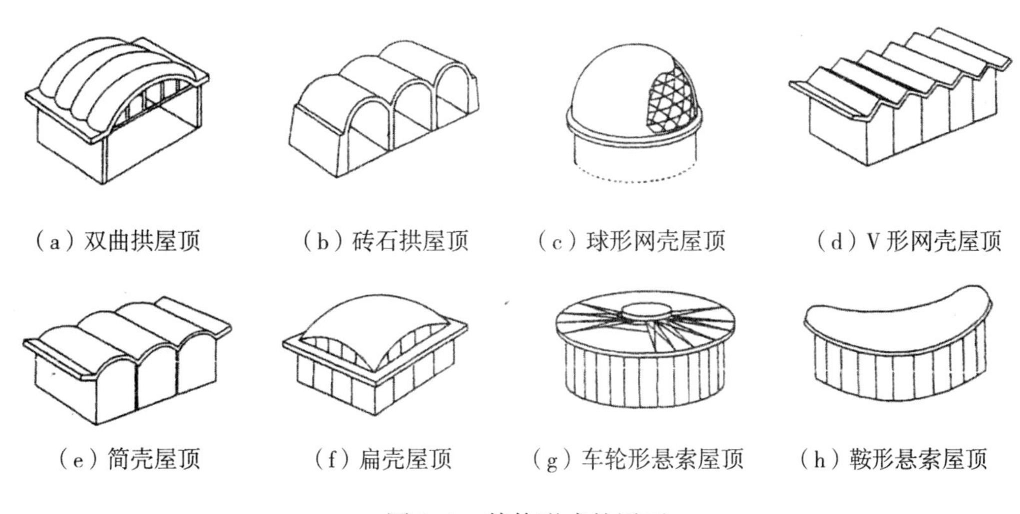

（a）双曲拱屋顶　（b）砖石拱屋顶　（c）球形网壳屋顶　（d）V 形网壳屋顶

（e）筒壳屋顶　（f）扁壳屋顶　（g）车轮形悬索屋顶　（h）鞍形悬索屋顶

图 9-3　其他形式的屋面

二、屋顶的排水坡度

1. 影响屋顶坡度的因素

屋顶坡度太小容易积水，坡度太大则多用材料、浪费空间。要使屋顶坡度恰当，必须考虑所采用的屋面防水材料和当地降雨量两个方面的因素。

1）屋面防水材料与坡度的关系。防水材料如尺寸较小，接缝必然就较多，容易产生缝隙而渗漏，因而屋面应有较大的排水坡度，以便将屋面积水迅速排除。坡屋顶的防水材料多为瓦材（如小青瓦、机制平瓦、琉璃筒瓦等），其覆盖面积较小，故屋面坡度较陡。如果屋面的防水材料覆盖面积大，接缝少而且严密，屋面的排水坡度就可以小一些。平屋顶的防水材料多为卷材、涂膜或现浇混凝土等，故其排水坡度通常较小。

2）降雨量大小与坡度的关系。降雨量大的地区，屋面渗漏的可能性较大，屋顶的排水坡度应适当加大；反之，屋顶排水坡度则宜小一些。

综上所述可以得出如下规律：屋面防水材料尺寸越小，屋面排水坡度越大，反之则越小；降雨量大的地区屋面排水坡度较大，反之则较小。

2. 屋顶坡度的形成方法

屋顶坡度的形成有材料找坡和结构找坡两种做法，如图 9-4 所示。

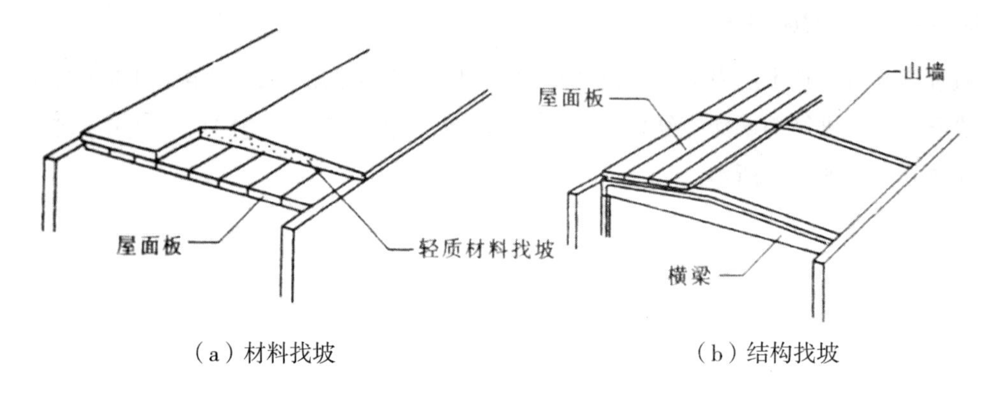

（a）材料找坡　　（b）结构找坡

图 9-4　屋顶坡度的形成

1）材料找坡。材料找坡是指屋顶坡度由垫坡材料形成，一般用于坡向长度较小的屋面。为了减轻屋面荷载，应选用轻质材料找坡，如水泥炉渣、石灰炉渣等。找坡层的厚度最薄处不小于 20mm。平屋顶材料找坡的坡度宜为 2%。

2）结构找坡。结构找坡是指屋顶结构自身带有坡度。例如，在上表面倾斜的屋架或屋面梁上安放屋面板，屋顶表面即呈倾斜坡面。又如，在顶面倾斜的山墙上搁置屋面板时，也形成结构找坡。平屋顶结构找坡的坡度宜为 3%。

材料找坡的屋面板可以水平放置，天棚面平整，但材料找坡增加屋面荷载，材料和人工消耗较多；结构找坡无须在屋面上另加找坡材料，构造简单，不增加荷载，但天棚顶倾斜，室内空间不够规整。这两种方法在工程实践中均有广泛运用。

3. 屋顶排水坡度的表示方法

常用的坡度表示方法有斜率法、百分比法和角度法。斜率法以屋顶倾斜面的垂直投影长度与水平投影长度之比表示，如图 9-5（a）所示。百分比法以屋顶倾斜面的垂直投影长度与水平投影长度之比的百分比值表示，如图 9-5（b）所示。角度法以倾斜面与水平面所成夹角的大小表示，如图 9-5（c）所示。坡屋顶多采用斜率法，平屋顶多采用百分比法，角度法应用较少。

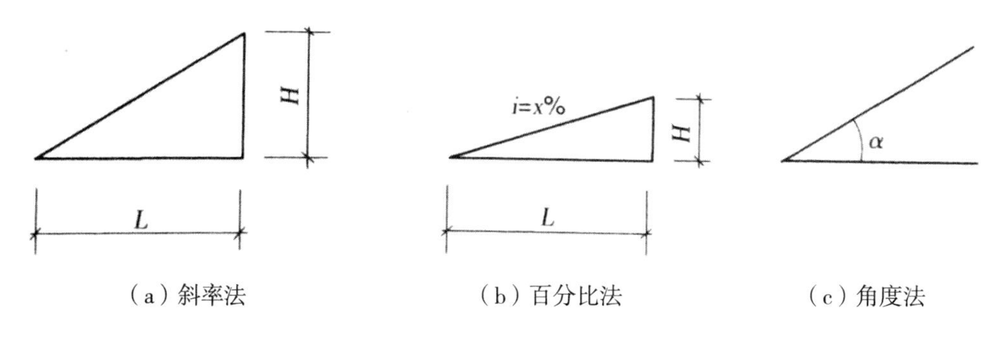

（a）斜率法　　（b）百分比法　　（c）角度法

图 9–5　屋顶坡度的表示法

三、屋顶的排水方式

屋顶的排水方式分为无组织排水和有组织排水两大类，如图 9–6 所示。

1）无组织排水。又称自由落水，是指屋面雨水直接从挑出外墙的檐口自由落至地面的一种排水方式。这种排水方式构造简单、经济，但屋面雨水自由落下时会溅湿勒脚及墙面，影响外墙的耐久性，有时还会影响地面上行人的活动，故无组织排水一般适用于低层建筑、少雨地区建筑及积灰较多的工业厂房。

2）有组织排水。是指屋面雨水通过排水系统，有组织地排至室外地面或地下管沟的一种排水方式。这种排水方式具有不易溅湿墙面、不妨碍行人交通的优点，适用范围很广，但与无组织排水相比，需要设计一系列相应的排水系统构件，故构造处理较复杂，造价较高。有组织排水又可以分为外排水和内排水两种。外排水是建筑中优先考虑选用的一种排水方式，一般有檐沟外排水、女儿墙外排水、女儿墙檐沟外排水等多种形式，檐沟的纵向排水坡度一般为 1%；内排水是在大面积多跨屋面、高层建筑以及有特殊需要时常采用的一种排水方式，这种方式使雨水经雨水口流入室内雨水管，再由地下管道将雨水排至室外排水系统。

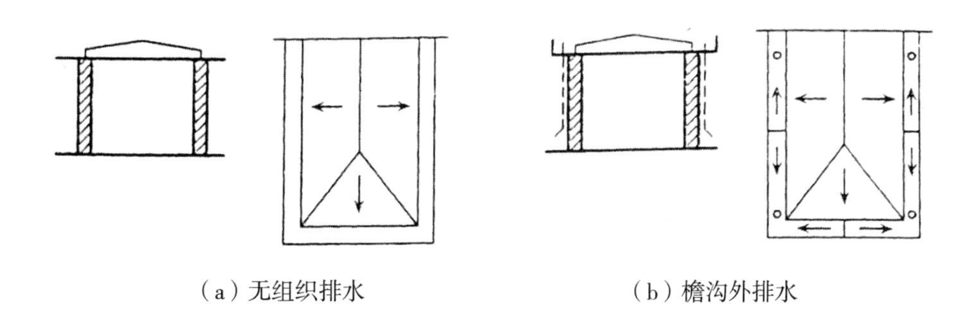

（a）无组织排水　　（b）檐沟外排水

图 9–6　屋顶的排水方式

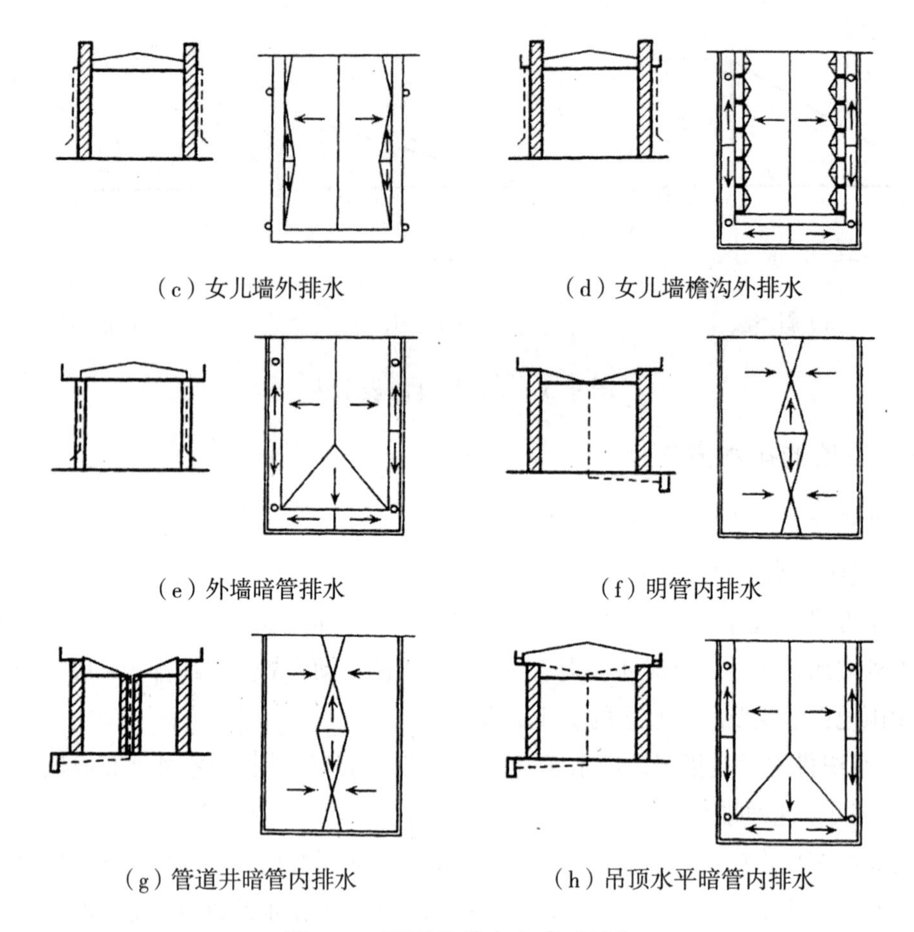

（c）女儿墙外排水　（d）女儿墙檐沟外排水

（e）外墙暗管排水　（f）明管内排水

（g）管道井暗管内排水　（h）吊顶水平暗管内排水

图 9-6　屋顶的排水方式（续）

第二节　平屋顶的构造

坡度小于 5%的屋顶称为平屋顶，平屋顶的支承结构一般采用钢筋混凝土梁板，由于梁板布置比较灵活，构造也较简单，经济，耐久，外形美观，所以目前一般民用建筑工程较多采用平屋顶。

一、平屋顶的类型与组成

平屋顶按用途可分为上人屋面和不上人屋面。城市建筑的屋顶做成上人屋面，成为屋顶花园、屋顶游泳池、休息平台等，可以充分利用建筑空间，收到特殊的效果。

平屋顶的结构层一般为钢筋混凝土楼板结构，根据施工方法可以分为现浇钢筋混凝土楼板和预制钢筋混凝土楼板，预制板布置方式又可以分为三种：横向布置（如图 9-7 所示）、纵向布置（如图 9-8 所示）、混合布置。

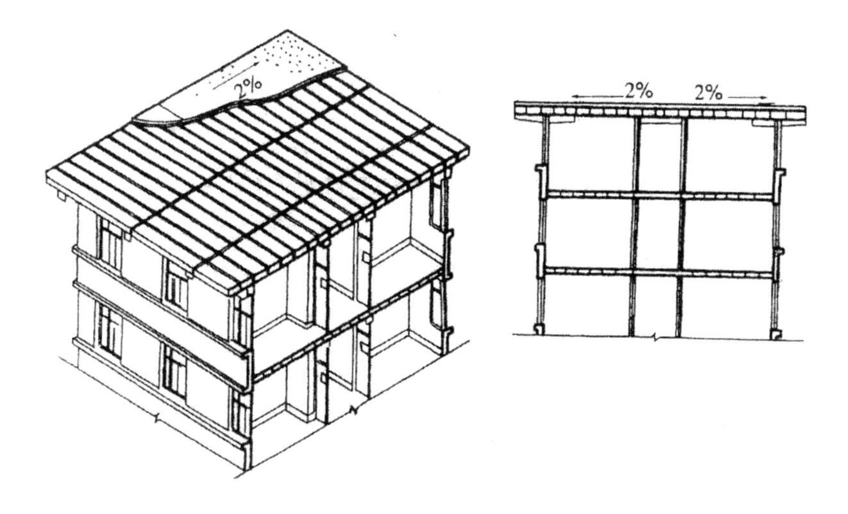

（a）结构布置示意图　　　　（b）结构布置剖面图

图 9–7　平屋顶结构层横向布置

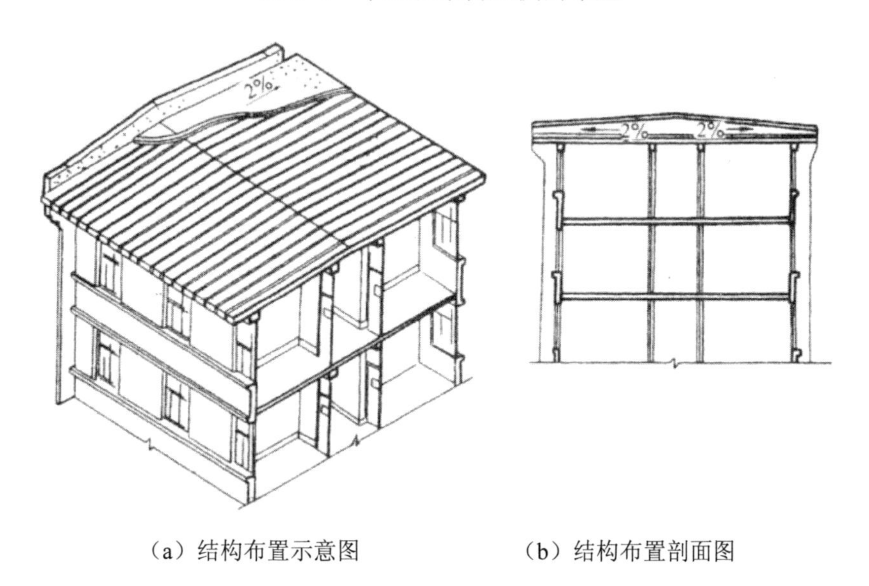

（a）结构布置示意图　　　　（b）结构布置剖面图

图 9–8　平屋顶结构层纵向布置

平屋顶的基本组成除结构层之外，主要还有防水层、保护层等。在结构层上常设找平层，便于上面各层施工，结构层下面可设顶棚。

寒冷地区，为了防止热量的损耗，屋顶增设保温屋。炎热地区，为了防止太阳辐射，屋顶增设隔热层和通风设施，一般设置架空隔热板或设置通风层。

根据防水层做法不同平屋顶的屋面可分为柔性防水屋面和刚性防水屋面，如图 9–9 所示。

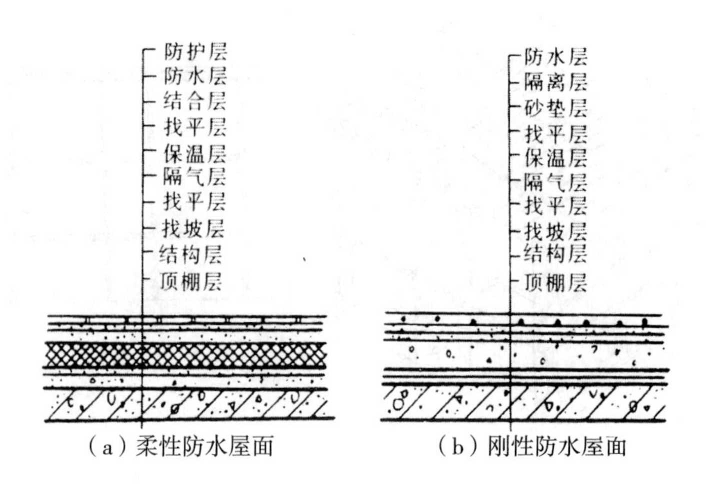

（a）柔性防水屋面　（b）刚性防水屋面

图 9-9　平屋顶的构造层次

二、柔性防水屋面

柔性防水屋面是指以防水卷材和胶结材料分层粘贴形成防水层的屋面，故也称为卷材防水屋面。柔性防水屋面具有优良的防水性，适应性较强，防渗漏效果较好，是目前广泛采用的一种屋面。

1. 柔性防水屋面的基本构造

按功能要求不同，柔性防水屋面又分为保温屋面与非保温屋面，上人屋面与不上人屋面，有架空通风层屋面和无架空通风层屋面。带保温层的柔性防水屋面，其主要构造层次有：承重结构层、找平（坡）层、隔气层、保温层、结合层、防水层和保护层，如图 9-10 所示。

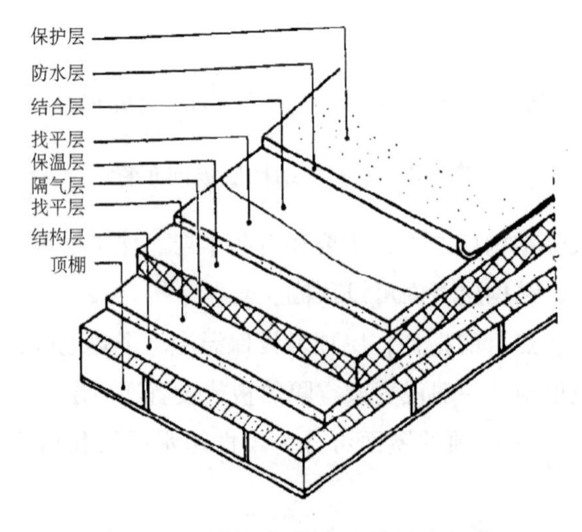

图 9-10　柔性防水屋面的基本构造

1）承重结构层。各种类型的钢筋混凝土楼板均可作为柔性防水屋面的承重结构层。目前一般采用现浇钢筋混凝土板，要求具有足够的强度和刚度。

2）找平（坡）层。当屋顶采用材料找坡时，找坡层一般位于结构层之上，采用轻质、廉价的材料，如采用 1:6 ~ 1:8 的水泥炉渣或水泥膨胀蛭石做找坡层，形成屋面坡度。找坡层最薄处的厚度不宜小于 30 mm。当屋顶采用结构找坡时，则不需要设置找坡层，直接做找平层。

3）找平层。为了使柔性防水层或隔气层有一个平整坚实的基层，避免防水卷材凹陷或被穿刺，必须在结构层、找坡层或保温层上设置找平层。找平层要求平整、密实、干净、干燥（含水率≤9%），不允许起砂、掉灰。找平层构造做法及要求如表 9–1 所示。

表 9–1　找平层构造做法及要求

找平层采用材料	基层种类	厚度/mm	技术要求
水泥砂浆	整体混凝土	15 ~ 20	质量比为 1:2.5 ~ 1:3（水泥:沙子），水泥强度等级不低于 32.5
	整体或板状材料保温层	20 ~ 25	
	装配式混凝土板、松散材料保温层	20 ~ 30	
细石混凝土	松散材料保温层	30 ~ 35	混凝土强度等级≥C20
沥青砂浆	整体混凝土	15 ~ 20	质量比为 1:8
	装配式混凝土板、整体或板状材料保温层	20 ~ 25	

4）隔气层。为防止室内水蒸气透过结构层进入保温层，降低保温效果，应在屋面保温层下面、结构层上面设置隔气层。隔气层的一般做法有：乳化沥青两道、冷底子油一道、热沥青两道、氯丁胶乳沥青两道、一毡二油或水乳型橡胶沥青一布二涂。

5）保温层。保温层材料多为轻质材料，可分为散料类，如炉渣、矿渣、膨胀珍珠岩等；整体类，如水泥膨胀蛭石、沥青膨胀珍珠岩等；板块类，如加气混凝土、泡沫塑料等。屋顶保温层通常设置在结构层以上，其厚度应通过热工计算确定。

6）结合层。结合层的作用是使防水层与基层粘结牢固。结合层所使用的材料应根据防水卷材材质的不同来选择，如沥青类卷材和高聚物改性沥青防水卷材，一般采用冷底子油做结合层；三元乙丙橡胶卷材则采用聚氨醋底胶；氯化聚乙烯橡胶卷材需采用抓丁胶乳等做结合层。

7）防水层。防水层由防水卷材和胶结材料分层粘贴形成。目前使用的防水卷材有沥青类卷材、高聚物改性沥青卷材、合成高分子防水卷材三类。

8）保护层。为保护卷材防水层，延长其使用寿命，需要在卷材防水层上设置保护层。保护层分为不上人屋面和上人屋面两种做法。

① 不上人屋面保护层。对沥青类防水层宜采用绿豆砂或铝银粉涂料；对高聚物改性沥青防水卷材及合成高分子防水卷材，由于在出厂时一般已经在其表面做好了铝箔面层、

彩砂或涂料等保护层，则不再专门做保护层。

② 上人屋面保护层。由于屋面上要承受人的活动荷载，因此保护层应具有一定的强度。一般做法是：在防水层上浇筑 30 ~ 40 mm 厚、强度等级为 C20 的细石混凝土（内设Φ 4@200 双向钢筋网片），表面抹平压光，并分成面积≤36 m^2 的方格，缝内灌沥青砂浆；也可采用水泥砂浆或沥青砂浆粘贴缸砖、预制混凝土板等。

2. 柔性防水屋面的细部构造

防水层的转折和结束部位是防水层被切断的地方或边缘部位，是防水的薄弱环节，应对其特别加以完善。这些部位的构造处理称为细部构造。

1）泛水。泛水是指屋面与垂直面交接处的防水构造处理，是水平防水层在垂直面上的延伸。泛水的构造处理要点有：

① 泛水高度不小于 250 mm，一般为 300mm。

② 屋面与垂直面交接处的基层应抹成整齐平顺的圆弧或钝角，其圆弧半径为：沥青防水卷材，R=100 ~ 150 mm；高聚物改性沥青防水卷材，R=50 mm；合成高分子防水卷材，R=20 mm。

③ 将屋面的卷材防水层继续铺设到垂直面上，并在其下加铺附加卷材一层。

④ 做好泛水上口的卷材收头固定处理，防止卷材在垂直墙面上滑落。一般做法是：在垂直墙面中留出通长凹槽，将卷材的收头压入槽内，用防水压条钉压后，再用防水密封材料密封。卷材防水屋面泛水构造如图 9-11 所示。

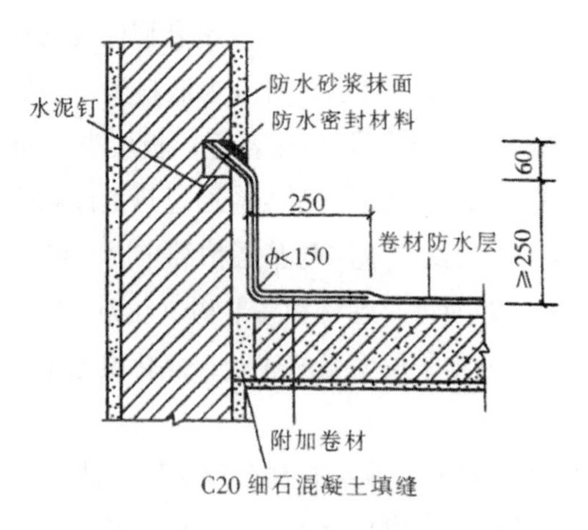

图 9-11　卷材防水屋面泛构造

2）檐口。卷材防水屋面的檐口包括：挑檐沟檐口，构造如图 9-12 所示；自由落水檐口，构造如图 9-13 所示；女儿墙内檐沟檐口，构造如图 9-14 所示；女儿墙外檐沟檐口，构造如图 9-15 所示。自由落水檐口和挑檐沟檐口的构造要点是都应做好卷材的收头固

定、檐口饰面和板底面的滴水。女儿墙檐口的构造要点是泛水的构造处理，其顶部通常做钢筋混凝土压顶，压顶上表面设有坡度坡向屋面。

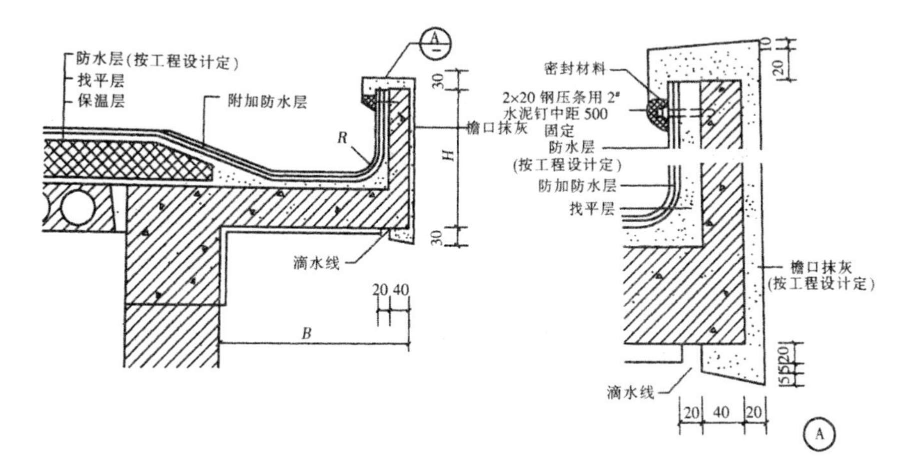

图 9-12　挑檐沟檐口构造

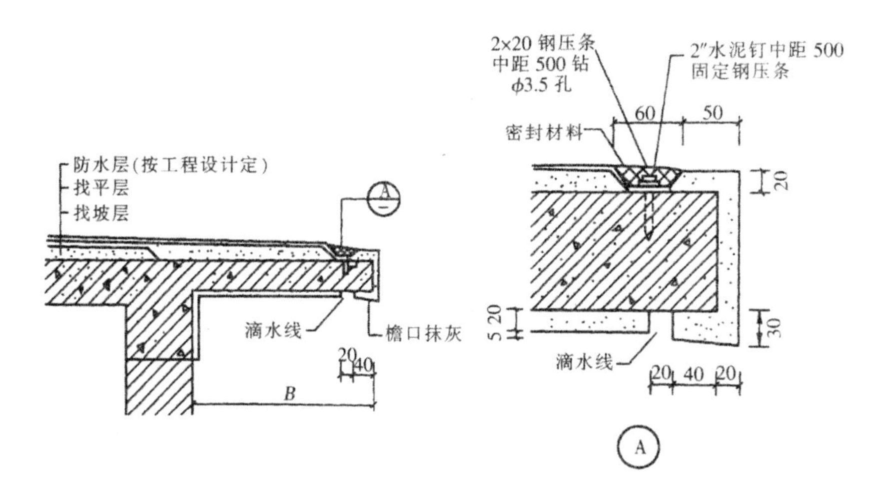

图 9-13　自由落水檐口构造

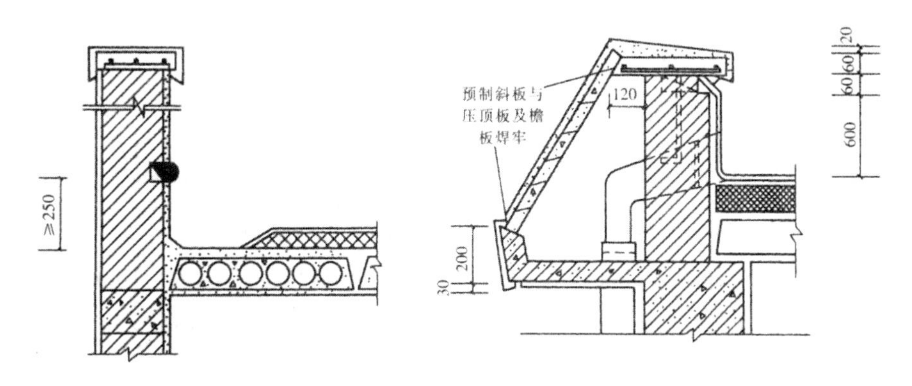

图 9-14　女儿墙内檐沟檐口构造　　　　图 9-15　女儿墙外檐沟檐口构造

3）上人孔。不上人屋面需设屋面上人孔，以便于对屋面进行检修和设备安装。上人孔的平面尺寸不小于 600 mm × 700 mm，且应位于靠墙处，以方便设置爬梯。上人孔孔壁一般应高出屋面至少 250 mm，孔壁与屋面之间做成泛水，孔口用木板上加钉 0.6 mm 厚的镀锌钢板进行盖孔。屋面上人孔如图 9–16 所示。

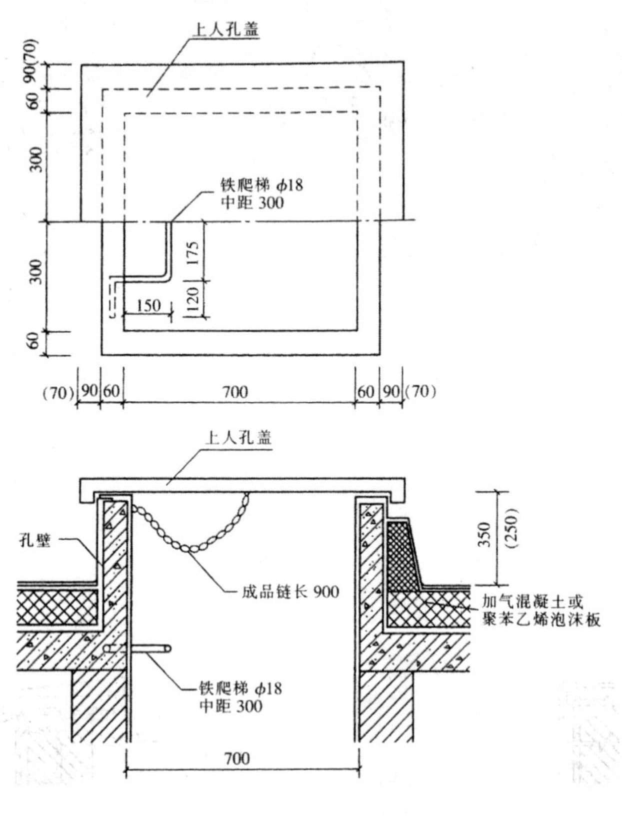

图 9–16　屋面上人孔

三、刚性防水屋面

刚性防水屋面是利用细石混凝土、防水砂浆等刚性材料作防水层，因刚性材料易开裂而发生渗漏，所以用在防水要求较低的建筑，并应有一些特殊要求。

1. 分仓缝构造

分仓缝也称分格缝，是为防止屋面产生不规则裂缝，适应屋面变形而设置的人工缝。分仓缝应设置在温差变形的许可范围内和结构构件变形的敏感部位。

一般情况下，分仓缝的服务面积宜控制在 15 ~ 25m^2，间距不宜大于 6m。刚性防水屋面的结构层宜为整体现浇混凝土板，在预制屋面板上，分仓缝设置在板的支座等处较有利。当建筑物进深 10m 时，最好在坡中某板缝处再设一道纵向分仓缝，如图 9–17 所示。

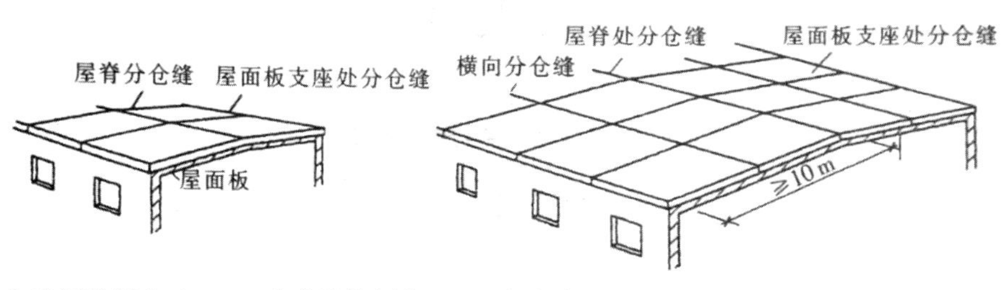

（a）房屋进深小于 10m，分仓缝的划分　　（b）房屋进深大于 10m，分仓缝的划分

图 9–17　刚性屋面分仓缝的划分

分仓缝的宽度宜为 20 ~ 40 mm，为利于伸缩，缝内不可用砂浆填实，一般多用油膏嵌缝，厚度为 20 ~ 30 mm。为不使油膏下落，缝内应用弹性材料泡沫塑料或沥青麻丝填底，如图 9–18（a）所示。

横向支座的分仓缝为了避免积水，常将细石混凝土面层抹成凸出表面 30 ~ 40 mm 高的梯形或弧形分水线，如图 9–18（b）所示。

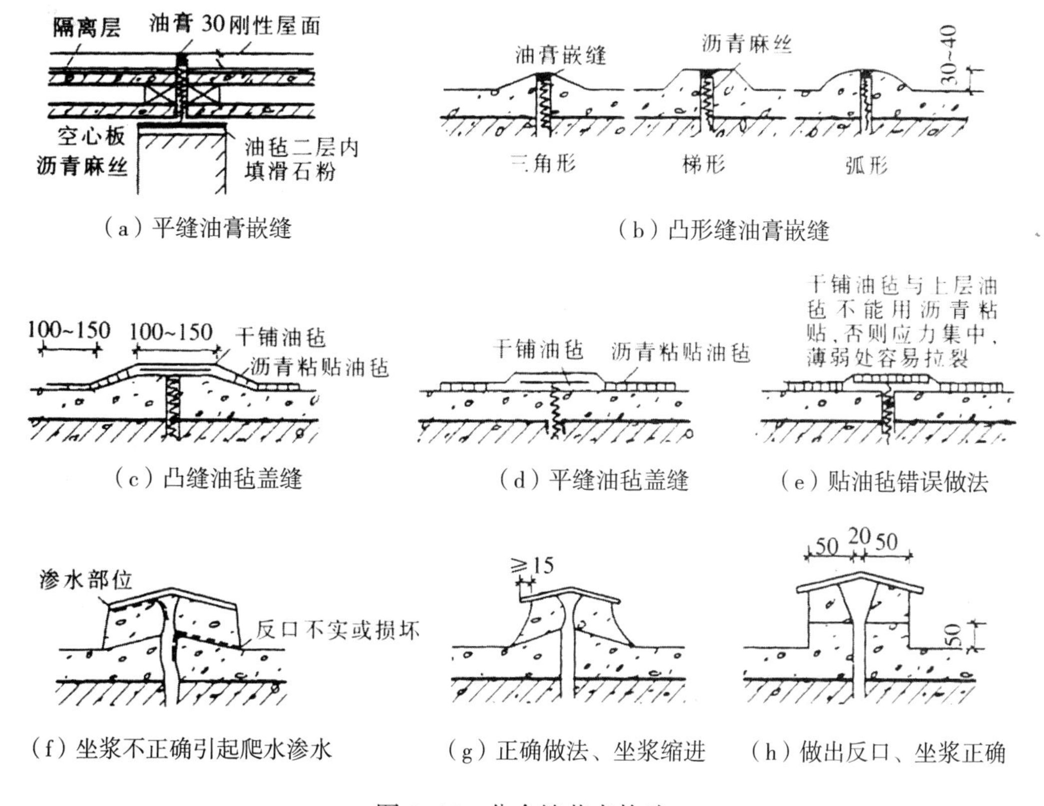

（a）平缝油膏嵌缝　　（b）凸形缝油膏嵌缝

（c）凸缝油毡盖缝　　（d）平缝油毡盖缝　　（e）贴油毡错误做法

（f）坐浆不正确引起爬水渗水　　（g）正确做法、坐浆缩进　　（h）做出反口、坐浆正确

图 9–18　分仓缝节点构造

为了施工方便，近年来混凝土刚性屋面常采用将大面积细石混凝土防水屋面一次性连续浇筑，然后用电据切割分仓缝，切割缝宽度只有 5 ~ 8 mm，对温差引起的胀缩尚可适应，但无法进行油膏灌缝，只能用铺卷材方式进行防水处理，如图 9–18（c）、（d）、（e）所示。

2. 泛水构造

刚性防水层至泛水处需卷边上翻，其高度≥250 mm，转角处做成 45°，以避免开裂。泛水防水层必须在其与墙面之间留分格缝，防水层上翻收边处嵌密封材料，如油膏，如图 9–19 所示。

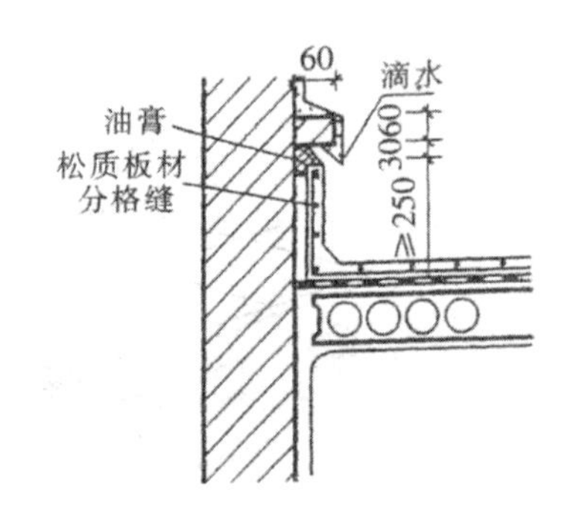

图 9–19　刚性泛水屋面泛水做法

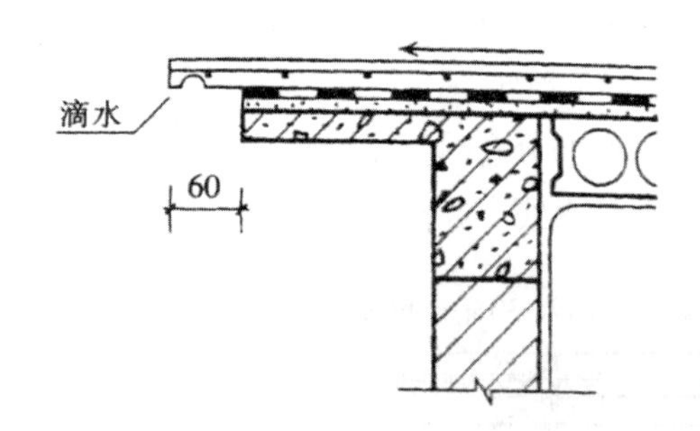

图 9–20　自由落水屋顶檐口做法

3. 檐口构造

1）自由落水屋顶檐口。刚性防水层挑出挑檐板约 60 mm，外墙下部作滴水槽，如图 9–20 所示。

2）挑檐沟屋顶檐口。刚性防水层挑出檐沟 60 mm，并做滴水，如图 9–21 所示。

3）女儿墙外排水檐口与雨水口。女儿墙屋面里边设集水边坡，在女儿墙下部开出水口，安装铸铁雨水口（成品）。刚性防水层至女儿墙边做卷边向上，高度≥250 mm，刚件防水层出水口与铸铁雨水口间用油毡搭接，油毡伸入铸铁雨水口 100 mm，用油膏嵌满防水层与油毡间缝。雨水口两侧与底部同样处理，油毡卷入铸铁雨水口，如图 9–22 所示。

女儿墙刚性防水屋面出水口的另一种方式是直管式出水，出水口直接开在屋面基层的钢筋混凝土屋面上，如图 9–23 所示。

4）坡檐口。设计中出于造型方面的考虑，常采用一种平顶坡檐的处理方式，使较呆板的平顶建筑具有传统的韵味，形象更为丰富。坡檐口的构造如图 9–24 所示。由于在挑檐的端部加大了荷载，结构和构造设计都应特别注意悬挑构件的倾覆问题，要处理好构件的拉结锚固。

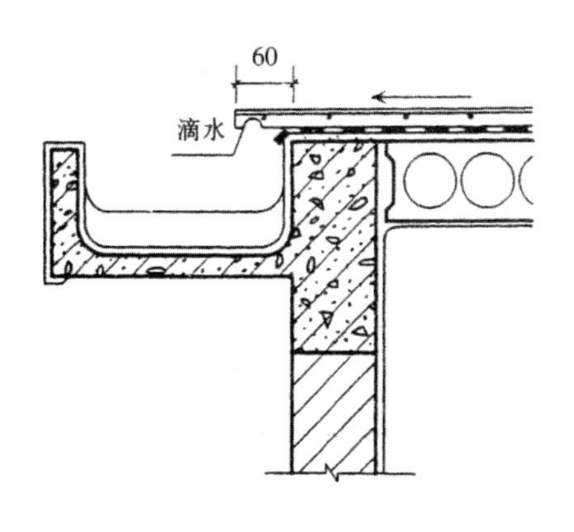

图 9-21　挑檐沟屋顶檐口做法

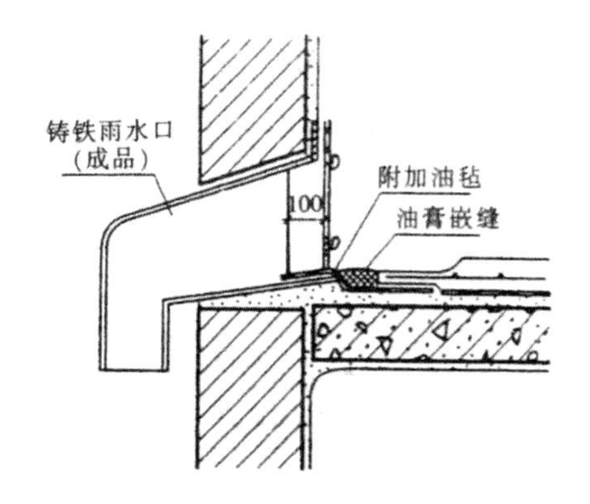

图 9-22　刚性防水屋面女儿墙出水口构造

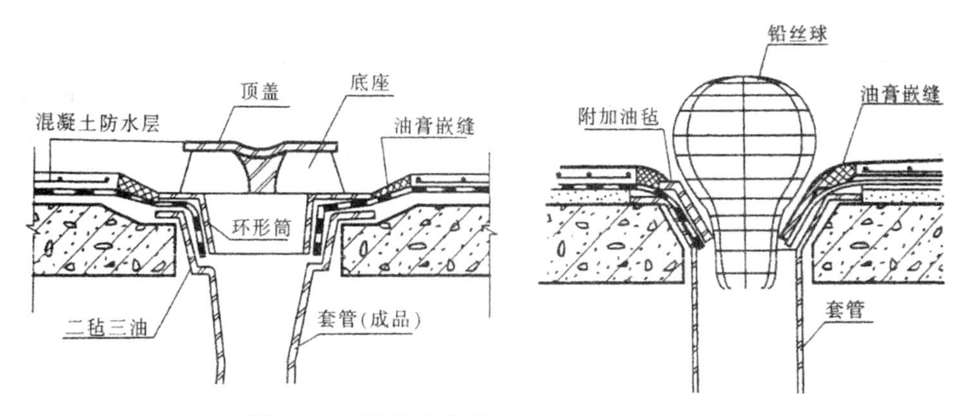

图 9-23　刚性防水屋面直管式出水口构造

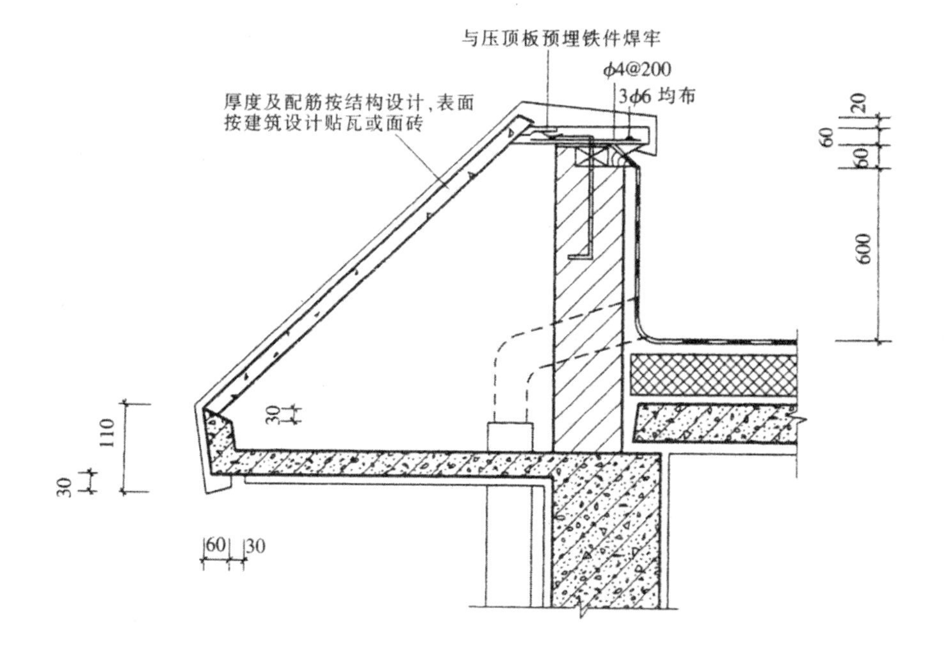

图 9-24　刚性防水屋面坡檐口构造

四、平屋顶的保温与隔热

1. 平屋顶的保温

在寒冷和严寒地区的冬季，室内外温差较大，为防止室内热量散失过大和内表面产生冷凝水，需要在屋顶设置保温层。保温层在屋顶上的设置位置有以下三种：

1）正铺保温层。正铺保温层即保温层位于结构层之上，防水层之下。这种做法符合热工学原理和力学要求，构造简单，施工方便，在实际工程中被广泛采用，如图 9–25 所示。

2）倒铺保温层。倒铺保温层即保温层位于防水层之上。这种做法的优点是防水层不受外界气温变化的影响，不易受到外力作用而破坏，保证了防水层的耐久性；缺点是保温材料受到限制，需选择吸湿性低、耐候性强的材料，如聚氨酯和聚苯乙烯泡沫塑料、膨胀沥青珍珠岩等有机材料。保温层上部应用混凝土、卵石、砖等做成较重的覆盖层压住，如图 9–26 所示。

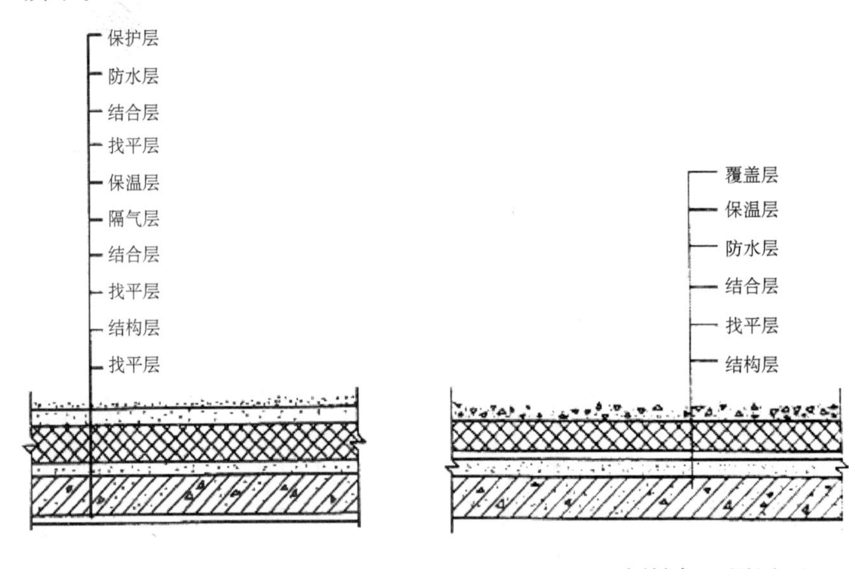

图 9–25　正铺保温层屋面　　图 9–26　倒铺保温层屋面

3）保温层与结构层结合。保温层与结构层结合的做法有两种：一种是在槽形板内设置保温层，如图 9–27（a）、（b）所示；另一种是将保温层和结构层合为一体，如配筋的加气混凝土屋面板。这种做法简化了屋顶构造层次，施工方便，但构件制作工艺复杂，自重较大，屋面板的强度较低，耐久性较差，如图 9–27（c）所示。

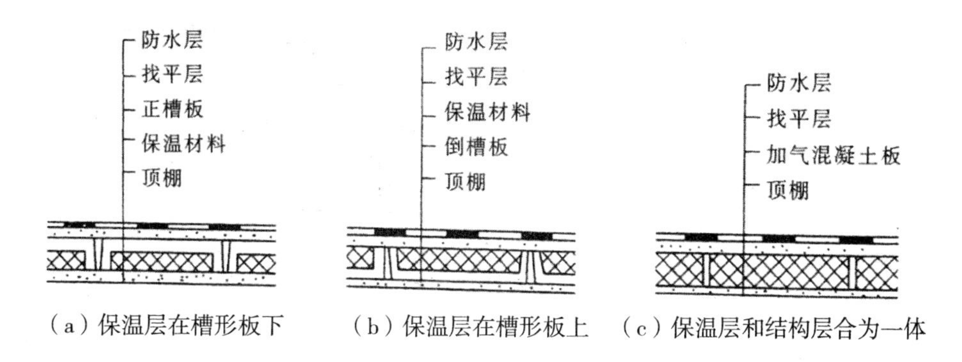

（a）保温层在槽形板下　（b）保温层在槽形板上　（c）保温层和结构层合为一体

图 9–27　保温层与结构层结合的屋面

2. 平屋顶的隔热

南方炎热地区，为减少室外热量向室内传递，避免夏季室内温度过高，保证室内的正常使用，根据条件可采取以下隔热措施：

1）通风隔热。通风隔热是设置通风的空气间层，利用空气的流动带走大部分热量，达到隔热降温的目的。其具体做法有两种：一种是在屋面板下设置吊顶，在吊顶内设置通风间层，在外墙上开设通风口，如图 9–28（a）所示：另一种是设置架空屋顶，这种通风间层不仅能够达到通风降温、隔热防晒的目的，还可起到保护屋面防水层的作用，如图 9–28（b）所示。

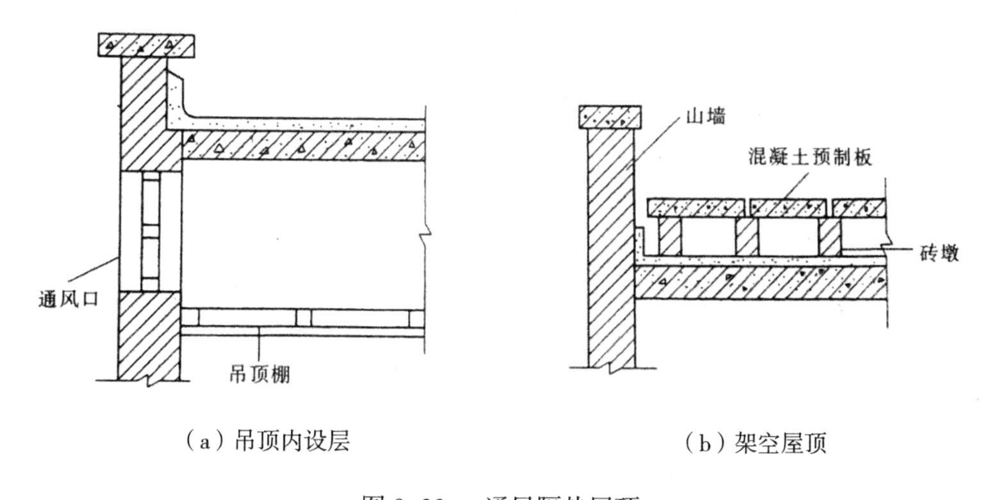

（a）吊顶内设层　（b）架空屋顶

图 9–28　通风隔热屋顶

2）反射隔热。反射隔热是在屋面铺设浅色、光滑的材料，利用反射原理将太阳辐射的部分热量反射出去，从而达到隔热降温的目的。如高聚物改性沥青防水卷材和合成高分子防水卷材正面覆盖的铝箔，就是利用反射隔热的原理来保护防水卷材，降低屋面温度的。

3）蓄水隔热。蓄水隔热是在平屋顶上设置蓄水池，利用水的蒸发带走大量的热量，从而达到隔热降温的目的。这种屋面有一定的隔热效果，可以提高混凝土的耐久性，但屋面荷载增大，使用中维修费用高。

4）植被隔热。植被隔热是在屋顶上种植植物，利用植被的蒸腾和光合作用吸收太阳辐射热，从而达到隔热降温的目的。这种做法既提高了屋顶的保温隔热性能，又有利于屋面的防水防渗，保护防水层，同时还能够提高绿化面积，净化空气和美化环境，改善和丰富城市的空间景观，所以在目前的建筑中应用越来越多。

五、平屋顶的排水和泛水

1. 平屋顶的排水

防止平屋渗漏的关键是迅速排除屋面上的雨水、雪水等。屋面排水方式有两种：一种是无组织排水，如图 9–29 所示；另一种是有组织排水，将屋面划分为若干排水区，使雨水沿一定方向和路线流至雨水口，并经雨水管导至地面，如图 9–30 所示。屋面排水坡度平屋顶在 5%以内，一般为 2%～3%，天沟、檐沟内的排水坡度为 0.5%左右。排水坡度的设置方式有两种：一种是结构找坡，即结构层铺设屋面板时形成坡度；另一种是用保温材料铺成规定坡度（兼起保温的作用）。

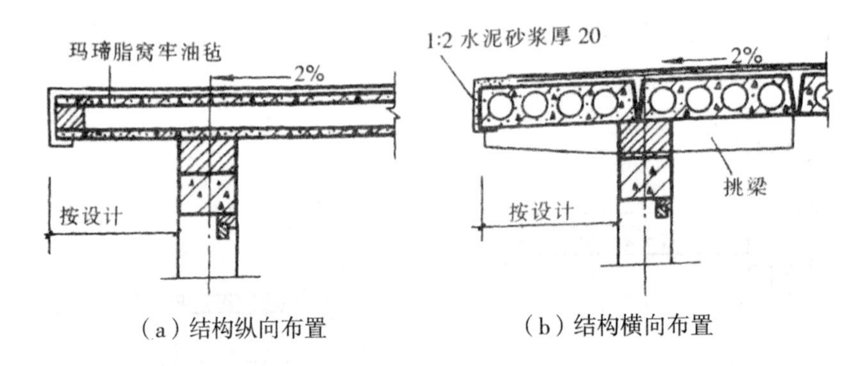

（a）结构纵向布置　　（b）结构横向布置

图 9–29　平屋顶无组织排水檐口构造

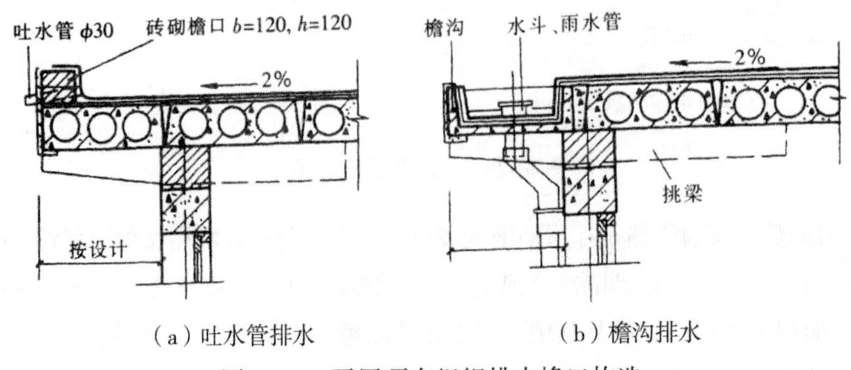

（a）吐水管排水　　（b）檐沟排水

图 9–30　平屋顶有组织排水檐口构造

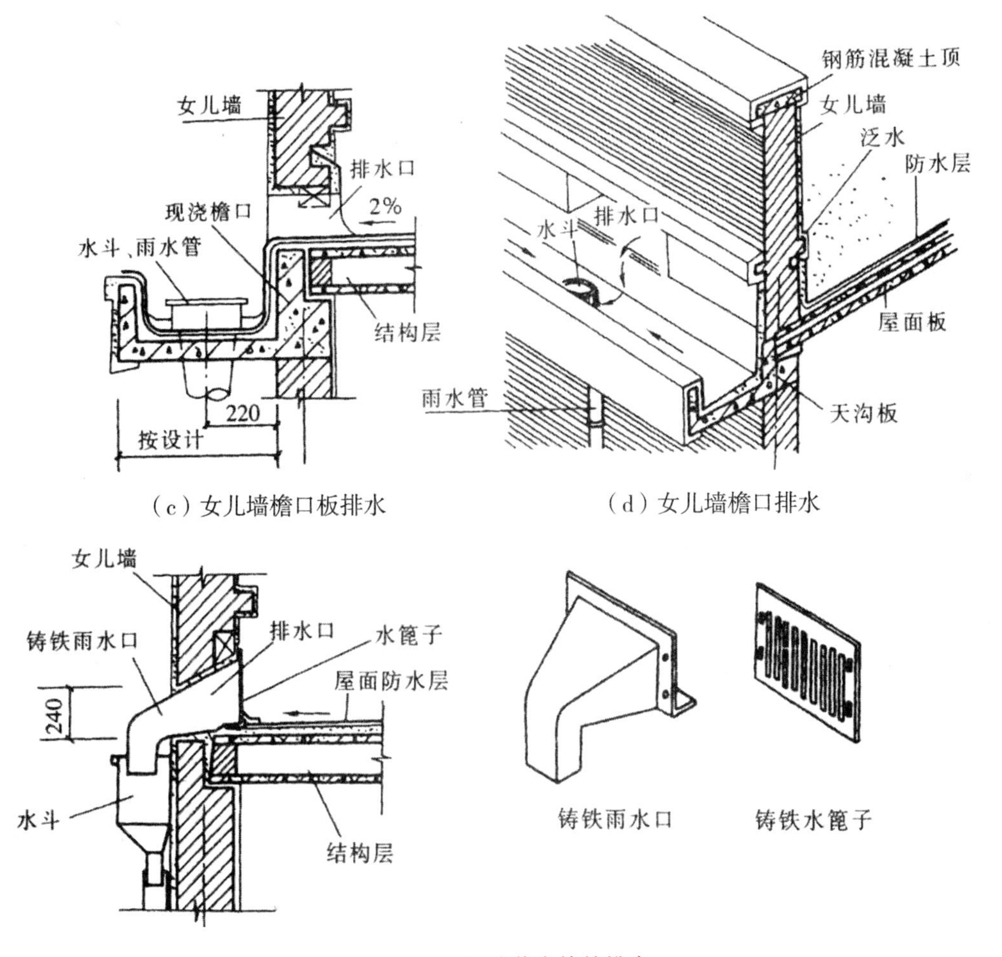

（c）女儿墙檐口板排水

（d）女儿墙檐口排水

（e）女儿墙落水管外排水

图 9-30　平屋顶有组织排水檐口构造（续）

2. 平屋顶的泛水

凡突出平屋顶的构件（如烟囱、排气管、女儿墙等）与屋面交接处均须做泛水，以防雨水侵入，如图 9-11 和图 9-19 所示。

第三节　坡屋顶的构造

坡屋顶具有坡度大、排水快、防水性能好的特点，是我国传统建筑中广泛采用的屋面形式。坡屋顶的组成与平屋顶基本相同，一般由承重结构、屋面和顶棚等基本部分组成，必要时可设保温隔热层等，但坡屋顶的构造与平屋顶相比有明显的不同。

一、坡屋顶的组成及排水

坡屋顶是由带有坡度的倾斜面相互交接而成。斜面相交的阳角称为脊，相交的阴角称为天沟，如图 9-31 和图 9-32 所示。

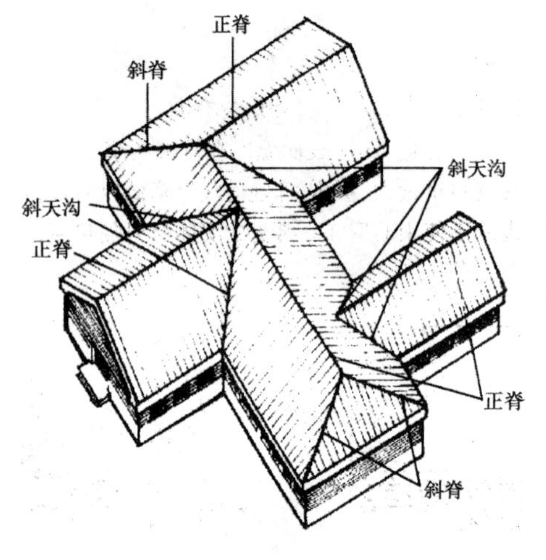

图 9-31　坡屋顶的名称

图 9-32　坡屋顶实例图

1. 坡屋顶的组成

坡屋顶由承重结构和屋面两个基本部分组成，根据使用要求，有些还需要设保温层、隔热层、顶棚等。屋顶的承重结构主要是承受屋面荷载，并把荷载传递到墙或柱上。它一般包括屋架、檩条等。屋面是屋顶上的覆盖层，它直接承受雨雪、风沙等自然气候因素的作用。屋面一般常用高质瓦材，瓦材下面是椽子、屋面板等，要保证瓦材铺设在可靠而平整的基面上。

2. 坡屋顶的排水

坡屋顶的排水与平屋顶排水基本相同，排水方式也分为无组织排水和有组织排水两类，如图 9-33 所示。

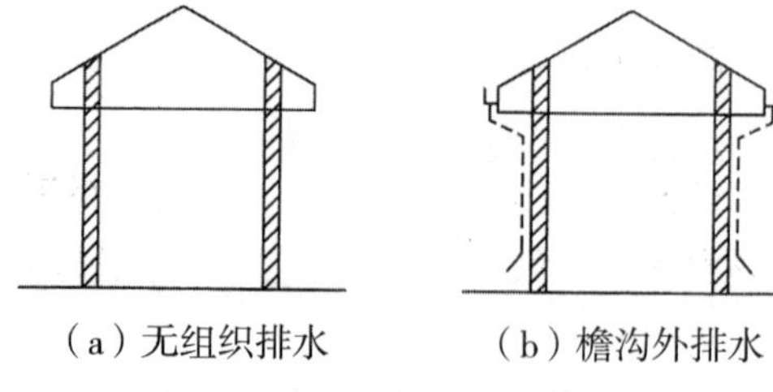

（a）无组织排水　（b）檐沟外排水　（c）檐沟女儿墙外排水

图 9-33　坡屋顶排水方式

① 无组织外排水：一般在雨量比较小的地区或房屋比较低时采用无组织排水。这种

排水方式构造简单、造价低廉，只要可能，应该尽量使用。

② 有组织排水：通常采用檐沟外排水，檐沟和雨水管应采用轻质耐锈蚀的材料制作，通常用镀锌铁皮或石棉水泥。

二、平瓦屋面的做法

坡屋顶屋面一般利用各种瓦材，如平瓦、波形瓦、小青瓦等作为屋面防水材料。近些年来还有不少金属屋面、彩色压型钢板屋面等。

1. 冷摊瓦屋面

冷摊瓦屋面是在檩条上钉固定椽条，然后在椽条上钉挂瓦条并直接挂瓦，如图 9-34（a）所示。

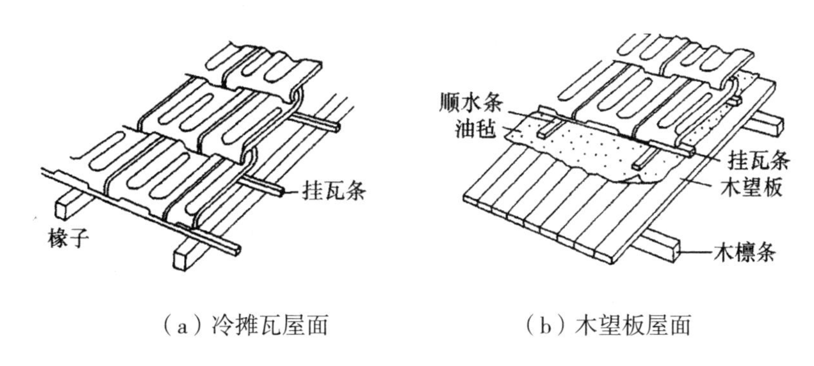

（a）冷摊瓦屋面　　（b）木望板屋面

图 9-34　传统瓦屋面构造

2. 木望板瓦屋面

木望板瓦屋面是在檩条上铺钉 15 ~ 20 mm 厚的木望板（亦称屋面板），望板可采用密铺法（不留缝）或稀铺法（望板间留 20 mm 左右宽的缝），在望板上平行于屋脊方向干铺一层油毡，在油毡上顺着屋面水流方向钉 10 mm × 30 mm、中距 500 mm 的顺水条，然后在顺水条上面平行于屋脊方向钉挂瓦条，挂瓦条的断面和间距与冷摊瓦屋面相同，如图 9-34（b）所示。

3. 钢筋混凝土挂瓦板平瓦屋面

钢筋混凝土挂瓦板平瓦屋面是用预应力或非预应力钢筋混凝土挂瓦板直接搁置在横墙或屋架上，代替木望板瓦屋面的檩条、屋面板和挂瓦条，成为三合一构件。

三、坡屋顶的细部构造

坡屋顶中最常见的是平瓦屋面。下面以平瓦屋面为例介绍其细部构造。

1. 檐口构造

平瓦屋面檐口根据建筑的造型要求可做成挑檐和封檐两种。挑檐是指屋面挑出外墙的构造做法，其具体形式有砖挑檐、屋面板挑檐、挑檐木挑檐等做法。平瓦屋面的瓦头挑出封檐的长度宜为 50 ~ 70mm，如图 9–35 所示。

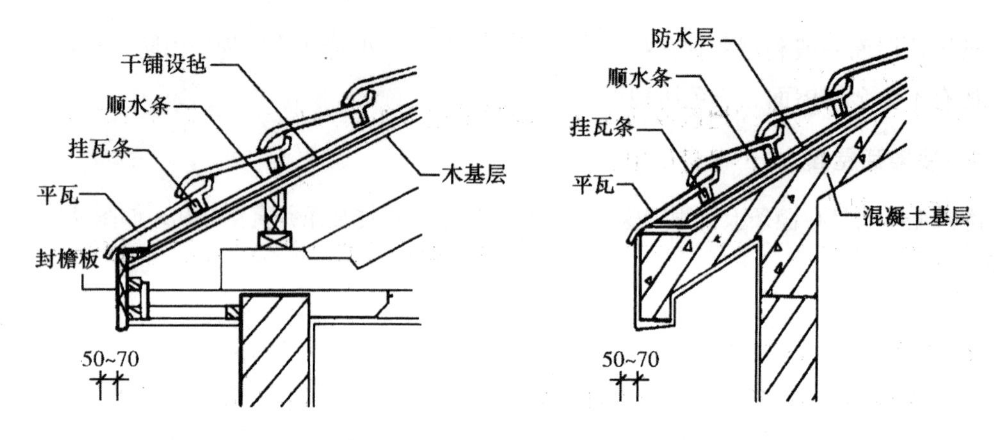

图 9–35 平瓦屋面檐口

2. 檐沟构造

平瓦伸出天沟、檐沟的长度宜为 50 ~ 70 mm，檐口油毡瓦与卷材之间，应采用满粘法铺贴，如图 9–36 和图 9–37 所示。

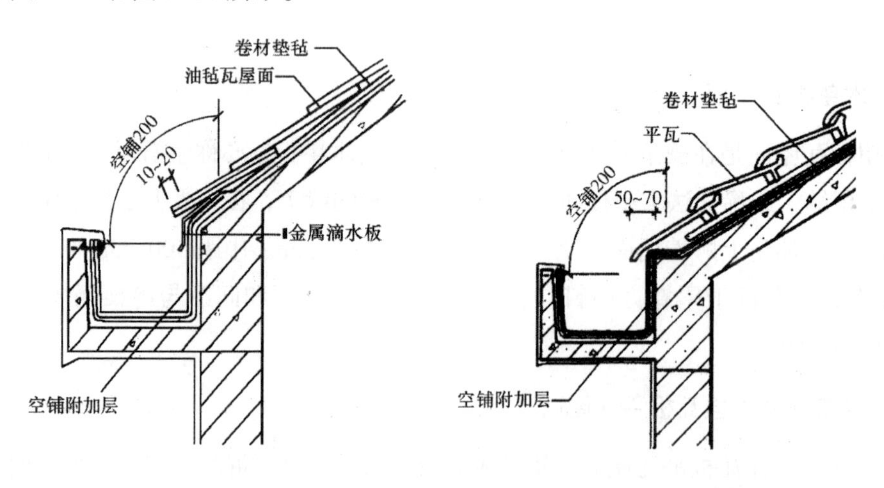

图 9–36 平瓦屋面檐沟　　图 9–37 油毡瓦屋面檐口

3. 泛水构造

平瓦屋面的泛水，宜采用聚合物水泥砂浆或掺有纤维的混合砂浆分次抹成；烟囱与屋面的交接处，在迎水面中部应抹出分水线，并高出两侧各 30mm，如图 9–38 所示。油毡瓦屋面和金属板材屋面的泛水，与突出屋面的墙体高度不应小于 250mm，如图 9-39 所示。

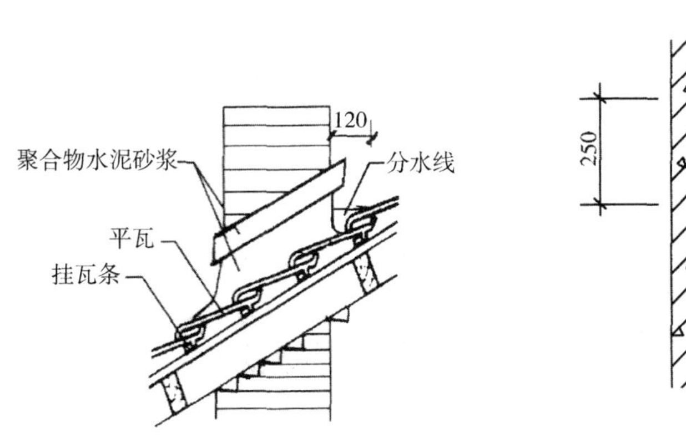

图 9-38　平瓦屋面烟囱泛水

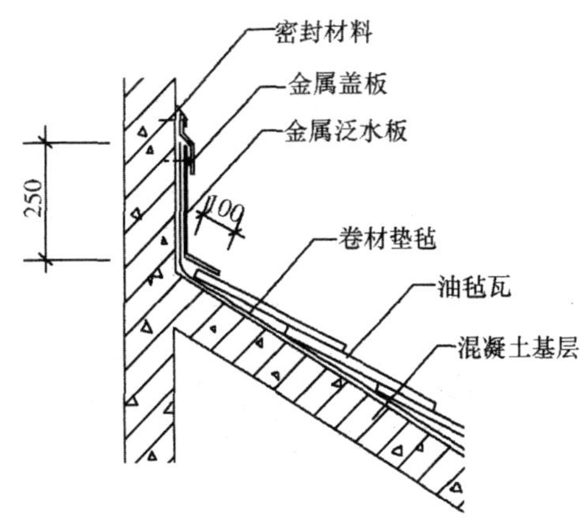

图 9-39　油毡瓦屋面泛水

4. 天沟构造

多跨坡屋面两斜面相交形成斜天沟，斜天沟一般用镀锌铁皮制成，镀锌铁皮两边包钉在木条上，木条高度要使瓦片搁上后能与其他瓦片平行，同时还要防止溢水。斜沟两侧的瓦片锯成一条与斜沟平行的直线，挑出木条 40 mm 以上，或用弧形瓦、缸瓦等作斜天沟，搭接处用麻刀灰填实，如图 9-40 所示。

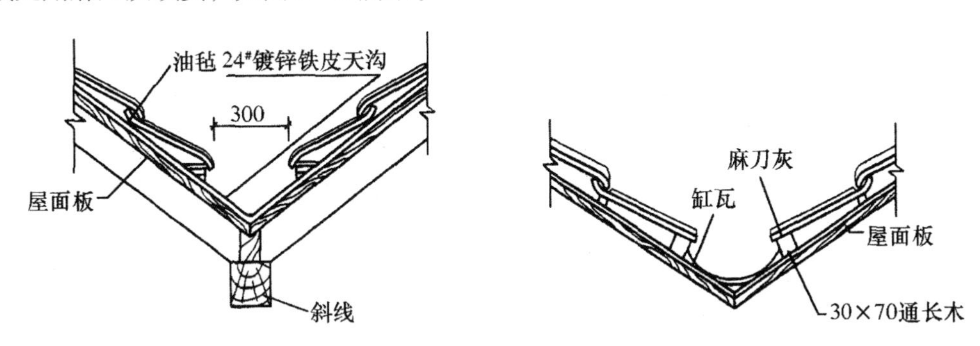

图 9-40　斜天沟构造

四、坡屋顶的保温与隔热

1. 坡屋顶的保温

坡屋顶的保温层有屋面层保温和顶棚层保温两种做法。当采用屋面层保温时，其保温层可设置在瓦材和檩条之间；当屋顶为顶棚层保温时，通常要在吊顶龙骨上铺板，板上设保温层，可以收到保温和隔热的双重效果。坡屋顶保温材料可根据工程的具体要求，选用散料类、整体类或板块类材料。坡屋顶保温构造如图 9-41 所示。

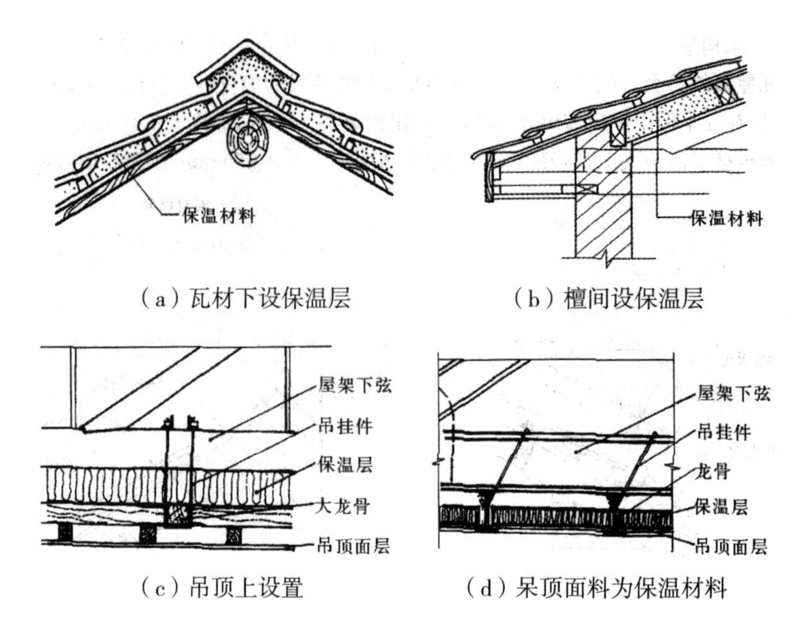

（a）瓦材下设保温层　（b）檩间设保温层

（c）吊顶上设置　（d）呆顶面料为保温材料

图 9–41　坡屋顶保温构造

2. 坡屋顶的隔热

炎热地区的坡屋面应采取一定的构造处理来满足隔热的要求。一般在坡屋顶中设进风口和出气口，利用屋顶内外的热压差和迎风面的风压差，组织空气对流，形成屋顶内自然通风，进而减少由屋顶传入室内的辐射热，从而达到隔热降温的目的。进风口一般设在檐墙、屋檐或室内顶棚上，出气口设在屋脊处，通过增大高差，加速空气流通。图 9–42 为几种屋顶通风的示意图。

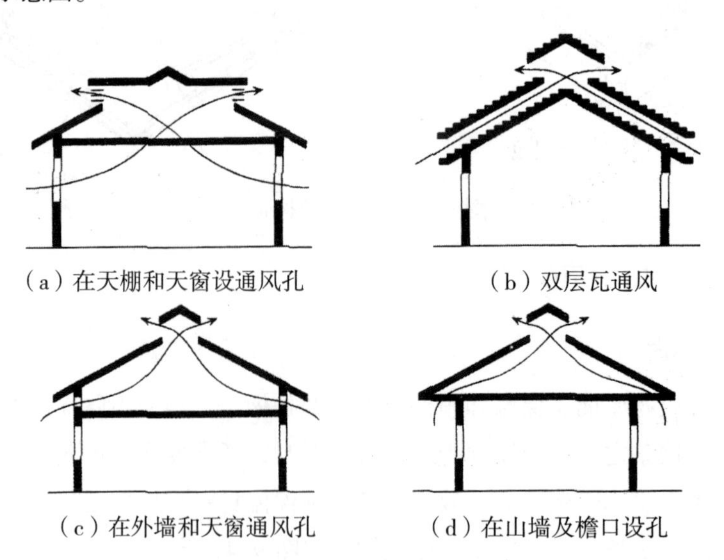

（a）在天棚和天窗设通风孔　（b）双层瓦通风

（c）在外墙和天窗通风孔　（d）在山墙及檐口设孔

图 9–42　坡屋顶通风示意图

第三部分
建筑材料

第十章　建筑材料

第一节　建筑材料的基本性质

建筑要承受各种作用，因此要求建筑材料具有所需要的基本性质。如建筑受到外力（拉力、压力、弯矩、剪力等）作用，材料应有相应的力学性质；受到自然界中阳光、受到自然界中阳光、空气、水和虫菌等影响，材料应能承受温湿度变化、反复冻融等破坏；建筑不同部位使用中要求防水、绝热、隔声、吸声等；工业建筑可能要求耐热，耐腐蚀。所以必须充分了解和掌握材料的性质和特点，才能正确、合理地选择和使用建筑材料。建筑材料的主要性质和指标见表 10–1。

表 10–1　建筑材料主要性质和指标

<table>
<tr><td rowspan="15">建筑材料的基本性质</td><td rowspan="12">物理的性质</td><td rowspan="3">与质量有关的性质</td><td>三大密度</td><td>ρ、ρ_0、ρ'_0</td></tr>
<tr><td>密实度与孔隙率</td><td>D、P</td></tr>
<tr><td>填充率与空隙率</td><td>D'、P'</td></tr>
<tr><td rowspan="6">与水有关的性质</td><td>亲水性与憎水性</td><td>θ（湿润角）</td></tr>
<tr><td>吸水性</td><td>$W_{质}$、$W_{体}$</td></tr>
<tr><td>吸湿性</td><td>$W_{含}$（含水率）</td></tr>
<tr><td>耐水性</td><td>$K_{软}$（软化系数）</td></tr>
<tr><td>抗冻性</td><td>抗冻等级</td></tr>
<tr><td>抗渗性</td><td>抗渗等级</td></tr>
<tr><td rowspan="3">与热有关的性质</td><td>导热性</td><td>λ（导热系数）</td></tr>
<tr><td>热容量</td><td>C（比热）</td></tr>
<tr><td>热胀冷缩</td><td>线膨胀系数</td></tr>
<tr><td rowspan="2">力学性质</td><td>抗破坏能力</td><td>强度</td><td>f（拉、压、弯、剪）</td></tr>
<tr><td>变形表现</td><td>弹性与塑形</td><td></td></tr>
<tr><td>耐久性</td><td>综合性质</td><td>抗冻性、抗渗性、抗蚀性、大气稳定性、耐磨性、抗老化性、耐热性</td><td>抗冻等级等</td></tr>
</table>

一、材料的物理性质

在建筑工程中，计算材料用量、构件的自重以及确定堆放空间时，经常要用到材料的密度、表观密度和堆积密度等数据。

1. 表观密度

表观密度是指多孔固体材料质量与其表观体积（包括孔隙的体积）之比。

孔隙体积是指材料本身的开口孔、裂口或裂纹以及封闭孔或空洞所占的体积。

2. 密度

实际密度是指材料质量与其绝对密实体积（无孔隙的体积）之比。

测试方法是将材料磨成细粉（粒径小于 0.2mm），干燥后用排液法测得密实体积 V。

注意：绝对密实状态下的体积，不包括孔隙体积，指材料内固体物质所占体积。

3. 堆积密度

堆积密度是指松散颗粒状、粉末状、纤维状材料在自然堆积状态下，单位堆积体积质量。

表 10–2 为三大密度对比。

表 10–2　三大密度对比表

名称	符号	定义（状态）	体积	测法	公式
表观密度	ρ_0	多孔固体、自然状态	固体体积+内部空隙体积，即 $V_0=V+V_{孔隙}$	蜡封排水法	$\rho_0=m/V_0$
密度	ρ	绝对密实状态	固体的体积 V	磨细成粉再排水	$\rho=m/V$
堆积密度	ρ_0'	容器内堆积	固体+内部空隙+粒间空隙体积，即 $V'_0=V+V_{孔隙}+V_{空隙}$	在容器内堆满体积	$\rho_0'=m/V_0'$

4. 密实度与孔隙率（见表 10–3）

表 10–3　密实度与孔隙率对比

性质	定义	公式	两者关系	对性质的影响
密实度 D	材料体积内被固体物质所充实的程度	$D=V/V_0$ $=\rho_0/\rho$	（1）$D+P=1$ （2）反映密实程度（通常采用孔隙率来表示），分析的是多孔固体	P 越大，越疏松、强度越低、保温性越好
孔隙率 P	材料体积内空隙体积占总的表观体积的比例	$P=(V_0-V)/V_0$ $=1-\rho_0/\rho$		

孔隙按构造又分为开口孔隙和闭口孔隙两种。

1）开口孔隙率。是指常温下能被水所饱和的孔隙体积与材料表观体积之比的百分数。

2）闭口孔隙率。指总孔隙率 P 与开口孔隙率 P_k 之差。其计算式为

$$P_b=P-P_k$$

孔隙率与孔隙特征对材料性质的影响如下：

1）一般孔隙率越大，材料越疏松，强度越低，保温绝热性能越好。

2）开口孔隙为主时，材料吸水性、透水性好，抗冻性、抗渗性、耐久性差。

5. 填充率与空隙率

填充率是指颗粒（如砂子或石子）或粉状材料在堆积体积内，被颗粒材料所填充的程度。空隙率是指颗粒（如砂子或石子）或粉状材料在堆积体积内，颗粒之间的空隙体积所占总体积的百分率。空隙率可作为控制混凝土骨料级配与计算含砂率的依据。其计算式为

$$P'=1-\rho_0'/\rho_0$$

二、材料与水有关的性质

1. 亲水性材料与憎水性材料

与水接触时，能被水润湿的材料为亲水性材料，不能被水润湿的材料为憎水性材料。用润湿角θ表示（$\theta\leqslant 90°$ 为亲水性，否则为憎水性）。水在亲水性材料表面可以铺展开，且能通过毛细管作用自动将水吸入材料内部；憎水性材料则相反。可以利用憎水性材料作为防水防潮材料或保护亲水性材料。如 SBS 防水卷材，可以用于屋面防水，也可用于厨房、卫生间的地面防水；打蜡可以保护木地板、地砖；油漆可用于保护木器等。

2. 吸水性

吸水性是指材料在水中能吸收水分的性质，用吸水率来表示，包括质量吸水率 $W_{质}$、体积吸水率 $W_{体}$。对于轻质材料，如软木、加气混凝土、膨胀珍珠岩等，质量吸水率大于1时，往往采用体积吸水率。一般情况下，采用质量吸水率。两者关系是：$W_{体}=W_{质}\rho_0$，ρ_0单位必须是 g/cm^3。例如，膨胀珍珠岩表观密度 $\rho_0=0.075g/cm^3$，质量吸水率 $W_{质}=400\%$，则体积吸水率 $W_{体}=30\%$。

3. 吸湿性

吸湿性是指材料在潮湿的空气中，吸收空气中水分的性质。吸湿性大小用含水率 $W_{含}$表示。在温、湿度一定的情况下，含水率越大，吸湿性越大。含水质量 $m_{含}=m_{干}\times(1+W_{含})$。

影响材料含水率大小的因素有材料的成分、组织构造、周围环境的温湿度。材料的含水率随环境变化，温度降低，湿度增加，含水率增大。材料既能吸收水分，也能向外界蒸发水分，最后与空气湿度达到平衡。

4. 耐水性

耐水性是指材料长期在水作用下不被破坏，强度也不显著降低的性质。用软化系数 $K_{软}$

来表示。用于严重受水侵蚀或潮湿环境的材料，$K_{软}$应在0.85~0.9；用于受潮较轻或次要建筑的材料，$K_{软}$不宜小于0.75。软化系数大于0.85的材料，通常可以认为是耐水材料。

5. 抗冻性

抗冻性是指材料在吸水饱和状态下，经多次冻结和融化作用（冻融循环）而不破坏，同时也不严重降低强度的性质。用抗冻等级表示，如F10、F15、F25、F50、F100等，F15的含义是材料能承受15次冻融循环。

材料吸水饱和，-15℃冻结，再在 20℃水中融化，称为一次冻融循环，经过规定次数的反复循环后，质量损失不大于5%，强度损失不超过25%，抗冻等级≥F50的混凝土称为抗冻混凝土。

开口孔隙率越大，透水性越大，抗冻性越差。常处于水位变化的季节性冰冻地区的建筑，尤其是冬季气温达到-15℃的地区，所用材料一定要进行抗冻性试验。

6. 抗渗性

抗渗性是指材料抵抗水、油等液体压力作用渗透的性质。压力水的渗透会影响工程的使用，破坏材料，降低耐久性。抗渗性用抗渗等级P来表示，如P8表示能承受0.8MPa水压而无渗透。抗渗性与材料的孔隙率和孔隙特征有关。例如，绝对密实的材料和具有封闭孔隙的材料就不易产生渗透现象。

三、材料的力学性质

1. 材料的强度及强度等级

强度是指在外力（荷载）的作用下材料抵抗破坏的能力。对应于常见四种作用形式有抗拉强度、抗压强度、抗剪强度和抗弯强度。

抗拉、抗压、抗剪强度都是用破坏前能承受的最大力除以受力面积。抗弯强度公式比较复杂，与截面形状、支点类型、荷载有关。

强度的大小与材料的成分、构造有关。主要因素是成分，如钢筋一定强于普通砖；也与孔隙特征及构造有关，一般情况下，孔隙率 P 越大，材料越疏松，实际受力的面积就小，测得的强度越低。材料一般都要按强度值的大小来划分标号或强度等级，使生产者和使用者有据可依，各类规范标准中对材料检测以及评定分级都有明确规定。

2. 材料的变形性能

材料的变形性能包括弹性和塑性。弹性是指材料在外力作用下产生变形，当取消外力后，能完全恢复原来形状的性质。能完全恢复的变形叫弹性变形。如在受力不大的情况下橡皮筋、弹簧、钢筋的变形。塑性是指材料在外力作用下产生变形，当取消外力后，仍保持变形后的形状和尺寸且不产生裂纹的性质。这种不能恢复的变形叫塑性变形，部分材料表现为塑性变形，如橡皮泥、混凝土等。

四、材料的耐久性

材料的耐久性是指材料在使用条件下，受各种内在或外来自然因素及有害介质的作用，能不破坏、长久地保持原有使用性能的性质。

1. 材料经受的作用

物理作用包括干湿变化、温度变化及冻融变化等，如砖、混凝土等材料的冻融破坏。化学作用包括大气、环境水以及使用条件下酸、碱、盐等液体或有害气体对材料的侵蚀作用，如钢筋容易被氧化生锈，所以要有保护层。生物作用包括菌类、昆虫等的作用而使材料腐朽、蛀蚀而破坏，如木材易被虫蛀且易腐朽，所以要做防腐处理。力学(机械)作用，如钢筋的拉力，混凝土的压力。

2. 耐久性包括的方面

耐久性包括抗渗性、抗冻性、抗化学侵蚀性、抗碳化性、大气稳定性、耐磨性等。抗渗性好坏是根本原因，而抗冻性最具有表征作用，很多材料的耐久性通常直接用抗冻性表示，尤其是混凝土、砖等非金属无机材料。

3. 提高材料耐久性的措施

1）从材料本身入手。提高材料的密实度，适当改变成分等。如改变水泥品种。

2）改变环境。设法减轻大气或周围介质对材料的破坏作用，如降低湿度、排除侵蚀性物质。

3）从两者的关系入手。增加屏障，增设保护层来保护主体材料免受侵蚀，如木材刷漆，地板砖为了耐磨表面施釉等。

第二节 胶凝材料

一、石灰

石灰在我国应用历史悠久，如古建筑长城的青砖白缝，应用范围广泛。

1. 生产与用途

全过程如下：

石灰岩 $\xrightarrow{\text{高温}}$ 生石灰（不稳定）$\xrightarrow{+H_2O\text{(淋灰)}}$ 熟石灰 $\xrightarrow{\text{陈伏2周}}$ 使用（结晶碳化）

$CaCO_3$　　　CaO　　　　　　$Ca(OH)_2$

石灰的熟化、陈伏与硬化含义如下：

1）工地上使用石灰时，通常将生石灰加水，使之消解为消（熟）石灰，即氢氧化钙，这个过程称为石灰的“消化”，又称“熟化”，放出大量热，其体积膨胀 2 ~ 3.5 倍。

2）为了消除过火石灰的危害，生石灰熟化形成的石灰浆应在储灰坑中放置两周以上，这一过程称为石灰的“陈伏”。“陈伏”期间，石灰浆表面应保有一层水分，与空气隔绝，以免干裂和碳化。

3）石灰浆体在空气中逐渐硬化，是由下面两个同时进行的过程来完成的：

① 结晶作用：游离水分蒸发，氢氧化钙逐渐从饱和溶液中结晶。

② 碳化作用：氢氧化钙与空气中的二氧化碳反应生成碳酸钙结晶，释放出水分并被蒸发。

2. 石灰的分类

1）按形状分为块状石灰和粉状石灰。

2）按火候分为欠火灰、正火灰、过火灰。欠火灰：表面上是 CaO，内部是 $CaCO_3$，产浆量少，利用率低。过火灰：熟化过慢，如果不充分熟化，用于抹灰、砌筑会造成质量问题，产生崩裂、鼓泡等现象。所以石灰在使用前应在储灰坑中放置两周，进行陈伏。

3）按含量分类。石灰岩的成分除含有 $CaCO_3$ 外，还含有部分 $MgCO_3$。$MgCO_3$ 产生 MgO、$Mg(OH)_2$（MgO 是有效成分，但反应慢）。建筑石灰、生石灰粉和消石灰粉都按氧化镁的含量来划分钙质、镁质和白云石质的。

钙质生石灰 $MgO \leqslant 5\%$；钙质消石灰粉 $MgO \leqslant 4\%$。

镁质生石灰 $MgO > 5\%$；镁质消石灰粉 $MgO > 4\%$。

4）按反应快慢分为快熟、中熟、慢熟。快熟：不到 10min 就熟化。中熟：10 ~ 30min 熟化。慢熟：大于 30min 熟化。

5）按 $CaO+MgO$ 含量（即有效成分的多少）分为优等品、一等品和合格品。

6）按熟石灰状态分类：生石灰加适量水生成的是熟石灰粉（消石灰粉），生石灰加多量水生成的是石灰膏。

3. 石灰的特性

1）凝结硬化慢，强度低。硬化慢是因为石灰表面碳化作用形成紧密外壳，不利于水分的蒸发和碳化的深入，所以要掺砂子、纸筋、麻刀、土形成连通孔隙，便于硬化。石灰的硬化只能在空气中进行，硬化后的强度也不高。

2）吸湿性强，耐水性差。石灰是传统的干燥剂，受潮后会溶解，强度更低，在水中还会溃散。所以，石灰不宜在潮湿的环境下使用，也不宜用于重要建筑物基础。

3）保水性好。生石灰熟化为石灰浆时，能自动形成颗粒极细（直径约为 1μm）的呈胶体分散状态的氢氧化钙，表面吸附一层厚的水膜。在水泥砂浆中掺入石灰浆，使可塑性显著提高。

4）石灰硬化后有较大体积收缩。石灰硬化后容易开裂，所以除调成石灰乳作薄层涂刷外，不宜单独使用。常掺入砂子、纸筋、麻刀、土抑制收缩。

5）放热量大，腐蚀性强。块状类石灰放置太久，会吸收空气中的水分而自动熟化成消石灰粉，再与空气中二氧化碳作用而还原为碳酸钙，失去胶结能力。所以储存生石灰，不但要防止受潮，而且不宜储存过久。最好运到后即熟化成石灰浆，将储存期变为陈伏期。由于生石灰受潮热化时会放出大量的热，而且体积膨胀，所以，储存和运输生石灰时，还要注意防水防潮，注意安全。

4. 应用

1）刷白。将消石灰粉或熟化好的石灰膏加入多量的水搅拌稀释，成为石灰乳，是一种传统的涂料，主要用于内墙和顶棚刷白，增加室内美观和亮度。

2）配制三合土和灰土。石灰与黏土混合生成具有水硬性的物质，适于在潮湿环境中使用。如建筑物或道路基础中使用的石灰土、三合土、二灰土（石灰、粉煤灰或炉灰）、二灰碎石（石灰、粉煤灰或炉灰、级配碎石）等。

3）配制砂浆。可配制石灰砂浆、水泥石灰混合砂浆。

4）做硅酸盐制品。石灰与天然砂或工业废料混合均匀，加水搅拌，经压振或压制形成硅酸盐制品。如灰砂砖、硅酸盐砖、硅酸盐混凝土制品等。

二、石膏

石膏是以硫酸钙为主要成分的矿物，当石膏中含有结晶水不同时可形成多种性能不同的石膏。

1. 石膏的分类

根据石膏中含有结晶水的多少不同可分为：

1）无水石膏（$CaSO_4$）。也称硬石膏，它结晶紧密，质地较硬，是生产硬石膏水泥的原料。

2）天然石膏（$CaSO_4 \cdot 2H_2O$）。也称生石膏或二水石膏，大部分天然石膏矿为生石膏，是生产建筑石膏的主要原料。

3）半水石膏。通常是由天然石膏经压蒸或煅烧加热而成的。常压下煅烧加热到 107℃~170℃，可产生 β 型建筑石膏，124℃条件下压蒸（1.3 大气压）、磨细加热可产生 α 型半水石膏，也称高强石膏。

2. 石膏的特性

1）凝结硬化速度快。一般石膏的初凝时间仅为 10min 左右，终凝时间不超过 30min，几天即可硬化，在工程中经常被用作线条的找直。另外可加入适量的缓凝剂，如硼砂、动物胶、亚硫酸盐、酒精废液等。

2）凝结硬化时的膨胀性。建筑石膏凝结硬化体积不仅不会收缩，而且还稍有膨胀（1%左右），这种膨胀能使石膏的表面较为光滑饱满，棱角清晰完整、避免了开裂。

3）硬化后的多孔性，重量轻，但强度低。建筑石膏在使用时，加入的水分比水化所需的水量多，硬化过程中水分蒸发使原来的充水部分空间形成孔隙，造成内部的大量微孔，使其重量减轻，抗压强度也因此下降。通常石膏硬化后的表观密度为 800～1 000kg/m^3，抗压强度为 3～5MPa。

4）良好的隔热、吸声和呼吸功能。

5）防火性好，但耐水性差。硬化后石膏的主要成分是二水石膏，当受到高温作用时或遇火后会析出 21%左右的结晶水，在表面蒸发形成水蒸气幕，可有效地阻止火势的蔓延，无水 $CaSO_4$ 本身不燃烧，具有良好的防火效果，但由于部分二水石膏溶解而产生局部溃散，所以建筑石膏硬化体的耐水性较差。

6）有良好的装饰性和可加工性。石膏表面光滑饱满，颜色洁白，质地细腻，具有良好的装饰性。微孔结构使其脆性有所改善，硬度也较低，所以硬化石膏可锯、可刨、可钉，具有良好的可加工性。

3. 建筑石膏的应用

1）石膏砂浆及粉刷石膏。

2）建筑石膏制品：石膏板、石膏砌块等。

3）制作建筑雕塑和模型。

建筑石膏自生产之日起，储存期为 3 个月，过期应复验。

三、水泥

水泥是粉末状水硬性胶凝材料，加水拌和后，成为塑性浆体，能将砂子、石子等松散材料胶结成一个整体，既能在潮湿的空气中，又能在水中凝结硬化，而气硬性胶凝材料只能适用于干燥环境中。

水泥的品种很多，可从不同的角度进行分类。按化学成分分类：硅酸盐水泥、铝酸盐水泥、硫铝酸盐水泥、氟铝酸盐水泥；按用途分类：通用水泥、专用水泥、特种水泥，其中通用水泥有硅酸盐水泥、普通硅酸盐水泥、矿渣硅酸盐水泥、粉煤灰水泥、火山灰水泥等；专用水泥有中、低热水泥、道路水泥、砌筑水泥等品种；特种水泥有快硬硅酸盐水泥、抗硫酸盐水泥、膨胀水泥等品种；我国水泥的产量的90%左右属于硅酸盐水泥系列。

1. 硅酸盐系水泥的成分

硅酸盐系水泥是由硅酸盐水泥熟料、适量石膏和混合材料组成的。硅酸盐系水泥生产的过程可以概括为两磨一烧。生料磨细后煅烧成熟料，加石膏和混合材料后再磨细成水泥成品。

1）熟料。煅烧得到的硅酸盐水泥熟料是关键成分，含有四种矿物成分。分别是硅酸三钙、硅酸二钙、铝酸三钙和铁铝酸四钙。提高硅酸三钙 C_3S 的含量可以制得高强水泥，降低硅酸三钙 C_3S 和铝酸三钙 C_3A 的含量可以制得低水化热的大坝水泥。硅酸三钙是决定硅酸盐水泥早期强度的矿物。硅酸二钙 C_2S 是决定硅酸盐水泥后期强度的矿物。表 10–4 为水泥熟料四种矿物成分分别与水反应时的特点。

表 10–4　水泥熟料四种矿物成分分别与水反应时的特点

矿物名称	符号	水化产物	反应速率	水化热	早期强度	后期强度	收缩	耐蚀性
硅酸三钙	C_3S	水化硅酸钙凝胶、氢氧化钙凝胶	快	高	高	高	中	差
硅酸二钙	C_2S		慢	低	低	高	小	良
铝酸三钙	C_3A	水化铝酸钙晶体	最快	最高	低	低	大	差
铁铝酸四钙	C_4AF	水化铝酸钙晶体和水化铁铝酸钙晶体	快	中	低	低	小	优

影响硅酸盐水泥凝结硬化的主要因素有：

① 水化与硬化过程的快慢与熟料矿物成分、含量及各成分的特性有关。

② 温、湿度的影响。保证湿度的前提下，温度升高，水化速度、凝结硬化、强度增长加快。水泥石在完全干燥情况下，水化不能进行，硬化停止、强度不再增长。所以混凝土浇筑后要洒水养护。温度低于 0℃时，水化基本停止，所以冬季施工时，要采取保温措施。

③ 养护龄期的影响。时间延长，强度不断增长。水化反应速度是先快后慢。完成水泥水化、水解全过程需要几年、几十年的时间，一般水泥在 3～7 天内水化速度快，强度增长快。28 天可完成水化过程的基本部分，以后发展缓慢，强度增长也极为缓慢。

④ 细度的影响。越细，与水接触面积越大，反应越快，水化越彻底。

2）石膏。加入石膏，是为了消除 C_3A 的危害，控制快凝现象，延缓水泥凝结时间，方便施工。石膏与 C_3A 产物水化铝酸钙得到钙矾石。

3）混合材料。活性混合材料的活性是指能被激活，本来不能与水反应，但是如果遇到石灰或石膏等就被激活，与水反应。如粒化高炉矿渣、火山灰质混合材料、粉煤灰。非

活性混合材料掺入水泥，不与水泥成分起化学反应或很弱，主要起填充作用，可调节水泥强度，降低水化热及增加水泥产量等。如磨细石英砂、石灰石、黏土等。

2. **硅酸盐水泥技术要求**

凡由硅酸盐水泥熟料、0%～5%石灰石或粒化高炉矿渣、适量石膏磨细制成的水硬性胶凝材料，称为硅酸盐水泥。硅酸盐水泥在国际上分为两种类型：不掺混合材料的称Ⅰ型硅酸盐水泥，其代号为P.I；在硅酸盐水泥熟料粉磨时掺入不超过水泥质量5%的石灰石或粒化高炉矿渣混合材料的称Ⅱ型硅酸盐水泥，其代号为P.Ⅱ。主要技术要求如下：

1）强度及其等级（ISO胶砂强度测定法）。水泥的强度是按照《水泥胶砂强度检验方法（ISO法）》（GB/T17961—1999）的标准方法制作的水泥胶砂试件，在（20±1）℃的水中，养护到规定龄期时检测的强度值。标准试件尺寸为40mm×40mm×160mm，标准试验龄期分别为3d和28d，分别检验其抗压强度和抗折强度。按照测定结果，将硅酸盐水泥分为42.5、42.5R、52.5、52.5R、62.5、62.5R三个强度等级六个类型。其中R代表早强型。

2）细度（筛分法、比表面积法）。水泥颗粒粗了，反应慢，反应不彻底。过细，反应过快容易产生干收缩开裂，粉磨能耗大，成本也高。所以要合理控制细度。细度的判断：硅酸盐水泥用比表面积来表示，要求大于或等于300m^2/kg。比表面积是指单位质量的水泥粉末所具有的表面积的总和（m^2/kg）。一般常为317~350m^2/kg。比表面积足够大，颗粒才足够细。

3）标准稠度用水量。标准稠度用水量是水泥浆达到规定的稀稠程度时的需水量，用于检验水泥的凝结时间和体积安定性。标准稠度是人为规定的稠度，其用水量采用水泥维卡仪测定。

4）凝结时间。水泥从开始加水到失去流动性，即从液体状态发展到较致密固体状态的过程称为水泥的凝结。这个过程所需要时间称为凝结时间，分初凝时间（开始失去流动性）和终凝时间（完全失去流动性）。以标准稠度的水泥净浆，在规定温度及湿度环境下用维卡仪测定。

初凝时间不宜过早，以便有足够的时间进行搅拌、运输、浇筑、振捣等施工作业。如果初凝时间过早即为废品水泥，严禁在工程上使用。终凝时间不宜过迟，以便尽快进行下一道工序施工，以免拖延工期。硅酸盐水泥的初凝时间不得早于45min，终凝时间不得迟于6.5h。

5）体积安定性。水泥浆体硬化后体积变化的均匀性称为水泥的体积安定性，即水泥石能保持一定形状，不开裂、不挠曲变形、不溃散的性质。安定性不良的水泥作废品处理，不得应用于工程中，否则将导致严重后果。

导致水泥安定性不良的主要原因一般是由于熟料中的游离氧化钙、游离氧化镁或掺入石膏过多等造成的，其中游离氧化钙是最为常见、影响最严重的因素。国家标准规定，水泥的体积安定性用沸煮法检验。

3. 硅酸盐水泥特性和适用范围

1）早期强度发展快，等级高。适用于快硬早强性工程（如冬期施工、预制、现浇等工程）、高强度混凝土工程（如预应力钢筋混凝土、大坝溢流面部位混凝土）。

2）水化热大。不宜用于大体积工程，如水坝。但有利于低温季节蓄热法施工。

3）抗冻性好。适用于严寒地区工程、水工混凝土和抗冻性要求高的工程。

4）耐热性差。不宜用于高温工程。

5）耐腐蚀性差。不宜用于软水工程，如海水、压力水。硅酸盐水泥腐蚀破坏的基本原因，在于水泥本身成分中存在着易引起腐蚀的氢氧化钙和水化铝酸钙。

6）抗碳化性好、耐磨性好。

4. 其他通用水泥的特性及应用

五大通用水泥对比见表 10–5。

表 10–5 五大通用水泥对比表

<table>
<tr><th>对比项目</th><th>硅酸盐水泥
P. Ⅰ、P. Ⅱ</th><th>普通水泥 PO</th><th>矿渣水泥
PS</th><th>火山灰水泥
PP</th><th>粉煤灰水泥
PF</th></tr>
<tr><td>混合材料掺量</td><td>0%~5%</td><td>6%~15%</td><td>20%~70%</td><td>20%~40%</td><td>20%~40%</td></tr>
<tr><td>强度等级</td><td>42.5（R）、52.5（R）、62.5（R）</td><td>42.5（R）、52.5（R）</td><td colspan="3">32.5（R）、42.5（R）、52.5（R）</td></tr>
<tr><td>细度</td><td colspan="2">比表面积≥300 m^2/kg</td><td colspan="3">80μm 筛余百分率≤10%</td></tr>
<tr><td>终凝时间</td><td colspan="2">≤6.5h</td><td colspan="3">≤10h</td></tr>
<tr><td>SO_3</td><td colspan="2"><3.5%</td><td><4%</td><td colspan="2"><3.5%</td></tr>
<tr><td>共同特点</td><td colspan="2">快硬高强、反应快、水化热集中、抗冻性好、耐热性差、干缩较小</td><td colspan="3">早期强度低、水化热放出少、抗蚀性好（适于海水工程）、适于蒸汽养护、抗冻性差</td></tr>
<tr><td>个性</td><td>应用在特殊工程</td><td>较好</td><td>耐热性较好</td><td>抗渗性好</td><td>干缩小（抗裂）</td></tr>
</table>

1）普通硅酸盐水泥。普通硅酸盐水泥的特点与硅酸盐水泥相似，应用范围更加广泛。

2）矿渣硅酸盐水泥的主要性能特点如下：

① 早期强度低，后期强度高。对温度敏感，适宜于高温养护。

② 水化热较低，放热速度慢。

③ 具有较好的耐热性能。

④ 具有较强的抗侵蚀、抗腐蚀能力。

⑤ 泌水性大，干缩较大。

⑥ 抗渗性差，抗冻性较差，抗碳化能力差。

3）火山灰质硅酸盐水泥的主要性能特点与矿渣水泥类似，但抗渗性好，抗碳化能力差，耐磨性差。

4）粉煤灰硅酸盐水泥的主要性能特点与矿渣水泥类似，但耐热性差，需水量低，干缩率小，抗裂性好。

第三节 普通混凝土

一、混凝土的主要技术性质

混凝土的技术性质主要包括拌合物的性质、石状物的物理性质、力学性质、变形性能及耐久性。

1. 拌合物的性质

混凝土拌合物是指各组成材料，按一定比例经搅拌后尚未硬化的材料(新拌混凝土)。拌合物的性质直接影响硬化后混凝土的质量。混凝土拌合物的性质好坏，用和易性来衡量。

（1）和易性

和易性也称工作性，是指混凝土拌合物保持其组成成分均匀，便于施工操作并能获得质量均匀、成型密实混凝土的性能，是综合性质，主要包括流动性、黏聚性、保水性。

1）流动性。影响混凝土密实性。拌合物的稀稠程度，流动性的大小主要取决于用水量、各材料之间的用量比例。流动性好则操作方便，易于浇捣、成型密实。

2）黏聚性。各组分有一定的黏聚力，不分层，能保持整体均匀的性能。如果配比不当则黏聚性差使各组分分层、离析，硬化后混凝土产生蜂窝、麻面，影响混凝土强度和耐久性。

3）保水性。拌合物保持水分不易析出的能力。保水性差的拌合物运输、浇捣中易产生泌水。

危害一：降低流动性，严重时影响混凝土可泵性和工作性，会造成质量事故。

危害二：聚集在混凝土表面，混凝土疏松。聚集在骨料、钢筋下面形成孔隙，削弱骨料或钢筋和水泥石的粘结力。承受荷载的能力下降、耐久性降低。

（2）和易性的评定

目前没有科学测试方法和定量指标来完整地表达。通常采用测定混凝土拌合物的流动性，辅以直观经验评定黏聚性和保水性来评定和易性。

（3）影响和易性的主要因素

1）水泥浆含量。骨料量一定时，水泥浆越多，流动性越好。

2）水灰比。水灰比为水与水泥质量之比，综合考虑，一般 W/C 保持不变，增加 $W+C$ 总量，流动性增加，不影响黏聚性。

3）砂率 β_s（反映砂石总的粗细程度）。β_s 指砂质量占砂石总质量的百分数，反映砂石比例的指标。砂率过大，砂石集料的总表面积增大，需较多水泥浆填充和包裹砂石集料，使起润滑作用的水泥浆减少，新拌混凝土的流动性减小。砂率过小，砂石集料的空隙率显著增加，不能保证在粗集料之间有足够的砂浆层，也会降低新拌混凝土的流动性，并会严重影响黏聚性和保水性，容易造成离析、流浆等现象。所以应该选择一个合理（最佳）砂率。

4）温度。温度是外因，温度升高，流动性降低，变稠。夏季要考虑温度的影响，在考虑配合比的时候，应适当增加用水量。

2. 凝结硬化中的性质

1）凝结硬化。混凝土与水泥情况基本一致，反应中有放热现象，硬化后体积收缩。反应速度与水泥品种、用量、配合比例、环境和施工有关。

2）体积收缩的现象。体积收缩情况：水泥净浆的体积收缩最大，水泥砂浆居中，混凝土最小。

3）水化升温现象。水化热对冬季施工是有益的，但对大体积混凝土不利，须用水化热低的水泥。

4）早期强度。早期强度主要与水泥的品种、外加剂、施工环境有关。

3. 混凝土硬化后的性质

混凝土硬化后的性质主要研究两个方面，即强度和耐久性。

拉、压、弯、剪四类强度对比表明，混凝土与其他脆性材料一样，抗压强度高，抗拉强度仅为抗压强度的 1/20～1/10，所以要发挥其优势做基础、柱子，如果受弯且承受局部的拉应力，则需要钢筋来共同工作。抗压强度测试时使用的试件形状不同，可以用立方体、棱柱体，数值不一样，用途也不一样。

（1）立方体抗压强度 f_{cu}

立方体抗压强度 f_{cu} 是判断混凝土强度等级的依据，是施工中进行质量控制的依据。

混凝土强度等级采用符号 C 与立方体抗压强度标准值表示。普通混凝土通常按立方体抗压强度标准值 $f_{cu,k}$ 划分为 C15、C20、C25、C30、C35、C40、C45、C50、C55、C60、C65、C70、C75、C80 等 14 个强度等级（C60 以上的混凝土称为高强混凝土）。

测定立方体抗压强度标准值时，采用标准方法制作的标准试件（边长为 150mm），标准养护 28d 用标准试验测得一批数值中的标准值。

（2）影响强度的因素

塑性混凝土的强度取决于水泥石的强度及其与骨料的粘结强度。

1）水泥强度和水灰比。这是影响混凝土强度的最主要因素。

配合比相同时，水泥强度等级越高，混凝土强度也越大；在一定范围内，水灰比越小，混凝土强度也越高。试验证明，混凝土强度与水灰比成反比关系，而与灰水比成正比关系。

2）粗骨料。粗骨料与水泥的粘结不同，当粗骨料中含有大量针片状颗粒及风化的岩石时，会降低混凝土强度。碎石表面粗糙、多棱角，与水泥石粘结力较强，而卵石表面光滑，与水泥石粘结力较弱。

3）龄期。强度增长先快后慢，大致呈对数关系。

4）养护条件。影响与水泥的完全一致。试验表明，保持足够湿度时，温度升高，水泥水化速度加快，强度增长也快。保持潮湿时间越长，强度发展越快，最终强度越高。

获得高强混凝土的措施是：高强度等级水泥、干硬性混凝土，碎石、蒸汽蒸压养护、加外加剂、加强机械搅拌振捣等。

（3）耐久性

耐久性是指在各种破坏性因素和介质的作用下，长期正常工作保持强度和外观完整性的能力。主要表现在抗渗性、抗冻性、抗蚀性、抗碳化性和碱–骨料反应等几个方面。

抗渗性：是根本原因，水灰比 W/C 增大，孔隙率 P 增大，抗渗性差。

抗冻性：是耐久性的表征，抗冻等级高，耐久性提高。

抗蚀性：与构造有关，抗渗性差，水和腐蚀性介质容易进入；与水泥的品种也有关。

抗碳化（也叫中性化）：混凝土中碱与环境中的水和二氧化碳反应，即 $Ca(OH)_2+CO_2=CaCO_3+H_2O$，碱性变中性，失去了对钢筋的保护作用。在水环境中，在干燥环境中，或采用高碱水泥都可以消除碳化的危害。

碱—骨料反应：碱是水泥反应中或环境中得到的，骨料是指对碱有活性的骨料。长期使用后两者才反应使水泥石膨胀开裂，非常有害。

提高耐久性的措施有：

1）合理选择水泥品种。

2）掺外加剂，改善混凝土的性能。

3）加强浇捣和养护，提高混凝土强度和密实度。

4）用涂料和其他措施，进行表面处理，防止混凝土碳化。

5）适当控制水灰比及水泥用量。

二、混凝土配合比设计

1. 混凝土配合比设计的任务

混凝土配合比是指混凝土中各组成材料的数量及其比例关系。混凝土配合比的表示方法有两种：一种是以每立方米混凝土中各种材料的用量表示；另一种是以各种材料相互间的质量比表示（以水泥质量为 1）。

在混凝土配合比设计中，要掌握好下列三个重要参数（三个比例）。

① 水与胶凝材料的比例，即水胶比，它决定混凝土的强度，对工作性、耐久性、经济性有明显影响。

② 砂与石的比例，用砂率可以表达，它主要决定混凝土的工作性。

③ 浆量与骨料量的比例，由单位用水量表达，它决定混凝土的工作性和经济与否。

正确掌握这三个参数，就能配制出符合要求的混凝土。

2. 混凝土配合比设计

（1）混凝土试配强度

混凝土配合比的选择，是根据工程要求、组成材料的质量、施工方法等因素，通过试验室计算及试配后确定的。所确定的试验配合比应使拌制出的混凝土能保证达到结构设计中所要求的强度等级，并符合施工中对和易性的要求，同时还要合理地使用材料和节约水泥。

施工中按设计的混凝土强度等级的要求，正确确定混凝土配制强度，以保证混凝土工程质量。考虑到现场实际施工条件的差异和变化。因此，混凝土的试配强度应比设计的混凝土强度标准值予以提高，即

$$f_{cu,0}=f_{cu,k}+1.645\sigma$$

式中，$f_{cu,0}$ ——混凝土配制强度，MPa；

$f_{cu,k}$ ——设计的混凝土立方体抗压强度标准值，MPa；

σ ——施工单位的混凝土强度标准差，MPa。

对于混凝土强度的标准差 σ，应由强度等级相同，混凝土配合比和工艺条件基本相同的混凝土 28d 强度统计求得。其统计周期，对预拌混凝土工厂和预制混凝土构件厂，可取 1 个月。对现场拌制混凝土的施工单位，可根据实际情况确定，但不宜超过 3 个月。

当混凝土强度等级小于等于为 C30，如计算所得到的 $\sigma<3.0$MPa 时，则取 $\sigma=3.0$MPa；当混凝土强度等级大于 C30 且小于 C60 时，如计算得到的 $\sigma<4.0$MPa 时，取 $\sigma=4.0$MPa。当施工单位无近期混凝土强度统计资料时，σ 可按下表取值。

混凝土强度等级	≤C20	C25~C45	C50~C55
σ/MPa	4.0	5.0	6.0

（2）混凝土的施工配合比换算

混凝土的配合比是在实验室根据初步计算的配合比经过试配和调整而确定的，称为实验室配合比。确定实验室配合比所用的骨料、砂石都是干燥的。

施工现场使用的砂、石都具有一定的含水率，含水率大小随季节、气候不断变化。如果不考虑现场砂、石含水率，还接着实验室配合比投料，其结果是改变了实际砂石用量和用水量，而造成各种原材料用量的实际比例不符合原来的配合比的要求。为保证混凝土工程质量，保证按配合比投料，在施工时要按砂、石实际含水率对原配合比进行修正。

根据施工现场砂、石含水率，调整以后的配合比称为施工配合比。

假定实验室配合比为水泥∶砂∶石=1∶x∶y

水灰比为 W/C

现场测得砂含水率 W_{sa}、石子含水率 W_g

则施工配合比为水泥∶砂∶石=1∶$x(1+W_{sa})$ ∶$y(1+W_g)$

水灰比 W/C 不变（但用水量要减去砂石中的含水量）。

【例】某工程混凝土实验室配合比为 1∶2.28∶4.47，水灰比 W/C =0.63，每立方米混凝土水泥用量 C= 285kg，现场实测砂含水率 3%，石子含水率 1%，求施工配合比及每立方米混凝土各种材料用量。

【解】

施工配合比　　1∶$x(1+W_{sa})$ ∶$y(1+W_g)$

=1∶2.28(1+3%)：4.47(1+1%)

=1∶2.35∶4.51

按施工配合比每立方米混凝土各组成材料用量：

水泥　$C'=C=285$ (kg)

砂　　$G'_{砂}=285\times2.35=669.75$(kg)

石　　$G'_{石}=285\times4.51=1\,285.35$ (kg)

水　　$W'=(W-G_{砂}W_{sa}-G_{石}W_g)C=(0.63-2.28\times3\%-4.47\times1\%)\times285=147.32$(kg)

$G_{砂}$、$G_{石}$为按实验室配合比计算每立方米混凝土砂、石用量。

三、混凝土外加剂的作用与效果

混凝土外加剂是在拌制混凝土过程中掺入的，用于改善混凝土性能的物质，掺量以水泥质量的百分比计。

《混凝土外加剂的分类、命名与定义》（GB 8075—1987）中按外加剂的主要功能将混凝土外加剂分为四类：

1）改善混凝土拌合物流变性能的外加剂，其中包括各种减水剂、引气剂和泵送剂等。

2）调节混凝土凝结时间、硬化性能的外加剂，其中包括缓凝剂、早强剂和速凝剂等。

3）改善混凝土耐久性的外加剂，其中包括引气剂、防水剂和阻锈剂等。

4）改善混凝土其他性能的外加剂，其中包括加气剂、膨胀剂、防冻剂、着色剂、防水剂和泵送剂等。

1. 减水剂

减水剂是指能保持混凝土的和易性不变，而显著减少其拌和用水量的外加剂。

1）减水剂的减水作用。水泥加水拌和后，水泥颗粒间会相互吸引，形成许多絮状物。当加入减水剂后，减水剂能拆散这些絮状结构，把包裹的游离水释放出来。

2）使用减水剂的技术经济效果如下：

① 在保持和易性不变，也不减少水泥用量时，可减少拌和水量 5%～25%或更多。

② 在保持原配合比不变的情况下，可使拌合物的坍落度大幅度提高（可增大 100～200mm）。

③ 若保持强度及和易性不变，可节省水泥 10%～20%。

④ 提高混凝土的抗冻性、抗渗性，使混凝土的耐久性得到提高。

3）常用的减水剂。目前，减水剂主要有木质素系、萘系、树脂系、糖蜜系和腐殖酸等几类，常用品种为前两种。各类可按主要功能分为普通减水剂、高效减水剂、早强减水剂、缓凝减水剂、引气减水剂等。

2. 早强剂

早强剂是指能提高混凝土早期强度，并对后期强度无显著影响的外加剂。

常用的早强剂有氯盐、硫酸盐、三乙醇胺类及其复合物。

早强剂掺量要少，如氯盐早强剂，在混凝土干燥环境下仅为水泥质量的 0.6%，因为其对钢筋有腐蚀。

3. 引气剂

搅拌混凝土的过程中，能引入大量均匀分布、稳定而封闭的微小气泡的外加剂称为引气剂。

引气剂可在混凝土拌合物中引入直径为 0.05~1.25mm 的气泡，能改善混凝土的和易性，提高混凝土的抗冻性、抗渗性等耐久性，适用于港口、土工、地下防水混凝土等工程。

4. 防冻剂

能使混凝土在负温下硬化，并在规定时间内达到足够防冻强度的外加剂称为防冻剂。在负温度条件下施工的混凝土工程须掺入防冻剂。一般来说，防冻剂除能降低冰点外，还有促凝、早强、减水等作用，所以多为复合防冻剂。

5. 膨胀剂

膨胀剂是指与水泥、水拌和后经水化反应生成钙矾石和氢氧化钙，使混凝土膨胀的外加剂。

因化学反应产生膨胀效应的水化产物，在钢筋约束下，这种膨胀转变成压应力，减少或消除混凝土干缩和初凝时的裂缝，改善混凝土的质量，水化生成的钙矾石能填充毛细孔隙，提高混凝土的耐久性、抗渗性。

6. 泵送剂

泵送剂是指改善混凝土泵送性能的外加剂。

泵送剂的组分有减水组分、缓凝组分（调节凝结时间，增加游离水含量，从而提高流动性）、增稠组分（又称保水剂）。

第四节　砂浆及墙体材料

一、砌筑砂浆的原材料、性质

砌筑砂浆是指用于砌筑砖、石砌块等块材的砂浆。作用是粘结（砂浆饱满度）、衬蛰（消除复杂应力）、传递荷载。品种有水泥砂浆、混合砂浆（两种胶凝材料）。

1. 组成材料

砌筑砂浆组成材料的选择如下：

1）水泥品种及强度。宜选用除硅酸盐水泥之外的四大水泥加上砌筑水泥。常用的是普通水泥、矿渣水泥。水泥强度一般为 32.5。

水泥砂浆中胶凝材料是水泥，且水泥强度为 32.5，适用于潮湿环境（±0.00 以下的基础砌砖），保水性不好，容易泌水。

混合砂浆中胶凝材料有两种，除水泥强度 32.5、42.5 外，还有工地上常用的石灰膏。石灰膏属于气硬性胶凝材料，适用于干燥环境。严禁采用废品和不合格水泥。

2）砂。粒径一般为中砂，过筛 2.5mm 以内，为灰缝厚度的 1/5 ~ 1/4（毛石砌体采用粗砂）。含泥量不大于 5%，与混凝土一样（M2.5 混合砂浆含泥量不大于 10%），含泥量过大，砂浆强度降低、耐久性降低、收缩性增大。

3）水。与混凝土要求一样。

4）掺加料与外加剂：

① 混合砂浆中加入的掺加料是一种胶凝材料，常用的有石灰膏和黏土两种，作用是

改善和易性、省水泥（水泥颗粒保水性不好，容易泌水）。

石灰膏应充分熟化，防止干燥、冻结和污染。严禁使用脱水硬化的石灰膏，因为其不但起不到塑化作用，还会影响砂浆强度。

② 外加剂。根据施工要求，工程中主要用到的是冬季砌砖砂浆中应加入防冻剂。

2. 砌筑砂浆的性质

砌筑砂浆应有良好的和易性、足够的抗压强度、粘结强度和耐久性。

（1）和易性

和易性良好的砂浆便于操作，能在砖、石表面上铺成均匀的薄层，与底层粘结良好，不分层、不析水，流动，薄层，粘结。

和易性包括：

1）稠度，即流动性。是指标准圆试锥自由下沉 10s 时沉入量数值。指标为沉入度 K，其值增大，流动性提高，砌体种类不同，沉入度数值不同，见表 10–6，K 大则强度降低，K 小则不便于施工操作，达不到砂浆饱满度的要求。

表 10–6　砂浆沉入度

砌体种类	砂浆稠度/mm
烧结普通砖砌体	70~90
轻骨料混凝土小型空心砌块砌体	60~90
烧结多孔砖，空心砖砌体	60~80
烧结普通砖平拱式过梁 空斗墙，筒拱 普通混凝土小型空心砌块砌体 加气混凝土砌块砌体	50~70
石砌块	30~50

2）保水性。将砂浆静置 0.5h，评价指标是分层度（$K_1 - K_2$），要求不能太大。

砌筑砂浆的分层度不应大于 30mm，混凝土小型砌块为 10 ~ 30mm，过大易离析，不便于施工；过小易裂缝。

（2）抗压强度

标准试件尺寸为 70.7mm×70.7mm×70.7mm，强度等级以 28d 抗压强度为依据。砂浆用符号 M 来表示，M2.5 ~ M20 共 6 个等级。混凝土小型砌块用砂浆有 M5 ~ M30 共 7 个等级。

（3）粘结强度

粘结强度的影响因素有：

1）保水性能优良，砂浆强度等级越高，粘结强度越高。

2）清洁度。

3）润湿情况。

4）养护条件有关。除冬季施工外，砌砖前要浇水湿润，含水率为10%～15%。

（4）耐久性。

要符合施工图上设计要求，要求抗冻性达到相应抗冻等级。

二、砌墙砖、墙板及砌块的规格、等级与应用

1. 砌墙砖

砖按加工工艺分为：烧结砖（如普通砖）、非烧结砖（如蒸压蒸养砖）。按孔洞率（孔洞占表面积的比值）分为：普通砖（<15%）、多孔砖（>15%）、空心砖（>25%）。按材料分为：普通砖、页岩砖、煤矸石砖、粉煤灰砖、灰砂砖等。

（1）烧结普通砖

烧结普通砖是以黏土、页岩、煤矸石、粉煤灰为主要原料，经焙烧而成的普通砖。

按主要原料分为烧结普通砖（符号为 N）、烧结页岩砖（符号为 Y）、烧结煤矸石砖（符号为 M）和烧结粉煤灰砖（符号为 F）。

1）规格尺寸：240mm×115mm×53mm。所以一方砖砌体需砖为 4×8×16=512 块。

其大面为 240mm×115mm，条面为 240mm×53mm，顶面为 115mm×53mm。

2）强度等级：烧结普通砖根据抗压强度分为 MU10、MU15、MU20、MU25、MU30 等 5 个强度等级。一般达到 10MPa 即可用于承重墙。烧结普通砖强度等级划分规定见表 10–7。

表 10–7　烧结普通砖强度等级划分规定

强度等级	抗压强度平均值/MPa $\overline{f}\geqslant$	变异系数 $\delta\leqslant0.21$	变异系数 $\delta>0.21$
		强度标准值/MPa $f_k\geqslant$	单块最小抗压强度值/MPa $f_{min}\geqslant$
MU30	30.0	22.0	25.0
MU25	25.0	18.0	22.0
MU20	20.0	14.0	16.0
MU15	15.0	10.0	12.0
MU10	10.0	6.5	7.5

3）强度和抗风化性能合格的砖，根据尺寸偏差、外观质量、泛霜和石灰爆裂等分为优等品（A）、一等品（B）和合格品（C）三个质量等级。

抗风化性能是指材料在干湿变化、温度变化、冻融变化等物理因素作用下不破坏并保持原有性质的能力。用于严重风化区的砖必须进行冻融试验。其他地区的砖，其吸水率和饱和系数指标若能达到要求，可认为其抗风化性能合格，不再进行冻融试验，当有一项指

标达不到要求时，也必须进行冻融试验。

① 尺寸偏差和外观质量应满足规范要求。

② 烧结砖的泛霜。当生产烧结砖的原料中含有可溶性无机盐时，会隐含在成品烧结砖的内部，砖吸水后再次干燥时，水分会向外迁移，这些可溶性盐随水渗到砖的表面，水分蒸发后便留下白色粉末状的盐，形成白霜，这就是泛霜现象。

泛霜严重时，由于大量盐类的溶出和结晶膨胀会造成砖砌体表面粉化及剥落，内部孔隙率增大，抗冻性显著下降。国家标准规定优等砖不得有泛霜现象，合格砖不得严重泛霜。

③ 烧结砖的石灰爆裂。有时生产烧结砖的原料中夹有石灰石等杂物，经焙烧后砖内形成了颗粒状的石灰块等物质。一旦吸水后，就会产生局部体积膨胀，导致砖体开裂甚至崩溃。石灰爆裂不仅造成砖体的外观缺陷和强度降低，还可能造成对砌体的严重危害。标准规定，优等品砖不允许出现最大破坏尺寸大于 2mm 的爆裂区域，一等品砖不允许出现最大破坏尺寸大于 10mm 的爆裂区域，在 2 ~ 10mm 爆裂区域，每组砖样不得多于 15 处。

烧结砖的形成是砖坯经高温焙烧，使部分物质熔融，冷凝后将未熔融的颗粒粘结在一起成为整体。当焙烧温度不足时，熔融物太少，难以充满砖体内部，粘结不牢，这种砖称为欠火砖。欠火砖，低温下焙烧，黏土颗粒间熔融物少，孔隙率大、色浅、敲击时声哑，强度低、吸水率大、耐久性差。过火砖由于烧成温度过高，软化变形，造成外形尺寸极不规整，色较深、敲击时声清脆。

（2）烧结多孔砖和空心砖（见表 10–8）

表 10–8　烧结多孔砖和空心砖比较

项目	多孔砖	空心砖
孔隙率	≥15%	≥25%
孔形状	小圆竖孔	大方横孔
孔数量	多	少
强度	MU30~MU10	MU10~MU2.5
适用	承重墙体	非承重墙体

1）烧结多孔砖。烧结多孔砖通常指砖内孔径不大于 22mm，孔洞率不小于 15%的烧结砖。外型尺寸可为长度（L）290mm、240mm、190mm，宽度（B）240mm、190mm、180mm、175mm、140mm、115mm，高度（H）90mm 的不同组合而成。

烧结多孔砖内的孔洞尺寸小而数量多，孔洞分布在大面且均匀合理，孔壁部分砖体较密实，所以强度较高。工程中使用时常以孔洞垂直于承压面，以充分利用砖的抗压强度。烧结多孔砖根据 10 块的抗压强度分为 MU30、MU25、MU20、MU15、MU10 五个强度等级。

2）烧结空心砖。烧结空心砖是指孔洞率大于25%，孔尺寸大而孔数量少的砖。烧结空心砖的尺寸一般较大，孔洞通常平行于承压面，抗压强度较低。依据抗压强度可划分为MU10、MU7.5、MU5.0、MU3.5和MU2.5五种强度等级。

2. 砌块

砌块是用于砌筑工程的人造块材，砌块与砖的主要区别是：砌块的长度大于365mm，或宽度大于240mm，或高度大于115mm。工程中常用的砌块有水泥混凝土砌块、轻骨料混凝土砌块、炉渣砌块、粉煤灰砌块及其他硅酸盐砌块、水泥混凝土铺地砖等。

1）普通混凝土小型砌块（NHB）。普通混凝土小型砌块是以水泥为胶结材料，砂、碎石或卵石为骨料，加水搅拌，振动加压成型，养护而成的小型砌块。

根据《普通混凝土小型空心砌块》（GB 8239—1997）的规定，砌块的主规格尺寸为390mm×190mm×190mm，辅助规格尺寸可由供需双方协商，即可组成墙用砌块基本系列。

孔洞率一般为35%～60%。强度等级分别为MU3.5、MU5.0、MU7.5、MU10、MU15.0和MU20.0六个等级，按其尺寸偏差和外观质量分为优等品（A）、一等品（B）及合格品（C）三个等级。

混凝土砌块使用前，应首先检验外观质量和尺寸偏差，合格后再检验其抗压强度及相对含水率。必要时检验其抗渗性和抗冻性，其中相对含水率是指砌块的实际含水率与其最大吸水率之比。

2）蒸压加气混凝土砌块（ACB）。蒸压加气混凝土砌块是用钙质材料（如水泥、石灰）和硅质材料（如砂子、粉煤灰、矿渣）的配料中加入铝粉作加气剂，经加水搅拌、浇筑成型、发气膨胀、预养切割，再经高压蒸汽养护而成的多孔硅酸盐砌块。

3）轻骨料混凝土小型空心砌块（LHB）。轻骨料混凝土小型空心砌块是由水泥、砂（轻砂或普通砂）、轻粗骨料、水等经搅拌、成型而得。

根据《轻骨料混凝土小型空心砌块》（GB/T15229—2002）的规定，轻骨料混凝土小型空心砌块按砌块孔的排数分为五类，即实心（0）、单排孔（1）、双排孔（2）、三排孔（3）和四排孔（4）。按其密度可分为500、600、700、800、900、1 000、1 200、1 400八个等级。按其强度可分为1.5、2.5、3.5、5.0、7.5、10.0六个等级；按尺寸允许偏差和外观质量分为一等品（B）、合格品（C）两个等级。

该砌块主要用于保温墙体（<3.5MPa）或非承重墙体、承重保温墙体（≥3.5MPa）。

三、抹面砂浆的主要技术要求

抹面砂浆也称抹灰砂浆，用于涂抹在建筑物表面。其作用是保护墙体不受风雨、潮气等侵蚀，提高墙体防潮、防风化、防腐蚀的能力，同时使墙面、地面等建筑部位平整、光滑、清洁美观。分为普通抹面和装饰抹面。

1. 普通抹面

抹面砂浆需要注意的是防止脱落，防止开裂。为防脱落所以使用的胶凝材料比砌筑砂浆多。防开裂可以在面层掺入纤维，如纸筋、麻刀等，并采用多层施工法。

1）底层砂浆主要起与基层粘结的作用，要求稠度稍稀，沉入度较大（100 ~ 120mm），其组成材料常因底层而异。

2）中层砂浆主要起找平作用，多用混合砂浆或石灰砂浆，比底层砂浆稍稠些（沉入度为 70 ~ 90mm）。

3）面层砂浆主要起保护和装饰作用，多采用细砂配制的混合砂浆、麻刀石灰砂浆或纸筋石灰砂浆（沉入度为 70 ~ 80mm）。

抹面砂浆的保水性仍用分层度表示。其大小应根据施工条件选定，一般情况下要求分层度在 10 ~ 20mm。分层度接近于 0 的砂浆易产生干缩裂缝，不宜作抹面用。分层度大于 20mrn 的砂浆，容易离析，施工不便。

粘结力即砂浆与基层材料之间的粘结强度，它与砂浆的成分、水灰比、基层的温度、基层表面的洁净及粗糙程度、操作技术和养护等因素有关。

确定抹浆组成材料及配合比的主要依据是工程使用部位及基层材料的性质。常用普通抹面砂浆配合比可参考表 10–9。

表 10–9　各种抹面砂浆配合比参考表

材料	配合比（体积比）	应用范围
石灰:砂	1:2~1:4	用于砖石墙表面（檐口、勒脚、女儿墙以及潮湿房间的墙除外）
石灰:黏土:砂	1:1:4~1:1:8	用于干燥环境墙表面
石灰:石膏:砂	1:0.4:2~1:1:3	用于不潮湿房间的墙及天花板
石灰:石膏:砂	1:2:2~1:2:4	用于不潮湿房间的线脚及其他装饰工程
石灰:水泥:砂	1:0.5:4.5~1:1:5	用于檐口、勒脚、女儿墙以及比较潮湿的部位
水泥:砂	1:3~1:2.5	用于浴室、潮湿车间等墙裙、勒脚或地面基层
水泥:砂	1:2~1:1.5	用于地面、天棚或墙面面层
水泥:砂	1:0.5~1:1	用于混凝土地面随时压光
水泥:石膏:砂:锯末	1:1~3.5	用于吸声粉刷
水泥:白石子	1:2~1:1	用于水磨石（打底用 1:2.5 水泥砂浆）
水泥:白石子	1:1.5	用于剁假石（打底用 1:2.5 水泥砂浆）

2. 装饰砂浆

涂抹在建筑物内外墙表面，以增加建筑物美观效果的砂浆称为装饰砂浆。

装饰砂浆的面层应选用具有一定颜色的胶凝材料和骨料，并采用特殊的施工操作方法，使表面呈现出各种不同的色彩线条和花纹等装饰效果。

装饰砂浆所采用的胶凝材料有普通水泥、矿渣水泥、火山灰水泥、白水泥和彩色水泥，以及石灰、石膏等。骨料常用大理石、花岗石等带颜色的细石碴或玻璃、陶瓷碎粒等。

1）拉毛。先用水泥砂浆或水泥混合砂浆做底层，再用水泥石灰砂浆或水泥纸筋灰浆做面层，在面层灰浆尚未凝结之前用铁抹子等工具将表面轻压后顺势轻轻拉起，形成凹凸感较强的饰面层。

2）水刷石。水刷石是将水泥和粒径为 5mm 左右的石碴按比例混合，配制成水泥石碴砂浆，涂抹成型待水泥浆初凝后，以硬毛刷蘸水刷洗，或喷水冲刷，将表面水泥浆冲走，使石碴半露出来，达到装饰效果。水刷石饰面具有石料饰面的质感效果，主要用于外墙饰面，另外檐口、腰线、窗套、阳台、雨篷、勒脚及花台等部位也常使用。

3）喷涂。喷涂多用于外墙饰面，是用砂浆泵或喷斗，将掺有聚合物的水泥砂浆喷涂在墙面基层或底灰上，形成饰面层，最后在表面再喷一层甲基硅醇钠或甲基硅树脂疏水剂，以提高饰面层的耐久性和减少墙面污染。

4）斩假石。斩假石又称剁斧石，是在水泥砂浆基层上涂抹水泥石碴浆或水泥石屑浆，待其硬化具有一定强度时，用钝斧及各种凿子等工具，在表层上剁斩出纹理。斩假石既有石材的质感，又有精工细作的特点，给人以朴实、自然、素雅、庄重的感觉。斩假石饰面一般多用于局部小面积装饰，如勒脚、台阶、柱面、扶手等。

第五节　建筑钢材

一、钢材的力学性能与工艺性能

钢材从加工到使用所表现出来的性能包括：

1）使用性能：是指钢材在加工好后使用过程中的性能，如力学性能、耐腐性、疲劳寿命等，主要是力学性能。

2）工艺性能：是指钢材在加工过程中的性能，如冷弯性、可焊性、车削性等。

1. 拉伸性能

（1）通过试验机测试、分析的两类表现

1）低碳钢（软钢）；硬度低，强度低，有屈服现象。

2）高碳钢、合金钢（硬钢）：硬度高，强度高，无屈服现象。

试件的形状为原样试件或标准试件，标准试件中 5 倍试件（短试件）比 10 倍试件（长试件）常用。

使用仪器为万能试验机（能测试拉、压、弯、剪各种力学性能）。

（2）低碳钢拉伸的四阶段（如图 10–1 所示）

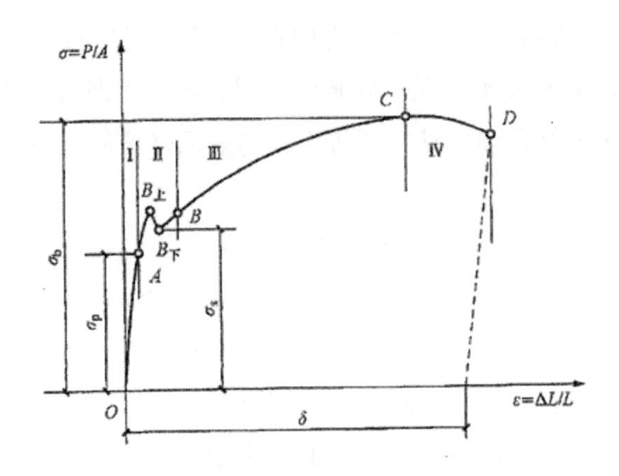

图 10–1　低碳钢的拉伸曲线

1)弹性阶段。力撤销后变形恢复，弹性阶段的最高点 A 所对应的应力值称为弹性极限 σ_p。当应力稍低于 A 点时，应力与应变呈线性正比例关系，其斜率称为弹性模量，用 E 表示，$E=\sigma/\varepsilon=\tan\alpha$。

2）屈服阶段（大变形）。屈服点 σ_s（屈服强度），呈弹塑性，开始大变形，钢筋失效。屈服强度为结构设计的依据。

3）强化阶段。出现最大值抗拉强度 σ_b。从屈服到断裂有强度储备，给生命财产保全的时间。

4）颈缩断裂阶段。当应力达到抗拉强度 σ_b 后，在试件薄弱处的断面将显著缩小，塑性变形急剧增加，产生颈缩现象并很快断裂。

（3）指标

强度指标；屈服强度 $\sigma_s=F_s/A_0$（即单位面积 mm^2 上受多大的一个力就屈服了）；抗拉强度 $\sigma_b=F_b/A_0$（即单位面积 m^2 上受多大的一个力就拉断了）。

屈强比 $=\sigma_s/\sigma_b$：反映利用率与可靠程度。数值小则利用率低，但可靠程度大；大则利用率高，但可靠性差。一般钢材屈强比数值为 0.6 ~ 0.75。

塑性指标：伸长率 $\delta=(L_1-L_0)/L_0$，断面收缩率 $\phi=(A_0-A_1)/A_0$。

无明显屈服现象的中高碳钢、合金钢的设计依据是条件屈服强度（塑性变形达到原长的 0.2%时的应力）$\sigma_{r0.2}\approx0.85\sigma_b$。

2. 疲劳强度

钢材在交变应力的反复作用下，往往在应力远小于其抗拉强度时就发生破坏，这种现象称为疲劳破坏。疲劳破坏的危险应力用疲劳极限来表示，它是指疲劳试验时试件在交变应力作用下，在规定周期基数（如百万次）内不发生断裂所能承受的最大应力。

构件承受交变荷载时必须考虑疲劳强度，如吊车梁、吊钩等。

3. 弯曲性能（冷弯性能）

冷弯性能是指钢材在常温下承受弯曲变形的能力，是建筑钢材的重要工艺性能。出现裂缝前能承受的弯曲程度越大（弯心小、弯角大），钢材的弯曲性能越好。塑性好，冷弯性能必然好。钢材的冷弯性能指标是用弯曲角度和弯心直径对试件厚度（直径）的比值来衡量的。试验时采用的弯曲角度越大，弯心直径对试件厚度（直径）的比值越小，表示对冷弯性能的要求越高。

钢材的冷弯性能和伸长率都是塑性变形能力的反映，冷弯性能能体现钢材质量是否有杂质偏析、微裂纹等缺陷。

4. 焊接性能（可焊性）

钢材构件的可焊性与操作水平以及钢材的成分、组织有关。焊件必须做试验，目的是检验焊缝的强度、质量如何，有无变形、开裂现象。

二、建筑钢材的品种

1. 钢中元素对性质的影响

1）碳是重要元素，越多，强度、硬度越高，塑性、韧性越差。

2）硫、磷是有害元素，越多质量越差，含量在 0.035%以下的是优质钢。硫使钢具有热脆性，磷使钢具有冷脆性。对于钢材，优质不优质看硫、磷。如果这两种有害杂质能控制在 0.035%以内，就是优质钢，否则只能成为普通的碳素钢。

3）硅、锰是有益元素，硅的影响与碳类似，提高弹性，锰可以消除硫害。

4）合金元素可以提高钢的综合性质，或在塑性韧性等不变的情况下提高强度、硬度。

2. 碳素钢

碳素钢按脱氧程度分为：

1）沸腾钢 F。没有充分脱氧的钢，钢液中有相当数的 FeO，C 与 FeO 反应放出大量 CO_2，有沸腾现象，塑性好，强度及抗腐蚀性差，冲击韧性差，成本低。

2）半镇静钢 b。脱氧程度和钢材性能居中。

3）镇静钢 Z。脱氧充分的钢，致密，强度高，质量均匀。有振动、冲击荷载时必须使用镇静钢，如起重机、臂、钩，成本高。

3. 四种常用的建筑用钢

1）碳素结构钢。其含碳量不高于 0.38%。

2）低合金高强度结构钢。在普通碳素钢基础上加入少量合金元素可制得。

3）优质碳素结构钢。含碳范围广，大部分是镇静钢，质量好。

4）合金结构钢。在优质碳素钢基础上加入一种或多种合金元素，如镍、钒、钛等制得。可提高品质，保持塑性、韧性，强度提高，可加工性提高。

建筑用钢的重点是钢的牌号，表示方法和应用与钢号相一致。

前两类钢材的牌号表示方法：屈服点字母 Q、屈服点的数值、质量等级符号和脱氧程度组成。碳素结构钢：Q195–Q275，低合金高强度结构钢：Q295–Q460。

例如，Q235–BF 表示屈服强度为 235MPa，质量等级为 B 级的沸腾钢。Q345–C 表示屈服强度为 345MPa，质量等级为 C 级的低合金高强度结构钢。

碳素结构钢：含 C 量不大于 0.38%，牌号增大是含碳量引起的，牌号越大，强度、硬度越高，塑性越差。Q235 是目前应用最广泛的钢种，用于制造 I 级钢筋和各种型钢。

低合金高强度结构钢：牌号的增大是加入合金元素引起的。在塑性、韧性保证的基础上，强度提高，建筑工程中的主要钢种，成本与普通钢接近。

后两类钢材的牌号表示方法：数字代表含碳量为万分之几，后边加上合金元素的符号和数量。A 代表高级优质钢，E 代表特级优质钢。

优质碳素结构钢：31 个牌号 08–80，低、中、高碳钢都包含。后面加 F 代表是沸腾钢，Mn 代表锰含量稍高。应用于高强螺栓、预应力混凝土。

合金结构钢（在优质钢基础上加合金元素）。如 $20CrNi_3$ 代表含 C 量为 0.2%，铬为 1% 左右，镍为 3%左右的优质合金钢。这类钢材成本高，应用在特殊、重要、大荷、大跨度的工程。

4. 钢筋

按工艺分为：①热轧钢筋；②冷轧钢筋；③冷轧扭钢筋；④冷拉钢筋；⑤热处理钢筋；⑥余热处理钢筋。

按外形分为：①光圆钢筋 P，如 HPB235；②带肋钢筋 R，增加了与混凝土间的咬合力、粘结力，不易拔出。

按化学成分分为：碳素结构钢钢筋和低合金高强度结构钢钢筋。

按供货方式分为：①圆盘条钢筋。100m 左右盘成，一般为直径较细的钢筋；②直条钢筋，有 9m、12m 不等。

（1）热轧钢筋

热轧钢筋是红热高温状态下其他钢筋的基础，是目前最常用的品种。

1）带肋钢筋分为人字肋、螺旋肋、月牙肋、等高肋。目前常用的是人字月牙肋的钢筋。

2）牌号是按力学性能和弯曲性能划分的。分为四级，见表 10–10。

表 10–10 各牌号钢筋的力学性能及弯曲性能

牌号	外形	钢种	公称直径/mm	屈服强度/MPa	抗拉强度/MPa	伸长率/δ_5（%）	冷弯性能	
				≥			角度/（°）	弯心直径
HPB235	光圆	低碳钢	6~22	235	370	25	180	$d=a$
HRB335	月牙肋	低碳低合金钢	6~25	335	455	17	180	$d=3a$
			28~40					$d=4a$
HRB400			6~25	400	540	16	180	$d=4a$
			28~40					$d=5a$
HRB500	等高肋	中碳低合金钢	6~25	500	630	15	180	$d=6a$
			28~40					$d=7a$

牌号中 H 代表热的，P 代表光圆，R 代表肋，B 是钢筋，数字代表屈服点（或条件屈服点）的数值。

应用：如梁内的钢筋骨架，受力钢筋一般为Ⅱ、Ⅲ级钢筋，架立筋一般为 I、Ⅱ级钢筋，箍筋一般为 I 级钢筋，板内受力筋、分布筋一般可用各级钢筋。

（2）冷轧带肋钢筋

冷轧带肋钢筋是在常温下成型、挤压扭制的。在预应力结构中代替冷拔钢丝，在钢混凝土中替代 I 级钢筋，可以节约钢材，降低造价，应用前景广阔，与光圆钢筋相比，只有两面或三面横肋，与混凝土的粘结力好，强度提高。

牌号从 CRB550 ~ CRB1170，数字代表抗拉强度值。

（3）冷轧扭钢筋（LZN）

冷轧扭钢筋的应用同冷轧钢筋。

（4）冷拉钢筋

冷拉钢筋用热轧钢筋经强力拉伸（拉应力超过屈服点）制成，可拉细、拉长、拉强、拉直、拉掉锈皮。冷加工使强度提高，例如，原来需要直径 20mm，现在只需要直径 16mm 即可，省钢材。

冷加工硬化是指钢筋经冷加工后，出现屈服强度提高、硬度提高，塑性、韧性下降的现象。如日常反复用手弯断钢丝。

将经过冷拉的钢筋于常温下存放 15 ~ 20d，或加热到 100 ~ 200℃，并保持一段时间，这个过程称为时效处理。前者称为自然时效，后者称为人工时效。

时效处理是指时间所引起的效果，放置后变强、变硬、变脆。冷加工硬化只提高屈服强度，时效处理能使抗拉强度提高。如图 10–2 所示。

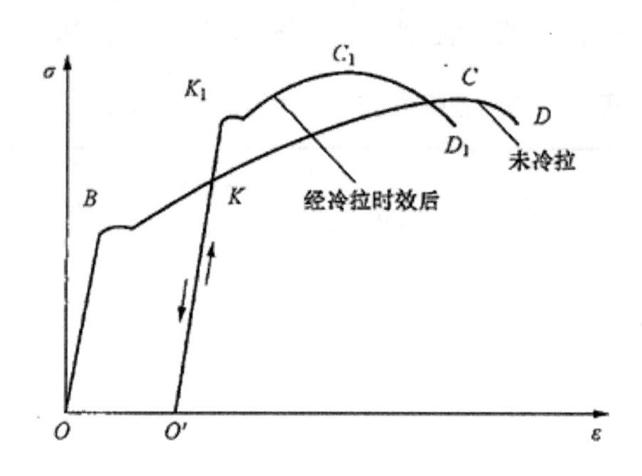

图 10–2　冷加工的硬化与时效

第六节　防水材料

一、沥青的主要技术性能及应用

沥青是一种有机胶凝材料，是各种碳氢化合物及其衍生物组成的复杂混合物。沥青具有良好的黏结性、塑性、不透水性及耐化学侵蚀性，并能抵抗大气的风化作用。在建筑工程上主要用于屋面及地下室防水、车间耐腐蚀地面及道路路面等。此外，还可用来制造防水卷材、防水涂料、油膏、胶结剂及防腐涂料等。

按状态分为：固体沥青、半固体（黏稠的，接近于固体）、液体沥青。

按沥青的来源分为：

① 石油沥青：分馏（107℃起）汽油、柴油（能溶解于汽油）。

② 煤沥青：干馏煤焦油，轻质、熔点低，像石油一样分馏，性质最差（不能溶解于汽油）。

③ 天然沥青：沥青脉，黏性非常好。

1. 石油沥青

（1）分类

按用途分：①建筑石油沥青，牌号小，耐热；②道路石油沥青，牌号大，不耐热。

（2）组分

将化学成分及物理性质相似又有相同特征的一组成分归为一组，称为组分。

三大组分即油分、树脂、地沥青质。三大组分不稳定，在温度、阳光、空气及水等作用下，各组分之间会不断演变，油分、树脂逐渐减少，地沥青质逐渐增多，流动性、塑性降低，沥青变脆变硬，这一过程称为沥青的老化。

（3）主要技术性质

主要技术性质包括黏滞性、塑性、温度稳定性、大气稳定性，它们是评价沥青质量好坏的主要依据。

1）黏滞性。在外力作用下抵抗发生变形的性能。

液态沥青的黏滞性用黏滞度表示，半固体或固体沥青的黏滞性用针入度表示。黏滞度是指液态沥青在一定温度下，经规定直径的孔洞漏下 50ml，所需要的时间（s）。针入度是指在温度为 25℃的条件下，以质量 100g 的标准针，经 5s 沉入沥青中的深度，每沉入 0.1mm 称为 1 度。

沥青的牌号划分主要是依据针入度的大小确定的。

影响黏滞性的因素：①与组分的比例有关系，油分多，黏滞性差。树脂、地沥青质多，黏滞性好；②与温度有关，温度升高，沥青变软、变稀，黏滞性下降。

2）塑性。塑性是指沥青在外力作用下，产生变形而不被破坏的能力。沥青塑性的大小与它的组分和所处温度紧密相关。

沥青夏季易粘流，冬季容易开裂，温度升高，具有自愈能力。沥青能做成柔性防水卷材是由其塑性决定的。

塑性的指标是延度，延度是指在一定的试验条件下被拉伸的最大长度。塑性还与质量好坏有关，牌号一定时，质量越好，拉成细丝越长，塑性越好。

3）温度稳定性。温度稳定性是指石油沥青的黏滞性和塑性随温度升降而变化的性能。随着温度的升高，沥青的黏滞性降低，塑性增加，这样变化的程度越大，则表示沥青的温度稳定性越差。常用软化点表示。用环球法测定。对于沥青希望有高的软化点，避免夏季出现流淌的现象；低的脆化点，避免冬季出现脆裂现象。

4）闪点和燃点。闪点是指沥青达到软化点后再继续加热，则初次产生蓝色闪光时的沥青温度。燃点又称着火点，与火接触而产生的火焰能持续燃烧 5s 以上时，这个开始燃烧的温度即为燃点。各种沥青的最高加热温度都必须低于其闪点和燃点。

石油沥青的质量指标包括针入度、延伸度、软化点、溶解度、闪点等。各项指标应符合《道路石油沥青》（NB/SH/T0522—2010）、《建筑石油沥青》（GB/T494—2010）的规范要求。

2. 煤沥青

煤沥青的许多性能都不及石油沥青。煤沥青塑性、温度稳定性较差，冬季易脆，夏季易于软化，老化快。加热燃烧时，烟呈黄色，有刺激性臭味，略有毒性，但具有较高的抗微生物侵蚀作用，适用于地下防水工程或作为防腐材料用。

3. 改性沥青

1）橡胶改性沥青。常用的丁苯橡胶（SBS）热塑性橡胶兼有橡胶和塑料的特性，常温下具有橡胶的弹性，在高温下又能像塑料那样熔融流动，成为可塑的材料。所以采用 SBS 橡胶改性沥青，其耐高温、低温性能均有较明显提高。

2）树脂改性沥青。常用的有无规聚丙烯（APP）。

二、改性沥青防水制品、高分子防水材料的技术性能及应用

防水卷材有石油沥青防水卷材、改性沥青防水卷材、合成高分子防水卷材等三类。这些防水材料的分类都是根据基胎的材料、沥青的材料、隔离材料的种类来分类的。具体用哪种防水卷材，要根据建筑的防水等级要求。防水卷材的分类及品种见表 10–11。

表 10–11　防水卷材的分类及品种

分类方法	品种名称
按生产工艺分	浸渍卷材（有胎）、辊压卷材（无胎）
按浸渍材料品种分	石油沥青卷材、改性沥青卷材、合成高分子卷材
按使用基胎分	纸胎、布胎、玻布胎、聚酯胎
按面层隔离剂分	粉、片、粒、膜（塑料、铝箔）

卷材屋面施工方法有三种：

（1）胶黏剂。与基材相应的胶，如传统三毡四油中的油有以下三种：

1）热玛瑞脂。沥青中加入滑石粉等制成，热施工。

2）溶剂型。沥青溶入有机溶剂、冷施工，成本高。

3）水乳型。加表面活性剂强力搅拌成乳浊液，像牛奶。

（2）热粘。底面均匀受热、再辊压。

（3）自粘。既不用任何胶黏剂，也不用热粘，类似双面胶。

1. 改性沥青防水卷材（工程中常用）

高聚物改性沥青防水卷材是指以合成高分子聚合物改性沥青为涂盖层，纤维织物或纤维毡为胎体，粉状、粒状、片状或薄膜材料为防粘隔离层制成的可卷曲的片状防水材料。

高聚物改性沥青防水卷材克服了沥青防水卷材的温度稳定性差、延伸率小，难以适应基层开裂及伸缩的缺点，具有高温不流淌、低温不脆裂、拉伸温度较高、延伸率较大等优异性能。

（1）弹性体（SBS）改性沥青防水卷材。弹性体改性沥青防水卷材（SBS）是以玻纤毡或聚酯毡为胎基，以苯乙烯–丁二烯–苯乙烯（SBS）热塑性弹性体作改性剂，两面覆以隔离材料所制成的建筑防水卷材，简称 SBS 卷材。

SBS 卷材按胎基分为聚酯胎（PY）和玻纤胎（G）两类。按上表面隔离材料分为聚乙烯膜（PE）、细砂（S）与矿物粒（片）料（M）三种。按物理力学性能分为Ⅰ型和Ⅱ型。卷材按不同胎基、不同上表面材料分为 6 个品种，见表 10–12。

表 10–12　SBS 卷材品种

胎基上表面材料	聚酯胎	玻纤胎
聚乙烯膜	PY-PE	G-PE
细砂	PY-S	G-S
矿物粒（片）料	PY-M	G-M

SBS 卷材宽 1 000mm。聚酯胎卷材厚度为 3mm 和 4mm，玻纤胎卷材厚度为 2mm、3mm 和 4mm。每卷面积为 15m^2、10m^2、7.5m^2 三种。

SBS 卷材适用于工业与民用建筑的屋面及地下防水工程，尤其适用于较低气温环境的建筑防水。SBS 卷材的物理力学性能应符合规范要求。SBS 改性沥青卷材以聚酯纤维无纺布为胎体，以 SBS 橡胶改性沥青为面层，以塑料薄膜为隔离层，油毡表面带有砂粒。它的耐撕裂强度比玻璃纤维胎油毡大 15 ~ 17 倍，耐刺穿性大 15 ~ 19 倍，可用氯丁黏合剂进行冷粘贴施工，也可用汽油喷灯进行热熔施工，是目前性能最佳的油毡之一。

（2）塑性体（APP）改性沥青防水卷材。与 SBS 的区别是，改性沥青变为 APP。塑性体改性沥青防水卷材，是以聚酯毡或玻纤毡为胎基，无规聚丙烯（APP）或聚烯烃类聚合物（APAO、APO）作改性剂，两面覆以隔离材料所制成的建筑防水卷材，统称 APP 卷材。APP 卷材物理力学性能应符合规范要求。

APP 卷材的品种、规格与 SBS 卷材相同。APP 卷材适用于工业与民用建筑的屋面和地下防水工程，以及道路、桥梁等建筑物的防水，尤其适用于较高气温环境的建筑防水。

2. 合成高分子防水卷材

合成高分子防水卷材分为橡胶类、树脂类、橡塑共混类三类。

合成高分子防水卷材是以合成橡胶、合成树脂或它们两者的共混体为基料，加入适量的化学助剂和填充料等，经不同工序加工而成可卷曲的片状防水材料，或把上述材料与合成纤维等复合形成两层或两层以上可卷曲的片状防水材料。

合成高分子防水卷材具有拉伸强度高、断裂伸长率大、抗撕裂强度高、耐热性能好、低温柔性好，耐腐蚀、耐老化以及可以冷施工等一系列优异性能，是我国大力发展的新型高档防水卷材。

1）三元乙丙橡胶防水卷材。三元乙丙橡胶防水卷材是以乙烯、丙烯和少量双环戊二烯三种单体共聚合成的，以三元乙丙橡胶为主，掺入适量的丁基橡胶、硫化剂、促进剂、软化剂、补强剂和填充料等，经密炼、压延或挤出成型、硫化和分卷包装等工序而制成的一种高弹性的防水卷材。

三元乙丙橡胶防水卷材具有优良的耐候性、耐臭氧性和耐热性，还具有抗老化性好、质量轻、抗拉强度高、断裂伸长率大、低温柔韧性好及耐酸碱腐蚀等优点。三元乙丙橡胶防水卷材的主要技术性能见表 10–13。

表 10–13　三元乙丙橡胶防水卷材的主要技术性能

指标名称	一等品	合格品	指标名称	一等品	合格品
拉伸强度/MPa≥	8.0	7.0	脆性温度/（℃）≤	–45	–40
断裂伸长率（%）≥	450	450	不透水性/MPa 保持 30min	0.3	0.1
撕裂强度/（N/cm）≥	280	245			

2）聚氯乙烯防水卷材。聚氯乙烯防水卷材是以聚氯乙烯树脂为主要原料，掺加适量的改性剂、增塑剂和填充料等，经混炼、压延或挤出成型、分卷包装等工序制成的柔性防水卷材。

聚氯乙烯防水卷材根据基料的组成与特性分为 S 型和 P 型。聚氯乙烯防水卷材具有抗拉强度高，断裂伸长率大，低温柔韧性好，使用寿命长及尺寸稳定性、耐热性、耐腐蚀性等较好的特性。聚氯乙烯防水卷材的主要技术性能应符合规范要求。

第七节　建筑装饰材料

一、天然石材的主要技术性能及应用

1. 分类

天然岩石按地质成因可分为火成岩、沉积岩、变质岩三大类。

（1）火成岩也称岩浆岩

火成岩由地壳深处熔融岩浆上升冷却而成，具有结晶结构而没有层理。根据生成条件的不同，岩浆岩可分为以下三类：

1）深成岩。深成岩是岩浆在地表深处受上部覆盖层的压力作用，缓慢冷却而形成的岩石。其特点是结晶完全、晶粒明显可辨、构造致密、表观密度大、抗压强度高、吸水率小、抗冻及耐久性好。

2）喷出岩。喷出岩是岩浆喷出地表冷凝而成。由于冷却较快，大部分结晶不完全呈细小结晶状。岩浆中所含气体在压力骤减时会在岩石中形成多孔构造。建筑中用到的喷出

岩有玄武岩、辉绿岩、安山岩等。玄武岩和辉绿岩可作为耐酸和耐热材料，还是生产铸石和岩棉的原料。

3）火山岩。火山岩是火山爆发时，岩浆被喷到空中急速冷却而形成的多孔散粒状岩石，多呈玻璃质结构，有较高的化学活性。如火山灰、火山渣、浮石等。火山凝灰岩是由散粒状岩石层受到覆盖层压力作用胶结成的岩石。火山灰可用作生产水泥时的混合材料，浮石是配制轻混凝土的一种天然轻骨料，火山凝灰岩容易分割，可用于砌筑基础、墙体等。

（2）沉积岩也称水成岩

沉积岩是各种岩石经风化、搬运、沉积和再造岩作用而形成的岩石。沉积岩呈层状构造，孔隙率和吸水率大，强度和耐久性较火成岩低。但因沉积岩分布广容易加工，在建筑上应用广泛。

沉积岩按照生成条件分为三类：

1）机械沉积岩。机械沉积岩是岩石风化破碎以后，又经风、雨、河流及冰川等搬运、沉积、重新压实或胶结作用，在地表或距地表不太深处形成的岩石，主要有砂岩、砾岩、角砾岩和页岩等。

2）化学沉积岩。化学沉积岩是岩石中的矿物溶于水后，经富集、沉积而成的岩石，如石膏、白云岩、菱镁矿等。石膏的化学成分为 $CaSO_4 \cdot 2H_2O$，是烧制建筑石膏和生产水泥的原料。白云岩的主要成分是白云石 $CaCO_3 \cdot MgCO_3$，其性能接近于石灰岩。菱镁矿的化学成分为 $MgCO_3$，是生产耐火材料的原料。

3）生物沉积岩。生物沉积岩是海生动植物的遗骸，经分解、分选、沉积而成的岩石。如石灰岩、硅藻土等。石灰岩的主要成分为方解石（$CaCO_3$），常含有白云石、菱镁矿、石英、蛋白石、含铁矿物和黏土等。

（3）变质岩

变质岩是地壳中原有的岩石在地质运动过程中受到高温、高压的作用，在固态下发生矿物成分、结构构造和化学成分变化形成的新岩石。建筑中常用的变质岩有大理岩、蛇纹岩、石英岩、片麻岩、板岩等。

大理岩也称大理石，是由石灰岩、白云岩经变质而成的具有细晶结构的致密岩石。大理岩在我国分布广泛，而以云南大理最负盛名。大理岩表观密度为 2 600 ~ 2 700kg/m^3，抗压强度较高，达 100 ~ 300MPa。大理岩质地密实但硬度不高，易于加工，可用于石雕或磨光成镜面。纯大理岩为白色，若含有不同杂质呈灰色、黄色、玫瑰色、粉红色、红色、绿色、黑色等多种色彩和花纹，是高级装饰材料。

石英岩是由硅质砂岩变质而成，质地均匀致密，硬度大，抗压强度高达 250 ~ 400MPa，加工困难，但耐久性强。石英岩板材可用作重要建筑的饰面材料或地面、踏步、耐酸衬板等。

2. 石材的技术性质

1）石材的表观密度与其矿物组成、孔隙率等因素有关。表观密度大的石材孔隙率小、抗压强度高、耐久性好。

按照表观密度的大小可将石材分为：重质石材：表观密度大于1 800kg/m^3；轻质石材：表观密度小于1 800kg/m^3。

2）强度。砌筑用石材的强度等级分为7个，即MU100、MU80、MU60、MU50、MU40、MU30、MU20。它是以3个边长为70mm的立方体试块的抗压强度平均值确定划分的。

石材的硬度取决于组成矿物的硬度和构造，硬度影响石材的易加工性和耐磨性。石材的硬度常用莫氏硬度表示，它是一种刻画硬度。

3. 石材的应用

石材分为毛石、料石、饰面石材和色石子。

（1）毛石

毛石也称片石，是采石场由爆破直接获得的形状不规则的石块。根据平整程度又将其分为乱毛石和平毛石两类。

1）乱毛石。形状不规则，一般高度不小于150mm，一个方向长度达300～400mm，重为20～30kg。

2）平毛石。是由乱毛石略经加工而成。基本上有6个面，但表面粗糙。

（2）料石

料石是由人工或机械开采出的较规则的六面体石块，再略经凿琢而成。根据表面加工的平整程度分为毛料石、粗料石、半细料石和细料石四种。

1）毛料石。外形大致方正，一般不加工或稍加修整，高度不小于200mm，长度为高度的1.5～3倍。叠砌面凹凸深度不大于25mm。

2）粗料石。高度和厚度都不小于200mm，且不小于长度的1/4，叠砌面凹凸深度不大于20mm。

3）半细料石。规格尺寸同上，叠砌面凹凸深度不大于15mm。

4）细料石。规格尺寸同上，叠砌面凹凸深度不大于10mm。

（3）饰面石材

用于建筑物内外墙面、柱面、地面、栏杆、台阶等处装修用的石材称为饰面石材。饰面石材的外形有加工成平面的板材，或者加工成曲面的各种定型件。

饰面石材从岩石种类分主要有大理石和花岗石两大类。大理石是指变质或沉积的碳酸盐类岩石，有大理岩、白云岩、石英岩、蛇纹岩等。花岗石是指可开采为石材的各类火成岩，有花岗岩、安山岩、辉绿岩、辉长岩、玄武岩等。

大理石饰面材料因主要成分碳酸钙不耐大气中酸雨的腐蚀，所以除了少数几个含杂质少、质地较纯的品种，如汉白玉、艾叶青等外，不宜用于室外装修工程，否则面层会很快失去光泽，并且耐久性会变差。而花岗石饰面石材抗压强度高，耐磨性、耐久性均高，不论用于室内或室外使用年限都很长。

（4）色石碴

色石碴也称色石子，是由天然大理石、白云石、方解石或花岗岩等石材经破碎筛选加工而成。作为骨料主要用于人造大理石、水磨石、水刷石、干粘石、斩假石等建筑物面层的装饰工程。

二、建筑陶瓷的主要技术性能及应用

建筑装饰陶瓷通常是指用于建筑物内外墙面、地面及卫生洁具的陶瓷材料和制品，另外还有在园林或仿古建筑中使用的琉璃制品。它具有强度高、耐久性好、耐腐蚀、耐磨、防水、防火、易清洗以及花色品种多、装饰性好等优点。

1. 建筑陶瓷的分类

陶瓷制品又可分为陶、瓷、炻三类。陶、瓷通常又各分为精（细）、粗两类。根据国标 GB/T4100—2006《陶瓷砖》，陶瓷砖按材质分为瓷质砖（吸水率≤0.5%）、炻瓷砖（0.5%<吸水率≤3%）、细炻砖（3%<吸水率≤6%）、炻质砖（6%<吸水率≤10%）、陶质砖（吸水率>10%）。

瓷砖依用途分为外墙砖、内墙砖、地砖、广场砖、工业砖等。依品种分为釉面砖、通体砖（同质砖）、抛光砖、玻化砖、瓷质釉面砖（仿古砖）。

釉面砖就是砖的表面经过烧釉处理的砖。就是表面用釉料一起烧制而成的，主体又分陶土和瓷土两种，陶土烧制出来的背面承红色，瓷土烧制的背面呈灰白色。釉面砖表面可以做各种图案和花纹，比抛光砖色彩和图案丰富，因为表面是釉料，所以耐磨性不如抛光砖。

广场砖是用于铺砌广场及道路的陶瓷砖。

吸水率低于 0.5%的陶瓷都称为玻化砖，抛光砖吸水率低于 0.5%，也属玻化砖，抛光砖只是将玻化砖进行镜面抛光而得。市场上玻化砖、玻化抛光砖、抛光砖实际是同类产品。吸水率越低，玻化程度越好，产品理化性能越好。

渗花砖是将可溶性色料溶液渗入坯体内，烧成后呈现色彩或花纹的陶瓷砖。

仿古砖不同于抛光砖和瓷片，它“天生”就有一幅“自来旧”的面孔，因此，人们称它为仿古砖，还有复古砖、古典砖、泛古砖、瓷质釉面砖等。仿古砖设计的本质就是再现“自然”。

陶瓷锦砖俗称马赛克，是由各种颜色的多种几何形状的小瓷片（长边一般不大于50mm），按照设计的图案反贴在一定规格的正方形牛皮纸上，每张（联）牛皮纸制品面积约为 0.093m^2，每 40 联装一箱，每箱可铺贴面积约 3.7 m^2。陶瓷锦砖分为无釉和有釉两种。

2. 瓷砖的性质

1）尺寸：产品大小片尺寸齐一，可节省施工时间，而且整齐美观。

2）吸水率：吸水率越低，玻化程度越好，产品理化性能越好，越不易因气候变化热胀冷缩而产生龟裂或剥落。

3）平整性：平整性佳的瓷砖，表面不弯曲、不翘角、容易施工、施工后地面平坦。

4）强度：抗折强度高，耐磨性佳且抗重压，不易磨损，历久弥新，适合公共场所使用。

5）色差：将瓷砖平放在地板上，拼排成一平方公尺，离三公尺观看是否有颜色深浅不同或无法衔接，造成美观上的障碍。

三、玻璃及其制品的主要技术性能及应用

1. 玻璃的性质

1）玻璃的密度为 2.45～2.55g/cm^3，其孔隙率接近于零。

2）玻璃没有固定熔点，宏观均匀，体现各向同性性质。

3）普通玻璃的抗压强度一般为 600 ~ 1 200MPa，抗拉强度为 40 ~ 80MPa。脆性指数（弹性模量与抗拉强度之比）为 1 300 ~ 1 500，玻璃是脆性较大的材料。

4）玻璃的透光性良好。

5）玻璃的折射率为 1.50 ~ 1.52。

6）热物理性质。玻璃的热稳定性差，当产生热变形时易导致炸裂。

7）玻璃的化学稳定性很强，除氢氟酸外，能抵抗各种介质腐蚀作用。

2. 常用的建筑玻璃

习惯上将窗用玻璃、压花玻璃、磨砂玻璃、磨光玻璃、有色玻璃等统称为平板玻璃。平板玻璃的生产方法有两种：一种是将玻璃液通过垂直引上或平拉、延压等方法而成，称为普通平板玻璃；另一种是将玻璃液漂浮在金属液（如锡液）面上，让其自由摊平，经牵引逐渐降温退火而成，称为浮法玻璃。

1）普通平板玻璃。国家标准规定，引拉法玻璃按厚度 2mm、3mm、4mm、5mm 分为四类，浮法玻璃按厚度 3mm、4mm、5mm、6mm、8mm、10mm、12mm 分为七类。并要

求单片玻璃的厚度差不大于 0.3mm。标准规定，普通平板玻璃的尺寸不小于 600mm × 400mm，浮法玻璃尺寸不小于 1 000mm×1 200mm，且不大于 2 500mm×3 000mm。目前，我国生产的浮法玻璃原板宽度可达 2.4 ~ 4.6m，可以满足特殊使用要求。

由引拉法生产的平板玻璃分为特等品、一等品和二等品三个等级，浮法玻璃分为优等品、一级品与合格品三个等级。普通平板玻璃产量以重量箱计量，即以 50kg 为一重量箱，即相当于 2mm 厚的平板玻璃 10 m^2 的重量，其他规格厚度的玻璃应换算成重量箱。

2）磨光玻璃。磨光玻璃是把平板玻璃经表面磨平抛光而成，分单面磨光和双面磨光两种，厚度一般为 5mm、6mm。其特点是表面非常平整，物象透过后不变形，且透光率高（大于 84%），用于高级建筑物的门窗或橱窗。

3）钢化玻璃。钢化玻璃是将平板玻璃加热到一定温度后迅速冷却（即淬火）而制成。机械强度比平板玻璃高 4 ~ 6 倍，6mm 厚的钢化玻璃抗弯强度达 125MPa，且耐冲击、安全、破碎时碎片小且无锐角，不易伤人，故又名安全玻璃，能耐急热急冷，耐一般酸碱，透光率大于 82%。主要用于高层建筑门窗、车间天窗及高温车间等处。

4）压花玻璃。压花玻璃是将熔融的玻璃液在快冷中通过带图案花纹的辊轴滚压而成的制品，又称花纹玻璃，一般规格为 800mm × 700mm × 3mm。压花玻璃具有透光不透视的特点，这是由于其表面凹凸不平，当光线通过时即产生漫射，因此从玻璃的一面看另一面的物体时，物象显得模糊不清。另外，压花玻璃因其表而有各种图案花纹，所以又具有一定的艺术装饰效果。

5）磨砂玻璃。磨砂玻璃又称毛玻璃，它是将平板玻璃的表面经机械喷砂或手工研磨，或氢氟酸溶蚀等方法处理成均匀毛面而成。其特点是透光不透视，光线不刺目且呈漫反射，常用于不需透视的门窗，如卫生同、浴厕、走廊等，也可用作黑板的板面。

6）有色玻璃。有色玻璃是在原料中加入各种金属氧化物作为着色剂而制得带有红、绿、黄、蓝、紫等颜色的透明玻璃。将各色玻璃按设计的图案划分后，用铅条或黄铜条拼装成瑰丽的橱窗，装饰效果很好。

7）热反射玻璃。热反射玻璃又叫镀膜玻璃，分复合和普通透明两种，具有良好的遮光性和隔热性能。由于这种玻璃表面涂敷金属或金属氧化物薄膜，有的透光率为 45% ~ 65%（对于可见光），有的甚至可在 20% ~ 80%变动，透光率低，可以达到遮光及降低室内温度的目的。但这种玻璃和普通玻璃一样是透明的。

8）防火玻璃。防火玻璃是由两层或两层以上的平板玻璃间含有透明不燃胶黏层而制成的一种夹层玻璃，这种玻璃具有优良防火隔热性能，有一定的抗冲击强度。

9）釉面玻璃。釉面玻璃是在玻璃表面涂敷一层易熔性色釉，然后加热到彩釉的熔融温度，使釉层与玻璃牢固地结合在一起，再经过退火处理，则可进行加工，如同普通玻璃一样，具有可切裁的可加工性。

10）水晶玻璃。水晶玻璃也称石英玻璃，这种玻璃制品是高级立面装饰材料。水晶玻璃中的玻璃珠是在耐火模具中制成的。其主要增强剂是二氧化硅，具有很高强度，而且表面光滑，耐腐蚀，化学稳定性好。水晶玻璃饰面板具有许多花色品种，其装饰性和耐久性均能令人满意，水晶玻璃的一个表面可以是粗糙的，这样更便于与水泥等粘结材料结合，其镶贴工艺性较好。

11）玻璃空心砖。玻璃空心砖一般是由两块压铸成的凹形玻璃，经熔接或胶结成整块的空心砖。砖而可为光平，也可在内、外面压铸各种花纹。砖的腔内可为空气，也可填充玻璃棉等。砖形有方形、长方形、圆形等。玻璃砖具有一系列优良性能，绝热、隔声，透光率达 80%，光线柔和优美。砌筑方法基本上与普通砖相同。

12）玻璃锦砖。玻璃锦砖也叫玻璃马赛克，它与陶瓷锦砖在外形和使用方法上有相似之处，但它是乳浊状半透明玻璃质材料，大小一般为 20mm × 20mm × 4mm，背面略凹，四周侧边呈斜面，有利于与基面粘结牢固。玻璃锦砖颜色绚丽，色泽众多，历久常新，是一种很好的外墙装饰材料。

玻璃保管不当，易破碎和受潮发霉。透明玻璃一旦受潮发霉，轻者出现白斑、白毛或红绿光，影响外观质量和透光度，重者发生粘片而难分开。

平板玻璃应轻放，堆垛时应将箱盖向上，不得歪斜与平放，不得受重压，并应按品种、规格、等级分别放在干燥、通风的库房里，并与碱性的或其他有害物质（如石灰、水泥、油脂、酒精等）分开。

四、金属装饰材料的主要技术性能及应用

金属板材经常用于屋面及幕墙系统，有可能是非常现代、时尚、奢华，也可能是低调的装饰效果。

1）建筑铝合金型材的生产方法分为挤压和轧制两类。

经挤压成型的建筑铝型材表面存在着不同的污垢和缺陷，同时自然氧化膜薄而软，耐蚀性差。因此必须对表面进行清洗和阳极氧化处理，以提高表面硬度、耐磨性、耐蚀性。然后进行表面着色，使铝合金型材获得多种美观大方的色泽。

建筑铝合金型材使用的合金，主要是铝镁硅合金（LD30、LD31），它具有良好的耐蚀性能和机械加工性能，广泛用于加工各种门窗及建筑工程的内外装饰制品。铝合金门窗是采用经表面处理的铝合金型材加工制作成的门窗构件。它具有质轻、密封性好、色调美观、耐腐蚀、使用维修方便、便于进行工业化生产的特点。

铝合金装饰板具有质轻、耐久性好、施工方便、装饰华丽等优点，适用于公共建筑室内外装饰，颜色有本色、古铜色、金黄色、茶色等。

铝合金装饰板分为铝合金花纹板、铝合金压型板、铝合金冲孔平板。

2）钛锌板、建筑铜板及系统、铝镁锰合金板，采用 U 形扣槽式板通过扣压系统进行安装，它能应用于弧形、平面或者立式窗的装饰。

① 钛板：原钛、发丝或锤纹处理，氧化膜发色。

② 铜板：原铜（紫色），预钝化板（咖啡古色，绿色），镀锡铜。

③ 钛锌板：原色，预钝化板（蓝灰色、青铜色）。

④ 铝板：原色锤纹，不锈铝板，普通涂层，预辊涂氟碳涂层。

⑤ 不锈钢板。

⑥ 镀铝锌钢板。

⑦ 钛锌复合板：钛锌板与铝合金板用防火聚合物粘贴而成。

⑧ 钛锌—铝复合蜂窝板。

⑨ 铜复合板：铜板与铝合金板用防火聚合物粘贴而成，安装为一体的专业金属屋面、幕墙系统，目前已应用金属屋面的工程有很多。

五、涂料等的主要技术性能及应用

1. 分类

按涂层使用的部位分为外墙涂料、内墙涂料、地面涂料、顶棚涂料。

按涂膜厚度分为薄涂料、厚涂料、砂粒状涂料（彩砂涂料）。

按主要成膜物质分为有机涂料、无机高分子涂料、有机无机复合涂料。

按涂料所使用的稀释剂分为以有机溶剂作为稀释剂的溶剂型涂料和以水作稀释剂的水性涂料。

按涂料使用的功能分为防火涂料、防水涂料、防霉涂料、防结露涂料。

2. 外墙装饰涂料

外墙装饰涂料是用于涂刷建筑外立面的，主要功能是装饰和保护建筑物的外墙面。所以最重要的一项指标就是抗紫外线照射，要求达到长时间照射不变色。外墙涂料还要求有抗水性能，要求有自涤性。漆膜要硬而平整，脏污一冲就掉。外墙涂料能用于内墙涂刷使用是因为它也具有抗水性能，而内墙涂料却不具备抗晒功能，所以不能把内墙涂料当外墙涂料用。

外墙涂料的种类很多，可以分为强力抗酸碱外墙涂料、有机硅自洁抗水外墙涂料、钢化防水腻子粉、纯丙烯酸弹性外墙涂料、有机硅自洁弹性外墒涂料、高级丙烯酸外墙涂料、氟碳涂料、瓷砖专用底漆、瓷砖面漆、高耐候憎水面漆、环保外墙乳胶漆、丙烯酸油性面漆、外墙油霸、金属漆、内外墙多功能涂料等。

主要品种有：

1）合成树脂乳液外墙涂料。合成树脂乳液外墙涂料目前广泛使用苯乙烯—丙烯酸乳液作主要成膜物质，属薄型涂料。

2）合成树脂乳液砂壁状建筑涂料。合成树脂乳液砂壁状建筑涂料（简称彩砂涂料）使用的合成树脂乳液常用苯乙烯—丙烯酸丁酯共聚乳液 BB-01 和 BB-02。

砂壁状建筑涂料通常采用喷涂方法施涂于建筑物的外墙形成粗面厚质涂层。

3. 内墙装饰涂料

内墙装饰涂料主要功能是用来装饰及保护室内墙面。要求涂料便于涂刷，涂层应质地平滑、色彩丰富，并具有良好的透气性、耐碱、耐水、耐污染等性能。

1）合成树脂乳液内墙涂料。合成树脂乳液内墙涂料为薄型内墙装饰涂料。

2）水溶性内墙涂料。水溶性内墙涂料是以水溶性化合物为基料（如聚乙烯醇），加一定量填料、颜料和助剂，经过研磨、分散后而制成的，可分为Ⅰ类和Ⅱ类两大类。

常用的内墙装饰涂料还有聚乙烯醇系内墙涂料、聚醋酸乙烯乳液涂料、多彩和幻彩内墙涂料、纤维状涂料、仿瓷涂料等。

4. 地面涂料

地面涂料主要功能是保护地面，使其清洁、美观。地面涂料应具有良好的耐碱、耐水、耐磨性能。

常用的地面装饰涂料有过氧乙烯地面涂料、聚氨酯-丙烯酸酯地面涂料、丙烯酸硅树脂地面涂料、环氧树脂厚质地面涂料、聚氨酯地面涂料等。

就目前用于建筑装饰的材料而言，较为突出的污染物有氨、甲醛、芳香烃等挥发性气体，铅、铬、镉、汞等重金属元素，放射性及光污染等。

氨和甲醛都是无色的刺激性气体，对人的视觉和呼吸系统有危害，氨主要来自涂料的原料和助剂，某些喷涂的涂料释放的氨尤其多，使用了外加剂的混凝土制品，有的也含有甲醛，主要来自多种合成树脂型胶黏剂和某些涂料，有的装饰布（纸）也有甲醛，各种木质人造板、贴面板、复合木地板，由于原料中的胶料和施工中使用的胶黏剂，会较多地释放出甲醛。用涂料油饰饰过的门窗、家具和器物也是散发甲醛的根源。芳香烃是指多环结构的碳氢化合物，主要是苯和苯系物，是有毒的挥发性气体，许多溶剂型涂料及其稀释剂、有机合成的胶黏剂、含焦油的防水材料和各种化学建材，都可能释放出苯系物或其他有害气体。

第四部分

建筑力学与建筑结构基础知识

第十一章　静力学基础知识

第一节　基本概念

一、力的概念

1. 力

力是物体之间的相互机械作用。这种作用的效果会使物体的运动状态发生变化（外效应）或者使物体发生变形（内效应）。既然力是物体与物体之间的相互作用，因此，力不可能脱离物体而单独存在，有受力体时必定有施力体。实践证明，力对物体的作用效果，取决于三个要素：

1）力的大小。

2）力的方向。

3）力的作用点。

这三个要素通常称为力的三要素。在国际单位制中，力的单位为牛顿（N）或千牛顿（kN）力是一个有大小和方向的量，所以力是矢量。通常可以用一段带箭头的线段来表示力的三要素。线段的长度（按选定的比例）表示力的大小；线段与某定直线的夹角表示力的方位，箭头表示力的指向；带箭头线段的起点或终点表示力的作用点。

2. 平衡力系

在一般情况下，一个物体总是同时受到若干个力的作用。我们把作用于同一物体上的两个或两个以上的力，称为力系。能使物体保持平衡的力系，称为平衡力系。在一般工程问题中，物体相对于地球保持静止或做匀速直线运动，称为平衡。例如，房屋、水坝、桥梁相对于地球是保持静止的；在直线轨道上做匀速运动的火车，沿直线匀速起吊的建筑构件，它们相对于地球做匀速直线运动，这些物体本身保持着平衡。其共同特点，就是运动状态没有变化。

3. 静力学基本原理

（1）二力平衡定理（如图 11-1 所示）

作用在同一刚体上的两个力，使刚体处于平衡状态的必要与充分条件是：这两个力大小相等，方向相反，作用在同一直线上（简称二力等值、反向、共线）。

在两力作用下处于平衡的刚体称为二力体，如果刚体是一个杆件，则称为二力杆件。

图 11–1　二力平衡

应该注意，只有当力作用在刚体上时二力平衡条件才能成立。对于变形体，二力平衡条件只是必要条件，并不是充分条件。例如满足上述条件的两个力作用在一根绳子上，当这两个力是张力（即使绳子受拉）时，绳子才能平衡。如受等值、反向、共线的压力就不能平衡。

（2）加减平衡力系定理

在作用于刚体的任意力系中，加上或减去任何一个平衡力系，并不改变原力系对刚体的作用效应。

（3）作用力与反作用力定理

若甲物体对乙物体有一个作用力，则同时乙物体对甲物体必有一个反作用力，这两个力大小相等、方向相反，并且沿着同一直线而相互作用。

在力的概念中已提到，力是物体间相互的机械作用，因而作用力与反作用力必然是同时出现，同时消失。这里必须强调指出：作用力和反作用力是分别作用在两个物体上的力，任何作用在同一个物体上的两个力都不是作用力与反作用力。

二、约束和约束反力

1. 基本概念

使非自由体在某一方向不能自由运动的限制装置称为约束。由约束引起的沿约束方向阻止物体运动的力称为约束反力。由于约束反力的作用是阻止物体运动，因此约束反力的方向总是与被约束物体的运动方向或运动趋势的方向相反。约束反力的产生条件，是由物体的运动趋势和约束性能来决定的。使物体运动或有运动趋势的力称为主动力。物体在主动力作用下如果没有相对于某个约束的运动趋势，则该约束反力就不会产生。约束反力是在主动力影响下产生的，主动力的大小是已知或可测定的，而约束反力的大小通常是未知的。在静力学问题中，主动力和约束反力组成平衡力系，可利用平衡条件求约束反力。

2. 建筑结构中常见的约束类型及其约束反力

（1）柔体约束

工程中常见的绳索、皮带、链条等柔性物体构成的约束称为柔体约束，如图 11–2 所示。这种约束只能限制物体沿着柔体伸长的方向运动，而不能限制其他方向的运动。因此，柔体约束反力的方向沿着它的中心线且背离研究对象，即为拉力。

（2）光滑接触面约束

如果两个物体接触面之间的摩擦力很小，可忽略不计，两个物体之间构成光滑面约束。这种约束只能限制物体沿着接触点朝着垂直于接触面方向的运动，而不能限制其他方向的运动。因此，光滑接触面约束反力的方向垂直于接触面或接触点的公切线。并通过接触点指向物体，如图 11–3 所示。

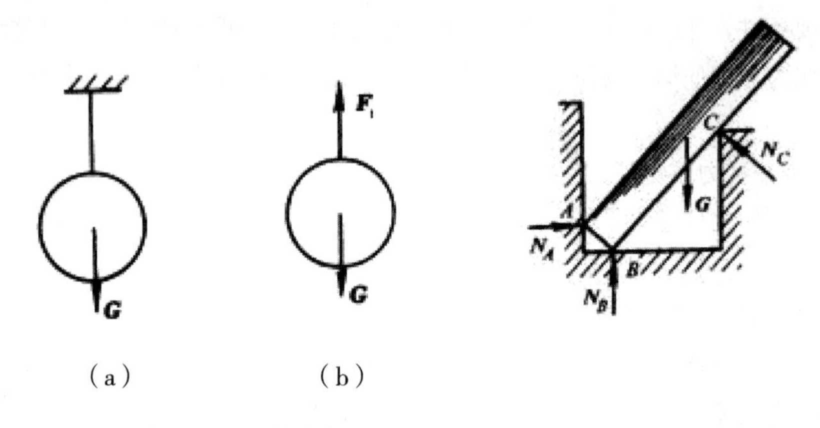

（a）　（b）

图 11–2　柔体约束　　图 11–3　光滑面约束

（3）柱铰链和固定铰支座

这种约束只能限制物体在垂直于销钉轴线平面内沿任意方向的相对移动，而不能限制物体绕销钉的转动。故柱铰链的约束反力作用在圆孔与销钉接触线上某一点。垂直于销钉轴线，并通过销钉中心，方向不定。通常用两个相互垂直且通过铰心的分力 F_{Cx}、F_{Cy} 来代替，如图 11–4 所示。

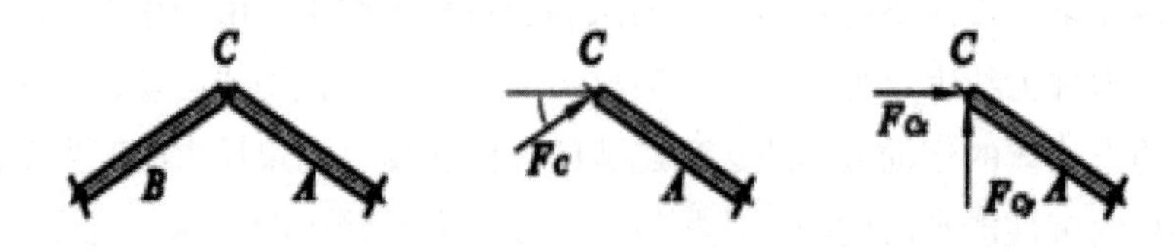

图 11–4　铰链约束

在工程实际中，常将一支座用螺栓与基础或静止的结构物固定起来，再将构件用销钉与该支座相连接，构成固定铰支座，如图 11–5 所示，用来限制构件某些方向的位移。这种约束的性质与柱铰链完全相同。支座约束的反力称为支座反力，简称支反力。以后我们将会经常用到支座反力这个概念。

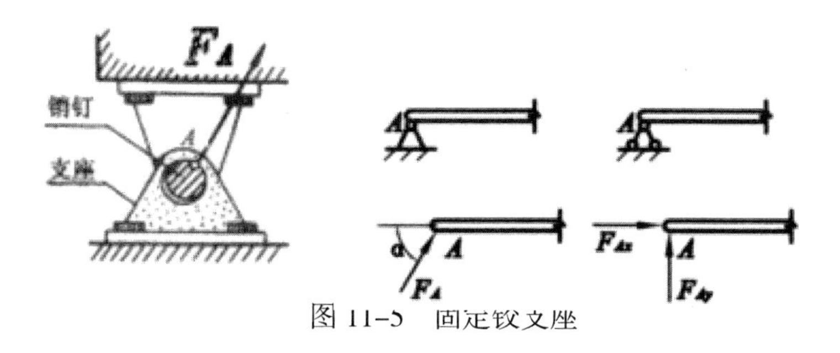

图 11-5　固定铰支座

（4）可动铰支座

将铰链支座安装在带有滚轴的固定支座上，支座在滚子上可以任意的左右作相对运动，如图 11-6 所示，这种约束称为可动铰支座。被约束物体不但能自由转动，而且可以沿着平行于支座底面的方向任意移动，因此可动铰支座只能阻止物体沿着垂直于支座底面的方向运动。故可动铰支座的约束反力 *Fy* 的方向必垂直于支承面，作用线通过铰链中心。可动铰支座的计算简图如图 11-6 所示。由于可动铰支座不限制杆件沿轴线方向的伸长或缩短，因此桥梁或屋架等工程结构一端用固定铰支座，另一端用可动铰支座，以适应温度变化引起的伸缩。

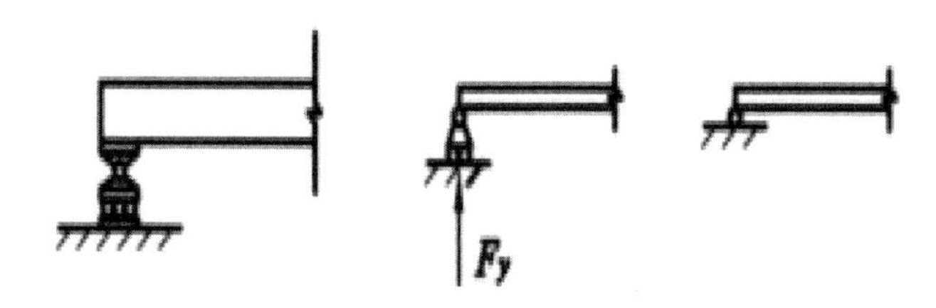

图 11-6　可动铰支座

（5）固定端支座

工程中常将构件牢固地嵌在墙或基础内，使构件不仅不能在任何方向上移动，而且也不能自由转动，这种约束称为固定端支座。固定端支座的计算简图如图 11-7 所示。固定端支座的约束反力有三个：作用于嵌入处截面形心上的水平约束反力 *Fx*，垂直约束反力 *Fy* 以及约束反力偶 *M*。

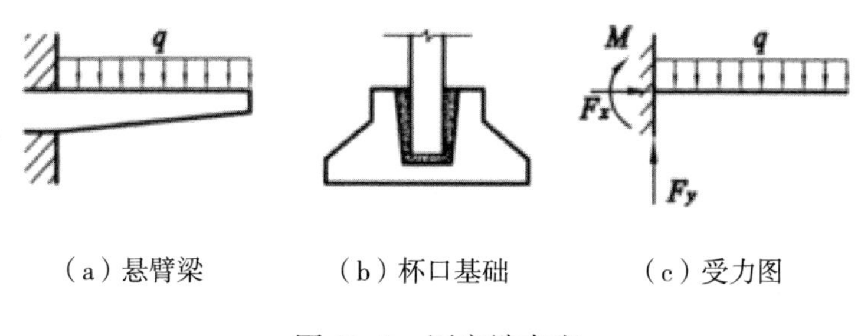

（a）悬臂梁　　（b）杯口基础　　（c）受力图

图 11-7　固定端支座

三、力矩与力偶

1. 力矩

我们用力的大小与力臂的乘积 $F \cdot h$ 再加上正号或负号来表示力 F 使物体绕 O 点转动的效应，称为力 F 对 O 点的矩，简称力矩，用符号 Mo（F）或 Mo 表示。

一般规定：使物体产生逆时针方向转动的力矩为正；反之为负。所以力对点的矩是代数量，即力矩具有以下性质：

1）力 F 对 O 点之矩不仅取决于力 F 的大小，同时还与矩心位置即力臂 d 有关。

2）力对某点之矩，不因该力的作用点沿其作用线移动而改变。

3）力的大小为零或力的作用线通过矩心时，力矩为零。

4）合力矩定理：合力对平面上任一点的矩等于各分力对同一点的矩的代数和。

2. 力偶

（1）力偶的概念

在力学中，把这种大小相等、方向相反、作用线互相平行但不重合的一对力所组成的力系，称为力偶，写成（F、F'）。力偶两力作用线之间的垂直距离 d 称为力偶臂。

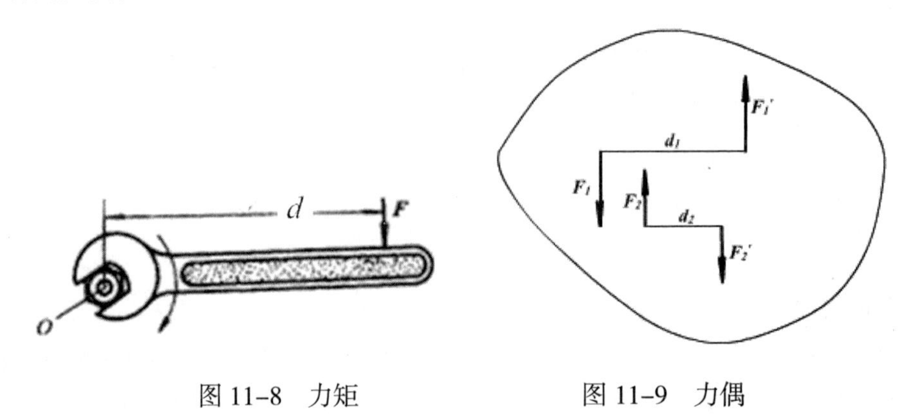

图 11–8　力矩　　　　图 11–9　力偶

（2）力偶矩

力偶矩是用来度量力偶对物体转动效果的大小。它等于力偶中的任一个力与力偶臂的乘积，以符号 m 表示。使物体逆时针方向转动的力偶矩为正，使物体顺时针方向转动的力偶矩为负。力偶矩的单位与力矩的单位相同，在国际单位制中通常用 N·m（牛顿·米）或 kN·m。

（3）力偶的性质

1）力偶中的两力在任意坐标轴上投影的代数和为零。

2）力偶不能与力等效，只能与另一个力偶等效。同一平面内的两个力偶等效的条件是力偶矩的大小相等且转动方向相同。因此，只要保持力偶矩的大小和转向不变，可以任意改变力的大小和力偶臂的长短，而不影响力偶对物体的转动效果。

3）力偶不能与力平衡，而只能与力偶平衡。

4）力偶可以在它的作用平面内任意移动和转动，而不会改变它对物体的作用。因此，力偶对物体的作用完全决定于力偶矩，而与它在其作用平面内的位置无关。

（4）平面力偶系

作用在物体上同一平面内两个或两个以上的力偶，称为平面力偶系。因为力偶没有合力，即对物体的作用效果不能用一个力来代替，所以，平面力偶系合成的结果就是合力偶。

第二节　平面汇交力系

各力作用线在同一平面内且汇交于一点的力系称为平面汇交力系。平面汇交力系是最简单、最基本的力系它不仅在工程上有其直接的应用，而且是研究其他复杂力系的基础。

1. 力在平面直角坐标轴上的投影

取直角坐标系 *oxy*，使力 *F* 在 *oxy* 平面内。过力的两端点 *A* 和 *B* 分别向 *x*、*y* 轴作垂线，得垂足 *a*、*b* 及 *a′*、*b′*，带有正负号的线段 *ab* 与 *a′b′* 分别称为力 *F* 在 *x*、*y* 轴上的投影，记作 *Fx*、*Fy*。并规定：当力始端的投影到终端的投影的方向与投影轴的正向一致时，力的投影取正值；反之，当力始端的投影到终端的投影的方向与投影轴的正向相反时，力的投影取负值。

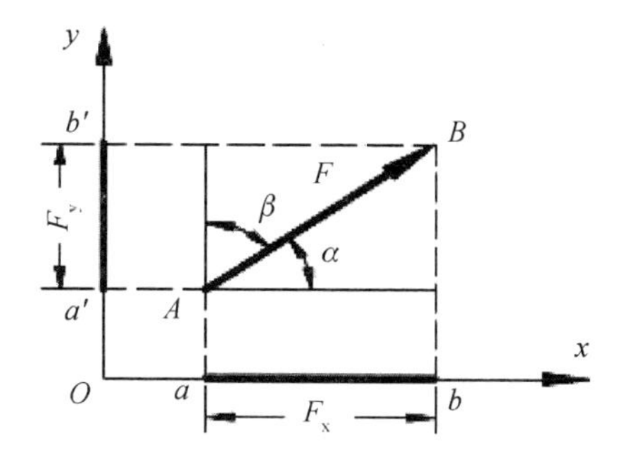

图 11-10　力的投影

一般情况下，若已知力 *F* 与 *x* 和 *y* 轴所夹的锐角分别为 α、β，则该力在 *x*、*y* 轴上的投影分别为

$$
\begin{aligned}
F_x &= \pm F\cos\alpha \\
F_y &= \pm F\cos\beta
\end{aligned}
\qquad (11\text{-}1)
$$

即：力在坐标轴上的投影，等于力的大小与力和该轴所夹锐角余弦的乘积。当力与轴垂直时，投影为零；而力与轴平行时，投影大小的绝对值等于该力的大小。

2. 合力投影定理

合力在任一轴上的投影，等于各分力在同一轴上投影的代数和。这就是合力投影定理。

$$R_x=F_{x1}+F_{x2}+\cdots F_{xn}=\sum F_x \tag{11-2}$$

3. 平面汇交力系的平衡条件

平面汇交力系平衡的必要和充分的条件是：力系中各力在两个不平行的坐标轴中的每一轴上的投影的代数和等于零。即：

$$\begin{aligned}\sum F_x=0\\ \sum F_y=0\end{aligned} \tag{11-3}$$

称为平面汇交力系的平衡方程。它们相互独立，应用这两个独立的平衡方程可求解两个未知量。

【例 1】一物体重为 30kN，用不可伸长的柔索 AB 和 BC 悬挂于如图 11–11（a）所示的平衡位置，设柔索的重量不计，AB 与铅垂线的夹角 α=30°，BC 水平。求柔索 AB 和 BC 的拉力。

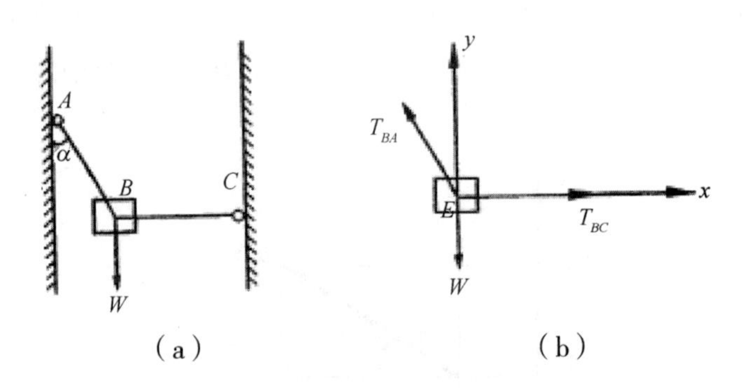

图 11–11　受力图

【解】

受力分析：取重物为研究对象，画受力图如图 11–11（b）所示。根据约束特点，绳索必受拉力。

建立直角坐标系 Oxy，如图 11–10（b）所示，根据平衡方程建立方程求解

$$\sum F_y=0, T_{BA}\cos 30^\circ-W=0, T_{BA}=34.64\text{kN}$$

$$\sum F_x=0, T_{BC}-T_{BA}\sin 30^\circ=0, T_{BC}=17.32\text{kN}$$

第三节　平面一般力系

平面一般力系是指各力的作用线在同一平面内任意分布的力系。

1. 力的平移定理

作用在刚体上的力可以向任意点平移，但必须附加一个力偶，附加力偶的力偶矩等于原力对平移点的力矩。也就是说，平移前的一个力与平移后的一个力和一个附加力偶等效。

力 F 作用在刚体的 A 点，如图 11–12 所示，现在要把它平行移动到刚体上的另一点 B。为此在 B 点加两个互相平衡的力 F'和F''，令 $F=F'=-F''$。显然增加一对平衡力系(F', F'') 并不改变原力系对刚体的作用效应，即三个力 F、F'和 F''对刚体的作用与原力 F 的作用等效。由于 F 和 F''大小相等、方向相反且不共线，故可以将 F 和 F''视为一个力偶。因此，可以认为作用于 A 点的力 F，平行移动到 B 点后成为力 F'和一个附加力偶(F, F'')，此力偶矩为

$$m=m_B(F)=Fd \tag{11-4}$$

式中，d 是力 F 对 B 点的力臂，也是力偶（F，F''）的力偶臂。

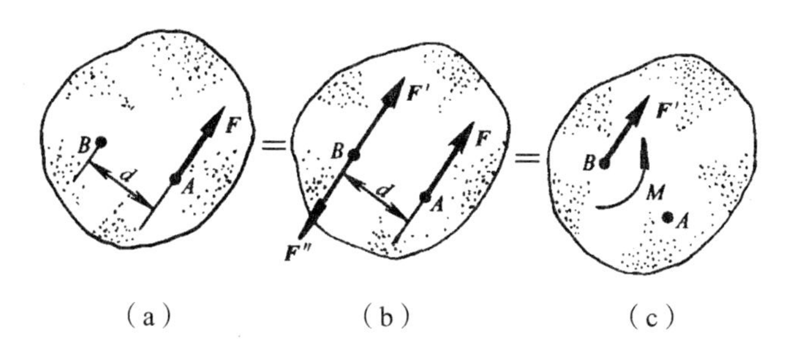

（a）　　（b）　　（c）

图 11–12　力的平移

2. 平面一般力系的平衡方程

平面一般力系的平衡方程（基本式）为：

$$\begin{cases}\sum X=0\\ \sum Y=0\\ \sum m_0(\boldsymbol{F})=0\end{cases} \tag{11-5}$$

平面一般力系平衡的充分必要条件可以叙述为力系中各力在两个任意选择的直角坐标轴上的投影的代数和分别为零，并且各力对任一点的矩的代数和也等于零。（11–5）式包含三个独立方程，可以求解三个未知量。

我们把公式（11–5）称为平面一般力系平衡方程的基本形式，它有两个投影式和一个

力矩式。

【例 2】如图 11–13（a）所示水平梁 AB，受到一个均布载荷和一个力偶的作用。已知均布载荷的集度 $q=0.2\text{kN/m}$，力偶矩的大小 M=1kN/m，长度 l=5m。不计梁本身的质量，求支座 A、B 的约束反力。

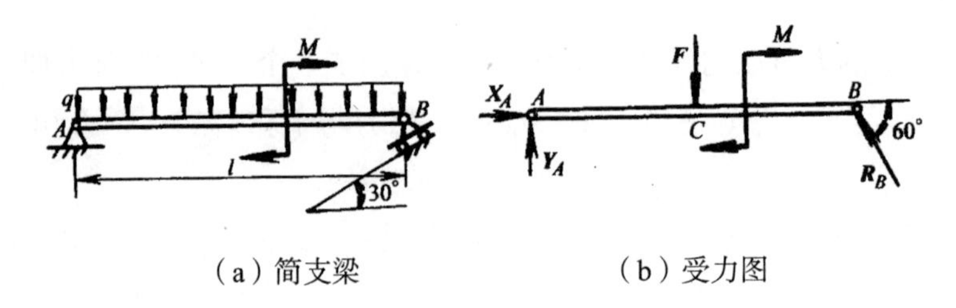

（a）简支梁　　（b）受力图

图 11–13　受力图

【解】

以梁 AB 为研究对象进行受力分析。将均布载荷等效为集中力 F，其大小为 $F = ql = 0.2\times5\text{kN} = 1\text{kN}$，方向铅垂向下，作用点在 AB 梁的中点 C。按照 A、B 两处约束的性质，得到 A 处支座反力为 X_A、Y_A，B 处反力 R_B 垂直于支承面，梁的受力图如图 11–13（b）所示。

作用在梁上的力组成一个平面一般力系，其中有三个未知数，即 X_A、Y_A、R_B。应用平面一般力系的平衡方程，可以求出这三个未知数。取

$$\begin{cases}\sum X=0, & X_A-R_B\cos60^\circ=0 \quad \text{(a)}\\ \sum Y=0, & Y_A-F+R_B\sin60^\circ=0 \quad \text{(b)}\\ \sum m_A(F)=0, & -F\times AC-m+R_B\times AB\sin60^\circ=0 \quad \text{(c)}\end{cases}$$

由（c）式得到

$$R_B=\frac{F\times AC+m}{AB\sin60^\circ}=\frac{1\times2.5+1}{5\times\sin60^\circ}\text{kN}=0.30\text{kN}$$

将 R_B 值代入式（a）、（b），得到

$$X_A=R_B\cos60^\circ=0.40\text{kN}$$

$$Y_A=F-R_B\sin60^\circ=1-0.81\times\sin\ 60^\circ\ \text{kN}=0.30\text{kN}$$

X_A、Y_A、R_B 均为正值表明它们的实际指向与假设的方向一致。

需要强调的是，在求解本类问题时应注意下列三点：

① 在列写平衡方程时，因为组成力偶的两个力在任一轴上的投影的代数和等于零，所以力偶 m 在 X、Y 轴上力的投影方程中不出现。

② 力偶 m 对平面上任意一点的矩为常量。

③ 应尽量选择各未知力作用线的交点为力矩方程的矩心，使力矩方程中未知量的个数尽量少。

第十二章　材料力学基础知识

第一节　材料力学基本概念

材料力学主要研究杆件在荷载的作用下能够安全正常工作，必须有足够的承载能力。即具有足够的强度、刚度，以及满足稳定性要求。

一、变形固体及其基本假设

工程中所使用的材料主要由固体材料制成，例如钢材、混凝土、木材等，这些材料在外力作用下或多或少均会发生变形。我们将在外力作用下能够发生变形的固体称为变形固体。

变形固体多种多样，其组成和性质是十分复杂的。对于变形固体进行强度、刚度和稳定性进行计算时，为了使问题得到简化，常略去一些次要性质，保留主要的性质。因此，对变形固体做出以下几个基本假设。

1. 连续性假设

物质密实的充满物体所在空间，毫无空隙存在，材料的性质各处均相同。

2. 均匀性假设

物体内部的任何部分，其力学性能均相同。

3. 各向同性假设

物体内部各个方向的力学性能均相同。

4. 小变形假设

物体在外力作用下产生的变形远远小于构件的本身尺寸。

二、外力与内力

1. 外力

外力又称为荷载，是一个物体对另外一个物体的作用。外力按其作用方式的不同分为体积力和面积力。

（1）体积力

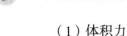

体积力是作用于构建内部各点的力，如构件自重。单位是：千牛/立方米（kN/m^3）。

（2）面积力

面积力作用于构件表面上，按其作用在物体表面上的特点又可分为：分布力和集中力两种。

2. 内力

由外力作用使物体内部产生的相互作用力，叫做内力。内力可以引起构件产生变形，并可以传递外力，与外力相平衡。

三、杆件基本变形形式

材料力学主要研究杆件，杆件在外力作用下的变形主要由以下几种形式。

1. 轴向拉伸与压缩

杆件承受一对大小相等、方向相反的外力作用，当外力作用线与杆件轴线重合时，杆件将发生轴向的拉伸或压缩变形。

2. 剪切

杆件承受一对大小相等、方向相反的横向外力作用，并且横向外力的作用线靠得很近的时候，杆件将发生剪切变形。

3. 扭转

杆件承受一对大小相等、方向相反的力偶作用，并且力偶作用面垂直于杆件轴线时，杆件将发生扭转变形。

4. 弯曲

杆件承受一对大小相等、方向相反的力偶作用，并且力偶作用面是轴线纵向面时，或外力作用在杆件截面的竖向对称平面内时，杆件将发生弯曲变形。

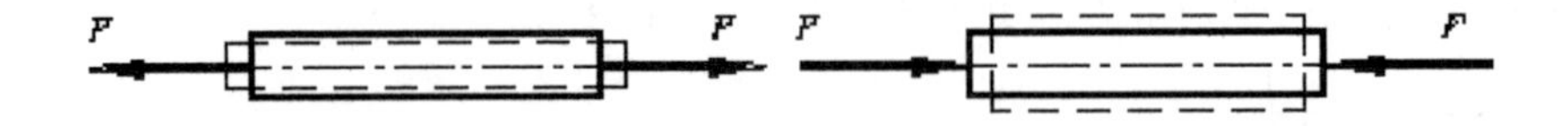

（a）轴向拉伸与压缩

图 12-1　杆件的基本变形

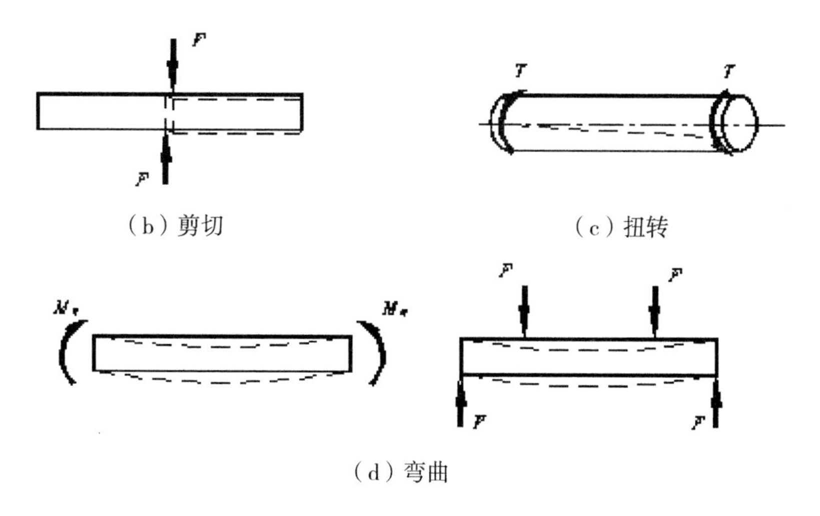

图 12-1　杆件的基本变形（续）

第二节　应力和应变

一、应力

我们将内力在界面上的集度称为应力，即单位面积上力的大小。一般将应力分解为垂直于截面和与截面相切的两个分量，垂直于截面的应力分量称为正应力或法向应力，用σ表示；与截面相切的应力分量称为剪应力或切向应力，用τ表示。

在国际单位制中，应力的单位是帕斯卡，简称为帕，记作 Pa。常用单位还有千帕（kPa）和兆帕（MPa）。

我们将材料丧失工作能力时的应力称为材料的极限应力，用σ_0表示。杆件在工作时的应力应小于其极限应力，杆件在工作时允许产生的最大应力称为材料的许用应力，用$[\sigma]$表示。许用应力等于材料的极限应力除以一个大于 1 的系数，此系数称为安全系数，用n表示，即

$$[\sigma]=\frac{\sigma_0}{n}$$

二、应变

杆件内任意一点因外力作用而引起的形状和尺寸的相对改变量称为应变。与应力中的正应力和切应力相对应，应变分为正应变（线应变）和切应变（角应变）。

当外力卸除后，物体内部产生的应变能够完全恢复到原来状态的，称为弹性应变；如果只能部分恢复到原来状态，残留下的那部分应变称为塑形应变。

三、强度和刚度

强度是指杆件抵抗破坏的能力，刚度是指杆件抵抗变形的能力。

1. 拉压杆的强度计算

为了保证杆件能够安全可靠地工作，必须使杆件的最大工作应力不超过材料的许用应力。

$$\sigma_{\max}=\frac{N_{\max}}{A}\leqslant[\sigma] \tag{12-1}$$

式中，$\sigma_{\max}$——最大工作应力；

$N_{\max}$——杆件截面上的最大轴力；

A——杆件的截面面积；

$[\sigma]$——材料的许用应力。

2. 拉压杆的变形计算

杆件在外力作用下的变形量可采用虎克定律进行计算。

$$\Delta L=\frac{NL}{EA} \tag{12-2}$$

式中，ΔL——杆件的变形量；

N——杆件截面所受轴力大小；

L——杆件长度；

E——杆件材料的弹性模量，单位为 MPa 或 GPa；

A——杆件的截面面积。

3. 梁的强度计算

作用在梁截面上的内力包括弯矩和剪力，弯矩和剪力分别产生正应力和切应力。因此，梁的强度计算包括正应力计算和切应力计算。

（1）梁的正应力计算

$$\sigma=\frac{My}{I_Z} \tag{12-3}$$

式中，σ——梁截面上任意一点的正应力；

M——计算截面处的弯矩；

y——计算点至中性轴的距离；

I_z——截面对中性轴的惯性矩。

（2）梁截面上最大正应力计算

$$\sigma_{\max}=\frac{M_{\max}}{w_Z} \tag{12-4}$$

其中，w_Z 称为截面的抗弯截面模量，或截面抵抗矩。

（3）梁弯曲正应力强度条件

$$\sigma_{\max}=\frac{M_{\max}}{w_Z}\leqslant[\sigma] \tag{12-5}$$

公式应用：

1）强度校核，即已知 $M_{\max}$，$[\sigma]$，w_Z，检验梁是否安全；

2）截面设计，即已知 $M_{\max}$，$[\sigma]$，可由 $w_Z\geqslant\frac{M_{\max}}{[\sigma]}$ 确定截面尺寸；

3）确定许用荷载，即已知 w_Z，$[\sigma]$，可由 $M_{\max}\leqslant w_Z[\sigma]$ 确定许用荷载。

提高梁抗弯强度的措施主要有：

1）选择合理截面；

2）合理安排荷载和支承位置，降低 $M_{\max}$；

3）选择合理结构形式。

4. 梁的刚度

假设 $[\delta]$ 表示梁的许用挠度，$[\theta]$ 表示梁的许用转角，则梁的刚度条件为要求梁的最大挠度和最大转角分别不得超过各自的许用值，即

$$\delta_{\max}\leqslant[\delta] \tag{12-6}$$

$$\theta_{\max}\leqslant[\theta] \tag{12-7}$$

梁的弯曲变形与梁的受力、支承条件及截面的弯曲刚度 EI 有关，提高梁的刚度与提高梁的强度属于两种不同性质的问题。梁的合理刚度设计主要有以下几个措施：

（1）合理选择截面尺寸形状；

（2）合理选用材料；

（3）梁的合理加强；

（4）选取合适跨度；

（5）合理安排梁的约束与加载方式。

第三节　压杆稳定

一、压杆稳定的概念

细长压杆在 P 力作用下处于直线形状的平衡状态[图 12–2（a）]，受外界（水平力 Q）干扰后，杆经过若干次摆动，仍能回到原来的直线形状平衡位置[图 12–2（b）]，杆原来的直线形状的平衡状态称为稳定平衡。若受外界干扰后，杆不能恢复到原来的直线形状而在弯曲形状下保持新的平衡[图 12–2（c）]，则杆原来的直线形状的平衡状态称为非稳定平衡。压杆的稳定性问题，就是针对受压杆件能否保持它原来的直线形状的平衡状态而言的。

压杆能否保持稳定，与压力 P 的大小有着密切的关系。随着压力 P 的逐渐增大，压杆就会由稳定平衡状态过渡到非稳定平衡状态。这就是说，轴向压力的量变，必将引起压杆平衡状态的质变。压杆从稳定平衡过渡到非稳定平衡时的压力称为临界力或称临界载荷，以 F_{cr} 表示。显然，当压杆所受的外力达到临界值时，压杆即开始丧失稳定。由此可见，掌握压杆临界力的大小，将是解决压杆稳定问题的关键。

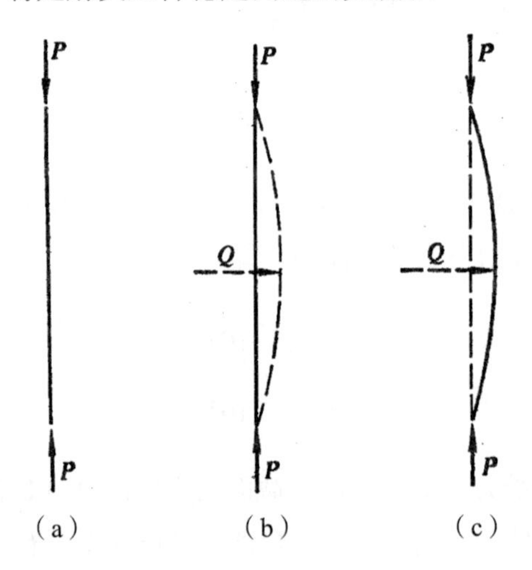

图 12–2　压杆失稳示意图

二、临界压力的计算

当作用在压杆上的压力大小等于临界力时，受到干扰力作用后杆将变弯。在杆的变形不大，杆内应力不超过比例极限的情况下，求出临界力的大小为

$$F_{cr} = \frac{\pi^2 EI}{(\mu l)^2} \tag{12-8}$$

上式称为欧拉公式。式中：

I——杆横截面对中性轴的惯性矩；

μ——与支承情况有关的长度换算系数，其值见表 12-1；

l——杆的长度，而 μl 称为相当长度。

由上式可以看出，临界载荷与材质的种类、截面的形状和尺寸、杆件的长度和两端的支承情况等方面的因素有关。

表 12-1　与支承情况有关的长度换算系数

杆端的约束情况	两端固定	一端固定另一端铰支	两端铰支	一端固定另一端自由
压杆的挠曲线形状	P	P	P	P
长度系数（μ）	0.5	0.7	1.0	2.0

三、临界应力的计算

压杆在临界力作用下横截面上的应力称为临界应力，用 σ_{cr} 表示。

根据临界力的欧拉公式可以求得临界应力为

$$\sigma_{cr} = \frac{F_{cr}}{A} = \frac{\pi^2 EI}{A(\mu l)^2} \tag{12-9}$$

式中 A 为压杆的横截面面积。

令 $i^2=I/A$ 代入上式，则

$$\sigma_{cr} = \frac{\pi^2 EI}{A(\mu l)^2} = \frac{\pi^2 E}{\left(\frac{\mu l}{i}\right)^2} = \frac{\pi^2 E}{\lambda^2} \tag{12-10}$$

式中，i——截面的回转半径；

$\lambda=\mu l/i$——压杆的柔度，也称为压杆的长细比，为一无量纲的量。

从式中可以看出，λ 值越大，则杆件越细长，杆越易丧失稳定性，其临界力越小；λ 值越小，则杆件越短粗，杆越不易丧失稳定性，其临界力越大。所以柔度 λ 是压杆稳定计算的一个重要参数。

第十三章　建筑结构概述

在房屋建筑中，由各种构件（屋架、梁、板、柱等）组成的能够承受各种作用的体系叫做建筑结构。所谓作用是指能够引起体系产生内力和变形的各种因素，如荷载、地震、温度变化以及基础沉降等因素。

第一节　建筑结构基础知识

一、作用与荷载

结构上的“作用”是能够使结构或构件产生效应（内力和变形）的各种原因的总称，分为直接作用和间接作用。其中，我们常将直接作用叫做荷载。

根据时间变异性，作用在结构上的荷载分为永久荷载、可变荷载和偶然荷载。

1. 永久荷载

永久荷载又称为恒荷载，简称恒载，是指结构在使用期内其大小或作用位置不随时间变化荷载。例如结构自重、土压力、预应力等。

2. 可变荷载

可变荷载又称为活荷载，简称活载，是指在结构设计使用期内，其大小或作用位置可以发生变化的荷载。例如楼面活荷载、屋面活荷载和积灰荷载、吊车荷载、风荷载、雪荷载等。

3. 偶然荷载

偶然荷载指的是在结构的设计使用期内偶然出现（或者不出现），一旦出现后荷载数值很大、持续时间很短的荷载。例如爆炸、撞击等。

二、结构的可靠性

结构的可靠性，是指结构在规定的时间内，在规定的条件下，完成预定功能的能力，即结构的安全性、适用性和耐久性。

1. 安全性

安全性是指结构在正常施工和正常使用条件下，能够承受可能出现的各种荷载作用，防止建筑物的破坏。或者是指在设计限定的偶然事件发生时和发生后能够保持必需的整体稳定性，结构仅发生局部损坏而不至发生连续倒塌。

根据建筑物的重要性，即结构破坏时可能产生的后果（危及人的生命、造成的经济损失、产生的社会影响等）的严重性，设计结构时采用相应的安全等级。

2. 适用性

适用性是指结构在正常使用条件下具有良好的工作性能，如不发生影响正常使用的过大挠度，不产生使使用者感到不安的裂缝宽度等。

3. 耐久性

耐久性是指结构在正常维护的条件下具有足够的耐久性能，即要求结构在规定的工作环境中、在预定的时期内、在正常维护的条件下结构能够被使用到规定的设计使用年限。

三、结构的极限状态

结构能够满足功能要求而良好的工作，我们称为“可靠”或“有效”，反之，则称为“不可靠”或“失效”。在两者之间存在某一“极限状态”，它是结构或构件能够满足设计规定某一功能要求的临界状态，超过此界限，结构或构件将不能满足设计规定的该项功能要求。

设计中的极限状态是以结构的内力、变形、裂缝等超过相应规定标志为依据，故称为极限状态设计法。

结构的极限状态分为承载能力极限状态和正常使用极限状态两种。

1. 承载能力极限状态

是指结构或构件达到最大承载力或产生不适于继续承载的变形。当结构或结构构件出现下列状态之一时，应认为超过了承载能力极限状态。

1）整个结构或结构的一部分作为刚体失去平衡（如阳台、雨篷的倾覆）。

2）结构构件或连接因超过材料强度而破坏（包括疲劳破坏），或因过度变形而不适于继续承载。

3）结构转变为机动体系。

4）结构或结构构件丧失稳定（如压屈等）。

5）地基丧失承载能力而破坏（如失稳等）。

2. 正常使用极限状态

是指结构或构件达到正常使用或耐久性能的某项规定限值。当结构或结构构件出现下列状态之一时，应认为超过了正常使用极限状态。

1）影响正常使用或外观的变形。

2）影响正常使用或耐久性能的局部损坏（包括裂缝，如水池开裂引起渗漏）。

3）影响正常使用的振动。

4）影响正常使用的其他特定状态。

第二节　建筑结构分类

建筑结构可按结构所用材料和结构承重体系来进行分类。

一、按结构所用材料分类

1. 混凝土结构

混凝土结构包括素混凝土结构、钢筋混凝土结构和预应力混凝土结构。钢筋混凝土和预应力混凝土结构，都由混凝土和钢筋两种材料组成。钢筋混凝土结构是应用最广泛的结构。具体应用于多层、高层、超高层建筑的建设。

除一般工业与民用建筑外，许多特种结构（如水塔、水池、高烟囱等）也用钢筋混凝土建造。

混凝土结构具有节省钢材、就地取材（指占比例很大的砂、石料）、耐火耐久、可模性好（可按需要浇捣成任何形状）、整体性好的优点。缺点是自重较大、抗裂性较差等。

2. 砌体结构

砌体结构是由块体（如砖、石和混凝土砌块）及砂浆经砌筑而成的结构，目前大量用于居住建筑和多层民用房屋（如办公楼、教学楼、商店、旅馆等）中，并以砖砌体的应用最为广泛。

砖、石、砂等材料具有就地取材、成本低等优点，结构的耐久性和耐腐蚀性也很好。缺点是材料强度较低、结构自重大、施工砌筑速度慢、现场作业量大等，且烧砖要占用大量土地。

3. 钢结构

钢结构是以钢材为主制作的结构，主要用于大跨度的建筑屋盖(如体育馆、剧院等)、吊车吨位很大或跨度很大的工业厂房骨架和吊车梁，以及超高层建筑的房屋骨架等。

钢结构材料质量均匀、强度高，构件截面小、重量轻，可焊性好，制造工艺比较简单，便于工业化施工。缺点是钢材易锈蚀，耐火性较差，价格较贵。

4. 木结构

木结构是以木材为主制作的结构，但由于受自然条件的限制，我国木材相当缺乏，目前仅在山区、林区和农村有一定的采用，具体应用于单层结构。

二、按结构承重体系分类

1. 墙承重结构

用墙体来承受由屋顶、楼板传来的荷载的建筑，称为墙承重受力建筑。如砖混结构的住宅、办公楼、宿舍等，适用于多层建筑。

2. 排架结构

采用柱和屋架构成的排架作为其承重骨架，外墙起围护作用，单层厂房是其典型。

3. 框架结构

以柱、梁、板组成的空间结构体系作为骨架的建筑。常见的框架结构多为钢筋混凝土建造，多用于 10 层以下建筑。

4. 剪力墙结构

剪力墙结构的楼板与墙体均为现浇或预制钢筋混凝土结构，多被用于高层住宅楼和公寓建筑。

5. 框架—剪力墙结构

在框架结构中设置部分剪力墙，使框架和剪力墙两者结合起来，共同抵抗水平荷载的空间结构，充分发挥了剪力墙和框架各自的优点，因此在高层建筑中采用框架-剪力墙结构比框架结构更经济合理。

6. 筒体结构

筒体结构是采用钢筋混凝土墙围成侧向刚度很大的筒体，其受力特点与一个固定于基础上的筒形悬臂构件相似。常见有框架内单筒结构、单筒外移式框架外单筒结构、框架外筒结构、筒中筒结构和成组筒结构。

7. 大跨度空间结构

该类建筑往往中间没有柱子，而通过网架等空间结构把荷重传到建筑四周的墙、柱上去，如体育馆、游泳馆、大剧场等。

第十四章　钢筋混凝土结构

第一节　钢筋混凝土结构基础知识

一、梁的构造要求

1. 截面形式与尺寸

梁截面形式一般有矩形、T 形、I 形、倒 L 形、空心（箱）形等，常用的主要是矩形和 T 形。梁截面的高宽比 h/b 对于矩形截面一般为 2.0 ~ 2.5，对于 T 形截面一般为 2.5 ~ 3.0。为了统一模板尺寸和便于施工，截面宽度 b 通常采用 150mm、180mm、200mm、250mm，250mm 以上以 50mm 为模数；梁高 h 采用 200mm、250mm、300mm、350mm…800mm，以 50mm 为模数，当梁高大于 800mm 时，以 100mm 为模数。梁的高跨比的选择见表 14-1。

表 14-1　梁的高跨比选择

构件类型	支承条件		
	简支	两端连续	悬臂
独立梁或整体肋形梁的主梁	1/12 ~ 1/8	1/14 ~ 1/8	1/6
整体肋形梁的次梁	1/18 ~ 1/10	1/20 ~ 1/12	1/8

注：当梁的跨度超过 9m 时，表中数值宜乘以 1.2。

2. 梁的配筋

梁中的钢筋有纵向受力钢筋、弯起钢筋、箍筋和架立钢筋等，如图 14-1 所示。

（1）纵向受力钢筋

纵向受力钢筋的作用是承受由弯矩在梁内产生的拉力或压力。仅在截面受拉区配置受力钢筋的截面称为单筋截面；在截面受拉区和受压区都配置受力钢筋的截面称为双筋截面。梁中纵向受力钢筋宜采用 HRB400 级、HRB500、HRBF400、HRBF500 钢筋；也可采用 HRB335、HRBF335、HPB300 和 RRB400 钢筋。

1）纵向受力钢筋的直径及根数。常用直径为 12mm、14mm、16mm、18mm、20mm、22mm、25mm。当梁高 $h \geqslant 300$mm 时，其直径不应小于 10mm；当 $h < 300$mm 时，不应小于 8mm。伸入梁支座范围内的纵向受力钢筋根数，当梁宽 $b \geqslant 100$ mm时，不宜少于 2 根；

当梁宽$b<100$ mm时，可为1根纵向受力钢筋的数量应通过计算确定，各种直径钢筋的计算截面面积和公称质量见表 14–2。

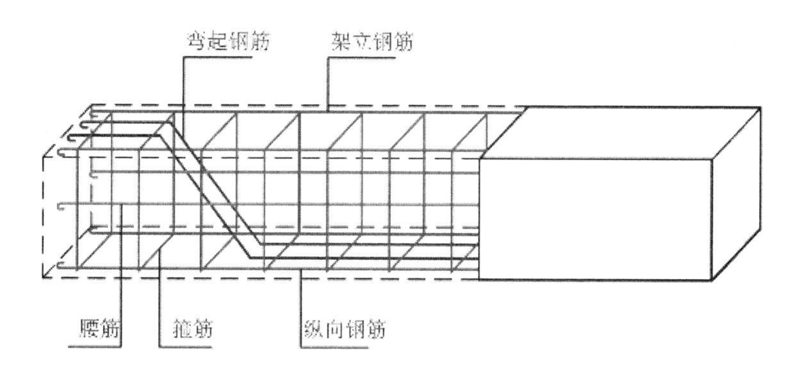

图 14–1　梁的配筋

表 14–2　钢筋的计算截面面积和公称质量

公称直径/mm	不同根数钢筋的计算截面面积/mm²									单根钢筋的公称质量/（kg/m）
	1	2	3	4	5	6	7	8	9	
6	28.3	57	85	113	142	170	198	226	255	0.222
6.5	33.2	66	100	133	166	199	232	265	299	0.260
8	50.3	101	151	201	252	302	352	402	453	0.395
8.2	52.8	106	158	211	264	317	370	423	475	0.432
10	78.5	157	236	314	393	471	550	628	707	0.617
12	113.1	226	339	452	565	678	791	904	1 017	0.888
14	153.9	308	461	615	769	923	1 077	1 231	1 385	1.21
16	201.1	402	603	804	1 005	1 206	1 407	1 608	1 809	1.58
18	254.5	509	763	1 017	1 272	1 527	1 781	2 036	2 290	2.00
20	314.2	628	942	1 256	1 570	1 884	2 199	2 513	2 827	2.47
22	380.1	760	1 140	1 520	1 900	2 281	2 661	3 041	3 421	2.98
25	490.9	982	1 473	1 964	2 454	2 945	3 436	3 927	4 418	3.85
28	615.8	1 232	1 847	2 463	3 079	3 695	4 310	4 926	5 542	4.83
32	804.2	1 609	2 413	3 217	4 021	4 826	5 630	6 434	7 238	6.31
36	1 017.9	2 036	3 054	4 072	5 089	6 107	7 125	8 143	9 161	7.99
40	1 256.6	2 513	3 770	5 027	6 283	7 540	8 796	10 053	11 310	9.87

注：表中直径 d=8.2mm 的计算截面面积和公称质量仅适用于有纵肋的热处理钢筋。

2）纵向受力钢筋间的净距。为保证钢筋与混凝土之间具有足够的粘结力和便于浇筑混凝土，梁的上部纵向钢筋的净距，不应小于 30mm 和 1.5d（d 为纵向钢筋的最大直径），下部纵向钢筋的净距不应小于 25mm 和 d，如图 14–2 所示。

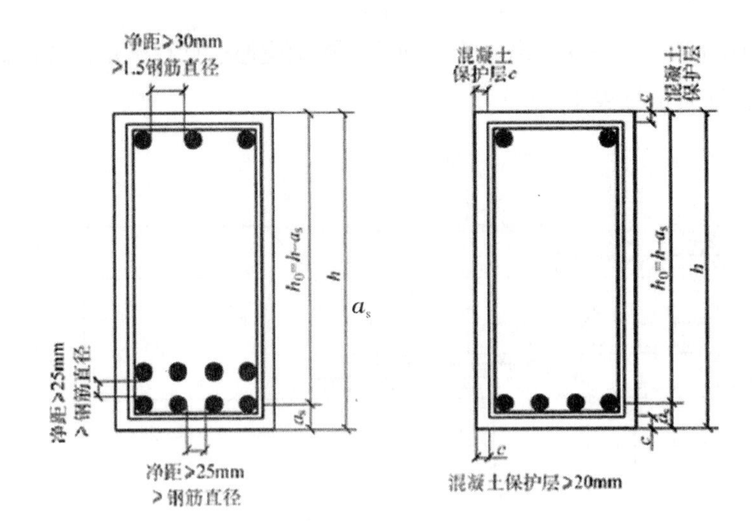

图 14–2　梁的钢筋净距、保护层和有效高度

（2）架立钢筋

在单筋截面梁中，应在梁的受压区外缘两侧设置架立钢筋，其作用是为了固定箍筋并与受力钢筋连成钢筋骨架。双筋截面梁中由于配有受压钢筋，可不再配置架立钢筋。

架立钢筋的直径与梁的跨度有关：当跨度小于 4m 时，不小于 8mm；当跨度在 4～6m，不小于 10mm；跨度大于 6m 时，不小于 12mm。

（3）箍筋

箍筋的主要作用是用来承受由剪力和弯矩在梁内引起的主拉应力，同时还可固定纵向受力钢筋并和其他钢筋绑扎在一起形成空间骨架。普通箍筋宜采用 HRB400、HRBF400、HRB500、HRBF500 钢筋；也可采用 HRB335、 HRBF335 和 HPB300 钢筋。

1）箍筋的数量与布置。箍筋的数量应通过计算确定。如按计算不需要时，对截面高度大于 300mm 的梁，仍应按构造要求沿梁的全长设置；对于截面高度为 150~300mm 的梁，可仅在构件端部各 1/4 跨度内设置箍筋；但当在构件中部 1/2 跨度范围内有集中荷载时，则应沿梁全长设置箍筋；对截面高度为 150mm 以下的梁，可不设置箍筋。

2）箍筋的直径。箍筋的最小直径与梁高有关：当梁高 $h \leqslant 250$mm 时，箍筋直径不小于 4mm；当 250mm $< h \leqslant 800$mm 时，不应小于 6mm；当 $h > 800$mm 时，不应小于 8mm。梁中配有计算需要的纵向受压钢筋时，箍筋直径还应不小于 $d/4$（d 为纵向受压钢筋最大直径）。

3）箍筋的形式和肢数。箍筋的形式有封闭式和开口式两种，一般采用封闭式。箍筋肢数有单肢、双肢和四肢等，如图 14–3 所示。一般情况下可按如下规定采用：当梁宽 $b \leqslant$ 150mm 用单肢；当 150mm $< b \leqslant 350$mm，用双肢；当 $b > 350$mm 或在一层内纵向钢筋多于

5 根，或受压钢筋多于 3 根时，用四肢（由两个双肢箍筋组成，也称复合箍筋）。

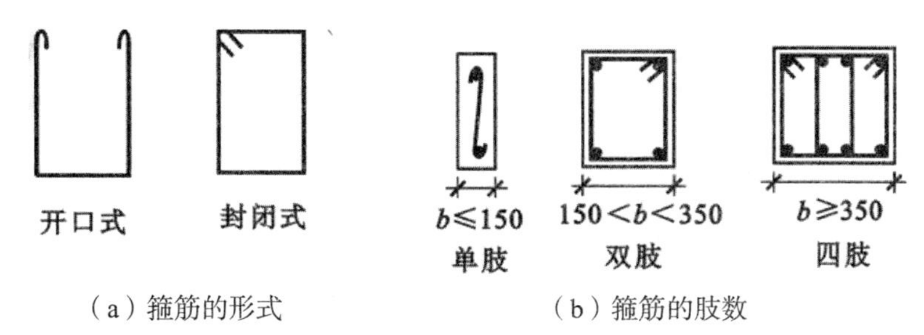

（a）箍筋的形式　　（b）箍筋的肢数

图 14–3　箍筋的形式和肢数

（4）弯起钢筋

弯起钢筋的作用是在跨中承受正弯矩产生的拉力，弯起段主要承受弯矩和剪力产生的主拉应力，弯起后的水平段可承受支座处的负弯矩。

1）弯起钢筋的数量。通过斜截面承载力计算得到，一般由纵向受力钢筋弯起而成，当纵向受力钢筋较少，不足以弯起时，也可设置单独的弯起钢筋。

2）弯起钢筋的弯起角度。当梁高 $h \leq 800$mm 时，采用 45°；当梁高 $h > 800$mm 时，采用 60°。

二、板的构造要求

1. 板的厚度

板的跨度与板厚之比：钢筋混凝土单向板不大于 30，双向板不大于 40；无梁支承的有柱帽板不大于 35，无梁支承的无柱帽板不大于 30；预应力板可适当增加；当荷载、跨度较大时，板的跨厚比宜适当减小。

板的厚度要满足承载力、刚度和抗裂的要求。从刚度条件出发，板的厚度可按表 14–3 确定，同时不应小于表 14–4 的规定。如板厚满足上述要求，即不需作挠度验算。

表 14–3　不需作挠度计算板的最小厚度

项次	支座构造特点	板的厚度
1	简支	$L/35$
2	弹性约束	$L/40$
3	悬臂	$L/12$

注：表中 L 是板的计算跨度，对于两端搁置在墙上的简支板取净跨度加板厚。

表 14-4　现浇板的最小厚度　　单位：mm

板的类别		最小厚度
单向板	屋面板	60
	民用建筑楼板	60
	工业建筑楼板	70
	行车道下的楼板	80
双向板		80
密肋板	50	
悬臂板	悬臂长度不大于 500mm	60
	悬臂长度不大于 1 000mm	100
	悬臂长度不大于 1 500mm	150
无梁楼板		150
空心楼板	筒芯内模	180
	箱体内模	250

2. 板的配筋

板中配有受力钢筋和分布钢筋，如图 14-4 所示，宜采用 HPB300 级和 HRB335 级的钢筋。

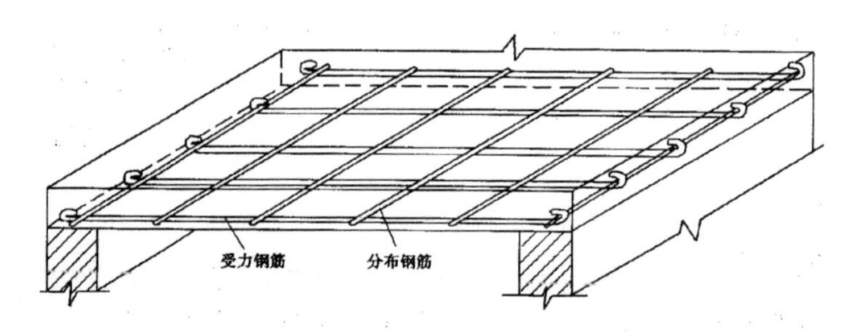

图 14-4　板的配筋

（1）受力钢筋

受力钢筋沿板的跨度方向在受拉区配置，承受荷载作用下产生的拉力。

1）受力钢筋的直径。一般为 6 ~ 12mm，应经计算确定。

2）受力钢筋的间距。当板厚 $h \leq 150$mm，不应大于 200mm；当板厚 $h > 150$mm 时，不应大于 1.5h，且不应大于 250mm。对于厚度不小于 1 000mm 的现浇板，不宜大于板厚的 1/3 ，且不应大于 500mm。为了保证施工质量，钢筋间距也不宜小于 70mm。当板中受力钢筋需要弯起时，其弯起角度不宜小于 30°。各种钢筋间距时每米板宽内的钢筋截面面积见表 14-5。

表 14–5　各种钢筋间距时每米板宽内的钢筋截面面积

钢筋间距/mm	当钢筋直径（mm）为下列数值时的钢筋截面面积（mm^2）													
	3	4	5	6	6/8	8	8/10	10	10/12	12	12/14	14	14/16	16
70	101.0	179	281	404	561	719	920	1 121	1 369	1 616	1 908	2 199	2 536	2 872
75	94.3	167	262	377	524	671	859	1 047	1 277	1 508	1 780	2 053	2 367	2 681
80	88.4	157	245	354	491	629	805	981	1 198	1 414	1 669	1 924	2 218	2 513
85	83.2	148	231	333	462	592	758	924	1 127	1 331	1 571	1 811	2 088	2 365
90	78.5	140	218	314	437	559	716	872	1 064	1 257	1 484	1 710	1 972	2 234
95	74.5	132	207	298	414	529	678	826	1 008	1 190	1 405	1 620	1 868	2 116
100	70.6	126	196	283	393	503	644	785	958	1 131	1 335	1 539	1 775	2 011
110	64.2	114.0	178	257	357	457	585	714	871	1 028	1 214	1 399	1 614	1 828
120	58.9	105.0	163	236	327	419	537	654	798	942	1 112	1 283	1 480	1 676
125	56.5	100.6	157	226	314	402	515	628	766	905	1 068	1 232	1 420	1 608
130	54.4	96.6	151	218	302	387	495	604	737	870	1 027	1 184	1 366	1 547
140	50.5	89.7	140	202	281	359	460	561	684	808	954	1 100	1 268	1 436
150	47.1	83.8	131	189	262	335	429	523	639	754	890	1 026	1 183	1 340
160	44.1	78.5	123	177	246	314	403	491	599	707	834	962	1 110	1 257
170	41.5	73.9	115	166	231	296	379	462	564	665	786	906	1 044	1 183
180	39.2	69.8	109	157	218	279	358	436	532	628	742	855	985	1 117
190	37.2	66.1	103	149	207	265	339	413	504	595	702	810	934	1 058
200	35.3	62.8	98.2	141	196	251	322	393	479	565	668	770	888	1 005
220	32.1	57.1	89.3	129	178	228	292	357	436	514	607	700	807	914
240	29.4	52.4	81.9	118	164	209	268	327	399	471	556	641	740	838
250	28.3	50.2	78.5	113	157	201	258	314	383	452	534	616	710	804
260	27.2	48.3	75.5	109	151	193	248	302	368	435	514	592	682	773
280	25.2	44.9	70.1	101	140	180	230	281	342	404	477	550	634	718
300	23.6	41.9	65.5	94	131	168	215	262	320	377	445	513	592	670
320	22.1	39.2	61.4	88	123	157	201	245	299	353	417	481	554	628

注：表中钢筋直径中的 6/8、8/10 等是指两种直径的钢筋间隔放置。

（2）分布钢筋

分布钢筋布置在受力钢筋的内侧，与受力钢筋垂直相交处用细铁丝绑扎或焊接，其作用是将板面荷载均匀传给受力钢筋，在施工中固定受力钢筋位置，同时抵抗温度和收缩应力。

板中单位长度上的分布钢筋，其截面面积不应小于单位宽度上受力钢筋截面面积的15%且不宜小于该方向板截面面积的 0.15%，其间距不应大于 250mm。分布钢筋的直径不宜小于 6mm。

实际经验表明，板内剪力很小，因此钢筋混凝土板（厚度小于等于 150mm）内一般不配置箍筋。

三、梁、板混凝土保护层

为了防止钢筋锈蚀和保证钢筋与混凝土的粘结，梁、板应有足够的混凝土保护层。结构中最外层钢筋的混凝土保护层厚度为钢筋外边缘至混凝土表面的距离。受力钢筋的混凝土保护层最小厚度应按表 14-6 采用，同时也不小于受力钢筋的直径。梁、板常用的混凝土强度等级是 C20 ~ C40。

表 14-6　混凝土保护层最小厚度

环境类别	板、墙、壳	梁、柱、杆
一	15	20
二 a	20	25
二 b	25	35
三 a	30	40
三 b	40	50

注：1. 混凝土强度等级不大于 C25 时，表中保护层数值应增加 5mm；
2. 钢筋混凝土基础宜设置混凝土垫层，基础中钢筋的混凝土保护层厚度应从垫层顶面算起，且不应小于 40mm。

四、梁、板的有效高度

在计算梁、板受弯构件承载力时，因为混凝土开裂后拉力完全由钢筋承担，梁、板能发挥作用的截面高度应为从受压混凝土边缘至受拉钢筋截面重心的距离，这一距离我们称为梁、板截面的有效高度，用 h_0 表示（图 14-2）。在室内正常环境下，设计计算时 h_0 可按如下近似值取用。

对于梁，当受拉钢筋排一排时，$h_0=h-45$mm ；当受拉钢筋排二排时，$h_0=h-65$mm。对于板，$h_0=h-25$mm。

第二节　受弯构件正截面承载力计算

一、单筋截面受弯构件正截面破坏形式

为研究破坏形式，引入纵向受拉钢筋的配筋率 ρ 来表示梁内纵向受拉钢筋相对数量的多少，见下式：

$$\rho=\frac{A_s}{bh_0} \tag{14-1}$$

式中，　A_s——纵向受拉钢筋的截面面积；

bh_0——混凝土的有效截面面积。

根据配筋率的不同，可将梁的破坏形式分为适筋梁、超筋梁、少筋梁三种类型的破坏。

1. 适筋梁

根据梁截面的应力及变形的特点，适筋梁的工作和应力状态，可分为三个阶段。

（1）第Ⅰ阶段——弹性阶段

从加荷开始到受拉边缘即将出现裂缝为止，为第Ⅰ阶段，$Ⅰ_a$ 为第Ⅰ阶段末。$Ⅰ_a$ 状态是对梁进行抗裂度验算的依据。

（2）第Ⅱ阶段——带裂缝工作阶段

从截面受拉区出现裂缝开始到受拉钢筋达到屈服强度为止，为第Ⅱ阶段，$Ⅱ_a$ 为第Ⅱ阶段末，此时截面承担的弯矩称为屈服弯矩 M_y。$Ⅱ_a$ 状态是对梁进行变形和裂缝验算的依据。

（3）第Ⅲ阶段——屈服阶段

从受拉钢筋屈服开始到受压区混凝土被压碎为止，为第Ⅲ阶段，$Ⅲ_a$ 为第Ⅲ阶段末，$Ⅲ_a$ 状态是计算受弯构件正截面抗弯能力的依据。

由上可见，由于适筋梁在破坏前钢筋先达到屈服强度，所以构件在破坏前裂缝开展很宽，挠度较大，这就给人以破坏的预兆，这种破坏称为塑性破坏，由于适筋梁受力合理，可以充分发挥材料强度，所以，实际工程中都把钢筋混凝土梁设计成适筋梁，如图 14–5（a）所示。

2. 超筋梁

受拉钢筋配得过多的梁称为超筋梁。由于钢筋过多，这种梁在破坏时，受拉钢筋还没有达到屈服强度，而受压混凝土却因达到极限压应变先被压碎，使整个构件破坏，如图 14–5（b）所示，这种破坏称为超筋破坏。超筋梁的破坏是突然的，破坏前没有明显预兆，称为脆性破坏。这种梁配筋虽多，却不能充分发挥作用，所以很不经济，工程中不允许采用超筋梁。

3. 少筋梁

受拉钢筋配得过少的梁称为少筋梁。由于配筋过少，所以只要受拉区混凝土一开裂，钢筋就会随之达到屈服强度，构件将发生很宽的裂缝和很大的变形，最终构件一裂两半而破坏，如图 14–5(c)所示，破坏前没有明显预兆，属于脆性破坏，工程中不得采用少筋梁。

上述三种破坏形式若以配筋率表示则：$\rho_{min} \leqslant \rho \leqslant \rho_{max}$ 为适筋梁；$\rho > \rho_{max}$ 为超筋梁；$\rho < \rho_{min}$ 为少筋梁。可以看出适筋梁与超筋梁的界限是最大配筋率 ρ_{max}；适筋梁与少筋梁的界限是最小配筋率 ρ_{min}。

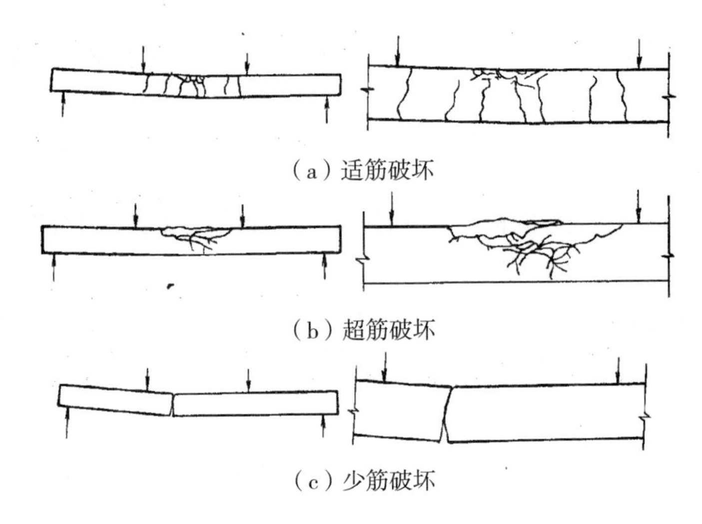

（a）适筋破坏

（b）超筋破坏

（c）少筋破坏

图 14–5　梁正截面破坏形式

二、单筋截面受弯构件正截面承载力计算原则

1. 基本假定

（1）平截面假定，即构件正截面受弯曲变形后仍保持平面；

（2）不考虑截面受拉区混凝土的抗拉强度，拉力全部由纵向受拉钢筋承担；

（3）混凝土受压应力–应变关系采用简化形式。

2. 应力图形的简化

为方便计算，将混凝土的理论应力分布图形等效代换为矩形应力图形，如图 14–6 所示，代换原则为：①受压区混凝土压应力合力的大小不变；②受压区混凝土压应力合力的作用点不变。

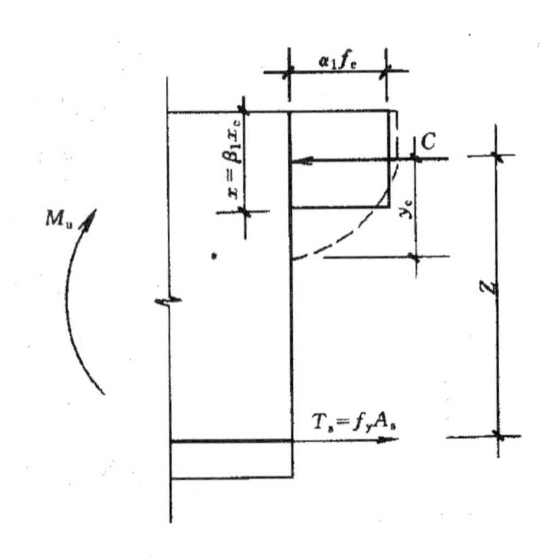

图 14–6　应力图形的简化

代换为矩形应力图形后，对应的等效压应力为$\alpha_1 f_c$，α_1是系数，当混凝土强度等级不超过C50时，α_1取为1.0；当混凝土强度等级为C80时，α_1取为0.94；其间可按线性内插法确定。

等效矩形应力图形的换算受压区高度为：

$$x = \beta_1 x_c \quad (14\text{–}2)$$

式中，x_c——按平截面假定确定的受压区（中和轴）高度；

x——等效矩形应力图形的受压区高度；

β_1——系数，当混凝土强度等级不超过C50时，β_1取0.8；当混凝土强度等级为C80时，β_1取0.74；其间可按线性内插法确定。

为方便计算，引入换算相对受压区高度ξ，它与换算受压区高度的关系为：

$$\xi = \frac{x}{h_0} \quad (14\text{–}3)$$

3. 界限相对受压区高度与最小配筋率

（1）界限相对受压区高度ξ_b

当截面上受拉钢筋达到屈服强度的同时，受压区边缘混凝土正好达到极限压应变，此种状态称为界限状态，其破坏状态称为界限破坏。界限状态下截面换算相对受压区高度用ξ_b表示，它是界限状态下截面受压区高度x_b与截面有效高度h_0的比值。

由界限状态下的应变关系可得：

$$\xi_b = \frac{\beta_1 x_{cb}}{h_0} = \frac{\beta_1 \varepsilon_{cu}}{\varepsilon_{cu} + \varepsilon_y} = \frac{\beta_1 \varepsilon_{cu}}{\varepsilon_{cu} + \dfrac{f_y}{E_s}} \quad (14\text{–}4)$$

对于常用的C50级及以下的混凝土和有明显屈服点的钢筋（$\varepsilon_0 = 0.002$，$\varepsilon_{cu} = 0.0033$，$\beta_1 = 0.8$），由式（14–4）可求得$\xi_b$，见表14–7。

表14–7 钢筋混凝土构件界限相对受压区高度ξ_b

钢筋种类	ξ_b
HPB300	0.576
HRB335	0.55
HRB400	0.518

（2）最小配筋率ρ_{min}

为防止少筋破坏，《规范》考虑混凝土开裂弯矩及混凝土收缩和温度变化等因素后，规定ρ_{min}的取值如下：

$$\rho_{\min} = \max(0.2\%, 0.45 f_t / f_y)$$

式中，$\rho_{\min}$——最小配筋率；

f_t——混凝土轴心抗拉强度；

f_y——钢筋抗拉强度设计值。

根据大量的工程实践经验，当配筋率在某一范围（经济配筋率）内时，钢筋和混凝土用量都不很多，比较经济，通常板的经济配筋率为 ρ =（0.4 ~ 0.8）%；矩形截面梁为 ρ =（0.6 ~ 1.5）%；T 形截面梁为 ρ =（0.9 ~ 1.8）%。

三、双筋矩形截面梁

一般情况下采用双筋截面即利用受压钢筋承受截面的部分压力是不经济的，但当遇到下列情况时，可采用双筋矩形截面受弯构件，如图 14–7 所示。

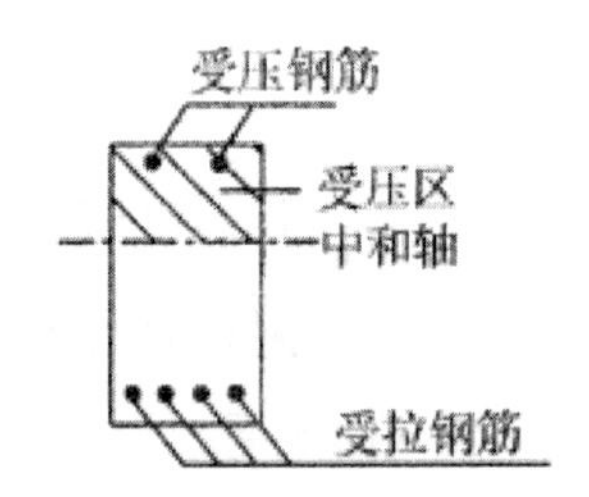

图 14–7　双筋截面梁

1）当截面承受的弯矩较大，超过了单筋截面梁所能承担的最大弯矩时，而截面尺寸受使用条件限制不允许增大，混凝土强度等级也不宜提高时，可在受压区配置钢筋协助混凝土承受部分压力。

2）在不同荷载作用下，截面承受变号弯矩的作用，在截面顶部及底部均应配置受力钢筋时。

3）由于构造上的需要，在截面受压区已配有受压钢筋。

采用双筋梁可以提高截面的延性，减小构件在使用阶段（荷载长期作用下）的变形。

为保证受压钢筋充分发挥作用，防止过早向外凸出，引起保护层崩裂，从而导致受压混凝土的过早破坏，规范规定：箍筋应为封闭式，箍筋的间距在绑扎骨架中不应大于 15d，在焊接骨架中不应大于 20d（d 为纵向受压钢筋中的最小直径），同时在任何情况下均不应大于 400mm。当一层内的纵向受压钢筋多于三根时，应设置复合箍筋（即四肢箍筋）；当一层内的纵向受压钢筋多于五根且直径大于 18mm 时，箍筋间距不应大于 10d。

试验表明，当受弯构件受压边缘混凝土压碎时，如取混凝土受压区高度 $x = 2a_s'$，此时受压钢筋处的混凝土压应变亦即钢筋的压应变（≤C50 的混凝土）为 $\varepsilon_s' = \varepsilon_c' = 0.002$，则受压钢筋的最大压应力为 $\sigma_s' = \varepsilon_s' E_s$=0.002×(1.95 ~ 2.1)×10^5=390 ~ 420N/mm^2，这就是说，强度等级很高的钢筋，在受压时，因受混凝土的限制，并不能充分发挥作用。但采用 HPB300、HRB335、HRB400、RRB400 级钢筋均可达到抗压强度设计值 $f_y' = f_y$，因此，规范规定：为保证受压钢筋达到抗压强度设计值 f_y'，必须满足 $x \geqslant 2a_s'$。当采用高强钢筋时，其抗压强度设计值应为 $f_y' \leqslant 0.002E_s$。

四、单筋 T 形截面梁

矩形截面受弯构件在破坏时，受拉区混凝土早已开裂，不能再承担拉力，所以可考虑将受拉区混凝土挖去一部分，将受拉钢筋集中布置在肋内，形成如图 14–8 所示的 T 形截面，它和原来的矩形截面所能承受的弯矩是相同的。这样既可节约材料，又减轻了自重。

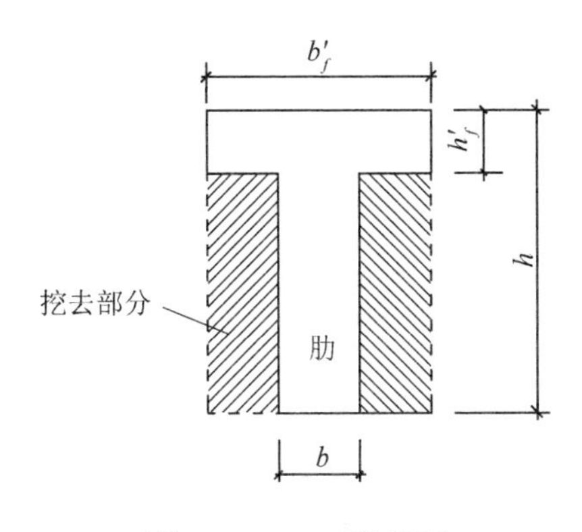

图 14–8　T 形截面

T 形截面伸出部分称为翼缘，中间部分称为肋或腹板。肋的宽度为 b，位于截面受压区的翼缘宽度为 b'_f，厚度为 h'_f，截面总高为 h。

T 形截面在工程中的应用很广泛，如现浇楼盖、吊车梁等。此外，I 字形屋面大梁、槽板、空心板等也均按 T 形截面计算，如图 14–9 所示。

T 形截面受弯构件受压翼缘压应力的分布是不均匀的，愈接近肋部压应力愈大，随着离开肋部距离的增加而减小。因此，设计中把与梁肋共同工作的翼缘宽度限制在一定范围内，称翼缘的计算宽度 b'_f。在 b'_f 范围内翼缘全部参与工作，并假定其压应力均匀分布。翼缘计算宽度的大小与梁的跨度 l、翼缘厚度 h'_f 和梁的布置情况等有关。《规范》规定 T 形及倒 L 形截面受弯构件翼缘计算宽度 b'_f，如表 14–8 所示。计算时 b'_f 取表中三项的最小值。

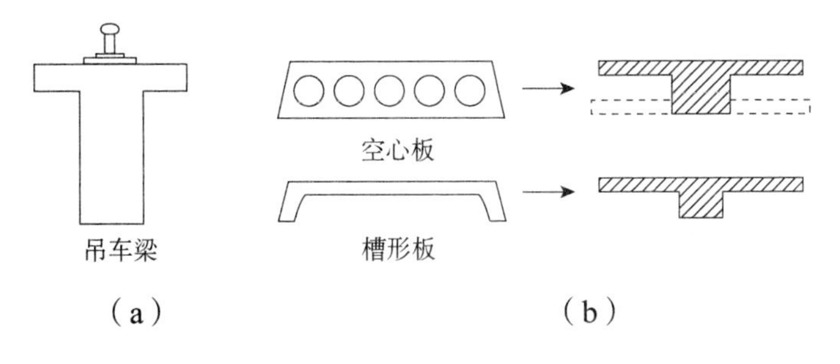

图 14–9　T 形截面的形式

表 14-8　T 形梁及倒 L 形截面受弯构件翼缘计算宽度 b_f'

考虑情况		T 形截面		倒 L 形梁
		肋形梁（板）	独立梁	肋形梁（板）
按跨度 l 考虑		$\frac{1}{3}l$	$\frac{1}{3}l$	$\frac{1}{6}l$
按梁（肋）净距 S_n 考虑		$b+S_n$	—	$b+\frac{S_n}{2}$
按翼缘高度 h_f' 考虑	当 $h_f'/h \geqslant 0.1$	—	$b+12h_f'$	—
	当 $0.1>\frac{h_f'}{h}\geqslant 0.05$	$b+12h_f'$	$b+6h_f'$	$b+5h_f'$
	当 $h_f'/h<0.05$	$b+12h_f'$	B	$B+5h_f'$

注：1. 表中 b 为梁的腹板（肋）的宽度，如图 14-10（a）所示。

2. 如肋形梁在梁跨内设有间距小于纵肋间距的横肋时，如图 14-10（b）所示，则可不遵守表中第三种情况的规定。

3. 对有加腋的 T 形和倒 L 形截面，如图 14-10（c）所示，当受压区加腋的高度 $h_h \geqslant h_f'$，且加腋的宽度 $b_h \leqslant 3h_h$ 时，则其翼缘计算宽度可按表中第三种情况的规定分别增加 $2b_h$（T 形截面）和 b_h（倒 L 形截面）。

4. 独立梁受压区的翼缘板，在荷载作用下经验算沿纵肋方向可能产生裂缝，如图 14-10（d）所示，其计算宽度应取用肋宽 b。

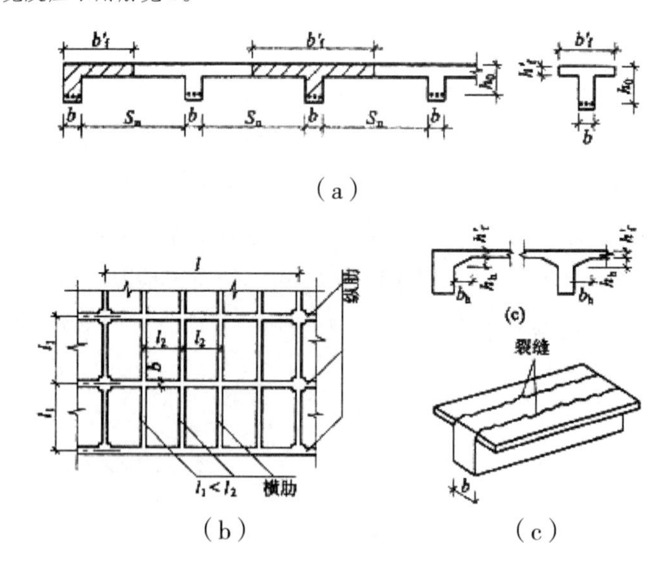

图 14-10　有加腋 T 形截面和倒 L 形截面

五、受弯构件斜截面研究分析

1. 初步研究分析

受弯构件在荷载作用下，各截面上除作用有弯矩外，一般同时还作用有剪力。在剪力和弯矩的共同作用下，可能导致沿斜截面的破坏。

为保证受弯构件斜截面的承载力，可配置一定数量的腹筋。腹筋的形式可采用垂直于梁轴的箍筋和由纵向钢筋弯起的弯起钢筋。箍筋、弯起钢筋和纵向钢筋构成受弯构件的钢筋骨架。

斜截面的承载力包括两个方面：斜截面的受弯承载力和受剪承载力。斜截面的受弯承载力主要通过构造措施解决，而受剪承载力需通过计算确定。

2. 受弯构件斜截面破坏形式

（1）斜裂缝的形成

在梁的剪弯区段，当主拉应力超过混凝土的抗拉强度时，将出现斜裂缝。斜裂缝的形态（如图 14–11 所示）有两种，一种是弯剪斜裂缝。首先出现在梁底，为由弯矩作用产生的垂直裂缝。随着荷载的增加，裂缝向上发展并随主应力的方向向梁顶集中荷载作用点倾斜延伸，下宽上细，呈弯刀状。另一种是腹剪斜裂缝。首先出现在梁中和轴附近，大致与中和轴成 45°的裂缝。随着荷载的增加，裂缝分别向支座和集中荷载作用点延伸，裂缝中间宽，两头细，呈枣核状。

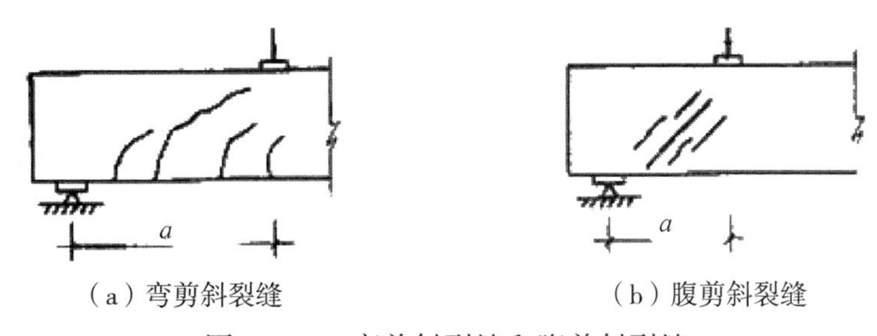

（a）弯剪斜裂缝　　（b）腹剪斜裂缝

图 14–11　弯剪斜裂缝和腹剪斜裂缝

（2）剪跨比

试验分析表明，剪跨比影响着梁的破坏形态和受剪承载力，因此有必要首先了解剪跨比的概念。

剪跨比用 λ 表示，是无量纲参数，它反映了截面承受的弯矩 M 和剪力 V 的相对大小，称为广义剪跨比，即

$$\lambda = \frac{M}{V h_0} \tag{14-5}$$

当梁承受集中荷载作用时，可用计算剪跨比表述，即将式（14–6）表述为以下形式：

$$\lambda = \frac{a}{h_0} \tag{14-6}$$

式中，a——剪跨；

h_0——梁截面有效高度。

当梁承受均布荷载或者承受的荷载形式复杂时，采用广义剪跨比。

（3）斜截面的破坏形式及发生条件

试验表明，在不同的弯矩和剪力组合下，随混凝土的强度、腹筋（箍筋和弯起钢筋）和纵筋用量、截面形状、荷载种类和作用方式，以及剪跨比的不同，可能有下列三种破坏形式：

1）斜压破坏：随着荷载的增加，先后出现若干条大致平行的腹剪裂缝，将梁腹平行分割成若干斜向的受压棱柱体，最终混凝土达到极限抗压强度被压碎，此时腹筋由于配置较多并未达到屈服，如图 14–12（a）所示。这种破坏与正截面超筋梁的破坏相似。

这种破坏的发生条件是：无腹筋梁在集中荷载作用下当剪跨比 $\lambda<1$（或均布荷载作用下当跨高比 $l/h<3$）时，或者有腹筋梁，不论 λ 的大小，只要梁的箍筋配置过多时，容易发生斜压破坏。

2）剪压破坏：随着荷载的增加，首先在剪弯段受拉区出现垂直裂缝，随后斜向延伸，形成斜裂缝。当荷载再增加到一定数值时，会出现一条主要斜裂缝即临界斜裂缝。此后荷载继续增加，与临界斜裂缝相交的箍筋将达到屈服强度，同时剪压区的混凝土在剪应力及压应力共同作用下，达到极限状态而破坏，如图 14–12（b）所示。这种破坏与正截面适筋梁的破坏相似。

这种破坏的发生条件是：无腹筋梁在集中荷载作用下当剪跨比 $1\leqslant\lambda\leqslant3$（或均布荷载作用下当跨高比 $3\leqslant l/h\leqslant9$）时，或者有腹筋梁，当 $1\leqslant\lambda\leqslant3$（或 $3\leqslant l/h\leqslant9$）且梁内箍筋的数量配置适当时，容易发生剪压破坏。

3）斜拉破坏：斜裂缝一旦出现，箍筋立即达到屈服强度，这条斜裂缝将迅速伸展到梁的受压边缘，构件很快裂为两部分而破坏，如图 14–12（c）所示。这种破坏与正截面少筋梁的破坏相似。

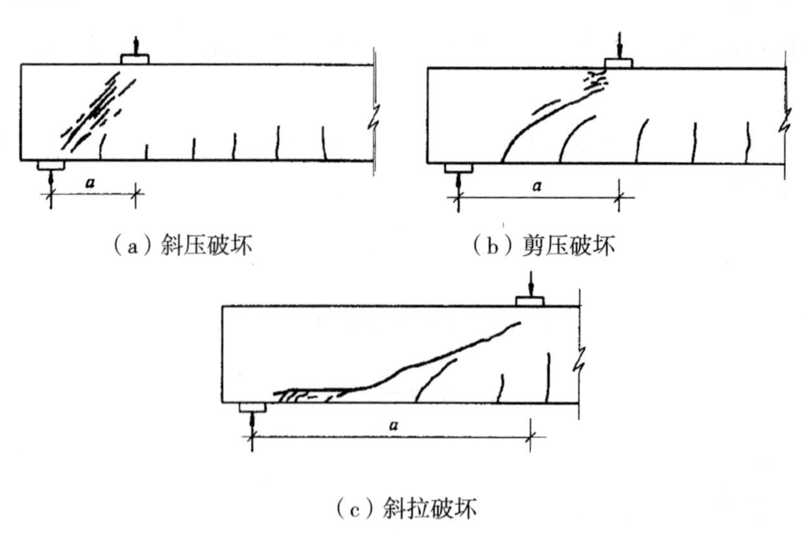

（a）斜压破坏　（b）剪压破坏

（c）斜拉破坏

图 14–12　斜截面破坏的主要形态

这种破坏的发生条件是：无腹筋梁在集中荷载作用下当剪跨比 $1 \leqslant \lambda \leqslant 3$（或均布荷载作用下当跨高比 $3 \leqslant l/h \leqslant 9$）时，或者有腹筋梁，当箍筋配置得过少且剪跨比 $\lambda > 3$（或 $l/h > 9$）时，容易发生斜拉破坏。

由上可见，斜压破坏时箍筋不能充分发挥作用，斜拉破坏又十分突然，所以这两种破坏在设计中应避免。剪压破坏相当于正截面的适筋破坏，设计中应把构件控制在这种破坏类型。

规范采用不同的方法来保证斜截面的承载能力以防止破坏。斜拉破坏和斜压破坏通过构造措施来避免：规定箍筋的最少数量，可以防止斜拉破坏的发生；不使梁的截面过小，可以防止斜压破坏的发生。而剪压破坏，它的承载力变化幅度较大，必须进行承载力计算，基本计算公式就是根据这种破坏形态的受力特征而建立的。

图 14–13 为有腹筋梁发生剪压破坏时的脱离体受力图。

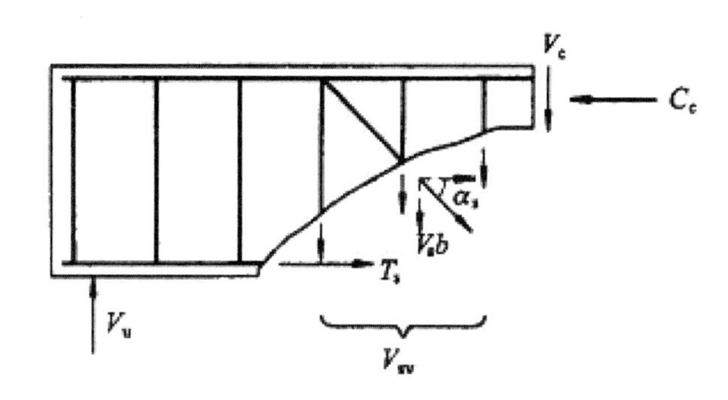

图 14–13　斜裂缝的脱离体受力图

斜截面的受剪承载力 V_u 由以下几部分组成：

① 斜裂缝上端混凝土截面承受的剪力 V_c 。

② 穿过斜裂缝的箍筋承担的剪力 V_{sv}。

③ 穿过斜裂缝的弯起钢筋承担的剪力 V_{sb}。

④ 斜裂缝两边相对移动使纵向钢筋弯折所引发的销栓力。

⑤ 斜裂缝交界面骨料的咬合力。

试验分析表明，纵向钢筋的销栓力和骨料的咬合力都比较小，可以忽略不计，这样处理是偏于安全的。因此，受剪承载力 V_u 可由下式表示：

$$V_u = V_c + V_{sv} + V_{sb} \tag{14-7}$$

当不配置弯起钢筋时：

$$V_u = V_c + V_{sv} = V_{cs} \tag{14-8}$$

式中，V_{cs}——构件斜截面上混凝土和箍筋共同承担的剪力。

3. 影响斜截面受剪承载力的主要因素

影响受弯构件斜截面受剪承载力的因素很多，主要有以下几方面：

（1）剪跨比 λ 和跨高比

实验表明，对集中荷载作用下的梁，随着剪跨比的增大，梁的受剪承载力下降；均布荷载作用下跨高比 l/h 对梁的受剪承载力有较大影响，随着跨高比的增大，受剪承载力下降；但当跨高比 l/h>10 以后，跨高比对受剪承载力的影响则不显著。

（2）混凝土强度

斜裂缝出现后，裂缝间的混凝土在剪应力和压应力的作用下处于拉压应力状态，是在拉应力和压应力的共同作用下破坏的；梁的受剪承载力随混凝土抗拉强度 f_t 的提高而提高，大致呈线性关系。

（3）配箍率 ρ_{sv} 和箍筋强度 f_{yv}

试验表明，有腹筋梁出现斜裂缝以后，箍筋不仅可以直接承受部分剪力，还能抑制斜裂缝的开展和延伸，提高剪压区混凝土的抗剪能力和纵筋的销栓作用，间接地提高梁的受剪承载力。为反映箍筋用量对受剪承载力的影响，引入配箍率的概念，如下式：

$$\rho_{sv} = \frac{n A_{sv1}}{b s} \tag{14-9}$$

式中，n——同一截面内箍筋的肢数；

A_{sv1}——单肢箍筋的截面面积；

b——截面宽度；

s——箍筋间距。

受剪承载力与配箍率和箍筋强度的乘积，即配箍特征系数 $\rho_{sv} f_{yv}$ 大致呈线性关系。

（4）纵向钢筋的配筋率

纵向钢筋能抑制斜裂缝的扩展，使斜裂缝上端剪压区的面积较大，从而能承受较大的剪力，同时纵筋本身也能通过销栓作用承受一定的剪力。因而纵向钢筋的配筋量越大，梁的受剪承载力越高。

六、受弯构件的构造要求

1. 纵向受力钢筋的锚固长度

为了保证钢筋混凝土构件可靠地工作，纵向受力钢筋必须伸过其受力截面一定长度，以便借助于这个长度上的粘结应力把钢筋锚固在混凝土中。我们把这个长度叫做锚固长度。纵向受拉钢筋最小锚固长度 l_a 可按具体公式计算，并应注意当采用 HRB335、HRB400 级钢筋的直径大于 25mm 时，其锚固长度应乘以修正系数 1.1；当钢筋在混凝土施工过程中易受扰动（如滑模施工）时，其锚固长度应乘以修正系数 1.25；并且受拉钢筋的锚固长度在任何情况下均不应小于 250mm。

2. 纵向钢筋在边支座处的锚固

在受弯构件的简支支座边缘，当斜裂缝出现后，该处纵筋的拉力会突然增加。为了避免钢筋被拔出导致破坏，《规范》规定简支梁、板下部纵向受力钢筋伸入支座的锚固长度 l_{as}，如图 14–14 所示，应符合下列要求：

当 $V \leqslant 0.7 f_t b h_0$ 时，　　$l_{as} \geqslant 5d$　　（14–10）

当 $V > 0.7 f_t b h_0$ 时，带肋钢筋　　$l_{as} \geqslant 12d$　　（14–11）

光面钢筋　　$l_{as} \geqslant 15d$　　（14–12）

此处 d 为纵向受力钢筋的直径。

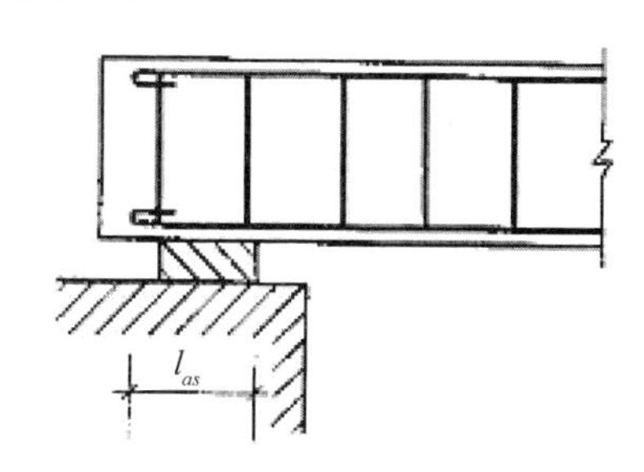

图 14–14　简支端支座钢筋的锚固

如纵向受力钢筋伸入梁的支座范围内的锚固的长度不符合上述规定时，应采取在钢筋上加焊横向锚固钢筋、锚固钢板，或将钢筋端部焊接在梁端的预埋件上等有效锚固措施。

支承在砌体结构上的钢筋混凝土独立梁，在纵向受力钢筋的锚固长度 l_{as} 范围内，应配置不少于两个箍筋，其直径不宜小于纵向受力钢筋最大直径的 0.25 倍，间距不宜大于纵向受力钢筋最小直径的 10 倍；当采用机械锚固措施时，箍筋间距尚不应大于纵向受力钢筋最小直径的 5 倍。

对混凝土强度等级为 C25 级以下的简支梁或连续梁的简支端，当距支座边 $1.5h$ 范围内作用有集中荷载，且 $V > 0.7 f_t b h_0$ 时，对带肋钢筋宜采取附加锚固措施，或取锚固长度 $l_{as} \geqslant 15d$。

3. 框架梁或连续梁的下部纵向钢筋在中间节点或中间支座处的锚固

1）当计算中不利用钢筋强度时，其伸入节点或支座的锚固长度应符合当 $V > 0.7 f_t b h_0$ 时，下部纵向受力钢筋伸入梁支座范围内锚固长度的规定。

2）当计算中充分利用钢筋的抗拉强度时，下部纵向钢筋的锚固如图 14–15 所示。

3）当计算中充分利用钢筋的抗压强度时，下部纵向钢筋应按受压钢筋锚固在中间节点或中间支座内，其直线锚固长度不应小于 $0.7l_a$；下部纵向钢筋也可贯穿节点或支座范围，并在节点或支座以外梁内弯矩较小处设置搭接接头。

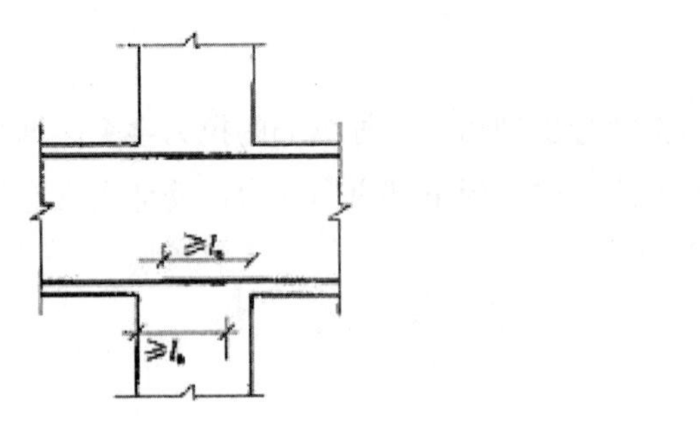

（a）梁下部纵筋在节点中的直线锚固

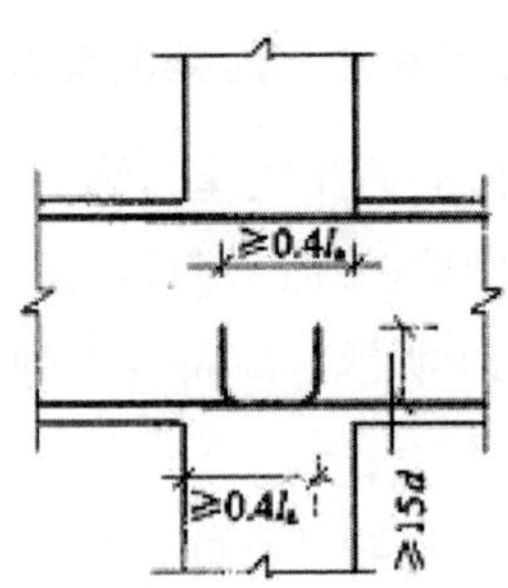

（b）梁下部纵筋在节点中带 90° 弯折锚固

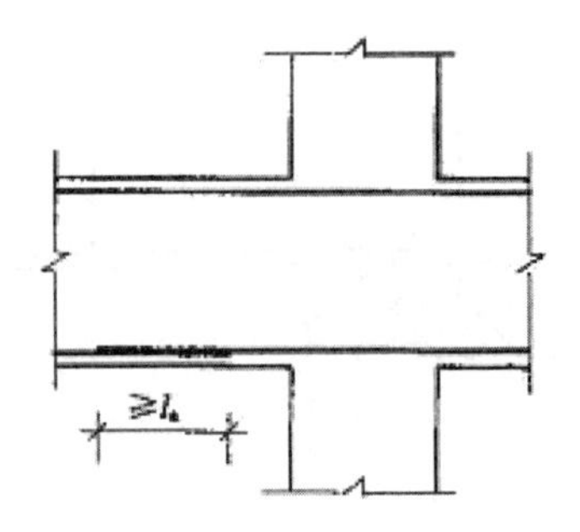

（c）梁下部纵筋贯穿节点或支座并在节点或支座范围以外搭接

图 14–15　纵向钢筋在中间节点或中间支座处的锚固

4. 弯起钢筋的构造

在采用绑扎骨架的钢筋混凝土梁中，承受剪力的钢筋，应优先采用箍筋。当设置弯起钢筋时，弯起钢筋的弯终点外应留有锚固长度，其长度在受拉区不应小于 20d，在受压区不应小于10d，d为弯起钢筋的直径；对光面钢筋在末端尚应设置弯钩，如图 14–16 所示，位于梁底层两侧的钢筋不应弯起。

梁中弯起钢筋的弯起角度一般可取 45°，当梁截面高度大于 700mm 时，也可为 60°。

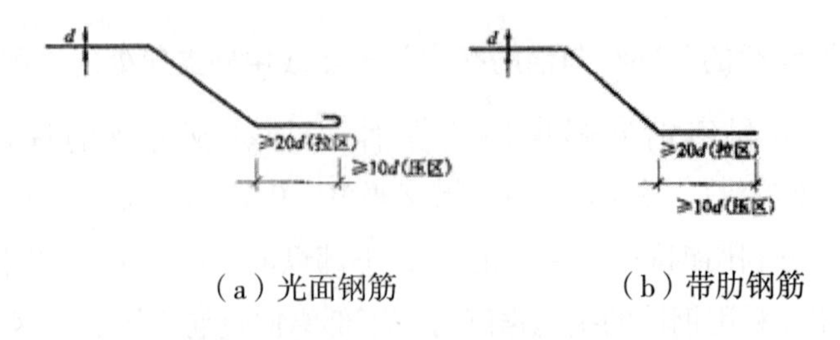

（a）光面钢筋　　　（b）带肋钢筋

图 14–16　弯起钢筋的锚固

当为了满足材料抵抗弯矩图的需要，不能弯起纵向受拉钢筋时，可设置单独的受剪弯起钢筋。单独的受剪弯起钢筋应采用“鸭筋”，如图 14–17（a）所示，而不应采用“浮筋”，如图 14–17（b）所示，因浮筋在受拉区只有一小段水平长度，锚固不足，不能发挥其作用。

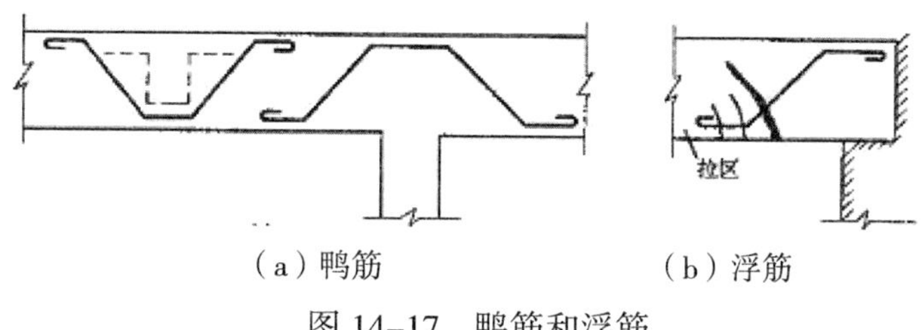

（a）鸭筋　　（b）浮筋

图 14–17　鸭筋和浮筋

5. 纵向构造钢筋和拉筋

当梁的腹板高度 $h \geqslant 450$mm 时，在梁的两侧应沿梁高配置纵向构造钢筋，每侧纵向构造钢筋（不包括梁上下部受力钢筋及架立钢筋）的截面面积不应小于腹板面积 bh_w 的 0.1%，且其间距不宜大于 200mm，并用拉筋拉结两侧的纵向构造钢筋（也称为腰筋），拉筋间距一般取箍筋间距的 2 倍。设置纵向构造钢筋的作用，是防止当梁太高时由于混凝土收缩和温度变形而产生的竖向裂缝，同时也是为了加强钢筋骨架的刚度。

七、受弯构件裂缝宽度和挠度的验算

钢筋混凝土构件，除了有可能由于承载力不足超过承载力极限状态外，还有可能由于变形过大或裂缝宽度超过允许值，使构件超过正常使用极限状态而影响正常使用，因此，《混凝土规范》规定，根据使用要求，构件除进行承载力计算外，尚须进行变形及裂缝宽度验算，即把构件在荷载的短期效应组合，并考虑长期效应组合的影响所求得的变形及裂缝宽度，控制在允许值范围内。它们的设计表达式可分别写成：

$$f_{\max} \leqslant [f] \tag{14-13}$$

$$\omega_{\max} \leqslant \omega_{\lim} \tag{14-14}$$

式中，$f_{\max}$——在荷载短期效应组合下，并考虑荷载长期效应组合影响受弯构件最大挠度；

$[f]$——受弯构件允许变形值，按表 14–9 采用；

$\omega_{\max}$——在荷载短期效应组合下，并考虑荷载长期效应组合影响构件最大裂缝宽度；

$\omega_{\lim}$——构件的裂缝宽度限值，可按《混凝土结构设计规范》（GB 50010—2010）采用，一般在一类环境条件下，普通钢筋混凝土构件的裂缝宽度限值为 0.3mm。

表 14-9　受弯构件的挠度限值

构件类型	挠度限值
吊车梁：手动吊车 电动吊车	$l_0/500$ $l_0/600$
屋盖、楼盖及楼梯构件： 当 $l_0<7\text{m}$ 时 当 $7\text{m}\leqslant l_0\leqslant 9\text{m}$ 时 当 $l_0>9\text{m}$ 时	 $l_0/200(l_0/250)$ $l_0/250(l_0/300)$ $l_0/300(l_0/400)$

注：1. 表中 l_0 为构件的计算跨度；

2. 表中括号内的数值适用于使用上对挠度有较高要求的构件；

3. 如果构件制作时预先起拱，且使用上也允许，则在验算挠度时，可将计算所得的挠度值减去起拱值；对预应力混凝土构件，尚可减去预加力所产生的反拱值；

4. 计算悬臂构件的挠度限值时，其计算跨度 l_0 按实际悬臂长度的 2 倍取用。

第三节　钢筋混凝土受压构件

一、概述

建筑结构中以承受纵向压力为主的构件称为受压构件。钢筋混凝土构件中最常见的受压构件为钢筋混凝土柱，以及高层建筑中的剪力墙，屋架结构中的受压弦杆、腹杆等。

钢筋混凝土受压构件按照纵向压力作用位置的不同，分为轴心受压构件和偏心受压构件两种类型。当纵向压力与截面形心重合时为轴心受压构件，否则为偏心受压构件。纵向压力作用线不通过某一形心主轴为单向偏心受压，不通过两个形心主轴为双向偏心受压。如图 14-18 所示。

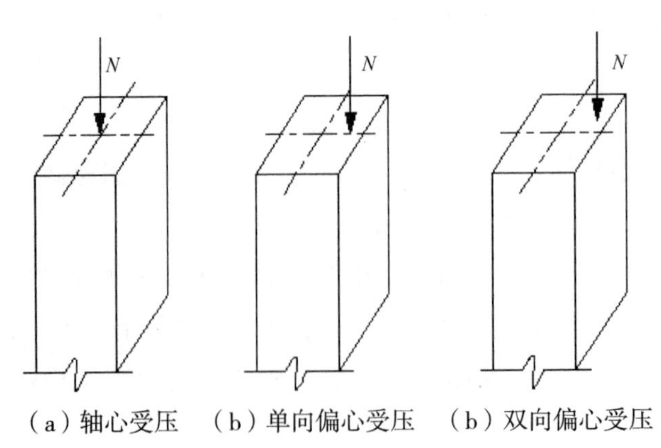

（a）轴心受压　（b）单向偏心受压　（b）双向偏心受压

图 14-18　受压构件分类

在实际工程结构中，由于荷载作用位置偏差、配筋不对称以及施工误差等原因，总是或多或少存在初始偏心距，几乎不存在真正的轴心受压构件。当这种偏心距很小时，为计算方便，仍可近似按轴心受压构件计算。例如只承受节点荷载屋架的受压弦杆和腹杆、以恒荷载为主的等跨多层框架房屋的内柱等，均可近似按轴心受压构件计算。本章只介绍轴心受压构件和单向偏心受压构件。

二、受压构件构造要求

1. 材料强度等级

受压构件的承载能力受混凝土强度等级的影响较大，为了充分利用混凝土承受压力，节约钢材，减小构件的截面尺寸，受压构件宜采用较高强度等级的混凝土，一般常用的混凝土强度等级为 C20 ~ C40 或更高。

由于在受压构件中，钢筋和混凝土共同受压，在混凝土达到极限压应变时，钢筋的压应力最高只能达到 400/mm^2，采用高强度等级的钢筋不能充分发挥其作用。因此，不宜选用高强度等级的钢筋来提高受压构件的承载力。一般设计中常采用 HRB335 和 HRB400 级钢筋。

2. 截面形式和尺寸

钢筋混凝土受压构件通常采用方形或矩形截面，以便制作模板。一般轴心受压柱以方形为主，偏心受压柱以矩形为主。当有特殊要求时，也可采用其他形式的截面，如轴心受压柱可采用圆形、多边形等，偏心受压柱还可采用 I 形、T 形等。

为了充分利用材料强度，避免构件长细比太大而过多降低构件承载力，柱截面尺寸不宜过小，一般应符合 $l_0/h \leqslant 25$ 及 $l_0/b \leqslant 30$（其中 l_0 为柱的计算长度，h 和 b 分别为截面的高度和宽度）。对于方形和矩形截面，其尺寸不宜小于 250mm×250mm。为了便于模板尺寸模数化，柱截面边长在 800mm 以下者，宜取 50mm 的倍数；在 800nnm 以上者，取为 100mm 的倍数。

3. 纵向受力钢筋

钢筋混凝土受压构件中纵向受力钢筋的作用包括：协助混凝土承受压力，以减小构件尺寸；承受可能的弯矩以及混凝土收缩和温度变形引起的拉应力；防止构件突然的脆性破坏。

受压构件中纵向受力钢筋直径不宜小于 12mm，对于轴心受压构件全部受压钢筋的配筋率不得小于 0.6%，当混凝土强度等级大于 C60 时，不应小于 0.7%，同时单侧钢筋配筋率不应小于 0.2%，为了方便施工和经济要求，全部纵向钢筋的配筋率不宜大于 5%。

矩形、方形受压构件中纵向受力钢筋不得少于 4 根，以便于箍筋形成钢筋骨架。轴心受压构件中的纵向受力钢筋应沿截面周边均匀布置，偏心受压构件中的纵向受力钢筋应按照计算要求布置在偏心荷载作用平面相垂直的两侧。当偏心受压柱的截面高度不小于600mm 时，在柱的侧面上应设置直径不小于 10mm 的纵向构造钢筋，并相应设置复合箍筋或拉筋。圆柱中纵向钢筋根数不宜少于 8 根，不应少于 6 根，且宜沿周边均匀布置。

受压构件中纵向钢筋的净间距不应小于 50mm，且不宜大于 300mm。

4. 箍筋

钢筋混凝土受压构件中箍筋的作用是为了防止纵向钢筋受压时压屈，同时保证纵向钢筋的正确位置，并与纵向钢筋形成整体骨架，箍筋应做成封闭式。

箍筋直径不应小于 $d/4$（d 为纵向受力钢筋的最大直径），且不应小于 6mm。箍筋间距不应大于 400mm 及构件截面的短边尺寸，且不应大于 $15d$（d 为纵向受力钢筋的最小直径）。

当柱中全部纵向受力钢筋的配筋率超过 3%时，箍筋直径不应小于 8mm，间距不应大于 $10d$（d 为纵向受力钢筋的最小直径），且不应大于 200mm；箍筋末端应做成 135°弯钩且弯钩末端平直段长度不应小于直径的 10 倍。此时，也可将箍筋焊成封闭环式。

当柱截面短边尺寸大于400mm且各边纵向受力钢筋多于3根时，或当柱截面短边尺寸不大于400mm但各边纵向钢筋多于4根时，应设置复合箍筋，以防止中间钢筋被压屈，如图 14–19 所示。复合箍筋的直径、间距与前述箍筋相同。

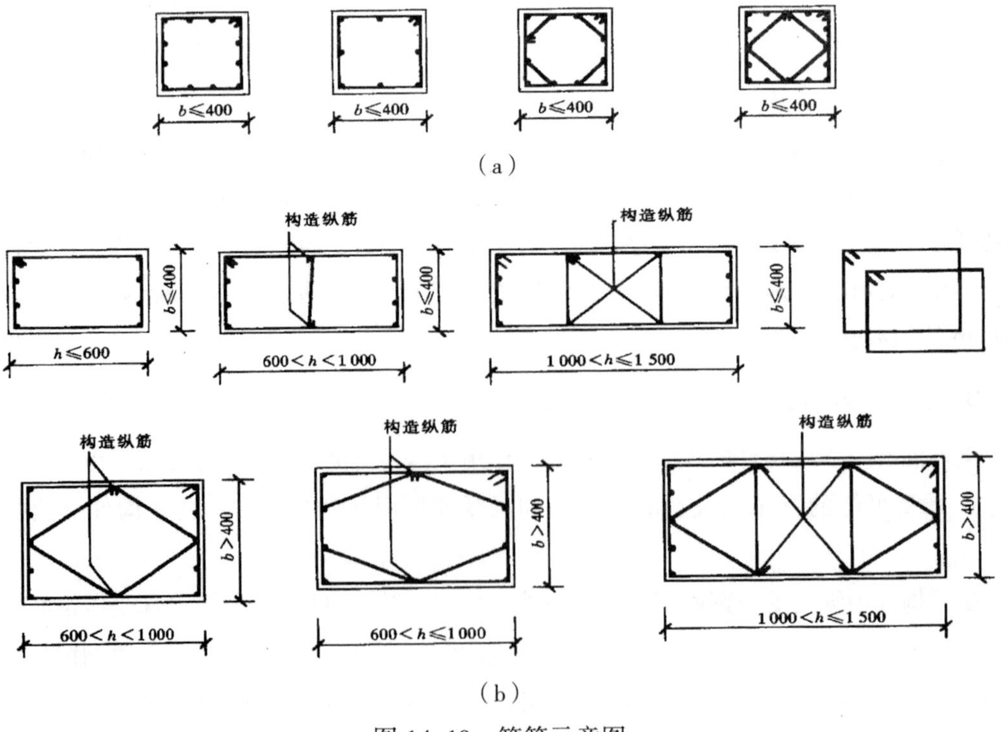

图 14–19　箍筋示意图

三、偏心受压构件

随着纵向力偏心距的大小和纵向钢筋配筋率不同，偏心受压构件的破坏形态分为大偏心受压破坏和小偏心受压破坏两种。

1. 大偏心受压破坏

当纵向力的偏心距较大且受拉钢筋配置不太多时发生大偏心受压破坏。在这种情况下，构件受轴向力 N 后，离轴向力较远一侧的截面受拉，另一侧截面受压。当 N 增加到一定程度，首先在受拉区出现横向裂缝，随着荷载的增加，裂缝不断发展和加宽，裂缝截面处的拉力全部由钢筋承担。荷载继续加大，受拉钢筋首先达到屈服，并形成一条明显的主裂缝，随后主裂缝明显加宽并向受压一侧延伸，受压区高度迅速减小。最后，受压区边缘出现纵向裂缝，受压区混凝土被压碎而导致构件破坏，如图 14-20 所示。此时，受压钢筋一般也能屈服。这种破坏有明显预兆，属于延性破坏。

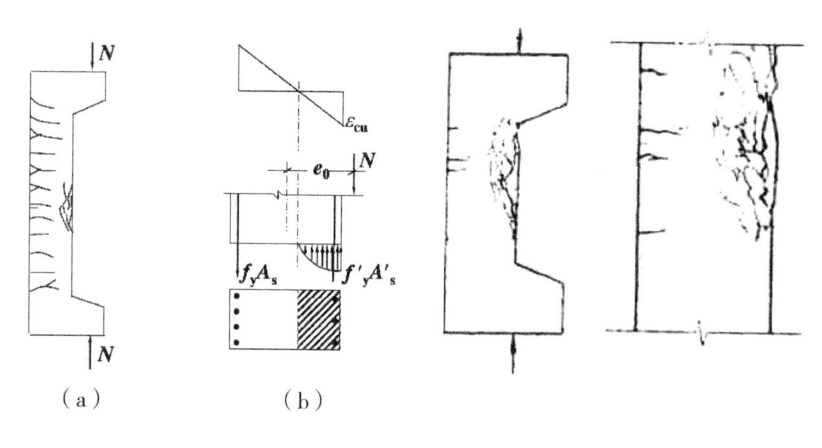

图 14-20　大偏心受压破坏

2. 小偏心受压破坏

当轴向力的偏心距较小，或者虽然偏心距较大但受拉钢筋配置过多时，构件将发生小偏心受压破坏。在这种情况下，构件截面全部或大部分受压，但其破坏都是由受压区混凝土压碎所致。破坏时离纵向力较近一侧的钢筋受压屈服，另一侧的钢筋可能受压，也可能受拉，但都达不到屈服强度，如图 14-21 所示。这种破坏无明显预兆，属脆性破坏。

尽管大、小偏心受压破坏都是由于混凝土的压碎而导致的，但二者有着根本区别：大偏心受压破坏时受拉钢筋先达到屈服，而小偏心受压破坏时受压区混凝土先被压碎。这两种破坏形态可用界限相对受压区高度 ξ_b 来判别：

当 $\xi \leqslant \xi_b$ 时，属大偏心受压；

当 $\xi > \xi_b$ 时，属小偏心受压。

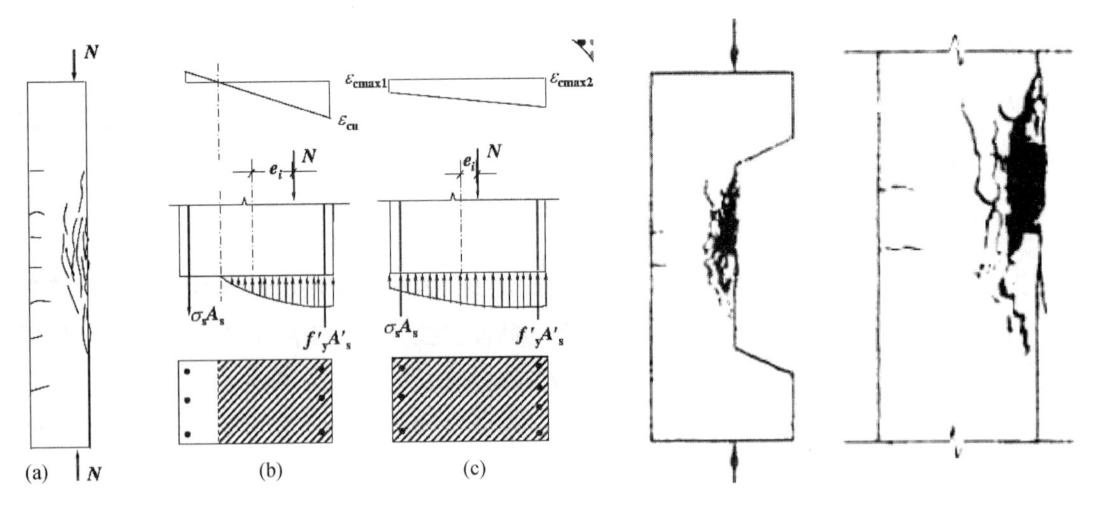

图 14–21 小偏心受压破坏

第四节 钢筋混凝土受扭构件

一、受扭构件的类型及破坏形态

扭转是结构构件的基本受力形式之一，实际工程中的吊车梁、框架结构中的边梁、雨篷梁等均属于受扭构件，如图 14–22 所示。受扭构件，根据作用在截面上的内力可以分为：纯扭、剪扭、弯扭、弯剪扭等多种情况。在实际结构中很少有单独受扭的纯扭构件，大多数都是处于弯矩、剪力、扭矩共同作用的复合受力情况。

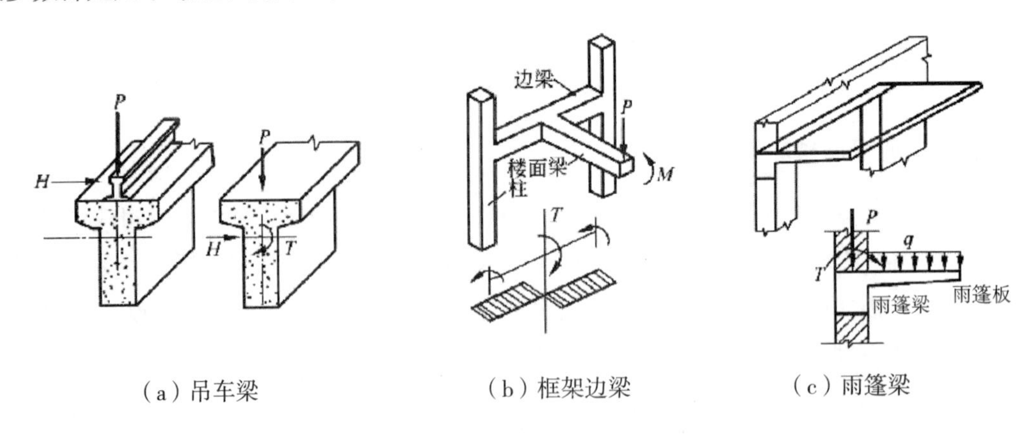

图 14–22 工程实际中常见受扭构件

图 14–23 为纯扭构件，通过试验分析可知，在纯扭构件中配置受扭钢筋时，最合理的配筋方式是在靠近构件表面处设置 45°走向的螺旋形钢筋，方向与混凝土的主拉应力平行。但螺旋钢筋施工复杂，实际很少采用。在工程实践中，一般是采用靠近构件表面设置

的横向箍筋和沿构件周边均匀对称布置的纵向钢筋共同组成的抗扭钢筋骨架，此种配筋方式与抗弯钢筋和抗剪钢筋的配置相协调。

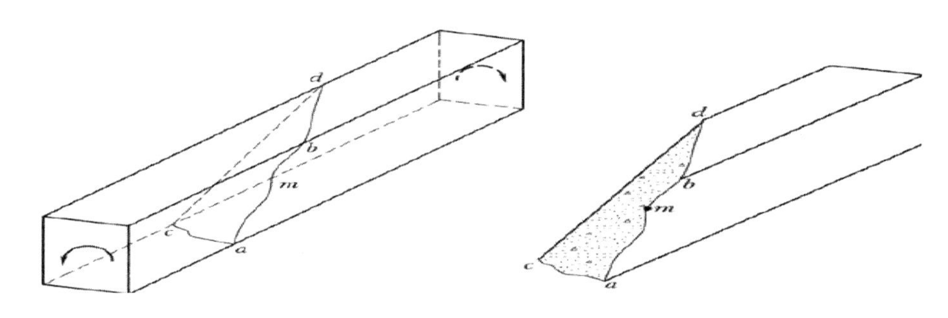

图 14–23　混凝土纯扭构件破坏形式

实验研究表明，矩形截面构件在纯扭矩作用下，会在矩形截面的长边中点处，沿垂直于主拉应力的方向首先出现斜裂缝。对于配有受扭钢筋的构件，当裂缝出现后，斜截面上的拉应力将由钢筋承担，因此可以使构件的受扭承载力大幅度提高。受扭钢筋的数量，尤其是箍筋的数量和间距对受扭构件的破坏形态影响很大。钢筋混凝土纯扭构件根据配筋量的不同可以分为以下三种破坏形态：

1. 少筋破坏

当构件受扭箍筋和受扭纵筋的配置数量过少时，构件在扭矩作用下，首先在剪应力最大的长边中点处，形成45°的斜裂缝。随后，很快地向相邻的其他两个面以45°延伸。在此同时，与斜裂缝相交的受扭箍筋和受扭纵筋超过屈服点或被拉断。最后，构件三面开裂，一面受压，形成一个扭曲破裂面，使构件随即破坏。这种破坏形态与受剪的斜拉破坏相似，属于脆性破坏，在设计中应当避免。

2. 适筋破坏

在构件受扭钢筋的数量配置适当时，在扭矩作用下，构件将发生许多 45°角的斜裂缝。随着扭矩的增加，与主裂缝相交的受扭箍筋和受扭纵筋达到屈服强度，这条斜裂缝不断开展，并向相邻的两个面延伸，直至在第四个面上受压区的混凝土被压碎而破坏。这种破坏形态与受弯构件的适筋梁相似，属于塑性破坏。钢筋混凝土受扭构件承载力计算即以这种破坏为依据。

3. 超筋破坏

当构件的受扭箍筋和受扭纵筋配置得过多时。在扭矩作用下，构件将产生许多 45°角的斜裂缝。由于受扭钢筋配置过多，所以构件破坏前钢筋达不到屈服强度，因而斜裂缝宽度不大。构件破坏是由于受压区混凝土被压碎所致。这种破坏形态与受弯构件的超筋梁相似，属于脆性破坏，故在设计中应予避免。

二、钢筋混凝土受扭构件的配筋构造

1. 受扭纵筋

受扭纵筋应沿构件截面周边均匀对称布置。矩形截面的四角以及 T 形和 I 形截面各分块矩形的四角，均必须设置受扭纵筋。受扭纵筋的间距不应大于 200mm，也不应大于梁截面短边长度，如图 14–24 所示。受扭纵向钢筋的接头和锚固要求均应按受拉钢筋的相应要求考虑。架立筋和梁侧构造纵筋也可利用作为受扭纵筋。

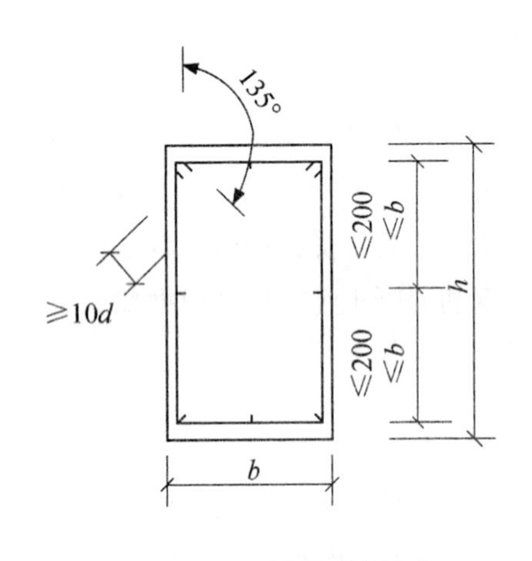

图 14–24 受扭钢筋构造

2. 受扭箍筋

在受扭构件中，箍筋在整个周长上均承受力。因此，受扭箍筋必须做成封闭式，且应沿截面周边布置，这样可保持构件受力后，箍筋不至于被拉开，可以很好地约束纵向钢筋。为了能将箍筋的端部锚固在截面的核心部分，当钢筋骨架采用绑扎骨架时，应将箍筋末端弯折 135°，弯钩端头平直段长度不应小于 $10d$（d 为箍筋直径）。

受扭箍筋的间距 s 及直径 d 均应满足受弯构件的最大箍筋间距 S_{max} 及最小箍筋直径的要求。

第十五章　预应力混凝土结构

第一节　预应力混凝土结构基本原理

一、概述

普通混凝土的极限拉应变很低，使得构件在正常使用条件下，受拉区过早开裂，刚度下降，挠度增大，从而限制了普通混凝土构件的适用范围。比如在大跨度结构和不允许出现裂缝的结构中，要想采用普通混凝土，就必须采取措施提高其刚度和抗裂性能。为此，我们可以采用以下方法：一是加大截面尺寸，这样做不仅不经济而且很笨重，还可能影响到使用功能；二是提高混凝土强度等级，这对提高抗裂性能的效果并不明显；三是提高钢筋强度，由于混凝土的极限拉应变很低，对不允许出现裂缝的构件，受拉钢筋应力只能达到 20~30N/mm^2。以上分析表明，上述方法并不能明显提高构件的刚度和抗裂性能，而且在普通混凝土构件中采用高强材料是不能充分发挥作用的。

基于以上认识，我们可以借助高强材料的高强性能，在混凝土的受拉区域预先施加压应力，然后随着荷载的增加，混凝土才受拉并随荷载增加而出现裂缝，因此推迟了裂缝的出现，提高了构件的刚度和抗裂性能。这种在构件受荷前预先对混凝土受拉区施加压应力的构件称为“预应力混凝土构件”。

图 15–1 是一预应力混凝土简支梁的受力情况。在构件受荷以前，预先对混凝土受拉区施加预压力 N，在轴向压力 N 和梁自重作用下截面应力分布如图 15–1（a）所示。在这根梁上再施加荷载 q，由荷载在梁内产生的截面应力分布如图 15–1（b）所示。最后梁的应力分布为以上两种情况的叠加，如图 15–1（c）所示。由于两种应力图形符号相反，因此叠加后的拉应力将大大减小，若不出现拉应力，则梁不会开

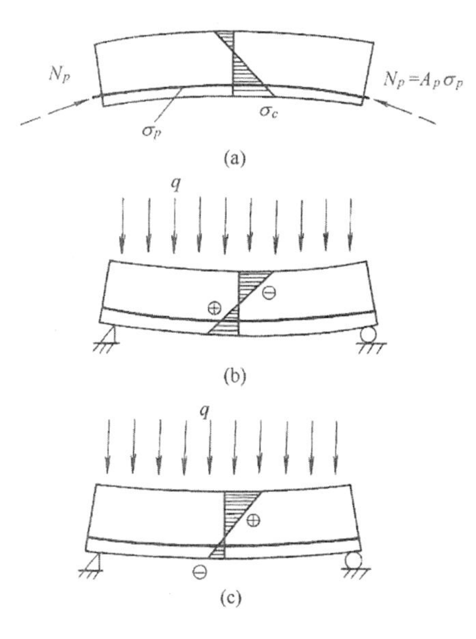

图 15–1　预应力概念

裂，若超过混凝土的抗拉强度，构件开裂，但裂缝出现较晚，较小。因此预应力混凝土构件的抗裂性能很好。

根据上述可知，生产预应力混凝土构件的关键是如何在构件中建立起可靠的预压应力。通过大量实验表明，建立预应力的可靠途径是通过张拉钢筋的方式来实现的。

二、预应力混凝土的分类及优缺点

1. 预应力混凝土的分类

预应力混凝土构件，根据工作性能的不同，可分为以下三种：

1）全预应力混凝土构件——按荷载效应标准组合计算时，截面受拉边缘不出现拉应力。

2）有限预应力混凝土构件——按荷载效应准永久组合计算时，不宜出现拉应力；有可靠经验时可放松；按荷载效应标准组合计算时，构件受拉边缘混凝土拉应力不应大于混凝土轴心抗压强度设计值。

3）部分预应力混凝土构件——允许出现裂缝，但裂缝宽度不能超过允许限值。

预应力混凝土构件按有无粘结应力分为有粘结预应力混凝土构件和无粘结预应力混凝土构件。

2. 预应力混凝土的优缺点

与普通混凝土结构相比，预应力混凝土结构主要有以下优点：

1）延迟了裂缝的出现，提高了结构的抗裂性能、刚度和耐久性能，因而扩大了混凝土结构的适用范围。

2）可合理地利用高强钢材和混凝土。与钢筋混凝土相比，可节约钢材 30%~50%，减轻自重达 30%左右。

3）通过预加应力，使结构经受了一次检验，因此从某种意义上讲，预应力混凝土结构可称为事先检验过的结构。

4）预加应力还可作为结构的一种拼装方法和加固措施。

预应力混凝土结构的缺点主要是计算复杂，施工技术要求高，需要张拉及锚具等设备。

在各种预应力混凝土中，从构件的承载力看，基本相同。但从刚度和抗裂性能看，全预应力最好，有限预应力次之，部分预应力最差。多年来的实践表明，预应力筋的配筋量往往不取决于承载力，而是由抗裂度所决定。抗裂度要求过高，则预应力筋配筋量大，张拉应力高，施工工艺复杂，所需锚具、设备费用高且反拱过大，会影响正常使用。工程实际中，发现不少全预应力结构存在非荷载裂缝，有的甚至比较严重，这主要是由于没有足够的非预应力筋来抵抗由温差、收缩、徐变、约束变形等局部次应力的影响。因此适当降低抗裂度要求，做成有限或部分预应力混凝土构件，可部分或全部克服上述缺点，又可改善混凝土构件的受力性能，提高刚度，推迟开裂，减轻自重，取得良好的技术经济效果。

三、预应力混凝土的应用范围

随着混凝土强度等级的不断提高，高强钢筋的进一步使用，预应力混凝土目前已广泛应用于大跨度高层建筑、桥梁、铁路、海港码头、水利、机场、核电站、地下建筑等方面。

四、混凝土的裂缝控制等级

我国《混凝土结构设计规范》（GB 50010—2010）（以下简称《规范》）根据结构的使用要求及所处环境类别不同，将钢筋混凝土和预应力混凝土的裂缝控制等级划分为三级：

一级——严格要求不出现裂缝的构件，按荷载效应标准组合计算时，构件受拉边缘混凝土不应产生拉应力。

二级——一般要求不出现裂缝的构件，按荷载效应标准组合计算时，构件受拉边缘混凝土拉应力不应大于混凝土轴心抗压强度设计值；而按荷载效应准永久组合计算时，构件受拉边缘混凝土不宜产生拉应力，有可靠经验时，可适当放松。

三级——允许出现裂缝的构件，按荷载效应标准组合并考虑长期作用影响计算时，构件的最大裂缝宽度不应超过表 15-1 规定的最大裂缝宽度限值。

表 15-1　结构构件的裂缝控制等级及最大裂缝宽度限值

环境类别	钢筋混凝土结构		预应力混凝土结构	
	裂缝控制等级	w_{lim}/mm	裂缝控制等级	w_{lim}/mm
一	三	0.3（0.4）	三	0.2
二	三	0.2	二	—
三	三	0.2	一	—

注：1．表中的规定适用于采用热轧钢筋的钢筋混凝土构件和采用预应力钢丝、钢绞线及热处理钢筋的预应力混凝土构件；当采用其他类别的钢丝或钢筋时，其裂缝控制要求可按专门标准确定；

2．对处于年平均相对湿度小于 60%地区一类环境下的受弯构件，其最大裂缝宽度限值可采用括号内的数值；

3．在一类环境下，对钢筋混凝土屋架、托架及需作疲劳验算的吊车梁，其最大裂缝宽度限值应取为 0.2mm；对钢筋混凝土屋面梁和托梁，其最大裂缝宽度限值应取为 0.3mm；

4．在一类环境下，对预应力混凝土屋面梁、托梁、屋架、托架、屋面板和楼板，应按二级裂缝控制等级进行验算；在一类和二类环境下，对需作疲劳验算的预应力混凝土吊车梁，应按一级裂缝控制等级进行验算；

5．表中规定的预应力混凝土构件的裂缝控制等级和最大裂缝宽度限值仅适用于正截面的验算；预应力混凝土构件的斜截面裂缝控制验算应符合本规范第 8 章的要求；

6．对于烟囱、筒仓和处于液体压力下的结构构件，其裂缝控制要求应符合专门标准的有关规定；

7．对于处于四、五类环境下的结构构件，其裂缝控制要求应符合专门标准的有关规定；

8．表中的最大裂缝宽度限值用于验算荷载作用引起的最大裂缝宽度。

五、预加应力的方法和锚具

1. 预加应力的方法

按照张拉钢筋和浇筑混凝土先后次序的不同，可分为先张法和后张法两种基本方法。

（1）先张法

先张法是指首先在台座上或钢模上张拉预应力钢筋，然后浇筑混凝土的一种施工方法。其主要工序有：

1）在台座或钢模上穿入预应力钢筋，一端用夹具锚固，另一端用千斤顶张拉，张拉到规定的拉力后，用夹具锚固在台座横梁上，如图 15–2（a）、（b）所示。

2）支模绑扎非预应力钢筋，浇筑混凝土并进行养护，如图 15–2（c）所示。

3）待混凝土达到设计强度的 75%以上时，切断或放松钢筋，通过钢筋与混凝土之间的粘结力，挤压混凝土，使构件产生预压应力，如图 15–2（d）所示。

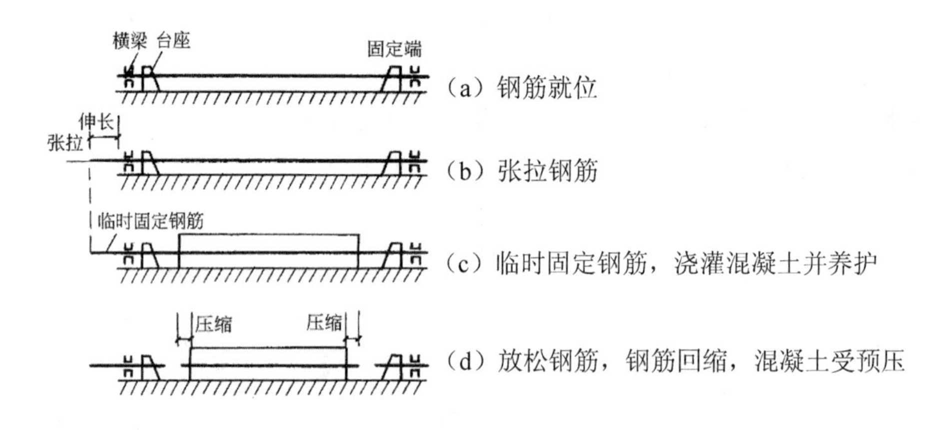

图 15–2　先张法主要工序示意图

（2）后张法

后张法是指先浇筑混凝土构件，预留孔道，然后直接在构件上张拉预应力钢筋的一种施工方法。其主要工序有：

1）浇筑混凝土构件，预留孔道和灌浆孔，如图 15–3（a）所示。

2）待混凝土达到一定强度后，将预应力筋穿入孔道，安装固定端锚具，然后在另一端张拉机具张拉预应力筋，在张拉的同时挤压混凝土，如图 15–3（b）所示。

3）在预应力筋张拉到符合设计要求后，用锚具将预应力筋锚固在构件上，使之保持张拉状态，如图 15–3（c）所示。

4）最后在孔道内灌浆，使构件形成整体。

（3）两种方法的适用范围

先张法张拉工序简单，不需永久性工作锚具，但需要台座或钢模设施，适用于成批生

产中小型构件。

后张法工序多，工艺较复杂，需永久性锚具，成本高，适用于现场浇筑的大型构件及整个结构，可布置曲线预应力钢筋，并可作为连续结构的拼装手段。为改善后张法的缺点，可采用无粘结预应力来代替。

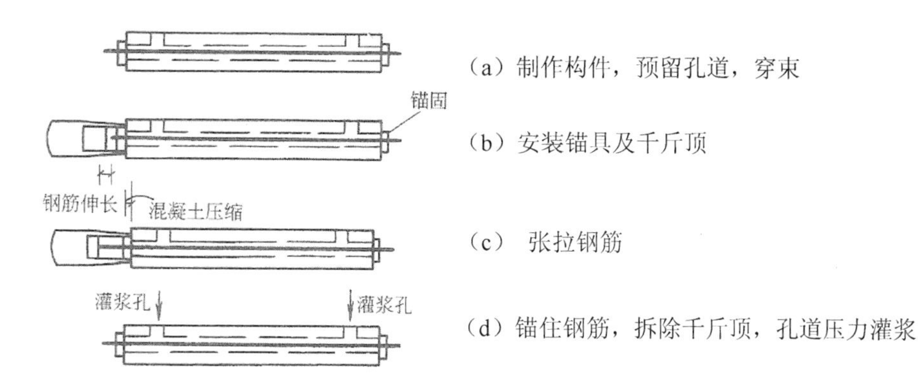

图 15–3　后张法主要工序示意图

2. 锚具

锚具和夹具是预应力混凝土工程中必不可少的重要工具。先张法中可以取下重复使用的工具称为夹具，后张法中长期固定在构件上锚固预应力筋的称锚具。

（1）对锚具的要求

设计、制作、选择和使用锚具时，应满足以下要求：①受力性能可靠；②预应力损失小；③构造简单，便于加工；④张拉设备轻便简单，方便迅速；⑤材料省，价格低。

（2）几种常见的锚具

目前，国内常见的锚具有以下几种：螺丝端杆锚具，JM－12 型锚具，镦头锚具，XM 型锚具、锥形夹具、后张自锚锚具等。其特点、适用范围见表 15–2。锚具的构造形式可参见锚夹具定型图集。

表 15–2　预应力混凝土构件的锚具、夹具

种类	特点	适用范围
螺丝端杆锚具	由螺杆和螺母组成，构造简单，千斤顶回油时基本不发生滑动，但对预应力筋长度要求严格	用于锚固单根预应力钢筋，张拉端、固定端均可采用
JM－12 型锚具	由锚环夹片组成，可作为工具锚重复使用，但用 2 次后，为防齿纹过伤，应作为工作锚用于构件上	用于后张法预应力混凝土结构及构件中，锚固 5~6 根 $7\phi4$ 的钢铰线，张拉端、固定端均可采用
镦头锚具	由锚环、外螺帽、内螺帽和垫板组成，对钢丝下料长度要求严格	用于锚固 18 根以下直径 5mm 的平行钢丝束

续表

种类	特点	适用范围
XM 型锚具	由锚环和夹片组成，锚固性能可靠，加工方便，便于高空作业	用于锚固钢铰线束、钢丝束
锥形夹具	由锚环和锚塞组成，效率高，但滑移较大，不宜保证每根钢丝受力均匀	用于锚固 18 根以下直径为 5mm 的钢丝
后张自锚锚具	依靠高强混凝土与钢筋的粘结力传给自锚头，再传给混凝土构件	用于后张法生产的构件

六、预应力混凝土材料

1. 预应力钢筋

（1）预应力混凝土构件对钢筋要求

与普通混凝土构件不同，钢筋在预应力构件中，始终处于高应力状态，故对钢筋有较高的质量要求。有以下几方面：

1）高强度。为使混凝土构件在发生弹性回缩、收缩及徐变后内部仍能建立较高的预压应力，就需要较高的初始张拉力，故要求预应力筋有较高的抗拉强度。

2）与混凝土间有足够的粘结强度。在受力传递长度内钢筋与混凝土间的粘结力是先张法构件建立预压应力的前提，必须保证两者之间有足够的粘结强度。

3）良好的工作性能。如可焊性、冷镦性、热镦性等。

4）具有一定的塑性。这是为了避免构件发生脆性破坏，要求预应力筋在拉断时具有一定的延伸率，当构件处于低温环境或冲击荷载作用下，更应注意到钢筋的塑性和冲击韧性。

（2）常用的预应力钢筋

1）钢铰线。一般由三股或七股钢丝用绞盘拧制成螺旋状，再低温回火制成。具有一定的柔性，施工方便，多用于后张法的大型构件中。

2）钢丝。主要是指现行国家标准《预应力混凝土用钢丝》（GB/T 5223—2002）中的光面、螺旋肋和三面刻痕的消除应力的钢丝。多用于大跨度构件。

3）热处理钢筋。热处理钢筋是由热轧中碳低合金钢经过调质热处理后制成的高强度钢筋。

2. 混凝土

（1）预应力混凝土构件对混凝土的要求

1）高强度。预应力混凝土必须具有较高的抗压强度，才能建立起较高的预压应力，并可减小构件截面尺寸，减轻结构自重，节约材料。对于先张法构件，高强混凝土具有较高的粘结强度。

2）收缩徐变小。这样可减小预应力损失。

3）快硬、早强。这样可以尽早地施加预应力，以提高台座、模具的周转率，加快施工进度，降低间接费用。

（2）混凝土强度等级的选用

混凝土强度等级的选择，应考虑预加应力的方法，构件跨度的大小，使用条件及预应力的类型因素。《规范》规定预应力混凝土构件的混凝土强度等级不应低于 C30；当采用预应力钢绞线、钢丝、热处理钢筋作预应力钢筋时，混凝土强度等级不宜低于 C40。

七、张拉控制应力和预应力损失

1. 张拉控制应力

张拉控制应力是指张拉钢筋时，张拉设备所指示出的总张拉力除以预应力钢筋截面面积得出的应力值，以 σ_{con} 表示。为充分利用预应力钢筋，σ_{con} 高一些，这样可对混凝土产生较大的预压应力，以达到节约材料的目的。但如果 σ_{con} 过高会产生如下问题：①增加预应力筋的松弛应力损失；②进行超张拉时，应力超过屈服强度，可能使个别钢丝发生脆断；③降低构件的延性，因此必须加以控制。

张拉控制应力与钢材种类和张拉方法有关。热处理钢筋的强度低于预应力钢丝、钢铰线，因此热处理钢筋的 σ_{con} 定得低些，对热处理钢筋来说，先张法的 σ_{con} 高于后张法。

《规范》规定预应力钢筋的张拉控制应力值不宜超过表 15–3 的数值。符合下列情况之一时，表 15–3 中的张拉控制应力限值可提高 0.05 f_{ptk}：

1）要求提高构件在施工阶段的抗裂性能，而在使用阶段受压区内设置的预应力钢筋。

2）要求部分抵消由于应力松弛、摩擦、钢筋分批张拉以及预应力钢筋与张拉台座之间的温差因素产生的预应力损失。

表 15–3　张拉控制应力限值

钢筋种类	张拉方法	
	先张法	后张法
预应力钢丝、钢铰线	0.75 f_{ptk}	0.75 f_{ptk}
热处理钢筋	0.70 f_{ptk}	0.65 f_{ptk}

注：1. 预应力钢筋强度标准值，按规范采用，f_{ptk} 为钢筋极限抗拉强度标准值；

2. 预应力钢丝、钢铰线，热处理钢筋的张拉控制应力值不小于 0.4 f_{ptk}。

2. 预应力损失

预应力混凝土构件在制作、运输、安装、使用的各个过程中，由于张拉工艺和材料特性等原因，使钢筋中的张拉应力逐渐降低的现象称为预应力损失。

预应力损失导致混凝土的预压应力降低。对构件的受力性能将产生影响，因此正确认识和计算预应力损失十分重要。预应力损失的原因主要有下面几种：

1）锚具变形和钢筋内缩引起的预应力损失 σ_{l1}。

2）预应力钢筋与孔道壁之间的摩擦引起的预应力损失 σ_{l2}。

3）混凝土加热养护时，受张拉的钢筋与承受拉力的设备之间温差引起的预应力损失 σ_{l3}。

4）预应力钢筋的应力松弛引起的预应力损失 σ_{l4}。

5）混凝土收缩和徐变引起的预应力损失 σ_{l5}。

6）环形构件配置螺旋式预应力钢筋时所引起的预应力损失 σ_{l6}。

3. 预应力损失的组合

对预应力混凝土构件，上述各项应力损失是分批出现的，不同受力阶段应考虑不同的预应力损失组合。混凝土施加预压完成以前出现的损失 σ_{lI} 称为第一批损失；混凝土预压完成之后出现的损失 $\sigma_{l\Pi}$ 称为第二批损失。预应力的总损失 $\sigma_l=\sigma_{lI}+\sigma_{l\Pi}$。预应力构件在各阶段预应力损失值宜按表 15-4 的规定进行组合。

表 15-4 各阶段预应力损失值的组合

预应力损失值的组合	先张法构件	后张法构件
混凝土预压前（第一批）的损失	$\sigma_{l1}+\sigma_{l2}+\sigma_{l3}+\sigma_{l4}$	$\sigma_{l1}+\sigma_{l2}$
混凝土预压后（第二批）的损失	σ_{l5}	$\sigma_{l4}+\sigma_{l5}+\sigma_{l6}$

注：先张法构件由于钢筋应力松弛引起的损失值 σ_{l4} 在第一批和第二批损失中所总的比例，如需区分，可根据实际情况确定。

《规范》规定，当计算求得的预应力总损失值 σ_l 小于下列数值时，则按下列数值取用：

先张法构件　　100N/mm^2

后张法构件　　80N/mm^2

第二节　预应力混凝土结构构造

预应力混凝土构件，除满足承载力、变形和抗裂要求外，还须符合构造要求。

一、先张法构件

1. 钢筋净间距

预应力钢筋之间的净间距应根据浇灌混凝土、施加预应力及钢筋锚固等要求确定。

预应力钢筋净间距不应小于其公称直径或等效直径的 1.5 倍，且应符合下列规定：对热处理钢筋及钢丝不应小于 15mm；三股钢铰线不应小于 20mm；七股钢铰线不应小于 25mm。

2. 钢筋保护层

为保证钢筋与外围的粘结锚固，防止放松预应力筋时沿钢筋的纵向劈裂裂缝，要求具有足够厚的保护层。其保护层厚度不应小于钢筋的公称直径，且应符合下列规定：一类环境条件下，对于大于等于 C25 的混凝土，其保护层厚度可取为板 15mm，梁 25mm。

3. 端部加强措施

为防止放松钢筋时外围混凝土的劈裂裂缝，端部应设附加钢筋。

1）单根预应力钢筋端部宜设置长度不小于 150mm 且不少于 4 圈的螺旋筋。当有经验时，亦可利用支座垫板上的插筋代替螺旋筋，但插筋数量不应少于 4 根，其长度不应小于 120mm。

2）对分散布置的多根预应力钢筋，在构件端部 10*d*(*d* 为预应力钢筋的公称直径或等效直径)范围内，应设置 3~5 片与预应力筋垂直的钢筋网。

3）对采用预应力钢丝配筋的薄板，在板端 100mm 范围内应适当加密横向钢筋。

4）对槽形板类构件，为防止板面端部产生纵向裂缝，宜在构件端部 100mm 范围内沿构件板面设置附加横向钢筋，其数量不少于 2 根。对预制肋形板，宜设置加强整体性和横向刚度的横肋。

5）对预应力钢筋在构件端部全部弯起的受弯构件或直线配筋的先张法构件，当构件端部与下部支承结构焊接时，应考虑混凝土收缩、徐变及温度变化所产生的不利影响，宜在构件端部可能产生裂缝的部位设置足够的非预应力纵向构造钢筋。

二、后张法构件

1. 选用可靠的锚具

其形式及质量要求应符合现行有关标准、规范的规定。

2. 预留孔道布置

后张法预应力钢丝束（包括钢铰线）的预留孔道宜符合下列规定：

1）预制构件，孔道之间的横向净间距不宜小于 50mm；孔道至构件边缘的净距不宜小于 30mm，且不宜小于孔道直径的一半。

2）在框架梁中，预留孔道在竖直方向的净距不应小于孔道外径，水平方向的净距不应小于 1.5 倍孔道外径；从孔壁算起的混凝土保护层厚度，梁底不宜小于 50mm，梁侧不宜小于 40mm。

3）预留孔道的内径应比预应力钢丝束或钢绞线束外径及需穿过孔道的连接器外径大 10~15mm。

4）在构件两端及跨中应设置灌浆孔或排气孔，其孔距不宜大于 12m。

5）凡制作时需预先起拱的构件，预留孔道宜随构件同时起拱。

3. 预应力筋的曲率半径

后张法预应力混凝土构件的曲线预应力钢丝束、钢铰线束的曲率半径不宜小于 4m。对折线配筋的构件，在折线预应力钢筋弯折处的曲率半径可适当减小。

4. 端部构造要求

1）构件端部尺寸应考虑锚具的布置、张拉设备的尺寸和局部受压的要求，必要时应适当加大。

2）为防止施加预应力时在构件端部产生沿截面中部的纵向水平裂缝，宜将一部分预应力钢筋靠近支座区段弯起，并使预应力钢筋尽可能沿构件端部均匀布置。如预应力钢筋在构件端部不能均匀布置而需集中布置在端部截面的下部或集中布置在上部和下部时，应在构件端部 $0.2h$（h 为构件端部截面高度）范围内设置附加竖向焊接钢筋网、封闭式箍筋或其他形式的构造钢筋，其中，附加竖向钢筋的截面面积应符合下列规定：

当 $e \leqslant 0.1h$ 时，
$$A_{sv} \geqslant 0.3N_p/f_{yv} \tag{15-1}$$

当 $0.1h < e \leqslant 0.2h$ 时，
$$A_{sv} \geqslant 0.15N_p/f_{yv} \tag{15-2}$$

当 $e > 0.2h$ 时，可根据实际情况适当配置构造钢筋。

式中，N_p——作用在构件端部截面重心线上部或下部预应力筋的合力，应注意乘以预应力分项系数 1.2，此时，仅考虑混凝土预压前的预应力损失值；

e——截面重心线上部或下部预应力钢筋的合力点至邻近边缘的距离；

f_y——竖向附加钢筋的抗拉强度设计值。

当端部截面上部和下部均有预应力钢筋时，竖向附加钢筋的总截面面积按上部和下部的 N_p 分别计算的数值叠加后采用。

3）当构件在端部有局部凹进时，为防止在施加预应力过程中端部转折处产生裂缝，应增设折线构造钢筋 （图 15-4）或其他有效的构造钢筋。

4）为防止沿孔道产生劈裂，在间接钢筋配置区以外，在构件端部不小于 $3e$ 且不大于

1.2h的长度范围内，应在高度2e范围内均匀布置附加箍筋或网片，其体积配筋率不应小于0.5%（图 15–5）。e为截面重心线上部或下部预应力钢筋的合力点至邻近边缘的距离。

5）在预应力钢筋锚具下及张拉设备的支承处，应采用预埋钢垫板并附加横向钢筋网片。

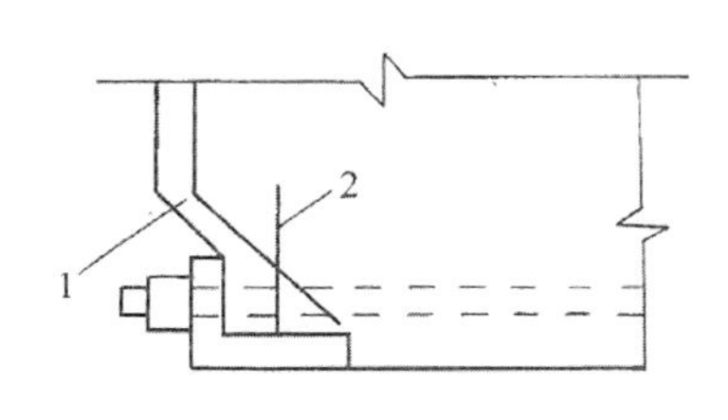

图 15–4　端部转折处构造钢筋

1—折线构造钢筋；2—竖向构造钢筋

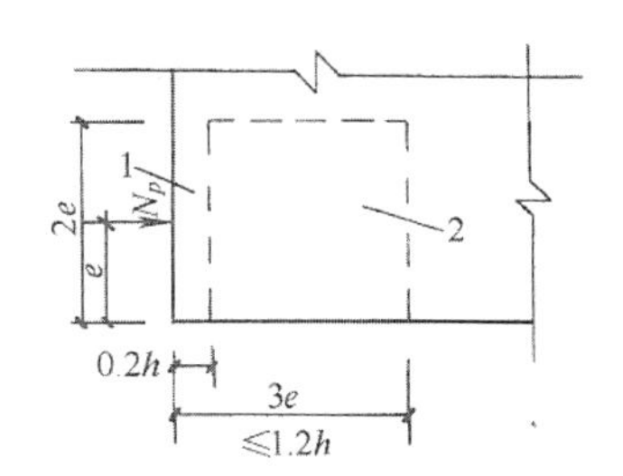

图 15–5　端部的间接钢筋

1—间接钢筋配置区；2—端部锚固区

5. 灌浆要求

孔道灌浆要求密实，水泥浆强度不应低于 M20，其水灰比宜为 0.4~0.45，为减少收缩，宜掺入 0.01%水泥用量的铝粉。

6. 非预应力构造筋

在后张法构件的预拉区和预压区中，应适当设置纵向非预应力构造钢筋。在预应力筋弯折处，应加密箍筋或沿弯折处内侧设置钢筋网片。

7. 块体拼装要求

采用块体拼装的构件，其接缝平面应垂直于构件的纵向轴线。当接头承受内力时，缝隙间应灌筑不低于块体强度等级的细石混凝土（缝宽大于 20mm）或水泥砂浆（缝宽不大于 20mm）；并根据需要在接头处及其附近区段内用加大截面或增设焊接网方式进行局部加强，必要时可设置钢板焊接接头；当接头不承受内力时，缝隙间应灌筑不低于 C15 的细石混凝土或 M15 的水泥砂浆。

第十六章　砌体结构

第一节　砌体结构受力特点

一、砌体材料

砌体结构是指由块材和砂浆砌筑而成的结构。可分为无筋砌体和配筋砌体。

无筋砌体包括砖砌体、石砌体和砌块砌体。砖砌体是由烧结普通砖（黏土砖）、非烧结硅酸盐砖和承重黏土空心砖作为块材与砂浆砌筑而成的结构。石砌体是由天然毛石或经过加工的料石与砂浆砌筑而成的结构。砌块砌体是由混凝土、轻混凝土、硅酸盐等材料制作的实心、空心和微孔砌块与砂浆砌筑而成的结构。

配筋砌体包括配筋砖砌体和配筋砌块砌体。配筋砖砌体又包括网状配筋砖砌体（在砌体砂浆层中设置网状钢筋片的砖砌体）和组合砖砌体（在砖砌体内设置钢筋混凝土小柱、在砌体外层设置钢筋混凝土面层或钢筋砂浆面层的砌体）。配筋砌块砌体又包括约束配筋砌体和均匀配筋砌体。

砌体结构的主要优点是：①便于就地取材，能节约钢、木、水泥三大建筑材料，也较经济；②具有较好的化学稳定性和大气稳定性，在天然环境中不易蚀损，耐久性好；③有很好的耐火性；④有较好的保温、隔热性能；⑤施工简便。砌筑时不需要模板和特殊的施工设备；可仅一个工种操作，工种配合简单。但是砌体结构也有缺点，主要是：①强度低、材料用量多、构件自重大；②砌筑劳动繁重；③砂浆和块材间的粘结力较弱，无筋砌体的抗拉、抗弯、抗剪强度很低，不宜用于承受较大弯矩和拉力的构件，抗震性能亦较差；④砖结构中黏土砖的用量很大，造砖与农业争地，目前国家已禁止使用实心黏土砖。

砌体结构适用于以受压为主的结构。民用建筑物中的墙体、柱、基础、过梁等，工业建筑物和构筑物中的承重墙、烟囱、小型水池、围护墙、地沟等，交通工程中的拱桥、隧道、涵洞、挡土墙等，水利工程中的石坝、渡槽、围堰等都可以用砌体结构建造。

1. 块材

（1）砖

1）实心砖。实心砖也称烧结普通砖或称标准砖，以黏土、页岩、煤矸石、粉煤灰为主要原料，经焙烧而成的无孔洞或孔洞率小于 15%、尺寸为 240 mm×115 mm×53 mm 的砖，干重约有 2.5kg，分手工砖和机制砖两种。

① 烧结普通砖。烧结普通砖包括烧结黏土砖、烧结煤矸石砖和烧结粉煤灰砖等。

② 非烧结硅酸盐砖。常用的有：以石英砂及石灰为原料的蒸压灰砂砖；以粉煤灰、石灰及少量石膏为原料的蒸压粉煤灰砖；以矿渣、石英砂和石灰为原料的矿渣硅酸盐砖等。

硅酸盐砖当长期受热高于 200℃以及受冷热交替作用或有酸性侵蚀时应避免采用，其耐久性较差。MU15 和 MU15 以上的蒸压灰砂砖可用于基础及其他部位。蒸压粉煤灰砖用于基础或受冻融和干湿交替作用的建筑部位时必须使用一等砖。

2）烧结多孔砖。在我国孔洞率大于或等于 15%的砖可视为多孔砖，它具有保温、隔热性能好等优点，但砌筑较为麻烦、劳动强度较大。承重黏土空心砖为竖孔空心砖，强度较高，常用于砌筑承重墙，使用时孔洞垂直于受压面。图 16-1 为竖孔空心砖的三种型号。

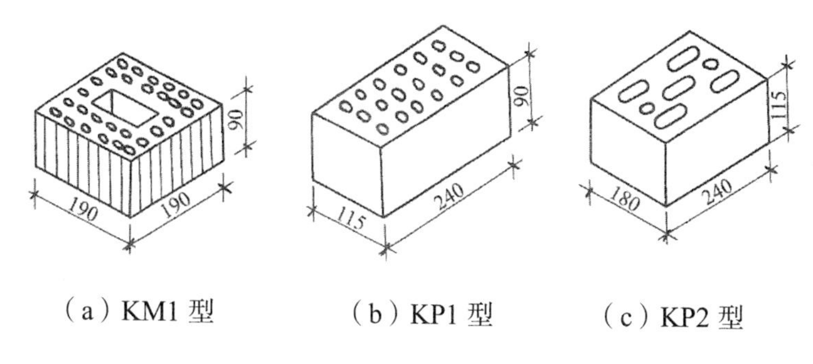

（a）KM1 型　（b）KP1 型　（c）KP2 型

图 16-1　竖孔空心砖

水平孔空心砖一般多用于非承重墙，也有用于预应力配筋楼盖中，其孔洞率一般在 30%以上，孔大而少，使用时孔洞平行于承压面，强度较低。图 16-2 为水平孔空心砖。

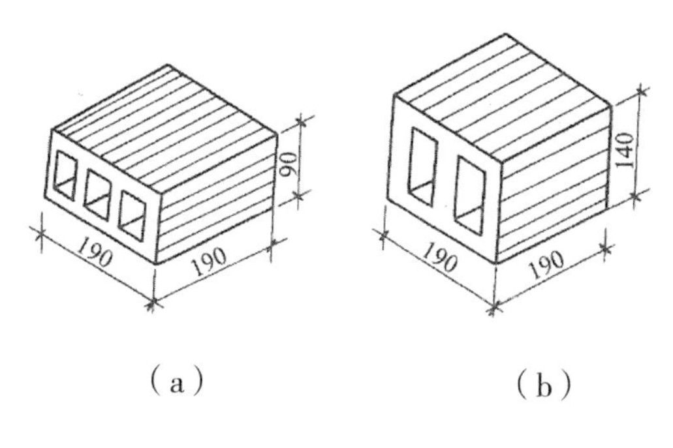

（a）　（b）

图 16-2　水平孔空心砖

烧结普通砖、烧结多孔砖的强度等级分为 MU30、MU25、MU20、MU15 和 MU10 五级。蒸压灰砂砖、蒸压粉煤灰砖的强度等级分为 MU25、MU20、MU15 三种。

（2）砌块

用混凝土、轻混凝土及硅酸盐等很多材料均可制作砌块。砌块的强度等级分为：MU20、MU15、MU10、MU7.5 和 MU5 五种。因其强度不高，目前我国砌块一般用于层数较少的建筑中。

（3）石材

建筑中主要是指天然岩石（重力密度大于 18kN/m^3）,具有强度高、抗冻性和抗气性及耐久性好的优点，但开采和加工困难，传热性高，故多用于房屋的基础、勒脚部位以及用作重要房屋的贴面等。

石材按其加工后的外形规则程度可分为以下几类：

1）料石。

① 细料石：通过细加工，外形规则，叠砌面凹入深度不应大于 10mm，截面的宽度、高度不应小于 200mm，且不应小于长度的 1/4。

② 半细料石：规格尺寸同上，但叠砌面凹入深度不应大于 15mm。

③ 粗料石：规格尺寸同上，但叠砌面凹入深度不应大于 20mm。

④ 毛料石：外形大致方正，一般不加工或仅稍加修整，高度不应小于 200mm，叠砌面凹入深度不应大于 25mm。

2）毛石。形状不规则，中部厚度不应小于 200mm。

石材的强度等级分为：MU100、MU80、MU60、MU50、MU40、MU30、MU20 七种，是根据边长为 70 mm 的立方体试块的抗压强度来划分的。

2. 砂浆

砂浆在砌体中的作用是将砌体内的块材粘结成整体，并因在铺砌时填平了块材不平的表面而使块材在砌体受压时能比较均匀地受力，减少了砌体的透气性，增加了砌体的隔热性、防冻性和密实性。砂浆按其成分可分为以下几类。

（1）水泥砂浆

由不掺任何塑性掺合料的水泥与砂加水拌和而成的纯水泥砂浆。其硬化快、强度高、耐久性好，但和易性差，适用于水中及潮湿环境中的砌体。砂浆的质量在很大程度上决定于其保水性。如果砂浆的保水性很差，新铺在块体面上的砂浆的水分很快被吸去（被吸去的水分超过了正常范围），则使砂浆难以抹平，降低了砌体质量，甚至砂浆不能进行正常硬化作用，砌体强度会大为降低。水泥砂浆保水性较差，容易发生泌水、离析等现象。因此，在强度等级相同的条件下，用水泥砂浆砌筑的砌体强度要比用其他砂浆时低。

（2）混合砂浆

混合砂浆就是在水泥砂浆中掺入适量塑性掺合料（如石灰膏、黏土等）拌和而成的，有水泥石灰混合砂浆、水泥黏土混合砂浆，适用于地下水位以上的砌体。一般墙体中常用混合砂浆，其强度、耐久性、保水性、和易性均较好，砌筑质量容易保证。

（3）非水泥砂浆

这类砂浆不含水泥，如石灰砂浆、黏土砂浆和石膏砂浆等，和易性好、硬化慢、强度低，抗水性差，仅适用于地面以上气候干燥地区的低层建筑及临时性辅助房屋。

此外，还有专门用于砌筑混凝土砌块的砌筑砂浆，简称砌块专用砂浆。

砂浆的强度等级分为：M15、M10、M7.5、M5 和 M2.5 五种。当验算施工阶段砂浆尚未硬化的新砌砌体强度时，可按砂浆强度为零来确定。砂浆的强度等级符号为 M。

砂浆的强度等级是用边长为 70.7 mm 的钢试模做成的立方体试块，在室温为 20℃左右的自然条件下养护 24 小时后，再在同样条件下继续养护到达 28 天加压测得的抗压强度平均值（MPa）。

砌体结构的主要发展方向是要求块体具有轻质高强，砂浆具有高强度，特别是高粘结强度；在施工方面则要求采用机械化和工业化方法；利用工业废料制作砌体；在砌体中配筋等。

3. 砌体材料的选择

砌体所用块材和砂浆，主要应依据砌体结构的使用要求、重要性、使用年限、结构构件的受力特点、工作环境等因素来考虑；也要考虑各地区砌体材料选择的工程经验。在地震设防区，砌体材料还应符合现行抗震规范的有关要求。

对于一般房屋，承重砌体用的砖常用 MU20、MU15、MU10；石材常用 MU50、MU40、MU30、MU20；砂浆常用 M5、M7.5、M10，对受力较大的重要部位可用 M10。

五层及五层以上房屋的外墙、潮湿房间的墙，以及受振动或层高大于 6 m 的墙、柱所用材料的最低强度等级为砖 MU10、石材 MU30、砌块 MU7.5、砂浆 M5。

地面以下或防潮层以下的砌体所用材料的最低强度等级应按表 16-1 的要求采用。对于冬季计算温度在-10℃以下的地区，块体材料还必须经抗冻性试验合格方可使用；对于冬季计算温度在-10℃以上的地区，若使用已经被以往建筑证明满足抗冻性的块体材料，可不必进行抗冻性试验。

表 16-1 地面以下或防潮湿层以下的砌体所用材料的最低强度等级

基土的潮湿程度	烧结普通砖、蒸压灰砂砖		混凝土砌块	石材	水泥砂浆
	严寒地区	一般地区			
稍潮湿的	MU10	MU10	MU7.5	MU30	M5
很潮湿的	MU15	MU10	MU7.5	MU30	M7.5
含水饱和的	MU20	MU15	MU10	MU40	M10

注：1. 在冻胀地区，地面以下或防潮层以下的砌体，不宜采用多孔砖，如采用时，其孔洞应用水泥砂浆灌实。当采用混凝土砌块砌体时，其孔洞应采用强度不低于 Cb20 的混凝土灌实。

2. 对安全等级为一级或设计使用年限大于 50 年的房屋，表中材料强度等级应至少提高一级。

二、砌体的力学性能

1. 砌体的受压破坏特征

以砖砌体为例，根据轴心受压试验分析，可知砖砌体的受压破坏过程大致经历三个阶段，如图 16–3 所示。

由开始加载到个别砖块上出现微细可见裂缝为止称为第Ⅰ阶段，该阶段砌体的横向变形较小，应力应变呈直线关系，因此也称弹性阶段。出现微细可见裂缝时轴向荷载约为砖砌体破坏时极限荷载的 50%～70%。此时若荷载不增加，原有裂缝也不再扩展。

继续加载，个别砖块上的裂缝裂通，并沿竖向灰缝通过若干皮砖，当荷载增加到破坏荷载的 80%～90%时，形成平行于加载方向的纵向间断裂缝，此阶段称为第Ⅱ阶段。在此阶段若荷载不增加，裂缝发展可以稳定，不会出现新的裂缝。

如果再继续加载，将进入第Ⅲ阶段，此阶段的特点是荷载增加不多，裂缝发展很快，此后即使不增加荷载，裂缝仍能不断增加，形成上下贯通的裂缝，将砌体分割成若干半砖小柱，这时砌体横向变形明显增大，向外鼓出，半砖小柱丧失稳定而破坏。

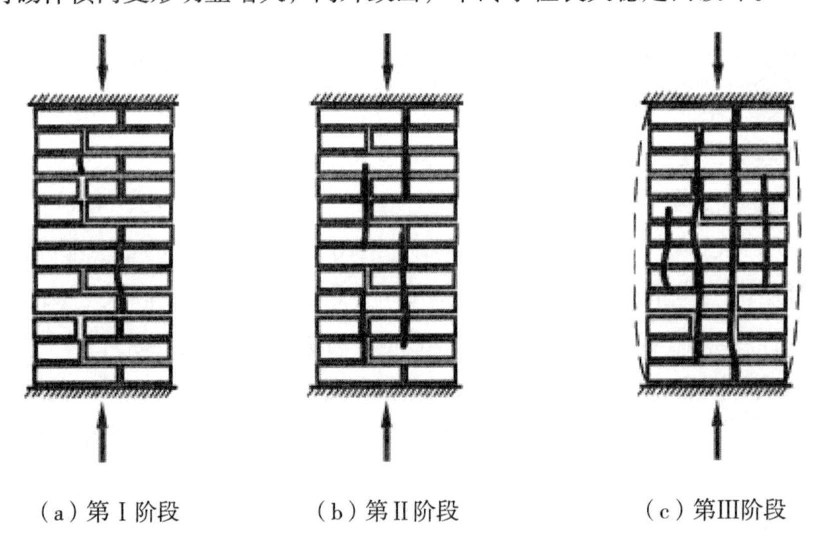

（a）第Ⅰ阶段　（b）第Ⅱ阶段　（c）第Ⅲ阶段

图 16–3　砖砌标准试件受压破坏过程

2. 砌体的受压状态分析

通过试验研究发现，轴心受压砖砌体在远小于砖的抗压强度下，个别砖块就出现裂缝；轴心受压砖砌体的抗压强度远小于砖的抗压强度，产生这种现象的原因有三个方面。

（1）砂浆铺砌的不均匀性

由于砂浆层的非均匀性以及砖表面的不规整，使得砖与砂浆并非全面接触，而是支撑在凹凸不平的砂浆层上，导致单块砖在砌体内不是均匀受压，而是将压力集中在几个局部

区域而且上下不对应，因此砌体中的砖不仅受压，还受弯、受剪、局部受压，如图 16–4(a) 所示。

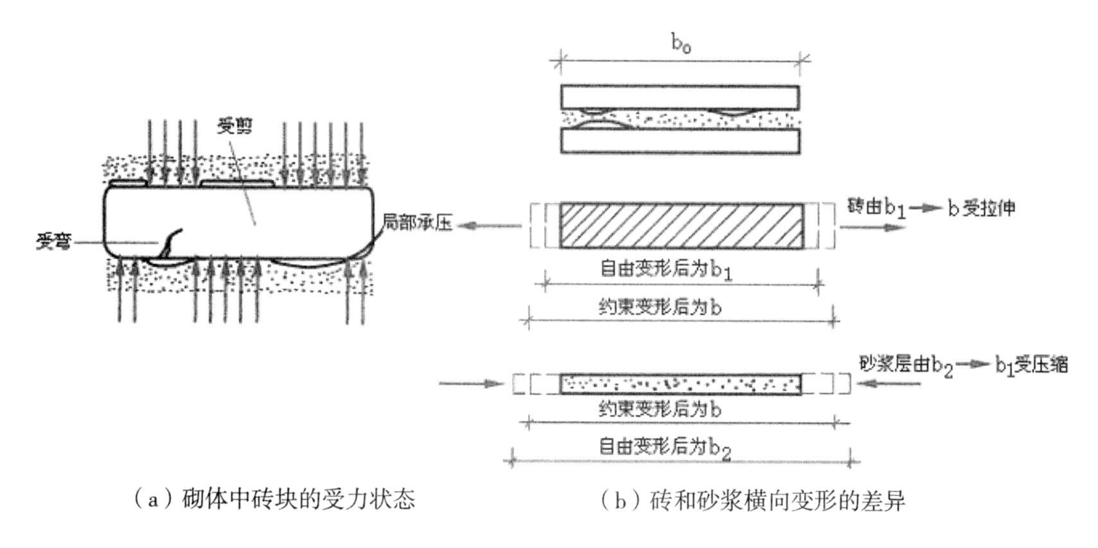

（a）砌体中砖块的受力状态　（b）砖和砂浆横向变形的差异

图 16–4　砖砌体中的实际受力状态

（2）砌体横向变形时砖和砂浆的交互作用

由于砖与砂浆的横向变形系数不同，以及砖和砂浆间的粘结力和摩擦力，使二者不能自由变形。一般砖的横向变形较中等强度等级以下的砂浆小，在砖和砂浆的交互作用下，两者之间产生相对变形，如图 16–4（b）所示，砖受砂浆的约束影响使砖产生横向拉力，从而加快了砖的裂缝的出现和发展。

此外，砂浆受砖的约束产生横向压应力，使砂浆三向受压，强度提高，因此低强度砂浆砌筑的砌体强度有时高于砂浆强度。

（3）竖向灰缝上的应力集中

由于砖砌体的竖向灰缝不饱满，不能保证砌体的整体性，导致竖向灰缝上易出现横向拉应力和剪应力的集中而加快砖的开裂。

综上所述，中心受压砌体中的砖处于局部受压、受弯、受剪、横向受拉的复杂应力状态下。由于砖的抗弯、抗拉强度很低，故砖砌体受压后砖块将出现因弯拉应力而产生的竖向裂缝。这种裂缝随着荷载增加而上下贯通，直至将整个砌体分割成若干半砖小柱，小柱失稳导致整个砌体的破坏。可见砌体的破坏不是由于砖受压耗尽了其抗压强度，而是由于形成半砖小柱，侧向凸出，破坏了砌体的整体工作。

3. 影响砌体抗压强度的主要因素

（1）块体和砂浆的强度

试验表明，砖的强度等级提高一倍时，约可使砌体抗压强度提高 50%；砂浆强度等级提高一倍，砌体抗压强度约可提高20%。砖的强度等级愈高，抗折强度愈大即砖不容易开裂，因而砖砌体的抗压强度能在较大程度上提高；砂浆的强度等级愈高，受压后它的横向变形愈小，减少了砂浆与块材横向变形的差异，使砖受侧向拉应力减小，因而在一定程度上提高砖砌体抗压强度。当砌体抗压强度需提高时，用提高砖的强度等级比提高砂浆的强度等级更有效。用高抗弯而低抗压强度的砖砌成的砌体可能比高抗压而低抗弯强度的砖砌成的砌体强度为高。

（2）块材的尺寸和形状

砖的厚度增加，其抗折强度增加，砖砌体的抗压强度得到提高；但砖的厚度增加，砖变重了，带来砖尺寸模数问题，工人砌筑不便。砖的形状规整与否也直接影响砌体的抗压强度。表面不平整的砖，在压力作用下其弯、剪应力都将增大，使砌体的抗压强度降低。

（3）砂浆铺砌时的流动性

砂浆的和易性（包括流动性和保水性）好，易于砌筑均匀密实，可降低砌体内块体的弯曲、剪切应力，使砌体的抗压强度得到提高。试验表明，纯水泥砂浆的和易性欠佳，其砌体强度约比用水泥石灰混合砂浆砌筑的砌体抗压强度低 15%。砂浆流动性太大，一般其硬化后的变形率增大，砌体的强度会较大地降低。因此对不用石灰而加有机塑化剂的水泥砂浆砌体，流动性虽增加，但变形也大，其强度应予降低（约 10%）。对重力密度小于 $15kN/m^3$ 的轻砂浆砌体强度应予降低（约 15%），因轻砂浆变形率明显较大，使砖内弯剪应力及横向变形都增大。

（4）砌筑质量

砌筑质量是指砌体的砌筑方式、灰缝砂浆的饱满度、砂浆层的铺砌厚度等。一般要求水平灰缝的砂浆饱满度不得低于 80%。在保证质量的前提下，快速砌筑对砌体强度起有利影响。灰缝的标准厚度为10 mm。湖南大学的资料，灰缝厚度 8 ~16mm时，砌体抗压强度将分别为标准厚度 10mm 的 1.11~0.77，灰缝厚度过薄或过厚砖砌体强度都降低。一顺一丁的砌合方式最好，三顺一丁其次，五顺一丁较差。砌筑质量与工人的技术水平有关，若以中等技术水平的工人砌筑的砌体强度为 1，高级熟练工人的可达 1.3~1.5，低级不熟练工人的仅及 0.7~0.9。当砂浆稠度为 80~90mm 时，砖的最佳含水率为 8 %~10%。干砖和含水饱和砖砌体强度都降低。

4. 砌体的强度指标

（1）砌体的抗压强度

根据影响砌体抗压强度的因素，《砌体结构设计规范》（GB 50003—2011）规定，当块材和砂浆的强度等级确定后，龄期为 28 天的以毛截面计算的各类砌体抗压强度设计值 f（按照 B 级施工质量控制等级设计，用混合砂浆砌筑），可查表 16-2 ~ 表 16-7。f 的单位

为 MPa。

表 16-2　烧结普通砖和烧结多孔砖砌体抗压强度设计值　　单位：MPa

砖强度等级	砂浆强度等级					砂浆强度
	M15	M10	M7.5	M5	M2.5	0
MU30	3.94	3.27	2.93	2.59	2.26	1.15
MU25	3.60	2.98	2.68	2.37	2.06	1.05
MU20	3.22	2.67	2.39	2.12	1.84	0.94
MU15	2.79	2.31	2.07	1.83	1.60	0.82
MU10	—	1.89	1.69	1.50	1.30	0.67

表 16-3　蒸压灰砂砖和蒸压粉煤灰砖砌体的抗压强度设计值　　单位：MPa

砖强度等级	砂浆强度等级				砂浆强度
	M15	M10	M7.5	M5	0
MU25	3.6	2.98	2.68	2.37	1.05
MU20	3.22	2.67	2.39	2.12	0.94
MU15	2.79	2.31	2.07	1.83	0.82
MU10	—	1.89	1.69	1.50	0.67

表 16-4　单排孔混凝土和轻骨料混凝土砌块砌体的抗压强度设计值　　单位：MPa

砌块强度等级	砂浆强度等级				砂浆强度
	Mb15	Mb10	Mb7.5	Mb5	0
MU20	5.68	4.95	4.44	3.94	2.33
MU15	4.61	4.02	3.61	3.20	1.89
MU10	—	2.79	2.50	2.22	1.31
MU7.5	—	—	1.93	1.71	1.01
MU5	—	—	—	1.19	0.70

注：1. 对错孔砌筑的砌体，应按表中数值乘以 0.8；
2. 对独立柱或厚度为双排组砌的砌块砌体，应按表中数值乘以 0.7；
3. 对 T 形截面砌体，应按表中数值乘以 0.85；
4. 表中轻骨料混凝土砌块为煤矸石和水泥煤渣混凝土砌块。

表 16-5　轻骨料混凝土砌块砌体的抗压强度设计值　　单位：MPa

砌块强度等级	砂浆强度等级			砂浆强度
	Mb10	Mb7.5	Mb5	0
MU10	3.08	2.76	2.45	1.44
MU7.5	—	2.13	1.88	1.12
MU5	—	—	1.31	0.78

注：1. 表中的砌块为火山渣、浮石和陶粒轻骨料混凝土砌块；
2. 对厚度方向为双排组砌的轻骨料混凝土砌块砌体的抗压强度设计值，应按表中数值乘以 0.8。

表 16-6　毛料石砌体的抗压强度设计值　　单位：MPa

毛料石强度等级	砂浆强度等级			砂浆强度
	M7.5	M5	M2.5	0
MU100	5.42	4.80	4.18	2.13
MU80	4.85	4.29	3.73	1.91
MU60	4.20	3.71	3.23	1.65
MU50	3.83	3.39	2.95	1.51
MU40	3.43	3.04	2.64	1.35
MU30	2.97	2.63	2.29	1.17
MU20	2.42	2.15	1.87	0.95

注：对下列各类料石砌体，应按表中数值分别乘以系数：细料石砌体为 1.5，半细料石砌体为 1.3，粗料石砌体为 1.2，干砌勾缝石砌体为 0.8。

表 16-7　毛石砌体的抗压强度设计值　　单位：MPa

毛石强度等级	砂浆强度等级			砂浆强度
	M7.5	M5	M2.5	0
MU100	1.27	1.12	0.98	0.34
MU80	1.13	1.00	0.87	0.30
MU60	0.98	0.87	0.76	0.26
MU50	0.90	0.80	0.69	0.23
MU40	0.80	0.71	0.62	0.21
MU30	0.69	0.61	0.53	0.18
MU20	0.56	0.51	0.44	0.15

（2）砌体的轴心抗拉、抗弯及抗剪强度

砌体主要用作受压，但在某些情况下可能会受拉、受弯及受剪，比如砖砌圆形水池是砌体轴心受拉的典型实例。土压力作用下的带壁柱挡土墙和风荷载作用下的围墙，是砌体弯曲受拉的实例。影响砌体轴心抗拉、抗弯及抗剪强度的主要因素是砂浆的粘结强度。

施工质量控制等级为 B 级时，各类砌体的轴心抗拉强度设计值 f_t、弯曲抗拉强度设计值 f_{tm} 及抗剪强度设计值 f_v 可查表 16-8。

表 16-8　沿砌体灰缝截面破坏时砌体的轴心抗拉强度设计值 f_t、弯曲抗拉强度设计值 f_{tm} 及抗剪强度设计值 f_v　　单位：MPa

强度类别	破坏特征及砌体种类		砂浆强度等级			
			≥M10	M7.5	M5	M2.5
轴心抗拉	沿齿缝	烧结普通砖、烧结多孔砖	0.19	0.16	0.13	0.09
		蒸压灰砂砖，蒸压粉煤灰砖	0.12	0.10	0.08	0.06
		混凝土砌块	0.09	0.08	0.07	
		毛石	0.08	0.07	0.06	0.04

续表

强度类别	破坏特征及砌体种类		砂浆强度等级			
			≥M10	M7.5	M5	M2.5
弯曲抗拉	沿齿缝	烧结普通砖、烧结多孔砖 蒸压灰砂砖，蒸压粉煤灰砖 混凝土砌块 毛石	0.33 0.24 0.11 0.13	0.29 0.20 0.09 0.11	0.23 0.16 0.08 0.09	0.17 0.12 0.07
	沿通缝	烧结普通砖、烧结多孔砖 蒸压灰砂砖，蒸压粉煤灰砖 混凝土砌块	0.17 0.12 0.08	0.14 0.10 0.06	0.11 0.08 0.05	0.08 0.06
抗剪	烧结普通砖、烧结多孔砖 蒸压灰砂砖，蒸压粉煤灰砖 混凝土和轻骨料混凝土砌块 毛石		0.17 0.12 0.09 0.21	0.14 0.10 0.08 0.19	0.11 0.08 0.06 0.16	0.08 0.06 0.11

注：1. 对于用形状规则的块体砌筑的砌体，当搭接长度与块体高度的比值小于 1 时，其轴心抗拉强度设计值 f_t和弯曲抗拉强度设计值 f_{tm}应按表中数值乘以搭接长度与块体高度比值后采用。

2. 对孔洞率不大于 35%的双排孔或多排孔轻骨料混凝土砌块砌体的抗剪强度设计值，可按表中混凝土砌块砌体抗剪强度设计值乘以 1.1。

3. 对蒸压灰砂传、蒸压粉煤灰砖砌体，当有可靠的试验数据时，表中强度设计值，允许作适当调整。

4. 对烧结页岩砖、烧结煤矸石砖、烧结粉煤灰砖砌体，当有可靠的试验数据时，表中强度设计值，允许作适当调整。

5. 各类砌体强度设计值的调整系数 γ_a

砌体规范规定，下列情况的各类砌体，其强度设计值应乘以调整系数 γ_a：

1）有吊车房屋砌体、跨度不小于 9 m 的梁下烧结普通砖砌体、跨度不小于 7.5m 的梁下烧结多孔砖、蒸压灰砂砖和蒸压粉煤灰砖砌体、混凝土和轻骨料混凝土砌块砌体，γ_a 为 0.9。

2）无筋砌体当构件截面面积 $A < 0.3\text{m}^2$ 时，γ_a 为其截面面积加 0.7；配筋砌体构件截面面积 $A < 0.2\text{m}^2$ 时，γ_a=0.8+A，A 的单位为 m^2。

3）各类砌体，当用水泥砂浆砌筑时，其抗压强度调整系数 γ_a 为 0.9；对轴心抗拉、弯曲抗拉和抗剪强度设计值，γ_a=0.8。

4）当施工质量控制等级为 C 级时，γ_a 为 0.89。

5）当验算施工中房屋的构件时，γ_a 为 1.1。

第二节　砌体结构受压承载力

一、无筋砌体受压构件的承载力计算

1. 高厚比

试验分析表明，除偏心距对承载力的影响外，高厚比对受压构件承载力也有较大影响，高厚比越大，承载力越低。高厚比 β 可按以下公式计算：

对矩形截面 $$\beta=\frac{H_0}{h}\gamma_\beta \tag{16-1}$$

对 T 形截面 $$\beta=\frac{H_0}{h_T}\gamma_\beta \tag{16-2}$$

式中，H_0——受压构件的计算高度；

h ——矩形截面轴向力偏心方向的边长，当轴心受压时为截面较小边长；

h_T——T 形截面的折算厚度，可近似取 $3.5i$ 计算，i 为截面回转半径；

γ_β——承载力计算时，不同砌体材料的高厚比修正系数，可按下列要求取值：对烧结普通砖、烧结多孔砖砌体取 1.0；对混凝土及轻骨料混凝土砌块砌体取 1.1；对蒸压灰砂砖、蒸压粉煤灰砖、细料石和半细料石砌体取 1.2；对粗料石和毛石砌体取 1.5。

在确定 T 形截面（带壁柱墙）的折算厚度 h_T 时，需要首先确定其翼缘宽度，可按下列规定取用：

多层房屋，当有门窗洞口时，可取窗间墙宽度；当无门窗洞口时，可取壁柱宽度加上壁柱高度的 2/3。

单层房屋，可取壁柱宽度加 2/3 壁柱高度，但不大于窗间墙宽度和相邻壁柱间的距离。

2. 受压构件承载力计算应注意的几个问题

1）矩形截面构件，当轴向力偏心方向的截面边长大于另一方向的边长时，除按偏心受压计算外，还应对较小边长方向，按轴心受压进行验算。

2）在承载力验算时，一定要满足 $e \leqslant 0.6y$ 的要求，若不满足，则应采取措施减小偏心距，可以设置中心装置、缺口垫块或改变截面尺寸，也可采用配筋砌体。

3）确定砌体抗压强度时，一定要注意是否需要引入强度调整系数 γ_a。

4）T 形截面折算厚度 h_T 可按如下步骤计算：

确定 T 形截面形心轴位置→求截面惯性矩 I $\rightarrow i=\sqrt{\dfrac{I}{A}}\rightarrow h_T=3.5i$

二、砌体局部受压计算

压力仅作用在砌体部分面积上的受力状态称为局部受压。局部受压是砌体结构中常见的一种受力状态，如在混合结构房屋中，支承梁的砖墙及支承钢筋混凝土柱的砖基础顶面等，均产生局部受压。局部受压分为局部均匀受压和局部不均匀受压。

1. 局部受压破坏特点

砌体上作用的局部压力会沿着一定的压力扩散角逐渐地分布到砌体全截面上。因此，砌体按全截面受压验算，承载力是足够的，但在局部承压面下一定范围内有时却出现了砌体局部压缩的裂缝，这就是局部受压承载力不足的破坏现象。

实验和理论都证明，在局部压力作用下，局部受压砌体在产生纵向变形时还会发生横向变形，而周围未直接受压的砌体会像套箍一样阻止其横向变形，局部受压砌体处于双向或三向受压状态，因此局部抗压强度得到提高（称为“套箍强化”）。

砖砌体局部受压有三种破坏形态：

（1）因竖向裂缝发展而破坏

当 A_0/A_l (A_0 为影响局部抗压强度的计算面积，A_l 为局部受压面积) 不太大时，在局部压力作用下，第一批裂缝多发生在 1～2 皮砖以下的砌体内，并随压力的增大逐渐增多且向上、向下发展，导致破坏，如图 16-5（a）所示，称之为“先裂后坏”。

（2）劈裂破坏

当 A_0/A_l 大于某一值时，局部受压构件受荷后未发生较大变形，一旦构件外侧出现与受力方向一致的竖向裂缝，构件立即开裂而导致破坏，破坏时犹如刀劈，裂缝少而集中，故称之为劈裂破坏或“一裂就坏”，这种破坏发生前无明显征兆，如图 16-5（b）所示。

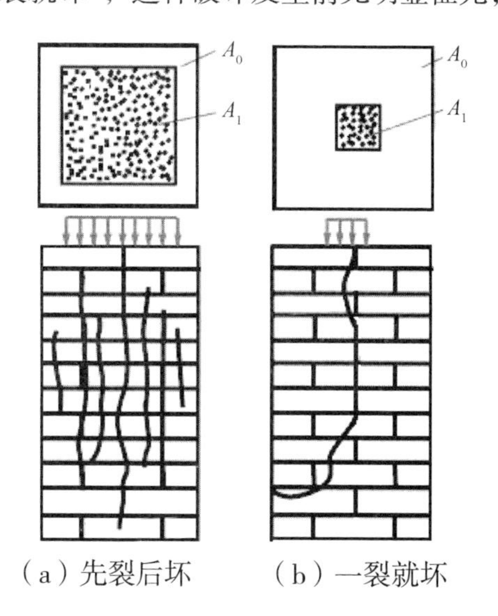

（a）先裂后坏　　（b）一裂就坏

图 16-5　砌体局部受压破坏

（3）局压面积处局部破坏

这种破坏发生在局部受压构件的材料强度很低时，因局部受压面积 A_1 内砌体材料被压碎而使整个构件丧失承载力，此时构件外侧未发生竖向裂缝，故称之为“未裂先坏”。

三种破坏形态中，“一裂就坏”与“未裂先坏”表现出明显的脆性，工程设计中必须避免发生。一般应按“先裂后坏”来考虑。

2. 砌体局部均匀受压

砌体截面中受局部均匀受压时的承载力应按下式计算：

$$N_l \leqslant \gamma f A_l \tag{16-3}$$

式中，N_l——局部受压面积上轴向力设计值；

γ——砌体局部抗压强度提高系数；

A_l——局部受压面积。

砌体局部抗压强度提高系数 γ 按下式计算：

$$\gamma = 1 + 0.35\sqrt{\frac{A_0}{A_l} - 1} \tag{16-4}$$

式中，A_0——影响砌体局部抗压强度的计算面积，按图 16–6 规定计算。此外，为了防止出现突然的劈裂破坏，按式（16–7）计算出的 γ 还应符合相应限制，如图 16–6 所示。

应当注意，对空心砖砌体，局部抗压强度提高系数 γ 应小于或等于 1.5；对未灌实的混凝土中型、小型空心砌块砌体，局部抗压强度提高系数 γ 为 1.0。

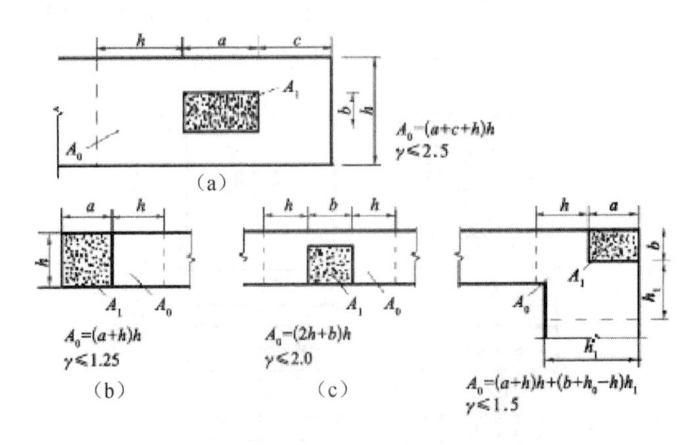

图 16–6　影响局部抗压强度的面积 A_0

3. 梁端支承处砌体的局部受压

梁在荷载作用下产生挠度，梁端发生倾角 θ，如图 16–7 所示，使梁端支承处砌体的局部压应力分布不均匀，梁端头部有上翘脱离砌体的趋势，导致梁端有效支承长度 $a_0 \leqslant a$（梁端实际支承长度）。有效支承长度 a_0 可按下式计算：

$$a_0 = 10\sqrt{\frac{h_c}{f}} \tag{16-5}$$

式中，h_c——梁的截面高度；mm；

f——砌体的抗压强度设计值，MPa。

梁端砌体的压应力由两种情况产生；一种为局部受压面积 A_l（$=a_0b$)上由上部墙体传来的均匀压应力 σ_0(计算时取一开间为计算单元，以该单元所受的荷载除以窗间墙面积得出)，其合力为 $\sigma_0 A_l = N_0$；另一种为 A_l 面积上由本层的竖向荷载传来的梁端非均匀压应力，其合力为 N_l。N_l 作用点到墙内边缘的距离应取 $0.4a_0$。

梁端有可能下陷，原压在梁顶面上的砌体与梁顶面逐渐脱开，上部荷载通过内拱作用卸至梁端两侧砌体，使 N_0 有所折减。梁端上部砌体的内拱作用如图 16-8 所示，用上部荷载折减系数ψ反映这一情况，计算公式如下：

$$\psi = 1.5 - 0.5\frac{A_0}{A_l} \tag{16-6}$$

式（16-6）的计算结果应满足$0 \leqslant \psi \leqslant 1$的要求。当$\psi = 0$时，即不考虑上部荷载的作用；当$\psi = 1$时，即上部压力 N_0将全部作用在梁端局部受压面积上。

梁端支承处砌体的局部受压承载力应按下式计算：

$$\psi N_0 + N_l \leqslant \eta\gamma f A_l \tag{16-7}$$

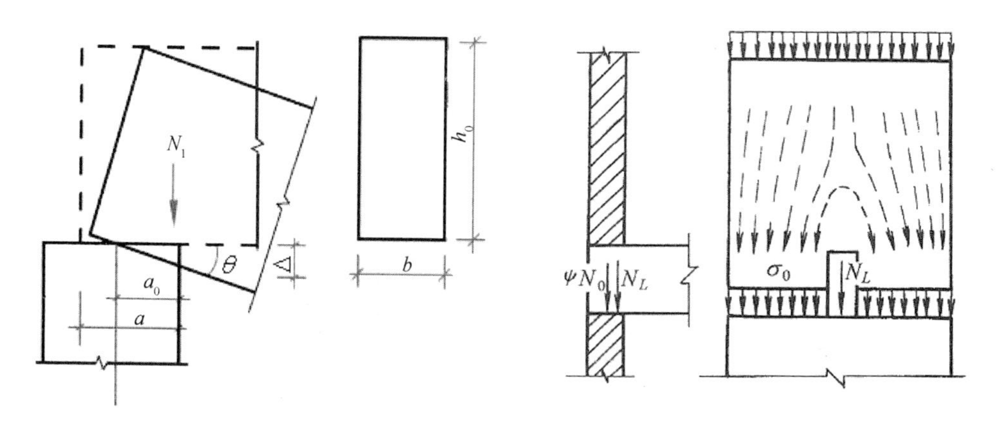

图 16-7 梁端支承处砌体的局部受压　　图 16-8 梁端支承处砌体的内拱作用

式中，ψ——上部荷载的折减系数，按式（16-6）计算；

N_0——局部受压面积内上部轴向力设计值，$N_0 = \sigma_0 A_l$，σ_0 为上部平均压应力设计值；

η——梁端底面压应力图形的完整系数，一般可取 0.7，对于过梁和墙梁可取 1.0；

A_l——局部受压面积，$A_l = a_0 b$，b 为梁宽，a_0 为梁端有效支承长度，按式（16–5）计算。

当梁端支承处砌体局部受压承载力不足时，可采取如下措施来提高局部受压承载力：①在梁端下支承处设置预制的混凝土或钢筋混凝土刚性垫块，或将垫块与梁端现浇成整体；②当梁端下正好设有钢筋混凝土梁（如圈梁）时，可利用此钢筋混凝土梁，把梁端支座压力传到下面一定宽度的墙上，此钢筋混凝土梁称为垫梁。设置垫块或垫梁后，其砌体局部受压承载力是否满足要求，尚需进一步验算。

4. 梁下设有刚性垫块时砌体局部受压承载力计算

梁端下支承处设置刚性垫块，要求垫块高度 $t_b \geqslant 180\text{mm}$，自梁侧边挑出长度每边应 $\leqslant t_b$，伸入墙内长度应满足 $a_b \geqslant a$（梁的实际支承长度，如图 16–9 所示）。在带壁柱墙的壁柱内设刚性垫块时，其计算面积 A_0 应取壁柱面积，不计算翼缘部分，同时壁柱上垫块伸入翼墙内的长度不应小于 120mm。

钢筋混凝土垫块按构造配筋，做成上下封闭骨架，钢筋总用量不小于垫块体积的 0.05%，一般用 C20 混凝土。

刚性垫块上梁端有效支承长度 a_0 可按下式确定：

$$a_0 = \delta_1 \sqrt{\frac{h_c}{f}} \tag{16–8}$$

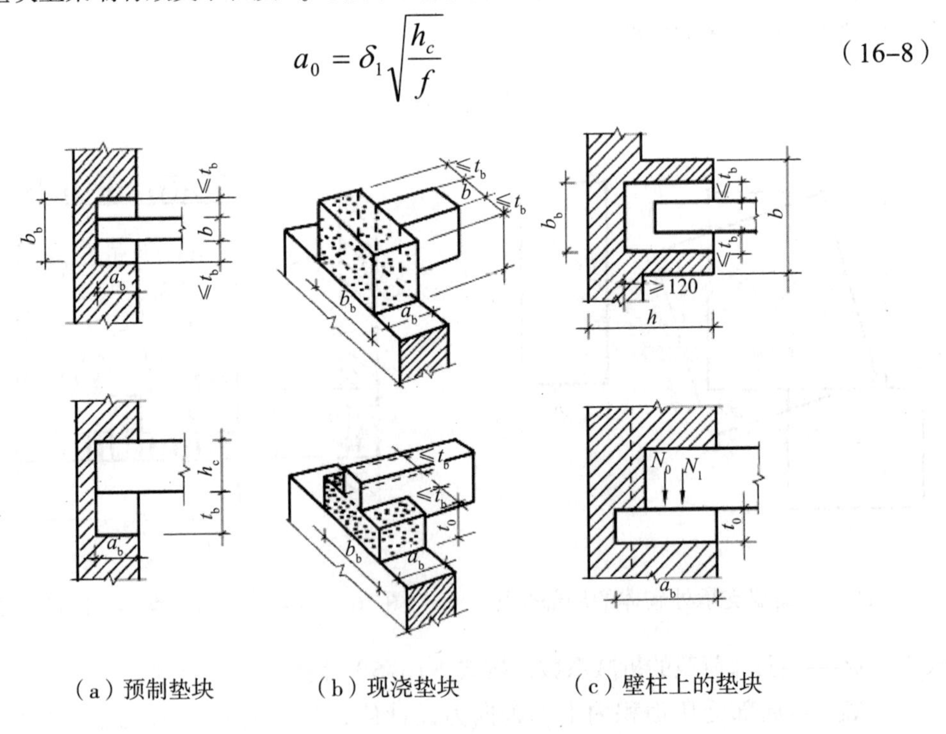

（a）预制垫块　（b）现浇垫块　（c）壁柱上的垫块

图 16–9　梁端刚性垫块($A_b=a_b b_b$)

式中 δ_1 为刚性垫块的修正系数，垫块上 N_l 的作用位置可取 $0.4a_0$ 处，按表 16–9 采用。

表 16-9　系数 δ_1 值

σ_0/f	0	0.2	0.4	0.6	0.8
δ_1	5.4	5.7	6.0	6.9	7.8

（1）预制刚性垫块下砌体局部受压承载力计算

不考虑 ψ 的影响，因上部传来的局部受压面积上的轴向力不易在梁垫周围墙体形成内拱作用，同时试验和理论分析还表明，梁通过垫块加在砌体上的轴向力可按不考虑纵向弯曲影响（$\beta\leqslant3$）的偏心受压对砌体进行验算，因而垫块下砌体的局部受压承载力的计算公式：

$$N_0+N_l\leqslant\phi\gamma_1 fA_b \qquad (16\text{-}9)$$

式中，N_0——垫块面积 A_b 内上部轴向力设计值，$N_0=\sigma_0A_b$；

φ——垫块上 N_0 及 N_l 合力的影响系数，应采用 $\beta\leqslant3$ 时的 φ 值，即 $\phi=\dfrac{1}{1+12(e/h)^2}$，

这里 e 为 N_0、N_l 合力对垫块中心的偏心距，h 为垫块伸入墙内长度即 a_b；

γ_1——垫块外砌体面积的有利影响系数，γ_1 应为 0.8γ，但不小于 1.0。γ 为砌体局部抗压强度提高系数，按式（16-4）以 A_b 代替 A_l 计算得出；

A_b——垫块面积，$A_b=a_bb_b$，a_b 为垫块伸入墙内的长度，b_b 为垫块的宽度。

（2）梁端现浇刚性垫块下砌体局部受压承载力计算

现浇刚性垫块与梁端一起转动变形，因此梁端支承处砌体的局部受压承载力仍按式（16-9）计算，此时 $A_l=a_0b_b$，同时有效支承长度 a_0 仍按式（16-8）计算。

跨度大于 6m 的屋架和跨度大于下列数值的梁，其支承面下的砌体应设置混凝土或钢筋混凝土垫块，当墙中设有圈梁时，垫块与圈梁宜浇成整体：

1）对砖砌体为 4.8m。

2）对砌块和料石砌体为 4.2m。

3）对毛石砌体为 3.9m。

三、房屋的静力计算方案

1. 房屋空间工作性能

混合结构房屋中，屋盖、楼盖、墙、柱和基础等主要承重构件组成一个空间受力体系，共同承受作用在房屋上的各种垂直荷载（结构自重、屋面和楼面荷载、雪荷载等）和水平荷载（风荷载、地震荷载等）。房屋中是否设置横墙（山墙）以及横墙的间距，屋盖、楼盖的水平刚度，都对房屋的空间刚度及结构内力产生影响。

图 16-10（a）为单层无山墙房屋，由屋盖、墙体、基础构成了承重骨架，因房屋结构

均匀、荷载均匀，故可取一个开间作为计算单元，代替整个房屋来分析受力状态，如图16-10(b)所示。将计算单元的纵墙拟为排架柱，屋盖拟为横梁，将基础视为柱的固定端，屋盖与墙连接视为铰接，这样计算单元受力状态如同一个单跨平面排架。在水平荷载作用下，柱顶的水平位移为μ_p，属平面受力体系，如图 16-10（c）所示。荷载都将由纵墙传到基础，单元之间没有相互作用。

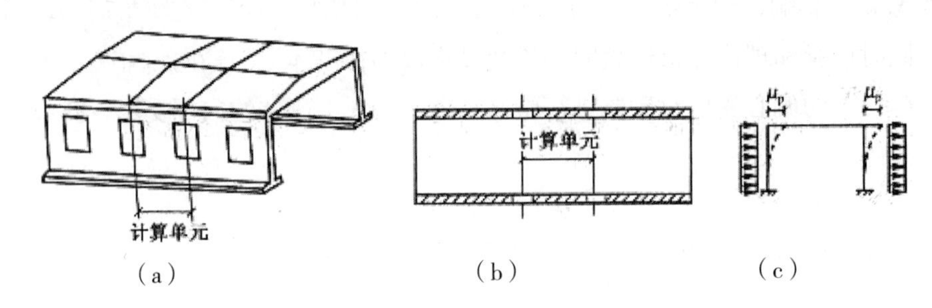

图 16-10　无山墙单层房屋受力分析图

实际上大多数房屋都是有山墙的，如图 16-11（a）所示。在水平荷载作用下，它与无山墙的房屋比，屋盖水平侧移必然会受到山墙的约束。如图 16-11（b）、（c）所示。屋盖水平梁跨中的水平位移最大值为：

$$\mu_s = \mu_{max} + \Delta_{max} \tag{16-10}$$

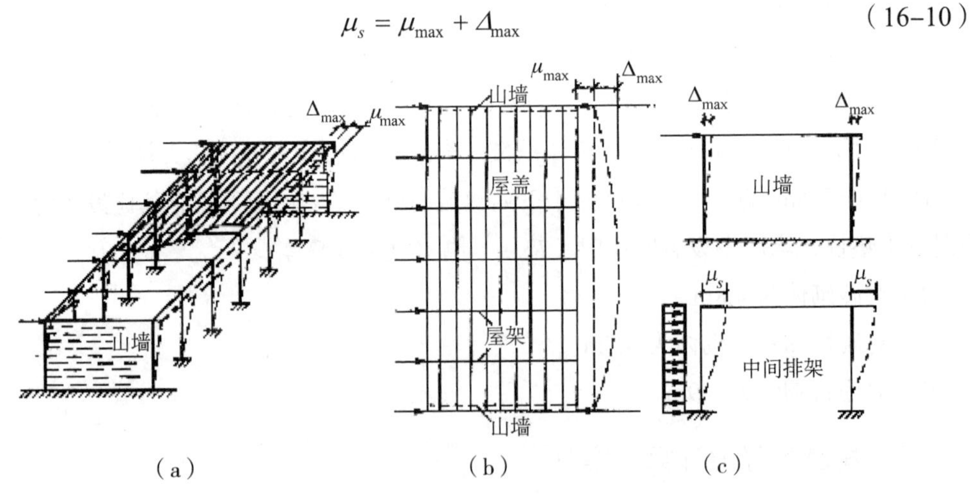

图 16-11　有山墙单层房屋受力分析图

μ_s 取决于横墙的间距及其自身平面内的刚度和屋（楼）盖的水平刚度。显然，由于空间受力体系中横墙（山墙）的协同作用，纵墙顶的最大侧移比平面体系中的排架的柱顶侧移值μ_p小，即$\mu_s < \mu_p$。

2. 房屋的静力计算方案分类

混合结构房屋是一空间受力体系，各承载构件不同程度地参与工作，共同承受作用在房屋上的各种荷载作用。根据屋（楼）盖类型不同以及横墙间距的大小不同，《规范》将混合结构的房屋静力计算方案分成三种，即：刚性方案、弹性方案、刚弹性方案，见表 16–10。

表 16–10　房屋的静力计算方案

	屋盖或楼盖类别	刚性方案	刚弹性方案	弹性方案
1	整体式、装配整体式和装配式无檩体系钢筋混凝土屋（楼）盖	$s<32$	$32\leqslant s\leqslant 72$	$s>72$
2	装配式有檩体系钢筋混凝土屋盖、轻钢屋盖和有密铺望板的木屋（楼）盖	$s<20$	$20\leqslant s\leqslant 48$	$s>48$
3	冷摊瓦木屋盖和石棉水泥瓦轻钢屋盖	$s<16$	$16\leqslant s\leqslant 36$	$s>36$

注：1. s为横墙间距，单位为 m；
　　2. 对无山墙或伸缩缝处无横墙的房屋，应按弹性方案房屋考虑。

（1）刚性方案

当房屋的横墙间距较小、楼盖和屋盖的水平刚度较大时，房屋的空间刚度较大，因而在荷载作用下，房屋的水平位移很小，可视墙、柱顶端的水平位移等于零。在确定墙、柱的计算简图时，楼盖和屋盖均可视做墙、柱的带水平连杆的不动铰支承，墙柱内力按不动铰支承的竖向构件计算，如图 16–12（a）所示。按这种方法进行静力计算的房屋属刚性方案房屋。

（2）弹性方案

当房屋的横墙间距较大、楼盖和屋盖的水平刚度较差时，房屋的空间刚度较差，在荷载作用下，房屋的墙、柱顶端的相对位移较大。此时屋架、大梁与墙柱为铰接，并按不考虑空间工作的平面排架进行计算，如图 16–12（c）所示。按这种方法进行静力计算的房屋属弹性方案房屋。

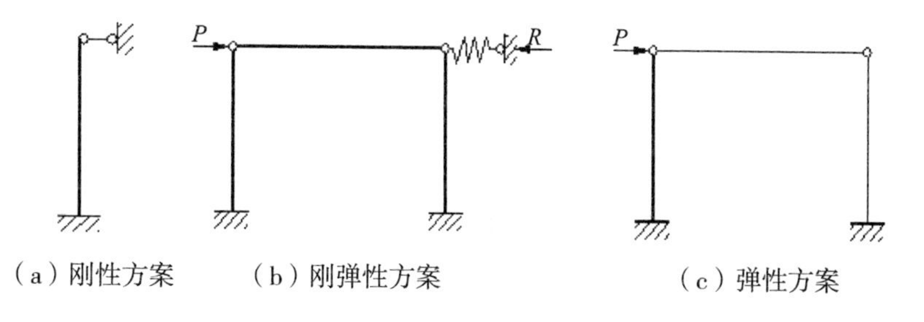

（a）刚性方案　（b）刚弹性方案　（c）弹性方案

图 16–12　房屋静力计算方案

（3）刚弹性方案

房屋的空间刚度介于上述两种方案之间。在荷载作用下，纵墙顶端的相对水平位移较弹性方案房屋的要小，但又不可以忽略不计。静力计算时，可根据房屋空间刚度的大小，将其水平荷载作用下的反力进行折减，然后按平面排架或框架进行计算。按照这种方法进行静力计算的房屋属刚弹性方案房屋，如图 16–12（b）所示。

3. 刚性和刚弹性方案房屋对横墙的要求

由上面分析可知，房屋墙、柱的静力计算方案是根据房屋空间刚度的大小确定的，而房屋的空间刚度则由两个主要因素确定。一是房屋中屋（楼）盖的类别，二是房屋横墙间距及其刚度的大小。为保证横墙具有足够抗侧刚度，确定刚性和刚弹性方案的房屋时横墙应同时符合下列条件：

1）横墙中开有洞口时，洞口的水平截面面积不应超过横墙截面面积的 50%。

2）横墙的厚度不宜小于 180mm。

3）单层房屋的横墙长度不宜小于其高度，多层房屋的横墙长度不宜小于横墙总高度的一半。

当横墙不能同时符合上述要求时，应对横墙的刚度进行验算。如其最大水平位移 $u_{max} \leqslant H/400$（H 为横墙总高度）时，仍可视做刚性和刚弹性方案房屋的横墙。凡符合此刚度要求的一段横墙或其他结构构件（如框架），也可以视做刚性和刚弹性方案房屋的横墙。

四、圈梁、过梁与挑梁

过梁、挑梁、圈梁是混合结构房屋中经常用到的构件，在结构中起着连接、承重、悬挑等作用。在混合结构房屋设计中，这些构件设计得是否合理、精确，直接影响着房屋使用的经济性和安全性。

1. 过梁

（1）过梁类型

混合结构房屋中门窗洞口上部所设置的梁称为过梁，其作用是承受门窗等洞口上面一部分砌体自重，以及上层楼面梁板传来的均布荷载或集中荷载。根据所用材料的不同，过梁分为砖砌过梁和钢筋混凝土过梁两大类，如图 16–13 所示。砖砌过梁按其构造不同，又分为砖砌平拱过梁、砖砌弧拱过梁和钢筋砖过梁等几种形式。

钢筋混凝土过梁具有施工方便、跨度较大、抗震性能好等有点，因而在地震区被广泛采用。

砖砌过梁具有节约钢材水泥、造价低廉、砌筑方便等优点，但对振动荷载和地基不均匀沉降较敏感，跨度也不宜过大，对钢筋砖过梁不应超过 1.5 m；对砖砌平拱过梁不应超过 1.2m；常用跨度在 1.2m 以内。

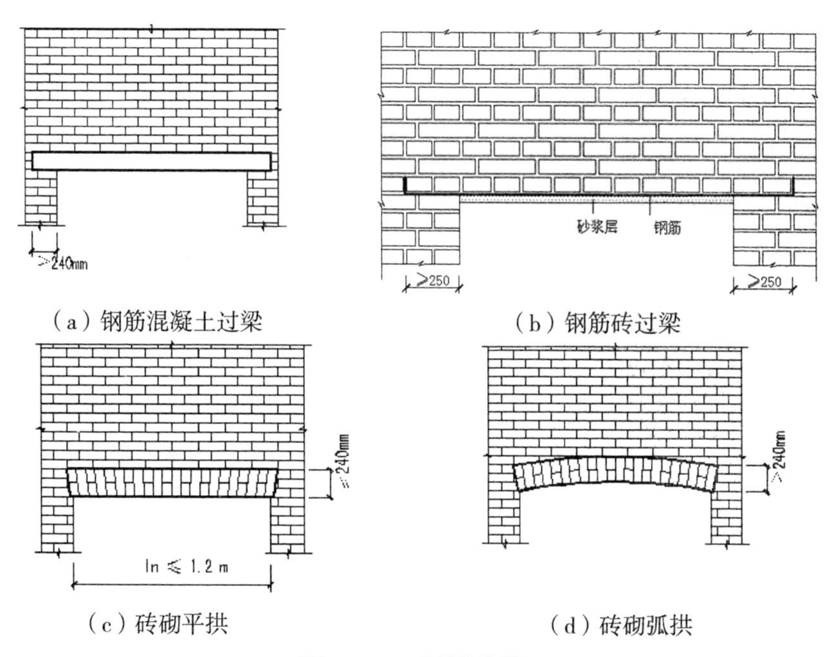

（a）钢筋混凝土过梁　（b）钢筋砖过梁

（c）砖砌平拱　（d）砖砌弧拱

图 16–13　过梁分类

（2）过梁上的荷载

图 16–14 所示砖砌平拱过梁，当承受较小竖向荷载后，过梁上部受压，下部受拉。随着荷载不断增大，当跨中垂直截面的拉应力或支座斜截面的主拉应力超过砌体的抗拉强度时，将先后在跨中受拉区出现垂直裂缝，在靠近支座处出现接近 45°的阶梯形斜裂缝。当裂缝出现后，对于砖砌平拱过梁，与砖砌弧拱过梁一样将形成由两侧支座水平推力来维持的三铰拱如图 16–14（a）所示；对于钢筋砖过梁，则形成由钢筋承受拉力的有拉杆的三铰拱。如图 16–14（b）所示，钢筋混凝土过梁与钢筋砖过梁类似。

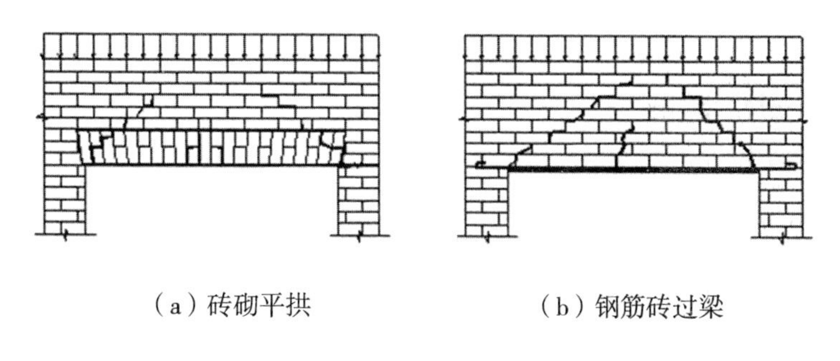

（a）砖砌平拱　（b）钢筋砖过梁

图 16–14　过梁受力分析

试验表明，当过梁上墙体达到一定高度后，过梁上的墙体形成的内拱将产生卸载作用，使一部分荷载直接传给支座，过梁上的荷载包括砌体自重和过梁计算高度范围内的梁、板荷载。

2. 挑梁

挑梁是一种在砌体结构房屋中常用的钢筋混凝土构件，一端埋入砌体内，另一端悬出墙面，依靠压在其上部的砌体重量以及上部传来的荷载共同平衡悬挑部分承担的荷载。

挑梁的破坏形态有如下几种：

1）倾覆破坏。

2）挑梁下砌体的局部受压破坏。

3）挑梁发生弯曲破坏或剪切破坏。

砌体中挑梁应进行抗倾覆验算，挑梁下砌体的局部受压承载力验算，挑梁自身承载力计算。

3. 圈梁

（1）圈梁的定义及作用

砌体结构房屋中，在砌体内沿水平方向设置封闭的钢筋混凝土梁称为圈梁。其作用是提高房屋空间刚度、增加建筑物的整体性，提高砖石砌体的抗剪、抗拉强度，防止由于地基不均匀沉降，地震或其他较大振动荷载对房屋的破坏。在房屋的基础上部的连续的钢筋混凝土梁叫基础圈梁，而在墙体上部，紧挨楼板的钢筋混凝土梁叫上圈梁。

（2）圈梁的构造要求

1）圈梁宜连续地设在同水平面上，沿纵横墙方向应形成封闭状。当圈梁被门窗洞口截断时，应在洞口上部增设相同截面的附加圈梁。附加圈梁与圈梁的搭接长度不应小于其中垂直间距的 2 倍，且不得小于 1m，如图 16-15 所示。

2）圈梁在纵横墙交接处应有可靠的连接。刚弹性和弹性方案房屋，圈梁应保证与屋架、大梁等构件的可靠连接。

3）钢筋混凝土圈梁的宽度宜与墙厚相同。当墙厚 $h \geq 240$mm 时，其宽度不宜小于 $2h/3$。圈梁高度不应小于 120mm。纵向钢筋不宜少于 4ϕ10，绑扎接头的搭接长度按受拉钢筋考虑。箍筋间距不宜大于 300mm。现浇混凝土强度等级不应低于 C20。

4）圈梁兼作过梁时，过梁部分的钢筋应按计算用量另行增配。

5）采用现浇楼（屋）盖的多层砌体结构房屋，当层数超过 5 层，在按相关标准隔层设置现浇钢筋混凝土圈梁时应将梁板和圈梁一起现浇。未设置圈梁的楼面板嵌入墙内的长度不应小于 120mm，其厚度宜根据所采用的块体模数而确定，并沿墙长配置不少于 2ϕ10 的纵向钢筋。

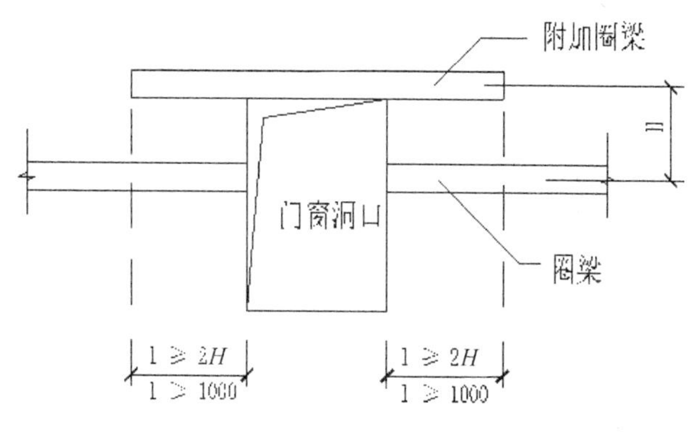

图 16–15　附加圈梁与圈梁的搭接

第三节　砌体结构高厚比验算

一、墙的计算高度的确定

对墙体进行承载力计算或验算高厚比时所采用的高度，称为计算高度，用 H_0 表示。它是由实际高度 H 并根据房屋类别和构件两端支承条件而确定的。按照弹性稳定理论分析结果并结合工程实践经验，《规范》规定构件计算高度 H_0 按表 16-11 采用。

表 16–11　受压构件的计算高度 H_0

<table>
<tr><th colspan="3" rowspan="2">房屋类别</th><th colspan="3">带壁柱墙或周边拉结的墙</th></tr>
<tr><th>$s>2H$</th><th>$2H \geq s>H$</th><th>$s \leq H$</th></tr>
<tr><td rowspan="5">无吊车的单层和多层房屋</td><td rowspan="2">单跨</td><td>弹性方案</td><td colspan="3">$1.5H$</td></tr>
<tr><td>刚弹性方案</td><td colspan="3">$1.2H$</td></tr>
<tr><td rowspan="2">两跨或两跨以上</td><td>弹性方案</td><td colspan="3">$1.25H$</td></tr>
<tr><td>刚弹性方案</td><td colspan="3">$1.1H$</td></tr>
<tr><td colspan="2">刚性方案</td><td>$1.0H$</td><td>$0.4s+0.2H$</td><td>$0.6s$</td></tr>
</table>

注：1. 表中 s 为相邻横墙间的距离。
2. 对于上段为自由端的构件，$H_0=2H$。

表中 H 为构件的实际高度，按下列规定选用：

1）在房屋底层为楼板顶面到构件下端支点的距离。下端支点的位置可取在基础顶面，当埋置较深且有刚性地坪时可取室外地面下 500mm 处。

2）在房屋其他层为楼板或其他水平支点间的距离。

3）对于无壁柱的山墙可取层高加山墙尖高度的 1/2，对于带壁柱的山墙可取壁柱处的山墙高度。

二、墙的高厚比验算

混合结构房屋中的墙、柱是受压构件，结构设计时，除满足承载力要求外，为保证房屋的耐久性，提高房屋的空间刚度和整体工作性能，墙、柱应满足高厚比要求。这是保证砌体结构施工阶段、使用阶段稳定性的一项重要构造措施。

1. 矩形截面墙的高厚比验算公式

$$\beta = \frac{H_0}{h} \leqslant \mu_1 \mu_2 [\beta] \tag{16-11}$$

式中，H_0——墙、柱计算高度，按表 16-11 采用；

h——墙厚或矩形柱与 H_0 相对应的边长；

μ_1——非承重墙允许高厚比修正系数，对承重墙、柱取 1.0；

μ_2——有门窗洞口墙允许高厚比的修正系数，无门窗洞口时 μ_2 =1.0；

$[\beta]$——墙、柱允许高厚比按表 16-12 采用。

（1）允许高厚比 $[\beta]$

墙、柱高厚比的最大允许限值称为允许高厚比。影响允许高厚比的因素有砂浆的强度等级、砌体的类型、构件的类型（墙、柱）、荷载作用方式及构件的重要性和门窗洞口的削弱、施工质量等。《砌体规范》根据以往设计经验和现阶段材料质量及施工技术水平确立了无洞口的承重墙允许高厚比见表 16-12。

表 16-12　墙、柱的允许高厚比 $[\beta]$ 值

砂浆强度等级	墙	柱
M2.5	22	15
M5	24	16
≥M7.5	26	17

注：1. 毛石墙柱允许高厚比应按表中数值降低 20%；

2. 组合砖砌体构件的允许高厚比可按表中数值提高 20%但不得大于 28；

3. 验算施工阶段砂浆尚未硬化的新砌砌体高厚比时，允许高厚比对墙取 14，对柱取 11。

（2）自承重墙高厚比修正系数 μ_1（如图 16-16 所示）

应按下列规定采用：当 h =240mm 时，μ_1 =1.2；当 h =90mm 时，μ_1 =1.5；当 240mm> h >90mm 时，μ_1 可按线性插入法取值。

对于上端为自由端墙的允许高厚比，除按上述规定提高外尚可提高 30%；对于厚度小于 90mm 的墙，当双面用不低于 M10 的水泥砂浆抹面，包括抹面层的墙厚不小于 90mm 时，可按墙厚等于 90mm 验算高厚比。

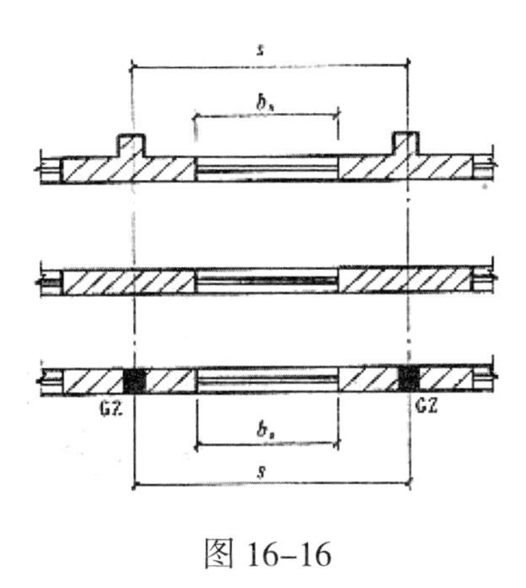

图 16–16

（3）有门窗洞口的墙允许高厚比修正系数 μ_2

对于有门窗洞口的墙体，包括承重墙和非承重墙，由于截面削弱，对稳定不利，《规范》采用系数 μ_2 对允许高厚比加以修正。

$$\mu_2 = 1 - 0.4\frac{b_s}{s} \tag{16–12}$$

式中，s——相邻窗间墙之间或壁柱之间的距离；

b_s——在宽度 s 范围内门窗洞口的宽度。

式（16–12）中，当 μ_2 小于 0.7 时，应采用 0.7；当洞口高度等于或小于墙高的 1/5 时，μ_2 应取 1.0。

需要说明：①当与墙连接的相邻两横墙间的距离 $s \leqslant \mu_1\mu_2[\beta]h$ 时，墙的高度可不受允许高厚比限制。②变截面柱的高厚比可按上、下截面分开验算，验算上柱高厚比时，墙、柱的允许高厚比 $[\beta]$ 按表 16–12 中数乘以 1.3 后采用。

2. 带壁柱墙的高厚比验算

带壁柱墙的高厚比验算包括两部分内容，即带壁柱的整片墙的高厚比验算和壁柱间墙体的高厚比验算。

（1）带壁柱整片墙的高厚比验算

将壁柱看做墙体的一部分，整片墙截面为 T 形，该计算截面的翼缘宽度 b_f 可按下列规定采用：

① 多层房屋当有门窗洞口时可取窗间墙宽度，当无门窗洞口时每侧翼墙宽度可取壁柱高度的 1/3。

② 单层房屋可取壁柱宽加 2/3 墙高但不大于窗间墙宽度和相邻壁柱间距离。

整片墙高厚比验算公式为：

$$\beta = \frac{H_0}{h_T} \leqslant \mu_1\mu_2[\beta] \tag{16–13}$$

式中，h_T——带壁柱墙截面的折算厚度，$h_T=3.5i$；

i——带壁柱墙截面的回转半径，$i=\sqrt{\frac{I}{A}}$；

I,A——分别为带壁柱墙、截面的惯性距和面积；

H_0——带壁柱墙的计算高度，注意：此时表16–11中s为带壁柱墙相邻横墙间的距离，如图16–18所示。

（2）壁柱间墙的高厚比验算

可按式（16–11）验算，注意此时表16–11中s为壁柱之间的距离，如图16–18所示。

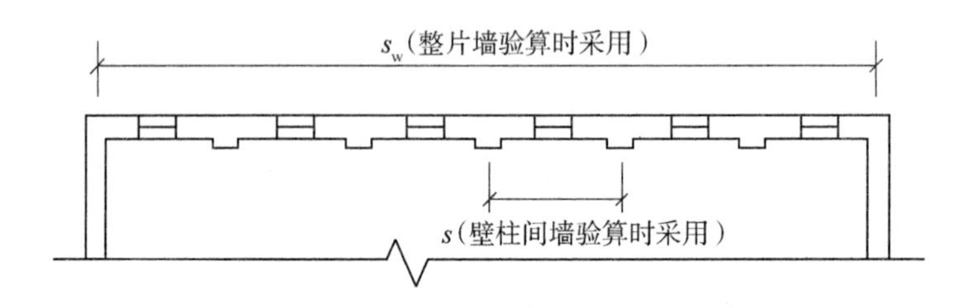

图16–18　带壁柱墙验算

3. 带构造柱墙的高厚比验算

（1）整片墙高厚比验算

$$\beta=H_0/h\leqslant\mu_1\mu_2\mu_c[\beta] \tag{16–14}$$

式中，μ_c为带构造柱墙高厚比$[\beta]$提高系数，可按下式计算

$$\mu_c=1+\gamma\frac{b_c}{l} \tag{16–15}$$

式中，γ——系数，对细石料、半细石料砌体，γ=0；对混凝土砌块、粗石料、毛石料及砌体，$\gamma=1.0$；其他砌体$\gamma=1.5$；

b_c——构造柱沿墙长方向的宽度；

l——构造柱间距，此时s取相邻构造柱间距。

当$b_c/l>0.25$时，取$b_c/l=0.25$，当$b_c/l<0.05$时，取$b_c/l=0$。

（2）构造柱间墙的高厚比验算

构造柱间墙的高厚比验算仍可式（16–11）进行验算，此时可将构造柱视为构造柱间墙的不动铰支座，在计算H_0时，s取相邻构造柱间距离，而且不论带构造柱墙体的静力计算方案时属于何种计算方案，H_0一律按表16–11中刚性方案考虑。

应当注意，由于在施工过程中大多是先砌墙后浇注构造柱，因此，考虑构造柱有利作用的高厚比验算不适用于施工阶段，应注意采取措施，保证带构造柱墙在施工阶段的稳定性。

设有钢筋混凝土圈梁的带壁柱墙或带构造柱墙，当$b/s \leqslant 1/30$时，圈梁可视作壁柱间墙或构造柱间墙的不动铰支点（b为圈梁宽度）。这是由于圈梁的水平刚度较大，能够限制壁柱间墙体或构造柱间墙的侧向变形的缘故。如果墙体不允许增加圈梁的宽度，可按墙体平面外等刚度原则增加圈梁高度，以满足壁柱间墙或构造柱间墙不动铰支点的要求。

第四节　砌体结构构造要求

墙的一般构造要求

1. 一般构造

1）墙体所用材料的最低强度等级及地面以下或防潮层以下的砌体潮湿房间的墙所用材料的最低强度等级的规定参见第十六章第一节内容。

2）跨度大于 6m 的屋架和跨度大于下列数值的梁，应在支承处砌体上设置混凝土或钢筋混凝土垫块，当墙中设有圈梁时垫块与圈梁宜浇成整体。

① 对砖砌体为 4.8m。

② 对砌块和料石砌体为 4.2m。

③ 对毛石砌体为 3.9m。

3）当梁跨度大于或等于下列数值时其支承处宜加设壁柱或采取其他加强措施:

① 对 240mm 厚的砖墙为 6m，对 180mm 厚的砖墙为 4.8m。

② 对砌块料石墙为 4.8m。

4）预制钢筋混凝土板的支承长度在墙上不宜小于 100mm；在钢筋混凝土圈梁上不宜小于 80mm；当利用板端伸出钢筋拉结和混凝土灌缝时，其支承长度可为 40mm；但板端缝宽不小于 80mm，灌缝混凝土不宜低于 C20。

5）支承在墙柱上的吊车梁屋架及跨度大于或等于下列数值的预制梁的端部，应采用锚固件与墙柱上的垫块锚固:

① 对砖砌体为 9m。

② 对砌块和料石砌体为 7.2m。

6）填充墙隔墙应分别采取措施与周边构件可靠连接。

7）山墙处的壁柱宜砌至山墙顶部，屋面构件应与山墙可靠拉结。

8）砌块砌体应分皮错缝搭砌，上皮搭砌长度不得小于 90mm；当搭砌长度不满足上述要求时，应在水平灰缝内设置两根直径不少于 4mm 的焊接钢筋网片(横向钢筋的间距不宜大于 200mm)，网片每端均应超过该垂直缝长度不得小于 300mm。

9）砌块墙与后砌隔墙交接处，应沿墙高每 400mm 在水平灰缝内设置两根直径不少于

4mm、横筋间距不大于200mm的焊接钢筋网片。

10）混凝土砌块房屋宜将纵横墙交接处，距墙中心线每边不小于 300mm 范围内的孔洞，采用不低于Cb20灌孔，混凝土灌实高度应为墙身全高。

11）混凝土砌块墙体的下列部位，如未设圈梁或混凝土垫块应采用不低于 Cb20 灌孔混凝土将孔洞灌实：

① 搁栅檩条和钢筋混凝土楼板的支承面下高度不应小于200mm的砌体。

② 屋架梁等构件的支承面下高度不应小于600mm,长度不应小于600mm的砌体。

③ 挑梁支承面下距墙中心线每边不应小于300mm,高度不应小于600mm的砌体。

12）在砌体中留槽洞及埋设管道时应遵守下列规定：

① 不应在截面长边小于500mm的承重墙体独立柱内埋设管线。

② 不宜在墙体中穿行暗线或预留开凿沟槽无法避免时应采取必要的措施或按削弱后的截面验算墙体的承载力。

（注：对受力较小或未灌孔的砌块砌体允许在墙体的竖向孔洞中设置管线）

2. 防止墙体开裂的主要措施

引起墙体产生裂缝的原因主要有三个：①受外荷载作用；② 由于地基不均匀沉降；③由于温度变化引起的。为避免墙体产生裂缝，除满足承载力要求外，还应采取如下措施：

（1）设置伸缩缝

为了防止或减轻房屋在正常使用条件下由温差和砌体干缩引起的墙体竖向裂缝应在墙体中设置伸缩缝，伸缩缝应设在因温度和收缩变形可能引起应力集中、砌体产生裂缝可能性最大的地方，伸缩缝的间距可按表16-13采用。

表16-13　砌体房屋温度伸缩缝的最大间距

屋盖或楼盖类别		间距/m
整体式或装配整体式钢筋混凝土结构	有保温层或隔热层的屋盖、楼盖	50
	无保温或隔热层的屋盖	40
装配式无檩体系钢筋混凝土结构	有保温层或隔热层的屋盖、楼盖	60
	无保温或隔热层的屋盖	50
装配式有檩体系钢筋混凝土结构	有保温层或隔热层的屋盖	75
	无保温或隔热层的屋盖	60
瓦材屋盖、木屋盖或楼盖轻钢屋盖		100

注：1. 对烧结普通砖多孔砖配筋砌块砌体房屋，取表中数值；对石砌体蒸压灰砂砖蒸压粉煤灰砖和混凝土砌块房屋，取表中数值乘以0.8的系数；当有实践经验并采取有效措施时可不遵守本表规定；

2. 在钢筋混凝土屋面上挂瓦的屋盖，应按钢筋混凝土屋盖采用；

3. 按本表设置的墙体伸缩缝，一般不能同时防止由于钢筋混凝土屋盖的温度变形和砌体干缩变形引

起的墙体局部裂缝；

4. 层高大于 5m 的烧结普通砖、多孔砖、配筋砌块、砌体结构单层房屋、其伸缩缝间距可按表中数值乘以 1.3；

5. 温差较大且变化频繁地区和严寒地区不采暖的房屋及构筑物墙体的伸缩缝的最大间距，应按表中数值予以适当减小；

6. 墙体的伸缩缝应与结构的其他变形缝相重合，在进行立面处理时，必须保证缝隙的伸缩作用。

（2）设置沉降缝

如果基础下地基土性质相差较大，房屋各部分的高度、荷载、结构刚度不同，以及高低层的施工时间不同，宜用沉降缝将房屋划分几个刚度较好的单元。沉降缝的宽度见表 16–14。

表 16–14　房屋沉降缝宽度

房屋层数	沉降缝宽度/mm
二 ~ 三	50 ~ 80
四 ~ 五	80 ~ 120
五层以上	不小于 120

（3）房屋底层

为防止或减轻房屋底层墙体裂缝，可根据工程的具体情况，采取下列措施：

1）增大基础圈梁的刚度，还可以在基础墙体中增设短构造柱，使其将基础与基础圈梁连接成整体，增大基础墙的刚度。

2）在底层的窗台下墙体灰缝内设置 3 道焊接钢筋网片或 2ϕ6 钢筋，并伸入两边窗间墙内不小于 600mm，窗间墙宽度较小时，钢筋网片或钢筋可通长设置。

3）采用钢筋混凝土窗台板，窗台板嵌入窗间墙内不小于 600mm ，窗间墙宽度较小时，窗台板可通长设置。

小砌块房屋，6 度时 7 层、7 度时超过 5 层、8 度时超过 4 层，在房屋的底层和顶层，在窗台标高处沿纵墙应设置水平现浇钢筋混凝土带，混凝土厚度不应小于 40mm，现浇钢筋混凝土带的钢筋不宜小于 2ϕ8，且应由分布钢筋拉结，混凝土强度等级不应低于 C20。

（4）房屋顶层

为了防止或减轻房屋墙体裂缝，可根据工程的具体情况，采取下列措施：

1）屋面应设保温、隔热层。

2）屋面刚性面层及砂浆找平层应设置分隔缝，分隔缝间距不宜大于 6m，并与女儿墙隔开，其缝宽不小于 30mm。

3）采用装配式有檩体系钢筋混凝土屋盖和瓦材屋盖。

4）在钢筋混凝土屋面板与墙体圈梁接触面处设置水平滑动层，滑动层可采用两层油毡夹滑石粉或橡胶片等；对于长纵墙，可只在其两端的 2～3 隔开间内设置，对于横墙可只在其两端各$l/4$范围内设置（l为横墙长度）。

5）顶层屋面板下设置现浇混凝土圈梁，并沿内外墙拉通，房屋两端圈梁下的墙体内宜适当设置水平钢筋。

6）顶层挑梁末端下墙体灰缝内设置 3 道焊接钢筋网片（纵向钢筋不宜少于 2ϕ4，横筋间距不宜大于 200mm）或 2ϕ6 钢筋，钢筋网片或钢筋应自挑梁末端伸入两边墙体，不小于 1 000mm。

7）顶层墙体有门窗等洞口时，在过梁上的水平缝内设置 2～3 道焊接钢筋网片或 2ϕ6 钢筋，并伸入过梁两端墙内不小于 600mm。

8）顶层及女儿墙砂浆强度等级不低于 M5。

9）女儿墙应设置构造柱，构造柱间距不宜大于 4m，构造柱应伸至女儿墙顶并与现浇钢筋混凝土压顶整浇在一起。

10）房屋顶层端部墙体适宜增设构造柱。

参考文献

[1] 房屋建筑制图统一标准（GB/ T 50001—2010）[S]. 北京：中国计划出版社，2010.

[2] 技术制图图纸幅面和格式（GB/ T 14689—2008）[S]. 北京：中国标准出版社，2009.

[3] 混凝土结构施工图平面整体表示方法制图规则和构造详图（11 G 101-1）[S]. 北京：中国建筑标准设计研究院，2011.

[4] 中华人民共和国住房和城乡建设部. 房屋建筑制图统一标准（GB / TS0001—2010）[S]. 北京：中国计划出版社，2011.

[5] 中华人民共和国住房和城乡建设部. 总图制图标准（GB / TS0103—2010）[S]. 北京：中国计划出版社，2011.

[6] 中华人民共和国住房和城乡建设部. 建筑制图标准（GB / T50104—2010）[S]. 北京：中国计划出版社，2011.

[7] 中华人民共和国住房和城乡建设部. 建筑模数协调标准（GB / T50002—2013）[S]. 北京：中国建筑工业出版社，2014 .

[8] 李永光.建筑力学与结构[M].北京：机械工业出版社，2007：25-28.

[9] 张艳芳，等.建筑构造与识图 [M]. 北京：人民交通出版社，2007：344-378.

[10] 周晖，等.建筑结构基础与识图 [M]. 北京：机械工业出版社，2010：189-216.

[11] 徐江柳，等.土建专业岗位人员基础知识 [M]. 北京：中国建筑工业出版社，2007：1-47.

[12] 樊琳娟，刘志麟. 建筑识图与构造[M]. 北京：科学出版社，2005.

[13] 高远，张艳芳. 建筑构造与识图[M]. 2 版. 北京：中国建筑工业出版社，2008.

[14] 贾丽明，徐秀香. 建筑概论[M]. 北京：机械工业出版社，2005.

[15] 王崇杰，房屋建筑学[M]. 2 版. 北京：中国建筑工业出版社，2008.

[16] 魏松，林淑芸. 建筑识图与构造[M]. 北京：机械工业出版社，2009.

[17] 陈民，韦宁.建筑识图与构造[M].北京：中国水利水电出版社，2012.

[18] 王固琴，建筑识图与构造[M].武汉：中国地质大学出版社，2012.

[19] 西安建筑科技大学等合编. 建筑材料 （第四版）[M]. 北京：中国建筑工业出版社，2013.

[20] 湖南大学等合编.土木工程材料（第二版）[M].北京：中国建筑工业出版社，2011.

[21] 项翥行编著.建筑工程常用试验手册[M]. 北京：中国建材工业出版社，1998.

[22] 徐江柳.土建专业岗位人员基础知识[M].北京：中国建筑工业出版社，2012：155-158.